Heiner Fangerau

Spinning the scientific web

Heiner Fangerau

Spinning the scientific web

Jacques Loeb (1859–1924)
und sein Programm einer internationalen
biomedizinischen Grundlagenforschung

Akademie Verlag

Gedruckt mit Hilfe der Geschwister Boehringer
Ingelheim Stiftung für Geisteswissenschaften in Ingelheim am Rhein

Bibliografische Information der Deutschen Nationalbibliothek
Die Deutsche Nationalbibliothek verzeichnet diese Publikation in der Deutschen Nationalbibliografie; detaillierte bibliografische Daten sind im Internet über http://dnb.d-nb.de abrufbar.

ISBN 978-3-05-004528-3

Das eingesetzte Papier ist alterungsbeständig nach DIN/ISO 9706.

Einbandgestaltung: Ingo Scheffler, Berlin
Satz: Dörlemann Satz, Lemförde
Druck: MB Medienhaus Berlin
Bindung: BUCHConcept, Calbe

Printed in the Federal Republic of Germany

Inhaltsverzeichnis

1. Einleitung

Der Versuch, die Medizin des ausgehenden 19. und beginnenden 20. Jahrhunderts mit einem oder zwei Schlagworten umschreiben zu wollen, muss misslingen, denn die Medizin dieser Zeit war ebenso vielfältig und divergent wie die unter diesem Begriff subsumierten ärztlichen Disziplinen und Tätigkeitsfelder. Sie folgt keinem einheitlichen Kanon und präsentiert sich weder als eine reine Naturwissenschaft noch als eine angewandte Wissenschaft im engeren Sinne. Sie steht zwischen den Polen der ärztlichen Kunst, der klinischen Praxis und der naturwissenschaftlich orientierten Forschung, zwischen ärztlichen Feldern, die zwar zur Bildung von Kategorien taugen, selbst aber wiederum eng miteinander verwoben sind.[1] Eine ihrer Subspezialitäten allerdings, nämlich die bereits zu Beginn des 20. Jahrhunderts formulierte, aber erst nach dem zweiten Weltkrieg als solche hervorgetretene und popularisierte »Biomedizin«, präsentiert sich als homogenes Programm.

Unter »Biomedizin« wird seit den 1920er Jahren im engen Verständnis die Zurückführung krankhafter Prozesse auf biologische, physiologische und biochemische Prinzipien verstanden.[2] Auch das nach dem zweiten Weltkrieg so bezeichnete »Biomedizinische Modell« beruft sich auf frühere reduktionistische und mechanistische Körper- und Krankheitsvorstellungen, die mit der Entwicklung der technischen Labormedizin des späten 19. Jahrhunderts einhergingen.[3] Dabei gehen die Meinungen auseinander, ob das im 19. Jahrhundert aufgenommene Programm, die Pathologie auf Unregelmäßigkeiten in der Physiologie und der Biologie zurückführen zu wollen, in letzter Konsequenz in der »Biomedizin« einen erfolgreichen Abschluss gefunden hat. Überdies wird darüber gestritten, ob der Begriff »Biomedizin« nicht nur ein tautologisches Konglomerat von Biologie und Medizin darstellt, da Medizin grundsätzlich die Beschäftigung mit dem Leben (Bios-) beinhalte und die Verknüpfung von Medizin mit dem Begriff des Lebens damit überflüssig sei (Keating und Cambrosio 2004). Der französische Wissenschaftshistoriker Jean-Paul Gaudillière hat zuletzt ein sehr konzentriertes Bild der Biomedizin für die Zeit nach 1945 gezeichnet. Er charakterisiert sie als Verbindung der frühen Molekularisierung der Lebenswissenschaften, der Orientierung an Modellen und der Entstehung von Experimentalsystemen in der Klinik (Gaudillière 2002).

Bei allen Divergenzen über den Begriff und die Wirkmächtigkeit des Konzeptes herrscht jedoch Einigkeit darüber, dass die Biomedizin des 20. Jahrhunderts sich auf

1 Zur Herausbildung der Wahrnehmung der modernen Medizin als »wissenschaftlich« und zu dieser Problematik siehe vor allem Bynum (1994). Die Konstruktion der »wissenschaftlichen Medizin« als rekonstruktives Narrativ hat überzeugend Hagner (2003) beschrieben. Zur Problematik dieser Heterogenität der Medizin in der Wissenschaftsgeschichtsschreibung siehe u. a. Warner (1995).

2 Dorland's Medical Dictionary von 1923 definiert Biomedizin als »*clinical medicine based on the principles of physiology and biochemistry*« (Dorland 1923, S. 172).

3 Zur Kritik am Modell siehe die zusammenfassende Darstellung zu »Biomedicine and Neo-Holism« in Cantor (2000, S. 357ff.).

einige grundsätzliche Annahmen stützt, die der Medizinhistoriker Karl Eduard Rothschuh schon vor 30 Jahren mit dem ausgedehnten Konzept der »Iatrotechnik« zu fassen gesucht hat (Rothschuh 1978, S. 417–447). Nach Rothschuhs Konzept bestimmen u.a. folgende Axiome das Selbstverständnis der Biomedizin:

- Es gibt keine besonderen Vitalkräfte (»Lebenskraft«) im Organismus;
- Lebensvorgänge sind physikalisch-chemische Prozesse;
- Physiologische und pathologische Prozesse folgen deterministisch Kausalgesetzen;
- Medizinisches Ziel ist die gerichtete Beeinflussung und Lenkung dieser Prozesse.

Während diese Prinzipien in der Physiologie des ausgehenden 19. Jahrhunderts schon fest verankert waren, herrschten in der sich gerade erst als Disziplin etablierenden Lebenswissenschaft »Biologie« und vor allem in der »praktischen Medizin« noch deutlich andere Einstellungen vor. Der Physiologe Jacques Loeb brachte diese Spannung 1909 angesichts seiner Berufung an das Rockefeller Institute for Medical Research exakt auf den Punkt. Loeb wollte an diesem medizinischen Forschungsinstitut eine grundlagenwissenschaftliche Abteilung für experimentelle Biologie begründen und erklärte seinen Wunsch mit den Worten: »*In my opinion experimental biology … will have to form the basis not only of Physiology but also of General Pathology and Therapeutics. I do not think that the Medical Schools in this country are ready for the new departure … The medical public at large does not yet fully see the bearing of the new Science of Experim. Biol. (in the sense in which I understand it) on Medicine.*«[4]

Die Etablierung der »iatrotechnischen« Grundsätze in der Biologie zu Beginn des 20. Jahrhunderts, ihr Einfluss auf das medizinische Denken zu dieser Zeit und ihre Ausformulierung als ein internationales Programm sind das Thema der vorliegenden Arbeit. Dabei werden historische, theoretische und ethische Aspekte der Ausgestaltung einer internationalen biomedizinischen Grundlagenforschung um 1900 am Beispiel der Arbeiten, des Wirkens und der Ansichten von Jacques Loeb als einem besonderen Protagonisten in diesem Prozess untersucht, am Beispiel eines Forschers, über den das für die breite allgemeine medizinische Öffentlichkeit erscheinende Journal of the American Medical Association nach seinem Tod urteilte »*In his death, American Medical science loses a profound worker, a leader of great influence, a man whose work and whole career were an inspiration to young men*« (»Obituary Notice Jacques Loeb« 1924).

Eine solche Untersuchung kann sich der beiden methodologischen Extreme bedienen, die gerne als »internalistische« oder »externalistische« Methode bezeichnet werden. Während die erstgenannte Methode Ideen und Konzepte zum Gegenstand hat, fokussiert die zweite soziale und politische Kontexte sowie die Wissenssoziologie und/oder -anthropologie in ihrer Anwendung. Das Verhältnis dieser Zugänge beschreibend argumentierte der Historiker Donald Kelley (2002): »*within the horizon-structure of experience and interpretation the short answer to the question ›what the relationship is like‹ is that cultural history is the outside of intellectual history and intellectual history the inside of cultural history. Ideally, historians ought to work both sides of the historical street*«. Um dieser Forderung zu entsprechen und den Ansatz »auf beiden Seiten der Straße« nutzbar

4 Jacques Loeb an Simon Flexner 1910, verschollenes Manuskript vgl. Osterhout (1928, S. XVII–XIX).

zu machen, bedient sich die vorliegende Studie verschiedener integrativer Zugänge, die in den jeweiligen Kapiteln vorgestellt werden. Loebs Arbeiten, seine Forschung, ihr wissenschaftlicher, ihr sozialer, ihr öffentlicher, ihr institutioneller sowie ihr wissenschaftspolitischer Kontext werden analysiert und in ihrer Wirkung auf das Programm einer internationalen biomedizinischen Grundlagenforschung untersucht.

1.1 Fragestellung und Methode

1.1.1 Allgemeine Fragestellung und Methode

Im Grundsatz beschäftigt sich die vorliegende Arbeit mit der Frage, wie große Bereiche der Medizin gegen Ende des 19. und zu Beginn des 20. Jahrhunderts zu einer Lebenswissenschaft ausgestaltet wurden. Welche Mechanismen trugen dazu bei, dass sich zum einen das physikalisch-chemische Denken in der medizinischen Forschung über die Physiologie hinaus ausbreiten konnte, und in wie weit erfolgte diese Ausbreitung in gewisser Weise durch einzelne Forscher gesteuert und intentional? Welche Aushandlungsprozesse zwischen Wissenschaftlern und Institutionen, nicht zuletzt über nationale Grenzen hinweg, waren nötig, um ein reduktionistisches Denken in die Medizin hinein zu tragen? Wie waren interne Aspekte der Forschung, z. B. Techniken und Versuchsobjekte, und wie waren externe Faktoren, wie z. B. politische Einflüsse, entscheidend für diese Entwicklung? Wie wurden schließlich diese Entwicklung und ihre Protagonisten in der nichtwissenschaftlichen Öffentlichkeit gesehen und kommentiert?

Zur Beantwortung dieser und assoziierter Fragen strebt die Studie eine Verbindung empirischer, heuristischer und hermeneutischer Methoden an, um auf diese Weise Kelleys Forderung nach einer Verbindung in der Geschichtsforschung von internalistischen, ideengeschichtlichen und externalistischen, wissenschaftssoziologischen Ansätzen im Sinne der »Social Studies of Science« nachzukommen.[5] Dabei dienen wissenschaftstheoretische Überlegungen als Leitlinie für die Kombination klassischer quellenkritischer Methoden mit neueren informationswissenschaftlichen Ansätzen. Vor allem sollen dabei die Problemkreise der Formulierung eines Forschungsprogramms und des gezielten Transfers von Wissensinhalten dieses Programms zwischen Disziplinen, Institutionen, Personen und Nationen untersucht werden.

Die Prozesse des Austauschs, des gegenseitigen Interesses und des damit einhergehenden Kultur-, Technologie- und Wissenstransfers zwischen unterschiedlichen Kollektiven auf personellem wie disziplinärem Niveau sind bereits seit einigen Jahren Gegenstand der historischen Forschung. Vor allem der Reziprozität dieser Austauschprozesse kommt in den meisten Betrachtungen eine tragende Rolle zu. Transferiertes Wissen und bestehendes Wissen im Einflussbereich des vom einen an den anderen Ort überführten »Kulturgutes« treten in eine Wechselbeziehung, woraus sich ein neues, transformiertes Wissen ergeben kann. Untersuchungen und Fallbeispiele umfassen hier durch Übertra-

5 Eine herausragende Übersicht mit der neuesten Literatur liefert der Sammelband von Joerges und Nowotny (2003).

gungen verursachte Wechselwirkungen zwischen Kulturen in allen Bereichen ihrer Repräsentation (einschließlich von Wissenschaft und Technologie), die vornehmlich durch Reisen, Migration, Korrespondenzen oder andere Formen der transkulturellen Kommunikation angestoßen worden sind.[6] Zentral sind in diesem Kontext Analysen zur Entstehung und/oder den Entstehungsbedingungen des transferierten Wissens, der Quelle »wissenschaftlichen Fortschritts« sowie Untersuchungen zu den sozialen Bedingungen wissenschaftlicher Austauschprozesse, die Weiterentwicklungen in den Wissenschaften in Gang halten.

Vor allem Thomas S. Kuhn (1922–1996) leitete mit seiner 1962 erschienenen »Struktur wissenschaftlicher Revolutionen« (Kuhn 1986) ein Umdenken in der Beurteilung des Entstehens von Wissen und des wissenschaftlichen Fortschritts ein, indem er den bis dahin gängigen Theorien vom kumulativen Wachstum des Wissens im Sinne einer universellen »Wahrheit« eine evolutionäre Theorie wissenschaftlicher Revolutionen entgegensetzte. Danach führen einzelne und punktuelle Paradigmenwechsel zur Änderung wissenschaftlicher Vorstellungen und Konzepte. Neu aufkommende und bestehende Paradigmen bezeichnet Kuhn dabei als inkommensurabel. Dies wird nur dadurch verschleiert, dass alte und neue, diese ersetzende Paradigmen dieselben Ausdrücke benutzen. Überspitzt hätte sich nach Kuhn die »Biomedizin« folglich diskontinuierlich, durch revolutionsartige Episoden, in denen ein Erklärungssystem ein anderes ersetzte, entwickelt. Jede Umwälzung in den Lebenswissenschaften hätte mit einer Krise begonnen, in der sich der Glaube an alte Traditionen auflöste. Auf die Krise wäre eine Phase, in der zwei inkompatible Paradigmen sich gegenüber ständen, gefolgt, was zuletzt zu einem Kommunikationsverlust zwischen Anhängern des neuen und des alten Paradigmas geführt hätte. Der Generationenwechsel zwischen Anhängern des neuen und des alten Paradigmas zuletzt hätte die Revolution abgeschlossen und eine Umorientierung mit sich gebracht.

Bereits vor Kuhn hatte der Mediziner Ludwik Fleck (1896–1961) den wissenschaftstheoretischen Postulaten des »Wiener Kreises« widersprochen, die von der Möglichkeit strenger empirischer Überprüfbarkeit wissenschaftlicher Sätze ausgingen (Stadler 1997). Fleck stellte den Tatsachenbegriff des logischen Positivismus in Frage und hatte schon 30 Jahre vor Kuhn für die von diesem beschriebene in Paradigmen verlaufende, wandelbare Form des kollektiven Denkens in seiner 1935 erschienenen Schrift zur »Entstehung und Entwicklung einer wissenschaftlichen Tatsache« den Begriff des *Denkstils* eingeführt (Fleck 1980). Die Träger des Denkstils, die Forschergemeinschaften, die durch eine spezifische geistige Verarbeitung des Wahrgenommenen zwangsweise miteinander verbunden sind, bezeichnet er als *Denkkollektiv*. Der Denkstil wird durch gemeinsame Probleme und Urteile, die eine Gruppe von Wissenschaftlern als evident betrachtet, geformt. Nicht zuletzt gestalten auch die Methoden genau den Denkstil, den eine Forschergruppe als Erkenntnismittel anwendet. Im Gegensatz zu Thomas Kuhn allerdings begreift Fleck wissenschaftliche Veränderungen nicht als abrupte Revolutionen, sondern als kontinuierlichen, dynamischen Prozess. Wesentliche Differenzen zu Kuhn lie-

6 Für eine Übersicht siehe z. B. Paulmann (1998); Rees, Siebers et al. (2002). Eine Diskussion der Nutzbarmachung dieses Forschungsansatzes in der Medizingeschichte liefert Müller (2004). Insbesondere die Verhältnisse des Austausches zwischen Deutschland und Frankreich sind intensiv bearbeitet worden (Kleinert 1988; Kanz 1997).

gen darin, dass nach Fleck zum einen durchaus alte wissenschaftliche Vorstellungen latent in den neuen Denkstilen vorhanden sein können, und dass zum anderen versucht wird, neuere nicht erwartete empirische Ergebnisse zunächst als *Denkstilergänzungen* zu integrieren. Doch wie Kuhn sieht auch Fleck wissenschaftliches Fortschreiten nicht als kumulatives Anhäufen von Wissen. Am Beispiel der Geschichte der Syphilis und der Entwicklung der Wassermann-Reaktion zeigt er, wie empirische Forschungsergebnisse, die den tradierten Denkstil durch Widersprüche herausfordern, zunächst unter einer Art Denkzwang harmonisiert werden, um dann allmählich den Denkzwang zu destabilisieren und die Denkvoraussetzungen eines Denkkollektives unbemerkt zu verändern.

Obwohl das Denkkollektiv aus Individuen besteht, kann es nicht als deren einfache Summe verstanden werden. Vielmehr sorgt die Dynamik innerhalb des Kollektivs dafür, dass auch seine Struktur, Hierarchien und Topographien für das von ihm getragene Wissen und Denken eine Rolle spielen. Denkkollektive dienen, neben dem Vorantreiben der Forschung, der gegenseitigen Bestätigung und Solidarisierung. Je dominanter ein Denkstil, desto leichter ist es dem Kollektiv, abweichende Erfahrungen oder Meinungen umzuformulieren oder als irrig abzulehnen. Dabei sind die Mitglieder eines bestimmten Denkkollektivs gegenüber bestimmten Fragestellungen, Interpretationen und Erkenntnissen eines Experimentes ebenso unterschiedlich sensibilisiert, wie sie für abweichende Herangehensweisen und Positionen unterschiedlich blind sind. Fleck spricht von zielgerichteter Wahrnehmung, die sich bis hin zum Denkzwang steigern kann. Dieser jedoch ist je nach Stellung eines Akteurs im Denkkollektiv verschieden stark ausgeprägt.

Im Rahmen des Verständnisses von Wissenschaft als nationaler Aktivität kann Denkkollektiven zusätzlich eine weitere kulturanthropologische und politische Komponente zugesprochen werden, insbesondere dann, wenn Fragen nach nationalen Stilen in der Wissenschaft aufgeworfen werden (Harwood 1993).[7] Eine institutionelle Komponente, die die Mikroebene der Entstehung von Wissenschaft, zum Beispiel im Labor, um die Makroebene von übergeordneten Organisationsstrukturen ergänzt, findet sich in der Betrachtung dieser Kollektive als Disziplin oder in der Form privater oder staatlicher wissenschaftlicher Institutionen.[8]

In Fortführung der Gedanken Kuhns und Flecks hat unter anderem David Hull auf die soziale und intellektuelle Dynamik in (Wissenschaftler-) Gesellschaften hingewiesen, in der wissenschaftliche Dispute sich über Selektionsprozesse entscheiden (Hull 2001). Wissen konstituiert sich danach in selektionistischen Aushandlungsprozessen, die nicht nur, wie andere Autoren – allen voran Bruno Latour – gezeigt haben, soziale Akteure einschließen (Latour 1988b; Latour 1996). Vielmehr treten im Prozess der Entstehung von Wissenschaft auch materielle und konzeptionelle Beziehungen in Erscheinung. Konzepte beeinflussen die Wahrnehmung von Dingen, die wiederum als epistemische Dinge auf Konzepte zurück wirken (Rheinberger 2001).[9] Gemeinsam konstituieren sie ein Netzwerk, das sozialen Netzwerken, wie sie sich in Denkkollektiven offenbaren, nicht unähnlich ist.

---

7 Vgl. auch das Kapitel 3.2 Wissenschaftsstile in transatlantischer Perspektive.

8 Eine Übersicht liefert die mehrere Aufsätze und Überlegungen zu diesem Thema zusammenfassende Monographie »Instituting Science« von Timothy Lenoir (1997).

9 Vgl. Kapitel 3.1 Technische Biologie, Theorie und Laborpraxis.

Mit der hier vorgestellten Arbeit soll der Versuch unternommen werden, diese Ansätze um bibliometrische Methoden und graphische Darstellungsformate, wie sie zum Beispiel schematische Kartierungen darstellen, zu erweitern. Dabei wird mit dieser Studie ein Instrumentarium entwickelt, mit dem sich die Entstehung, Entfaltung und Dissemination eines Forschungsprogramms ebenso analysieren lassen wie das bei diesen Vorgängen involvierte Denkkollektiv. Die Konzentration liegt dabei auf der Rekonstruktion der sozialen und intellektuellen Ebene eines Denkkollektives aus der Perspektive eines entscheidenden Akteurs.

Aussagekräftig waren für solche Vorhaben bislang Untersuchungen, die sich dem Problem mit bibliometrischen Methoden, wie z. B. Zitationsanalysen, näherten. Sie zielten darauf ab, Paradigmenwechsel oder Wandel in Denkstilen nicht nur nachzuvollziehen, sondern Veränderungen des Wissensbestandes einer Expertengruppe mit Hilfe longitudinaler Zitationsanalysen zu visualisieren. Die anschaulichsten Ergebnisse versprachen hier Konzepte, die in einem neuen kognitiv-psychologischen Ansatz die longitudinalen Zitationsanalysen als empirische Grundlage nutzten und (Zitations-)Kollektive im Sinne eines »Mapping of Science« visualisierten (Chen 2003b; Small 2003; White 2003).[10]

Eine Übertragung des Gedankens, internalistische und externalistische Ansätze mit bibliometrischen Methoden zusammenzuführen und auf die Frage der Entwicklung der Biomedizin in ihren Anfängen anzuwenden, fand bisher nur vereinzelt statt. Auch wurde auf dem Niveau von Denkkollektiven nur selten der Versuch unternommen, die auf sie wirkenden externen Kräfte im Zusammenhang mit internen Prozessen zu betrachten. Zuletzt zeigten historische Analysen ebenfalls nur vereinzelt das Bemühen, die innerhalb von Denkkollektiven ablaufende formale Kommunikation in Form wissenschaftlicher Publikationen und ihre informelle Kommunikation, wie sie sich zum Beispiel aus Korrespondenzen rekonstruieren lässt, gemeinsam zu erfassen.[11] Historische Rekonstruktionen beschränkten sich zumeist auf die zentralen Figuren, die »Key-Players« eines Kollektivs, ohne das ganze Raster, die ganze Breite eines Kollektivs darzustellen. Allenfalls die Zeitgeschichte machte hier informationswissenschaftliche Methoden für sich nutzbar und verfolgte den Ansatz, Netzwerkstrukturen synoptisch zu visualisieren.

Die folgende Arbeit versucht, genau diese Übertragung modellhaft am Beispiel des historiographisch relativ gut aufgearbeiteten, unter wissenschaftstheoretischen Aspekten jedoch wenig beachteten deutsch-amerikanischen Wissenschaftlers Jacques Loeb zu entwickeln, der zu den Entrepreneurs eines physikalisch-chemischen Verständnisses in den Lebenswissenschaften gehörte. Seine Epistemologie, sein Forschungskonzept, sein soziales Engagement und sein Verständnis von gesellschaftlichen sowie politischen Prozessen traten bei der Entwicklung seines Forschungsprogramms in eine Wechselwirkung, die es erlaubt, an ihm beispielhaft zu demonstrieren, wie

10 Siehe das Kapitel 4.1.4 Visualisierung formeller Denkkollektive als Pathfinder Networks.

11 Die informelle Kommunikation wurde lange Zeit in ihrer Bedeutung für die Entstehung und Verbreitung wissenschaftlichen Wissens unterschätzt. Nicht zuletzt durch die Denkanstöße Kuhns und Flecks wird ihr seit den 1960er Jahren zunehmend Beachtung geschenkt, vgl. u.a. Menzel (1973); Knorr-Cetina (1984).

- Konzepte und ihre Erarbeitung auf der Mikroebene des Labors,
- ihre Repräsentation auf der Makrobene disziplinärer oder sogar nationaler Stile,
- politische Einflüsse,
- formelle und informelle Wissenschaftskommunikation auf Denkkollektivebene,
- ihre Institutionalisierung
- und zuletzt ihre öffentliche Erscheinung

zusammenwirken und damit die Ausbildung und Verbreitung eines Forschungsprogramms ermöglichen.

Von einem einzelnen Forscher ausgehend werden diese Wechselbeziehungen hier autorzentrisch (als egozentriertes Netzwerk) rekonstruiert, wobei inhaltliche Analysen seiner Arbeiten und seiner umfänglichen Korrespondenz, die er mit führenden Wissenschaftlern seiner Zeit unterhielt, kombiniert werden mit Methoden zur quantitativen Rekonstruktion des von ihm in sein Denken und Handeln inkorporierten Denkkollektivs. Ein Schwerpunkt liegt auf der qualitativen Korrespondenzanalyse, die ein beinahe schon traditionelles historisches Werkzeug darstellt. Zahlreiche Matrizen wurden entwickelt, um Inhalte, Kontexte und sich in Korrespondenzen abspielende wissenschaftliche Transfer- und Adaptationsprozesse systematisch zu analysieren. In exemplarischer Weise hat schon vor vielen Jahren Joachim Thiele eine solche Matrix schematisiert. In einer ausführlichen Einleitung zu einer Sammlung der wissenschaftlichen Korrespondenz Ernst Machs, die Thiele publizierte, schlägt er, um ein Beispiel für »wissenschaftliche Kommunikation« und deren Untersuchung zu geben, vor, neben den reinen Gegenständen der Korrespondenz insbesondere Normenanalysen im Methodenbereich, in der wissenschaftlichen Kommunikation und im Individualbereich der beteiligten Wissenschaftler anzustellen (Thiele 1978, S. 9–27). Auf Thieles Matrix stützt sich auch die hier vorliegende Studie, ohne dies bei jedem zitierten Brief explizit zu machen. Zur quantitativen Erfassung und Darstellung von Loebs Denkkollektiv zuletzt kommen bibliometrische Methoden der Informationswissenschaft und Ansätze der sozialen Netzwerkanalyse in adaptierter Form zum Einsatz, um diese Kollektive nicht nur in Form von Namenslisten und Tabellen, sondern auch in ihrer Vernetzungsstruktur synoptisch zu visualisieren.[12]

1.1.2 Warum Jacques Loeb?

Jacques Loeb und sein Wirken erscheinen für eine derartige Untersuchung sowohl aus inhaltlichen als auch aus forschungsstrategischen Gründen besonders geeignet. Loebs Epistemologie war in ihrer positivistischen, quantifizierenden und an physiko-chemischen Grundsätzen orientierten Ausrichtung in gewisser Weise radikal und zugleich stilbildend für Teile der biomedizinischen Forschung. Seine Arbeitsgebiete waren vielfältig. Sie reichten von der Hirnphysiologie über die Entwicklungsphysiologie bis hin zu Ionenwirkungen an Membranen und zum kolloidalen Verhalten von Proteinen. Trotz dieses weiten Spektrums gibt es in der Zielrichtung dieser Forschungsfelder keinen Kontinui-

12 Vgl. die Methodendiskussion in Kapitel 4. Kollektive und Passagen, 4.1 Inkorporation Wissenschaftlicher Denkkollektive.

tätsbruch.[13] Seine gesamten Forschungsthemen betrafen die Suche nach den fundamentalen Eigenschaften dessen, was lebendige Materie von toter trennt, wobei er versuchte, Leben determinierende Faktoren auf mechanistische, chemische und physikalische Prinzipien zu reduzieren. Er genoss für seine Arbeiten höchstes Ansehen innerhalb der »scientific community«, war dabei in seiner Radikalität aber nicht unumstritten. Jacques Loeb wurde zwischen 1901 und 1924 achtundsiebzig Mal von 54 Wissenschaftlern aus 9 Ländern für den Nobelpreis für Physiologie oder Medizin nominiert, erhielt ihn aber nie.[14] Er gilt als Mitbegründer der experimentellen Biologie in Amerika, seine Berufung an das Rockefeller Institute for Medical Research im Jahr 1910 positionierte ihn als biologisch forschenden Physiologen in einem medizinischen Forschungskontext. Seine Forschungen erzielten höchste öffentliche Aufmerksamkeit, er beteiligte sich an sozial-reformerischen sowie ethischen und gesellschaftlichen Debatten. Als ein aus Deutschland ausgewanderter Physiologe kannte er sowohl den europäischen als auch den amerikanischen Forschungskontext. Darüber hinaus arbeitete er aktiv für den Aufbau und Erhalt einer internationalen Wissenschaft.

Forschungsstrategisch bietet sich im Falle Jacques Loebs eine äußerst günstige Quellenlage: Auf der einen Seite hat Loeb mehr als 500 Zeitschriftenartikel, Buchbeiträge und Bücher publiziert,[15] aus denen sich neben den inhaltlichen Fragen auch die intertextuellen Verbindungen zu anderen Forschern herausarbeiten lassen. Auf der anderen Seite unterhielt Loeb Korrespondenzen mit führenden Forschern aus Europa und den USA, aus denen sich sein soziales Engagement, sein kooperatives und sein konfrontatives wissenschaftliches Wirken rekonstruieren lassen. Neben Korrespondenzen, die sich personenbezogen in verschiedenen Archiven nachweisen lassen,[16] sind in seinem Nachlass in der Library of Congress, Washington über 10000 Briefe überliefert, die Loeb mit führenden Forschern aller Disziplinen unterhielt (Reingold 1962). Darunter befinden sich Persönlichkeiten wie Svante Arrhenius, Hans Driesch, Hugo de Vries, Paul Ehrlich, Albert Einstein, Richard Goldschmidt, Thomas Morgan, Wilhelm Ostwald, Ivan Pawlow, Wilhelm Roux, Otto Warburg etc. Mehr als 1200 von Loebs Briefen wurden für diese Arbeit aus verschiedenen Archiven herangezogen, erfasst, transkribiert, in eine Datenbank überführt und systematisch analysiert, um neben einer Vorstellung

- des Lebens und der Forschungsarbeiten Loebs (Geschichte),
- seiner Epistemologie (Theorie) sowie
- seiner aus den eigenen Forschungen abgeleiteten moralischen Normen (Ethik),

13 Siehe zum Beispiel die ausführliche Übersicht über Loebs Arbeitsgebiete von Rothberg (1965).

14 Nominierungsdatenbank für den Nobelpreis für Medizin oder Physiologie 1901–1951, http://nobelprize.org/nomination/medicine/.

15 Eine nahezu vollständige Bibliographie der Arbeiten Loebs, die von Loebs langjähriger Sekretärin Nina Kobelt zusammengestellt wurde, findet sich im Journal of General Physiology (Kobelt 1928). Diese konnte durch eigene Literaturrecherchen erweitert und ergänzt werden.

16 Z.B. im Archiv der Staatsbibliothek Preußischer Kulturbesitz (Sammlung Darmstädter), im Archiv des Deutschen Museums München (Sammlung Ernst Mach), im Archiv der Jagellonischen Universität Krakau (Nachlass Godlewski), im Archiv der American Philosophical Society (verschiedene Nachlässe) etc.

sein Programm einer internationalen biomedizinischen Forschung und seine Leistung auf dem Gebiet des Wissenschaftstransfers im Sinne der Analyse eines wissenschaftlichen Netzwerkes nachzuzeichnen.

Da sich diese Arbeit neben den genannten Primärquellen auch auf einige Sekundärquellen stützen kann, in denen die Autoren bereits Teile von Loebs Korrespondenz für ihre Analysen genutzt haben, wurden für diese Arbeit vor allem Briefwechsel neu erschlossen, die in der bisherigen hauptsächlich amerikanischen Literatur kaum oder gar keine Berücksichtigung fanden (darunter viele Korrespondenzen Loebs mit deutschen Wissenschaftlern wie Wolfgang Ostwald oder Wilhelm Roux, aber auch mit amerikanischen Forschern wie Ross G. Harrison).

1.1.3 Forschungsstand

Bisher wurden die Arbeiten, das Leben und die Wirkung Loebs in zwei Monographien und einer Reihe kleinerer Aufsätze untersucht, wobei das umfassendste und wirkmächtigste Werk sicherlich die ausgezeichnete Arbeit Philip Paulys aus dem Jahr 1987 zu Loeb und dem von ihm vertretenen Ideal einer technischen Biologie, dem »engineering ideal« in der Biologie, darstellt (Pauly 1987a). Darüber hinaus haben Rasmussen und Tilman (1998) in einem weiteren Buch vor allem Loebs sozialen Aktivismus und dessen philosophische Grundlagen behandelt. Auf das in der Korrespondenz von Loeb steckende Forschungspotential hatte kurz nach Erwerb des Nachlasses durch die Library of Congress bereits der Historiker Nathan Reingold (1927–2004) hingewiesen (Reingold 1962), der einige Briefe aus diesem Nachlass auch in dem von ihm herausgegebenen und kommentierten Werk »Science in America« abgedruckt und die herausragende Stellung Loebs im Wissenschaftsbetrieb seiner Zeit dokumentiert hat (Reingold und Reingold 1981). Petra Werner hat in ihrer Biographie Otto Warburgs ebenfalls auf die Bedeutung Loebs für Warburg und andere deutsche Wissenschaftler verwiesen und dazu Loebs Korrespondenz mit Warburg, Otto Meyerhof und Leonor Michaelis herangezogen (Werner 1996b; Werner 1996a).

Nach zahllosen Nachrufen[17] auf Loeb war bereits im Jahr 1928, im Jacques Loeb Memorial Volume des Journal of General Physiology, eine von seinem ehemaligen Adepten, dem Physiologen Winthrop J. V. Osterhout (1871–1964), verfasste umfassende Biographie Loebs erschienen (Osterhout 1928). Die Forschungsarbeiten Loebs und ihr innerer Zusammenhalt sind 1965 in einer von Erwin Ackerknecht (1906–1988) betreuten Dissertation dargestellt worden (Rothberg 1965). Die philosophischen Grundlagen dieser Arbeiten und Jacques Loebs Epistemologie hatte schon vor Erscheinen der beiden genannten Monographien von Pauly und Rasmussen/Tilman in beeindruckender Manier Donald H. Fleming (1964) in seiner Einleitung zu einer Neuausgabe von Loebs Mechanistic Conception of Life analysiert.[18] Allerdings zeigt Paulys Buch, dass Fleming

17 Siehe z. B. »Obituary Notice Jacques Loeb« (1924); Freundlich (1924); Herbst (1924); Höber (1924); Levene und Osterhout (1924); Uhlenhuth (1924); Garrey (1925); Flexner (1928).

18 Von Fleming stammt auch der Eintrag zu Loeb in Gillispies »Dictionary of Scientific Biography« (Fleming 1973).

den »Mechanismus« in Loebs Denken etwas zu einseitig betrachtet, und auch Garland Allen (2005) differenziert Paulys Einschätzung folgend Loebs philosophischen Mechanismus weiter aus, indem er ihn in einer jüngeren Studie den zeitgenössischen holistischen und vitalistischen Strömungen, wie sie von Hans Driesch (1867–1941) oder Jakob von Uexküll (1864–1944) vertreten wurden, gegenübergestellt.[19]

Die meisten themenbezogenen historischen Forschungsarbeiten zu Loeb beschäftigten sich mit seinem reduktionistischen Ansatz zur Erklärung von Instinkten und psychologischen Prozessen: dem von ihm beschriebenen Tropismus. Auf diesem Gebiet sind die Arbeiten und die Wirkung Loebs auch auf die heutige biomedizinische Forschung am besten dokumentiert. Einer ersten Arbeit des Neuropsychologen Arthur Benton (1909–2006) über Loebs Methode der Doppelstimulation, die mit dem Fazit endet »*In any event, Loeb's pioneer contribution was seemingly forgotten as the years passed and is only now once again being recognized*« (Benton 1956, S. 53), folgten regelmäßig und gerade in jüngerer Zeit einige Arbeiten nach, die vor allem das Ziel verfolgten, Loebs Beitrag für die Entwicklung der neuropsychologischen und sinnesphysiologischen Forschung im 20. Jahrhundert, vor allem des Behaviorismus, kritisch zu würdigen (Weissmann 1984; Hackenberg 1995; Brodsky 2002; Greenspan und Baars 2005; Moore 2005a; Moore 2005b). Nachdrucke seiner Bücher »Comparative Physiology of the Brain« (Loeb 1900a) und »Forced movements, tropisms, and animal conduct« (Loeb 1918c) wurden mit Vorworten versehen, die Loebs Tropismus-Arbeiten in den zeitgenössischen Kontext einordnen und seine Wirkung auf z. B. John B. Watson (1878–1958) herausstellen (Hirsch 1973; Wozniak 1993). Auch seine bis dahin wenig beachteten methodologischen Weiterentwicklungen auf dem Gebiet der Regenerationsforschung in der Botanik erfuhren 1957 eine Würdigung (Robbins 1957). Neuere Arbeiten mit eher ideen- oder sozialhistorischen Interessen rückten die Auseinandersetzungen, die Jacques Loeb mit seinen Zeitgenossen um seine radikal-reduktionistischen Theorien führte, in das Zentrum der Betrachtung (Gussin 1963; Pauly 1981; Cohen 1985). Zuletzt fokussierten eine Reihe Autoren Loebs gesellschaftliche Ideen (Rasmussen und Tilman 1992) und seine Wirkung auf die nicht-wissenschaftliche Öffentlichkeit. Diese sah sich nicht zuletzt durch Loebs Arbeiten zur künstlichen Jungfernzeugung in ihren Grundwerten attackiert und folglich zu moraltheoretischen Überlegungen zu den ethischen Konsequenzen der Loebschen Forschung aufgerufen (Turney 1995; Barcat 1996; Turney 1998; Weissmann 2006).

1.1.4 Spezielle Fragestellung

Die bisher erschienenen Arbeiten kennzeichnen Loeb als einen herausragenden Forscher seiner Zeit, der – oft auch missverstanden – ob seiner die Komplexität der Lebensprozesse nivellierenden, mechanistischen Radikalität in den ersten Jahrzehnten nach

19 Zu den verschiedenen Gesichtern und Formen des Holismus, der auch als Reaktion auf den u. a. von Loeb vertretenen Reduktionismus in den Lebenswissenschaften in den Zwischenkriegsjahren eine Konjunktur erlebte, siehe vor allem die unterschiedliche Aspekte berührenden Aufsätze in Lawrence und Weisz (1998a).

seinem Tod etwas in Vergessenheit geriet,[20] bevor die Nachhaltigkeit seines Wirkens auf wesentliche Aspekte der biomedizinische Forschung wiederentdeckt wurde.

Direkt nach Loebs Tod schrieb der Biologe und Philosoph Hans Driesch, der als Vitalist den mechanistischen Vorstellungen Loebs sehr kritisch gegenüberstand, an dessen Ehefrau: »... *Jacques Loeb has been one of those very few who mark a new period in the history of science. As to me, I would not accept all of his theories; but inspite of this I admired his genius in experimental work, a genius that has been very unique and rare indeed*«.[21] Damit lobte er entschieden Loebs experimentelles Geschick, mit dem dieser großen Einfluss auf seine Zeitgenossen in Europa und Amerika ausübte. Doch ist es neben diesem experimentellen Geschick, wie Pauly (1987a) zeigen konnte, gerade auch die oft an Loeb als »zu einfach« kritisierte reduktionistische Theorie, die für seine Person charakteristisch war, und die eine neue Epoche in der Geschichte der Wissenschaften einleitete. Sein »engineering ideal« markierte den Beginn der Biomedizin des 20. Jahrhunderts. Wie Curt Herbst (1866–1946) sich lyrisch erinnerte, wirkten Loebs Beiträge zur physiologischen Morphologie der Tiere (Loeb 1891; Loeb 1892b) auf seine Zeitgenossen »*[...] wie ein heller Sonnenstrahl, der plötzlich in das Dunkel der Morphologie fiel, die damals ganz im Banne der phylogenetischen Forschung stand*« (Herbst 1924).

Auch wenn Loeb nie eine eigene physiologische »Schule« begründet hat, ein Umstand, der eine Begründung in seiner Abneigung gegen Lehrtätigkeiten und seiner reinen Forschungsposition ab 1910 am Rockefeller Institute for Medical Research findet, so hat er sich doch entschieden bemüht, seine Vorstellungen von biomedizinischer Forschung international zu verbreiten. Dabei steht Loeb natürlich nicht solitär als einziger Begründer einer neuen Ausrichtung innerhalb der medizinischen Forschung, sondern er ist eingebettet in ein Denkkollektiv von Forscherkollegen und in institutionelle, öffentliche sowie zeithistorische Kontexte. Diese allerdings verstand er in besonderer Weise für den Transfer seiner Methoden zunächst von Europa in die USA und danach (besonders nach dem 1. Weltkrieg) von den USA nach Europa nutzbar zu machen.

Eine komplementäre Analyse der Leistungen Loebs für den Transfer experimenteller Methoden und biomedizinischen Wissens sowie der assoziierten historischen, theoretischen und ethischen Aspekte der Ausgestaltung einer internationalen biomedizinischen Grundlagenforschung um 1900 steht noch aus. In der vorliegenden Arbeit wird an ihm und seinem Wirken deshalb die Einbindung von Epistemologie, Forschungspraxis, Ethik und gesellschaftlichem Engagement bei der Formulierung eines Wissenschaftsprogramms im internationalen Kontext exemplifiziert. Die Fragen, die dabei an das Quellenmaterial gestellt werden, kreisen um wissenschaftstheoretische und wissenschaftssoziologische Aspekte, die um moraltheoretische Überlegungen aus dem Bereich der deskriptiven Ethik ergänzt werden. Die sich aus den Fragestellungen ergebenden methodologischen Besonderheiten werden in den entsprechenden Abschnitten der Arbeit detailliert beschrieben.

Der narrative Ablauf, wonach sich die einzelnen Einheiten des Textes gliedern, bewegt sich von einer auf Loeb zentrierten »inneren« Betrachtungsweise seiner Biographie

20 Vgl. z.B. die höchst kritische Betrachtung von Loebs Wirkung auf die Biologie von Nordenskiöld (1935a; 1935b).

21 Hans Driesch an Anne Loeb 04. 04. 1924, LOC.

und seiner Forschung über die Rekonstruktion seines Denkkollektives und dessen Rolle beim Transfer von Wissen hin zum Blick seiner Zeitgenossen von außen auf Loeb und seine Arbeiten.

1. Innenansichten
Nach einer kurzen Vorstellung von Loebs Biographie, seiner weit reichenden Forschungsfelder und der Evolution seiner Forschungsgebiete in verschiedenen institutionellen Kontexten, werden seine Epistemologie und sein Umgang mit Forschungsobjekten geschildert. Es folgt eine Analyse seiner eigenen Beurteilung der ihn jeweils umgebenden Forschungskontexte unter besonderer Berücksichtigung der Frage nach Forschungsstilen in den USA und in Deutschland um 1900. Loebs Einsatz für die internationale Wissenschaft vor, während und nach dem Ersten Weltkrieg sowie sein Versuch, durch diesen Einsatz Forschungsstile mitzugestalten, werden in ihrer Wirkung auf seine Anstrengungen hin untersucht, aktiven Wissenschaftstransfer auch durch Forschungsförderung zu betreiben.

2. Kollektive und Passagen
Die von Loeb zu diesem Zweck entwickelten Netzwerke, sein Korrespondenznetzwerk und sein intellektuelles Netzwerk in Form der in seine Forschung einfließenden Arbeiten anderer Forscher werden unter dem Aspekt, Loeb als Teil eines Denkkollektives zu betrachten, einer genaueren Betrachtung unterzogen. Der langsame Transfer seiner eigenen intellektuellen Grundlage, die sich aus naturwissenschaftlichen Quellen speiste, in die Medizin hinein wird auf der strukturellen Ebene von Zeitschriftenwissen rekonstruiert.

3. Außenwahrnehmung
Loebs Außenwirkung auf den »esoterischen Kreis« anderer Wissenschaftler wird am Beispiel seiner Nominierungen zum Nobelpreis untersucht. Im Bereich des »exoterischen« Publikums, der breiteren öffentlichen Repräsentation der Loebschen Arbeiten, wird ausgehend von seiner Institutszugehörigkeit zum Rockefeller Institute for Medical Research Loebs Darstellung als Ikone der biomedizinischen Forschung in Sinclair Lewis' Bestseller Roman Arrowsmith sowie seine Einflussnahme auf diese Darstellung analysiert. Zuletzt wird die Auseinandersetzung Loebs mit dem exoterischen Publikum um die ethischen Implikationen seiner Arbeiten, die zu einer Wertkollision zwischen Loeb und vielen seiner Zeitgenossen führten, dargelegt.

Die Arbeit erfasst also, welche Ideen von Wissenschaftsstilen Loebs Wirken bestimmten, welche Konsequenzen er aus ihnen für die Gestaltung von Wissenschaftstransfer zog, wie er auf Zeitgenossen als öffentlicher Forscher wirkte und wie diese drei Zugänge in die Formulierung einer medizinischen Grundlagenforschung als internationales Projekt hineinwirkten. Die Analysen gehen dabei von einem Wissenschaftsverständnis aus, das Wissenschaft als evolutionären Prozess begreift, als Aushandlungsprozess zwischen beteiligten Wissenschaftlern. Loeb wird als Teil eines Netzwerkes, als Teil eines Forscherkollektives, als Träger eines »Denkstiles« und als Mosaikstein im Prozess der Wissensgenerierung angesehen.

Die behandelten Einzelthemen referieren jeweils aufeinander und sind inhaltlich eng miteinander verbunden. Überschneidungen zwischen allen Bereichen sind möglich, jede Perspektive hat einen Bezug auf weitere. Die Vernetzung der betrachteten Ebenen ergibt die Möglichkeit, einzelne Schwerpunkte auch unter einem anderen Blickwinkel als demjenigen zu betrachten, dem sie hier in der narrativen Struktur zugeordnet sind. Diese orientiert sich in der Auswahl und Vernetzung der thematischen Zugänge dabei an der heuristischen Leitlinie eines Ansatzes, den der französische Wissenschaftsphilosoph Bruno Latour als »Kreislauf der Wissenschaft« bezeichnet hat. Latour fordert in diesem Rahmen von der Wissenschaftsforschung, dass von ihr »*Fünf Tätigkeitstypen [...] beschrieben werden müssen, will sie in irgendeiner realistischen Weise anfangen zu begreifen, worum es in einer gegebenen wissenschaftlichen Disziplin geht: Instrumente, Kollegen, Verbündete, Öffentlichkeit und schließlich Bindeglieder oder Knoten [...]*« (Latour 1999; Latour 2002, S. 120).[22]

Es ist offensichtlich, dass die in dieser Untersuchung ausgewählten thematischen Zugänge eine leichte Modifikation des Latourschen Ansatzes bedeuten. Eine hauptsächliche Erweiterung stellt die Betrachtung von Wissenschaftsstilen dar, eine wesentliche Modifikation liegt im Schwerpunkt der Betrachtung von Transferprozessen. Ansonsten lassen sich die ausgewählten Themen den Latourschen Kreisläufen zuordnen, ohne ihnen schablonenartig zu folgen: Die als »Innenansichten« bezeichnete Auswahl beschreibt die Instrumente in den Forschungsobjekten, sowie Verbündete und Kollegen in den institutionellen Betrachtungen. Die als »Passagen« bezeichnete Auswahl nimmt Verbündete und Kollegen im Sinne Latours von einer transfer- und prozessorientierten Seite her auf und wendet sich darüber hinaus den »Verbündeten« als Personen zu. Die als »Außenwahrnehmung« benannten Themen fokussieren das, was Latour »Öffentlichkeit« nennt, wiederum im Verbund mit Kollegen und institutionellen Verbündeten. Die »Bindeglieder« und »Knoten«, die Latour als Kontext und wissenschaftlichen »Inhalt« verstanden wissen will, werden in der Darstellung der Arbeitsgebiete und Forschungsstrategien Loebs aufgegriffen.

22 Latour steht mit einem solchen Ansatz nicht allein. Eine ähnliche Multiperspektivität für die engere historiographische Betrachtung der Entwicklung von Disziplinen fordern zum Beispiel auch Kevles und Geison (1995), die einen Schwerpunkt auf Konzepte, Institutionen und Förderprogramme legen.

2. Jacques Loeb

2.1 Biographisches

Jacques Loeb wurde 1859 in Mayen in der Nähe von Koblenz geboren.[1] Nach dem frühen Tod seines Vaters strebte er zunächst eine Lehre im Bankgeschäft an, doch sein Onkel, der Historiker Harry Bresslau (1848–1926), überzeugte ihn, eine akademische Laufbahn einzuschlagen.[2] Nach dem Besuch des Askanischen Gymnasiums in Berlin unternahm er einen kurzen, einsemestrigen Versuch, Philosophie zu studieren. Vor allem interessierte ihn die Frage nach dem Ursprung des »Willens«. Unter anderem hörte er die Vorlesungen des sozialkritischen Neuidealisten Friedrich Paulsen (1846–1908), doch die Lösungen, die ihm die Philosophie auf seine Frage bot, enttäuschten ihn.[3] Als Folge wandte er sich der Medizin zu. Im medizinischen Kontext erfuhr er seine wissenschaftliche Ausbildung als Physiologe bei herausragenden Vertretern der deutschen Physiologie. Zunächst ging er zum Studium nach Straßburg, auch um hier im Labor des Neurophysiologen Friedrich Goltz (1834–1902) zu arbeiten. 1884 wurde er bei Goltz promoviert, 1885 schloss er sein Medizinstudium mit dem Staatsexamen ab. Für ein Jahr ging er zurück nach Berlin an das Tierphysiologische Institut der Königlich Landwirtschaftlichen Hochschule zu Nathan Zuntz (1847–1920), dem Wegbereiter der Höhenphysiologie, bevor er im Herbst 1886 Assistent des für seine Diffusionsgesetze bekannten Adolf Fick (1829–1901) in Würzburg wurde.

Nachdem Loeb in Straßburg seine wissenschaftliche Laufbahn mit Arbeiten zur Hirnphysiologie begonnen hatte, während derer er hauptsächlich mit Hunden gearbeitet hatte, um an ihnen die Effekte von künstlich zugefügten Großhirnverletzungen zu testen, geriet er in Würzburg in den Bann der Experimente des Pflanzenphysiologen Julius Sachs (1832–1897). Sachs untersuchte experimentell die reizbedingte Orientierung von Pflanzen, so genannte Tropismen, ein Thema, das Loeb aufgriff und in den Folgejahren auf tierische Organismen übertrug. An der Beschäftigung mit Tropismen hielt Loeb auch fest, als er 1888 für kurze Zeit zurück zu Goltz nach Straßburg ging, wo er sich allerdings nicht mehr recht in den Universitätsbetrieb einordnen wollte und konnte. Er geriet mit seinem Mitassistenten, dem Physiologen Ernst Julius Ewald (1855–1921) aneinander und machte keinen Hehl daraus, dass er Teile des hierarchisch geprägten

---

1 Die biographische Übersicht orientiert sich vor allem an Osterhout (1928) und Pauly (1987a). Für eine Kurzbiographie zu Loeb siehe auch Fangerau (2005c); Fangerau und Müller (2005a).

2 1911 erinnerte Bresslau Loeb in einem Schreiben daran mit den Worten: »*... sei mit Frau und Kindern herzlichst gegrüßt von Carry und Deinem alten Onkel Harry, der es sich immer als eine der verdienstlichsten Thaten seines Lebens zurechnen wird, dass er Dich vor nun bald 40 Jahren aus dem Banquiergeschäft heraus in die Wissenschaftliche Laufbahn eingeführt hat.*« Harry Bresslau an Jacques Loeb 11. 08. 1911, LOC.

3 In einer Rückschau schrieb er 1891 an Mach: »*Wie viel Zeit habe ich als Gymnasiast und als Student verloren um das Mysterium das die Metaphysiker an diversen Facultäten um dieses Wort verbreiten los zu werden und wie viel unsinnige philosophische Bücher habe ich zu dem Zweck vergeblich gelesen.*« Loeb an Mach 06. 08. 1891, DMM.

deutschen Universitätsbetriebes für verwerflich hielt. Wie es ihm während einer auf eigene Initiative durchgeführten Forschungsreise nach Kiel möglich gewesen war, wollte er auch als Assistent in Straßburg vornehmlich in Ruhe seiner Forschung nachgehen und dabei möglichst ungestört sein.[4] Seine Untersuchungsobjekte, an denen er Tropismen testete, waren Insekten und, während verschiedener Forschungsaufenthalte in Kiel und an der Zoologischen Station in Neapel, Seetiere (Hydrozoen und Echinodermen).

Neben seinen Tropismenstudien war Sachs der Frage nachgegangen, welche Faktoren die Organisation und das Wachstum von Pflanzen determinierten, wobei er sich von der Überlegung leiten ließ, dass Unterschiede in der Organform mit Unterschieden in ihrer chemischen und physikalischen Konstitution einhergingen. Loeb bezog sich explizit auch auf diese Untersuchungen, als er während zweier ausgedehnter Forschungsreisen an die Zoologische Station Neapel mit Experimenten zu Wachstum und Formbildung (vor allem zur Heteromorphose) bei Meerestieren begann.[5] In Neapel hatte Loeb Bekanntschaft mit dem Programm der Entwicklungsmechanik gemacht, das in den 1880er Jahren von Wilhelm Roux begründet worden war. Anders als die bis dahin geübte biologische Methode der beschreibenden Morphologie Haeckels sah die Entwicklungsmechanik im kausalanalytischen Experiment den Schlüssel zur Aufdeckung der Entwicklungsvorgänge der Organismen.[6] Inspiriert durch mit ihm in Neapel arbeitende Forscher, wie den Embryologen Wilhelm His, nahm Loeb nun ebenfalls Versuche zur Embryonalentwicklung und zur Eiteilung auf. In retrospektiver Betrachtung schienen diese neuen Versuche eine Synthese von Loebs bisherigen Forschungsinteressen zu erlauben: Loeb hatte *erstens* herausgefunden, dass Veränderungen im osmotischen Druck einer Lösung die Irritabilität einer von dieser umspülten Lebensform beeinflussten. Darüber hinaus hatte er *zweitens* entdeckt, dass es ihm möglich war, durch Veränderung des osmotischen Drucks Regenerationsvorgänge zu beschleunigen oder zu verlangsamen.

4 An Zuntz schrieb er über die Verhältnisse in Straßburg: »*Dass es mir gelingen wird hier zu bleiben glaube ich kaum und wünsche ich nur sehr lau. Es kommt nur darauf an inwieweit man von mir verlangt dass ich thatsächlich an demjenigen Universitätstreiben das ich für verwerflich halte Antheil nehmen oder dazu durch Schweigen Beihülfe leisten soll. … Einstweilen lebe ich sehr ruhig in meinen 2 Zimmern die auch zugleich meine Arbeitszimmer sind, da das ganze übrige Institut bereits von Ewald mit Beschlag belegt ist; mit dem ich übrigens bereits einen gediegenen Auftritt hatte, infolge dessen ich Goltz, um die unausbleiblichen Wiederholungen derselben Art zu vermeiden, um meine Entlassung bat. Er meinte er geriet dadurch in grosse Verlegenheit + wolle vollkommene Arbeitstheilung einführen. … Ich muss es schon so einrichten wie in Kiel wo ich wochenlang keinen Menschen sprach … Zum Arbeiten bin ich hier noch wenig gekommen.*« Loeb an Zuntz 28. 09. 1888, SPK.

5 Loeb hielt sich vom 10. 10. 1889 bis zum 1. 5. 1890 und vom 31. 10. 1890 bis zum 25. 4. 1891 an der Zoologischen Station in Neapel auf (Müller 1976, Bibliographischer Anhang S. 75): Besucherbücher des Archives der Zoologischen Station in Neapel) – ich danke Frau Prof. Irmgard Müller für den Hinweis. Bereits 1888 hatte er versucht, einen Arbeitsplatz in Neapel zu erhalten, zum gewünschten Zeitpunkt jedoch keinen erhalten können, da die in Frage kommenden Plätze schon vergeben waren. Siehe Loeb an das Preußische Kultusministerium 13. 12. 1887, mit Vermerk von Friedrich Althoff. Staatsbibliothek Preußischer Kulturbesitz, SPK, Sammlung Darmstädter Lc 1871 (12), Loeb Bl. 7.

6 Siehe z.B. Allen (1975); Maienschein (1994); Müller (1996).

Aus seinen Versuchen zur Eiteilung schloss er *drittens*, dass die durch einen Stimulus aus dem Nukleus erzeugte Irritabilität des Protoplasmas einen Einfluss auf die Eiteilung habe. Da nun Wachstum und Regenerationen Funktionen eines Zellteilungsprozesses seien, folgerte er aus *erstens, zweitens und drittens,* dass die Ursache für beschleunigte oder verlangsamte Regeneration in einer Veränderung der Irritabilität des Protoplasmas durch eine veränderte osmotische Umgebung zu suchen sei (Loeb 1892a). Wenn nun diese Schlussfolgerung richtig sei, so schloss er, dann sei sein »... *Experiment nicht bloß für den Prozeß der Teilung von Eiern, sondern auch für Zellen im allgemeinen gültig*« (Loeb 1892a, S. 262; Loeb 1906a, S. 18).

Auf Grund dieser sehr speziellen Forschungsinteressen, aus Sorge vor antisemitischen Ressentiments der deutschen Fakultäten bei der Vergabe von Ordinariaten und wegen seiner liberalen politischen Ansichten fürchtete Loeb, im deutschen Universitätssystem nie eine unbefristete Anstellung zu erhalten.[7] Auch mit der Habilitation tat er sich schwer, denn, so schrieb er an seinen alten Mentor Nathan Zuntz: »*Wenn ich als Gelehrter bei der Habilitation gewinne so verliere ich dabei als Mensch.*«[8] Als Konsequenz unternahm er einen Versuch, in Zürich als Augenarzt zu arbeiten, den er aber zugunsten seiner wissenschaftlichen Interessen bereits nach nur sechs Wochen frustriert abbrach.

Nach seiner Eheschließung mit der Amerikanerin Anne Leonard, die er in Zürich im Haus des Physiologen und ehemaligen Goltz Schülers Justus Gaule (1849–1939) kennen gelernt hatte, wanderte Loeb 1891 in die USA aus.[9] Über Bryn Mawr, Chicago (1892) und Berkeley (1902) kam er 1910 an das renommierte Rockefeller Institute for Medical Research, an dem er als Leiter des Labors für Experimentelle Biologie eine hoch dotierte Forschungsstelle ohne Lehrverpflichtung bis zu seinem Lebensende 1924 innehatte.

Am Bryn Mawr College hatte Loeb zunächst systematische Botanik unterrichtet, die ihm gebotenen Forschungsmöglichkeiten allerdings als unzureichend empfunden, so dass er ein Angebot von Charles Otis Whitman (1842–1910), an die Universität Chicago zu kommen, im Januar 1892 annahm. Gleichzeitig erklärte er sich bereit, physiologische Sommerkurse im Meeresbiologischen Labor in Woods Hole (MBL) zu geben, einer Einrichtung, die in ihrer Struktur und ihren Forschungsmöglichkeiten stark an die Zoologische Station in Neapel angelehnt war. Die 1888 gegründeten »Marine Biological Laboratories« waren nicht nur eine der ersten privaten Forschungsstationen der USA, sondern schon bald nach ihrer Gründung Treffpunkt und Sommerresidenz der bedeutendsten amerikanischen Biologen, so dass Loeb hier schnell Beziehungen zu den wichtigsten amerikanischen Forschern knüpfen konnte.[10] Loeb besuchte in den Folgejahren regelmäßig Woods Hole (außer während seiner Zeit in Kalifornien), leitete zwischen

7 Siehe z.B. Loeb an Mach 06. 04. 1891, Loeb an Mach 06. 08. 1891, beide DMM, Loeb an Zuntz 02. 06. 1891, SPK, Harry Bresslau an Loeb 07. 11. 1914, LOC.

8 Loeb an Zuntz 08. 02. 1887, SPK.

9 Anne Leonard studierte in Zürich Philologie, ihre ältere Schwester war mit Justus Gaule verheiratet (Bearn 1978, S. 149).

10 Siehe z.B. Pauly (1988) oder das Symposium-Sonderheft des Biological Bulletin (Stazione Zoologica Napoli und Marine Biological Laboratory Woods Hole 1985). Eine Anekdote zu Woods Hole, in der Loeb eine Rolle spielt, erzählt Edwin Conklin (1968) in seinen Erinnerungen an Woods Hole.

1893 und 1902 die physiologische Abteilung der Station und wirkte zwischen 1897 und 1923 als einer ihrer treuhänderischen Verwalter (Trustee).

An der Chicagoer Universität war das physiologische Institut zunächst der biologischen Abteilung zugeordnet. Kurz nachdem Loeb dort als »assistant professor« seine Stelle angetreten hatte, wurde die Physiologie von der Biologie getrennt, und er erhielt den Titel eines Professors für Physiologie. Ein physiologisches Laboratorium wurde 1897 etabliert. In Chicago setzte Loeb seine Versuche zu Tropismen und Formbildung fort, integrierte aber zunehmend neuere Ergebnisse der physikalischen und chemischen Forschung, so dass er seine Untersuchungen mehr und mehr auf das Gebiet der physiologischen Effekte von Ionen auf die von ihm untersuchten Vorgänge verlagerte. Er unternahm zum Beispiel Versuche, mittels Kaliumchloridlösungen die Entwicklung von Herztätigkeit und Kreislauf in Fischembryonen zu unterdrücken und diese dennoch eine Zeit am Leben zu halten (Loeb 1893b), er untersuchte die Effekte verschiedener Salze, Säuren, Basen und Sauerstoff auf Entwicklungsvorgänge und begann Studien zu osmotischen Vorgängen an Membranen (Loeb 1897b).

Während seiner Zeit in Chicago wurde Loeb nicht nur amerikanischer Staatsbürger, sondern es gelang ihm auch, sich und seine Forschungen so erfolgreich an seine neue Umgebung zu adaptieren, dass er zu einem der führenden Wissenschaftler des beginnenden 20. Jahrhunderts aufstieg. Seine berühmteste »Entdeckung« war die Entwicklung der Künstlichen Jungfernzeugung oder Artifiziellen Parthenogenese im Jahr 1899 (Loeb 1899c). Während er Experimente zum Einfluss anorganischer Substanzen auf Seeigeleier durchgeführt hatte, war es ihm gelungen, Seeigeleier ungeschlechtlich nur durch Veränderung der Elektrolytkonzentration der sie umgebenden Flüssigkeit zur Teilung anzuregen und dabei Gastrulae sowie Plutei zu erzeugen, wie sie bei geschlechtlicher Befruchtung erzeugt worden wären. Wenig später veröffentlichte er im Jahr 1903 eine nicht weniger spektakuläre Technik. Erfolgreich hatte er Seeigeleier mit den Spermien von Seesternen hybridisiert, eine bis dahin für unmöglich gehaltene Hybridisation (Loeb 1903/04). Diese Versuche erregten weltweites Aufsehen. Loeb wurde zu einem in der Öffentlichkeit wahrgenommenen und diskutierten Wissenschaftler, so dass Simon Flexner in einer Rückschau noch 1928 darauf hinwies, dass Loebs Wirkung auf die Forschung seiner Zeit so groß gewesen sei, dass sein weiterer Einfluss eine große Zahl von Studenten, Wissenschaftlern und sogar eine aus gebildeten Laien bestehende Öffentlichkeit zu erreichen vermocht hatte (Flexner 1928). Loeb wurde durch die Veröffentlichung seiner spektakulären Versuche zur Jungfernzeugung zu einem, wie der Wissenschaftsforscher Jon Turney es ausdrückte, »visible scientist«.[11]

Im Sommer 1902 erhielt Loeb einen Ruf an die University of California in Berkeley. Um Loeb als Professor für Physiologie zu gewinnen, bot der Präsident der Universität Benjamin I. Wheeler (1854–1927) Loeb eine Forschungsprofessur mit einem geringen Lehrdeputat, ein für damalige Verhältnisse relativ hohes Jahresgehalt von 5000$, eine üppige Personal- und Sachmittelausstattung, sowie den Bau eines eigenen (durch den Spender Rudolph Spreckel finanziertes) Physiologischen Laboratoriums.[12] Loeb akzep-

11 Siehe z. B. Loeb (1901); Turney (1995); Fangerau (2005a), Wheeler an Loeb 30. 09. 1902, LOC.

12 Wheeler an Loeb 10. 07. 1902 und Wheeler an Loeb 30. 09. 1902, LOC. Zu Loebs Berufung und Wirken an der University of California siehe u. a. Kohler (1982, S. 149–154, 187–190); Pace (1986).

tierte den Ruf und blieb bis 1910 in Kalifornien, wo es ihm gelang, sein Labor zu einer Attraktion für eine Reihe von hochrangigen europäischen Forschern zu entwickeln, die ihn dort während ihrer Vortragsreisen durch die USA oder für kurze Forschungsaufenthalte besuchten (u.a. Svante Arrhenius, Hugo de Vries, Wilhelm Ostwald, Ludwig Boltzmann, Ernest Rutherford, Nathan Zuntz).[13] In Kalifornien baute er seine Untersuchungen zur heterogenen Befruchtung und künstlichen Parthenogenese aus und verknüpfte Fragen der Entwicklung von Lebewesen mit denen nach der Dauer ihres Lebens. Er fragte sich, ob der Tod eine Folge der Entwicklung sei oder ein eigener Prozess, der künstlich hinausgeschoben oder verkürzt werden könne (Loeb 1902a; Loeb und Lewis 1902). Von diesen Studien aus gelangte er zu seiner Theorie der antagonistischen Wirkung von Salzen, die besagte, dass die toxische Wirkung gewisser geladener Ionen durch anders geladene Ionen aufgehoben werden könne (Loeb 1902b). Im Rahmen dieser Untersuchungen begann er zusätzlich auch mit ersten Studien zum kolloidalen Verhalten von Proteinen (Loeb 1904a).

Trotz seiner vielfältigen Forschungsaktivitäten genoss Loeb das Leben im äußersten Westen der USA nur zum Teil. Er fühlte sich fernab von Europa und den Kollegen an den größeren Universitäten im Osten der USA etwas isoliert. So schrieb er zum Beispiel an den von ihm sehr verehrten Physiker und Philosophen Ernst Mach (1838–1916) über seine neue Heimat Kalifornien: »*Es ist schön hier, wenn auch einsam; aber ich glaube für einen Forscher der sich mit so komplizierten Dingen wie Lebenserscheinungen abgibt ist die Ruhe + Isolierung im ganzen von Nutzen*«.[14] Als 1910 das Rockefeller Institute for Medical Research an ihn herantrat und ihm das Angebot machte, hier eine reine Forschungsabteilung für experimentelle Biologie[15] aufzubauen, willigte Loeb folglich »umgehend«, wie er an W. J. V. Osterhout schrieb, ein, obwohl er wohl noch lieber einen, sich etwa zeitgleich in der Schwebe befindenden, Ruf aus Budapest angenommen hätte. Da er aber den in Ungarn herrschenden Chauvinismus und Antisemitismus fürchtete, zog es ihn nach New York.[16] In einem Brief an den polnischen Embryologen Emil Godlewski, jr. (1875–1944) fasste er einen Teil seiner Beweggründe, Kalifornien zu verlassen, gebündelt zusammen. In erster Linie hoffte er, in New York über höhere Forschungsmittel verfügen zu können und ohne jegliche Lehrverpflichtungen noch mehr Zeit für seine Forschungen zur Verfügung zu haben: »*I have accepted a call to the Rockefeller Institute in New York, and I expect to leave here by the end of May. My new position is entirely for research, and while I have not the fauna which I have in California, I hope I shall be able with*

13 Ludwig Boltzmann veröffentlichte einen humorigen Reisebericht über seine »Reise eines deutschen Professors ins Eldorado«, in dem er auch Loeb, seine Forschungen und sein großes Labor eingehend würdigt (Boltzmann 1905).

14 Loeb an Mach 23. 08. 1905, DMM, ähnlich Loeb an Mach 24.10.1909, SPK.

15 Die Abteilung wurde später die »Division of General Physiology«.

16 Loeb an Osterhout 03. 02. 1910, LOC: »*I decided about three weeks ago + accepted at once. [...] Personally I would have preferred Budapest, but [...] the antagonism of the ›patriots‹ in Budapest to the calling of a non ›Magyar‹ made me decide in favour of New York.*«, Zum Chauvinismus in Budapest siehe auch Godlewski an Loeb 12. 11. 1909, 12. 12. 1909, LOC; Loeb an Mach 10. 01. 1910, SPK. Benjamin Wheeler, Präsident der Universität von Kalifornien versuchte Loeb zu halten, Loeb aber zog das Angebot aus New York vor (Wheeler an Loeb 28. 01. 1910, LOC).

the greater means at my disposal and the great amount of leisure, to do my work as well as I could do it here. Being nearer to Europe I hope it will be easier for me to see more of my friends than has been possible in the past.«[17] Sein Gehalt war mit 9000$ im Jahr dotiert und damit das zweithöchste nach dem des Institutsleiters Simon Flexner (1863–1946) (Pauly 1987a, S. 136).

Am Rockefeller Institute führte Loeb seine bisherigen Forschungen fort und erweiterte sie um Studien zu bioelektrischen Phänomenen und quantitativen Aspekten der Regeneration. Da er mit der physikalischen Chemie die Grundbausteine des Lebens gefunden zu haben glaubte, konzentrierte Loeb sich in den Folgejahren mehr und mehr auf die rein chemischen Aspekte der Lebensprozesse.[18] Er verschob seine Forschungsprojekte von den zentralen Lebenserscheinungen der Irritabilität, Regeneration und Entwicklung hin zur Ermittlung von Temperatur-Koeffizienten und der Theorie kolloidalen Verhaltens der Eiweißkörper. Er konnte z. B. zeigen, dass Proteine sich als genuine Moleküle beschreiben lassen und dass ihr chemisches Verhalten sich in klassischen stöchiometrischen Verbindungen ausdrücken und erklären lässt. Auch war Loeb einer der ersten Wissenschaftler, die feststellten, dass Schwellungs-, Viskositäts-, und osmotische Druckeffekte, die sich durch Veränderungen des Ionengleichgewichts an Membranen hervorrufen lassen, am besten durch die Anwendung des von Frederick G. Donnan (1870–1956) beschriebenen Membranpotentials erklärt werden können.[19]

Loeb stand mitten im Forscherleben, als er am 11. 02. 1924 während einer Erholungsreise auf den Bermudas an einem Herzinfarkt verstarb. Wie Hans Driesch in dem bereits zitierten Brief betonte auch Albert Einstein (1879–1955) in einem herzlichen Kondolenzbrief an Loebs Ehefrau Anne Leonard Jacques Loebs nachhaltige Wirkung auf seine Zeitgenossen über seinen Tod hinaus: »*Mit ihm ist einer der vollkommensten und wunderbarsten Menschen aus dem Leben gegangen, die ich kennen zu lernen das Glück hatte. Die wenigen Stunden, die ich mit ihm zusammen in New York und Washington verbringen durfte, gehören zu den wertvollsten und glücklichsten Erinnerungen meines Lebens. Wunderbar war es, wenn er von der Entwicklung seiner Gedanken und Arbeiten erzählte, die die Wissenschaft so tief beeinflussten, und wenn er über unendliche und politische Dinge sprach, feurig und resigniert zugleich. Nun ist er plötzlich als Person weg, und nur seine machtvollen Gedanken sprechen noch zu den Überlebenden.*«[20]

Als Loeb starb, war er Ehrenmitglied in zahlreichen internationalen Gesellschaften und Ehrendoktor an verschiedenen Universitäten. Eine Auflistung findet sich in der Tabelle 1.

17 Loeb an Godlewski jr. 26. 01. 1910, AJUK.

18 Mit diesem Ansatz stand er natürlich nicht allein, auch wenn er einer der herausragenden Vertreter der sich entwickelnden physiko-chemischen Betrachtungsweise der Lebensprozesse war. Zum Kontext des interdisziplinären Zusammenspiels von Chemie und Biologie siehe vor allem die umfängliche Monographie von Joseph Fruton (1999).

19 Siehe Überblicksweise zu Loebs Arbeitsgebieten seine zusammenfassenden Bücher und Aufsatzsammlungen: Loeb (1899a); Loeb (1905b); Loeb (1906b); Loeb (1912c); Loeb (1916); Loeb (1922); Loeb (1924).

20 Albert Einstein an Anne Leonard Loeb 19. 02. 1924, LOC.

Tabelle 1: Mitgliedschaften und Ehrentitel Loebs nach einer Liste in seiner Personalakte des Rockefeller Institute for Medical Research (Flexner Papers, American Philosophical Society)

	Titel	Ort	Jahr
Ehren-doktortitel	Sc.D.	Cambridge, England	1909
	M.D.	Genf, Schweiz	1909
	Ph.D.	Leipzig, Deutschland	1909
	Sc. D	Yale	1923
Ehren-mitgliedschaften	Acad. Roy. de Med. de Belgique		1911
	Calif. Acad. Med.		1912
	Soc. Imp. des Amis des Sciences Naturelles, d'Anthropologie et d'Ethnographie, Moscow		1913
	Cambridge Philosophical Soc.		1914
	Société de Biologie of Paris		
	Soc. Portugaise des Sciences Naturelles		1921
	Royal Inst. Gt. Britain		
	Med. Gesellsch., Wien		
	Sociedad de Biología de Buenos Aires		1922
Korrespondierendes Mitglied	Senckenbergische Natur. Gesellsch., Frankfurt a/M		
	Physikalisch-Med. Gesellsch., Erlangen		
	Med.Gesellsch., Budapest		
	Acad. of Natural Sciences, Philadelphia		1911
	Académie des Sciences del'Institut de France, Paris		1914
	Acad. des Sciences, Krakau		
	Moscow Soc. Nat.		
	Bataafsch Genootschap der Proefondervindelijke Wijsbegeerte te Rotterdam		
Foreign Member	Acad. Royale des Sciences de Belgique, Brussels		
	Société de Biologie of Paris		
	Gesellsch. der Aerzte in Wien		1918
Mitglied	Nat. Acad. of Sciences, USA		
	Washington Acad. of Sciences		
	Am. Philosophical Soc		
	Am. Physiological Soc		
	Am. Soc. Biol. Chemists		
	Roy. Institution of Gt. Britain		1919
	Soc. of Experimental Biology and Medicine		
Assoziiertes Mitglied	Soc. Roy. des Sci. Medicales et Naturelles de Bruxelles		
	Société Belge de Biologie		1919
Fellow	Amer. Acad. of Arts and Sciences, Boston		1914
Foreign Fellow	Linnean Society, London		1915
Trustee	Woods Hole (Marine Biological Laboratory)		1897

2.2 Loebs Wissenschaftliche Arbeiten

2.2.1 Quantitative und Qualitative Aspekte

Inklusive seiner Monographien, seiner politischen Arbeiten und seiner gegen wissenschaftliche Gegner gerichteten Polemiken veröffentlichte Loeb im Laufe seines Lebens 410 Arbeiten. Unter Einzelzählung seiner Doppelpublikationen in Form von Übersetzungen seiner Aufsätze, dem Mehrfachabdruck in unterschiedlichen Organen oder Aufsatzsammlungen summiert sich die Zahl seiner Arbeiten auf 525. Loeb gehört damit in die Gruppe der »viel schreibenden« Forscher. Zwar kam nach einer Zählung von W. Dennis (1954) Loebs Zeitgenosse und Kollege am Rockefeller Institute Phoebus A. T. Levene (1869–1940) mit 768 Publikationen in seinem Leben auf mehr Arbeiten als Loeb, aber außer Levene fand Dennis in seiner Studie zu Bibliographien bedeutender Wissenschaftler nur noch in dem Zoologen Clinton H. Webster (1855–1942) einen Autoren mit zahlreicheren Publikationen (626). Der mit Loeb persönlich bekannte Genetiker Charles B. Davenport (1866–1944) kam zum Beispiel auf »nur« 303, Louis Pasteur (1822–1895) auf 172, Louis Agassiz (1807–1873) auf 153 und Charles Darwin (1809–1882) auf 61 Publikationen. Nach Roe lag zu Beginn des 20. Jahrhunderts die durchschnittliche Publikationszahl von Biologen bei 3,2 pro Jahr.[21] Loeb erreichte zwischen 1884 und 1924 eine Quote von 10,25 Veröffentlichungen pro Jahr (13,1 unter Einbeziehung der Doppelpublikationen). Er hatte damit als viel publizierender Autor, wenn man der bahnbrechenden bibliometrischen Untersuchung von de Solla Price (1922–1983) folgt, eine gute Chance, der Gruppe der innerhalb der »scientific community« besonders hoch angesehenen Forscher zugerechnet zu werden (Solla Price 1974, S. 51–61). De Solla Price folgt mit dieser Einschätzung dem von Merton postulierten »Matthäus-Prinzip«, das besagt, dass Wissenschaftler, die schon einen gewissen Status innerhalb ihrer Gemeinschaft erreicht haben, eher die Möglichkeit haben, Arbeiten zu publizieren oder Forschungsgelder einzuwerben.[22] Eine direkte Ableitung der Bedeutung eines Forschers aus seinen Publikationszahlen ergibt sich aber nicht. Ironischer Weise führt Merton (1968, S. 57) in seinen Ausführungen zum Matthäus-Prinzip ausgerechnet Jacques Loeb als einen der Forscher an, die den Nobelpreis – obschon verdient – nie bekommen haben. Auch muss die Anzahl der Publikationen eines Autors immer im Verhältnis zur Zahl der Veröffentlichungen seiner Zeitgenossen betrachtet werden. Im 19. Jahrhundert z. B. publizierten Biologen im Schnitt nur 1,8 Arbeiten pro Jahr (Roe 1972), und der für

21 Zitiert nach Simon (1977, S. 233).

22 Dieses Phänomen wurde schon zu Loebs Zeiten offen diskutiert. Vgl. u.a. Harrison an Loeb 13. 04. 1917, LOC: »*Men who have established reputations as investigators should, I think, be given the pages of the Journal for expression [...]*«. Auch Loeb handelte danach. Er empfahl zum Beispiel eine Arbeit seines ehemaligen Schülers Arthur R. Moore dem Journal of Experimental Zoology zur Publikation, obwohl er sie nicht gelesen hatte. Kurze Zeit später wurde das Manuskript veröffentlicht (Moore 1923). Harrison an Loeb 14. 06. 1923; Loeb an Harrison 15. 06. 1923, beide LOC: »*Dr. Moore spoke to me about the paper and I fully approved of his sending it though I have not read it in detail. However, I know Moore well enough to be certain that his statements are correct and that his paper is acceptable*«.

die Genetik so bedeutsame Gregor Mendel kam im Laufe seines gesamten Lebens auf nur 7 Veröffentlichungen (Simon 1977, S. 231–242).

Loeb selbst war sich der Bedeutung des »Viel-Publizierens« für den Stellenwert eines Wissenschaftlers sehr wohl bewusst. Vermutlich legte er aus diesem Grund viel Wert darauf, eine große Anzahl von Artikeln zu veröffentlichen. Pointiert legte er diese Sichtweise in einem Kommentar zur Publikationsleistung des großen Physiologen Johannes Müller (1801–1858) dar, indem er unter Anspielung auf die eigene Forschungsrichtung eine Beziehung zwischen der Quantität von Veröffentlichungen und der Qualität ihrer Wirkung herstellte: »*There is a law of mass action in the development of the sciences as well as in chemical reaction and if a man as influential and famous as Johannes Müller pours out such quantities of purely descriptive material into the biological flask, it must determine the character of the product*« (Loeb 1911b, S. 307). Er erkannte aber auch die Gefahr des vielen Publizierens, so bat er Paul de Kruif (1890–1971), der in einem Porträt des Forschers Loeb auf dessen hohe Publikationsgeschwindigkeit anspielte, diesen Passus lieber wegzulassen, da er falsche Assoziationen wecken könnte. Vor allem hatte Loeb die Sorge, seine Kollegen könnten sein häufiges und schnelles Veröffentlichen von Ergebnissen als mangelnde Sorgfalt in seinen Arbeiten deuten: »... *you make it a point to say that I publish more quickly than is usual with other scientists, for instance, 24 hours after the experiment is made. From this and similar statements the reader will gradually think that I must be a rather unreliable and erratic individual if not actually a charlatan and faker*«.[23]

Eine Übersicht über die Anzahl der von Loeb pro Jahr veröffentlichten Arbeiten und damit eine Darstellung seines individuellen, biographische Besonderheiten widerspiegelnden Publikationsprofils findet sich in Abbildung 1.

Eindrucksvoll zeigt die Einzelübersicht der Anzahl der Publikationen pro Jahr, welchen Einfluss die Berufungen Loebs nach Kalifornien und ans Rockefeller Institute auf seine Produktivität hatten. Mit sinkendem Lehrdeputat, steigender Anzahl von Assistenten und Gastwissenschaftlern sowie wachsender Reputation stieg die Zahl seiner jährlichen Publikationen.

Wie im biographischen Abschnitt angedeutet, waren Loebs Arbeitsgebiete zwar vielfältig, aber sie standen in einem mehr oder weniger konsequenten Zusammenhang. Sie behandelten die grundsätzlichen Charakteristika lebendiger Materie vom Instinkt und der Irritabilität über die Entwicklung und Fortpflanzung bis hin zum Tod. Dabei bewegten sich seine Forschungsmethoden und -objekte von ganzen Organismen über Eizellen hin zu Fragen der chemischen und physikalischen Wirkungen an Zellmembranen und zur Beschaffenheit von Proteinen. Grob lassen sich seine vielen Arbeiten in sieben Themen einordnen, wie sie ähnlich auf einer Gedenktafel für Loeb im Marine Biological Laboratory in Woods Hole und im Rockefeller Institute verzeichnet sind.[24] Feinere Differenzierungen wären möglich, zum Beispiel veröffentlichte Loeb einige Arbeiten, die in das Gebiet der Zellatmung fielen – z. B. (Loeb und Wasteneys 1913) – doch lassen sich auch diese Arbeiten größten Teils unter die folgenden Hauptthemen subsumieren.

23 Loeb an de Kruif 24. 07. 1922, LOC. Vgl. 5.3.2.2 Forscherphilosophie und Öffentlichkeit.

24 Ausführliche Beschreibungen der einzelnen Arbeiten Loebs liefern Osterhout (1928) und stark an ihn angelehnt Rothberg (1965). Eine Kontextualisierung der Arbeiten leistet Pauly (1987a).

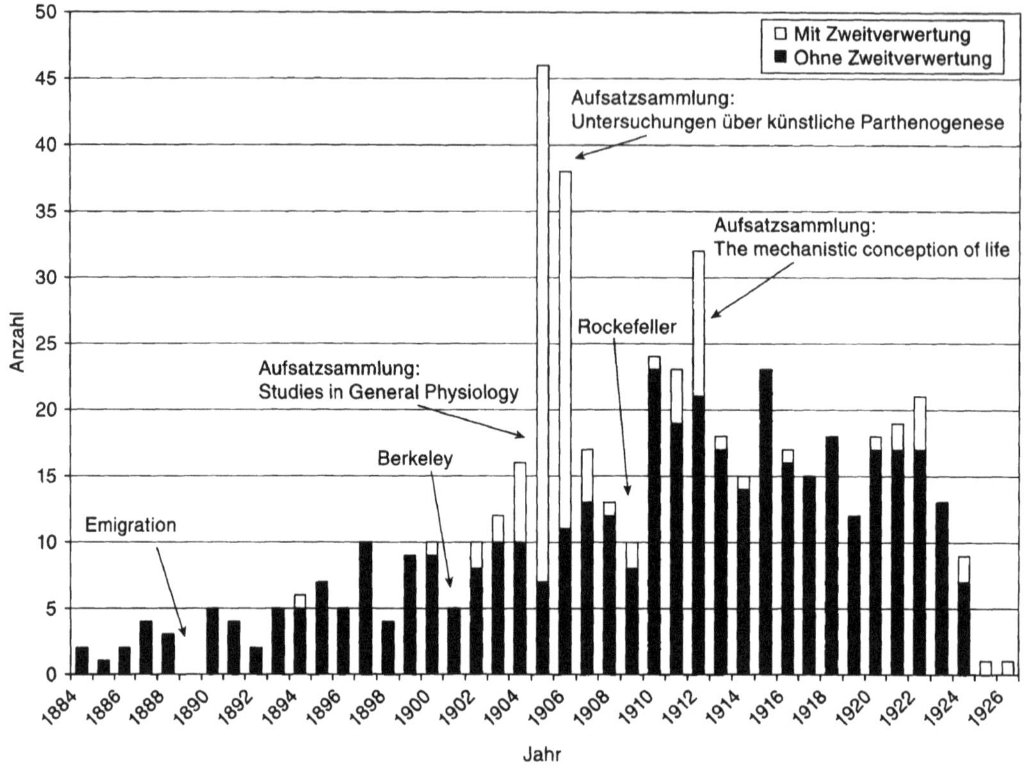

Abbildung 1: Arbeiten von Loeb pro Jahr
(zugrunde gelegt ist das Erscheinungsjahr, nicht das Erstellungsjahr)

1.	Hirnphysiologie	seit ca. 1884
2.	Tropismen	seit ca. 1888
3.	Regeneration, Entwicklung, Organisation und Wachstum	seit ca. 1891
4.	Permeabilität, elektrische Ladungen und Antagonistische Salzwirkungen	seit ca. 1897
5.	Künstliche Jungfernzeugung und Hybridisation	seit ca. 1899
6.	Temperaturkoeffizienten von Lebensprozessen und Lebensdauer	seit ca. 1902
7.	Proteine und Kolloidales Verhalten	seit ca. 1904

Hinzu kamen Arbeiten mit grundsätzlichen Positionierungen zur Frage des Inhaltes der »General Physiology« oder Gesamtübersichten über seine Forschungen und Ansichten zu Lebensvorgängen (insbesondere seine Aufsatzsammlungen und Monographien), politische Arbeiten (vier in den Jahren 1914, 1917 und 1918) und wenige Vererbungsstudien.

Abbildung 2 zeigt die quantitative Entwicklung der Arbeiten Loebs nach Forschungsthemen unter Fortlassung der Monographien, der Grundsatzarbeiten und der etwa 10 Arbeiten zur Vererbung – vornehmlich ab 1911, z. B. Loeb (1912a). Erfasst wurden jeweils nur die Erstveröffentlichungen, zweitverwertende Publikationen z. B. in Sammelbänden wurden ausgelassen.

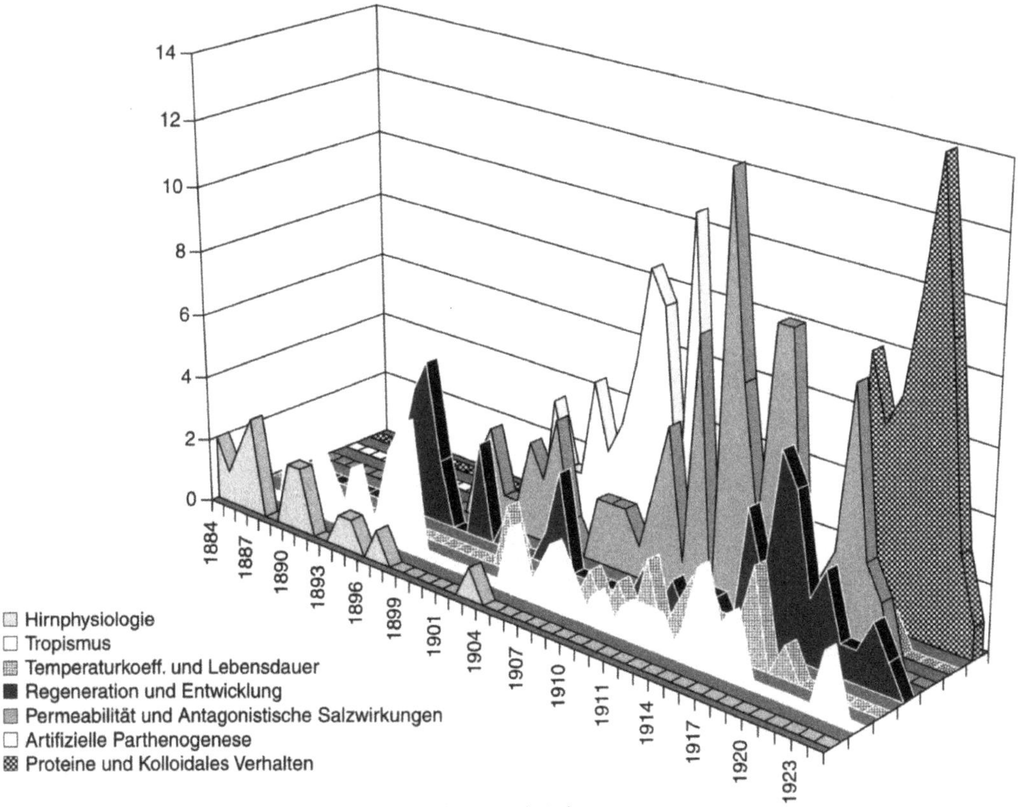

Abbildung 2: Loebs Hauptforschungsgebiete nach Jahren

Die Abbildung verdeutlicht die Konjunkturen der einzelnen Themen in Loebs Karriere. Überschneidungen machen eine genaue Zuordnung zu seinen Hauptarbeitsgebieten oft schwierig. Kaum ein Themengebiet gab er mit dem Abschluss einer entscheidenden Monographie oder nach einem Institutswechsel komplett auf. Durch die Kombination seiner unterschiedlichen Zugänge kehrte er immer wieder zu einmal aufgegriffenen Themen zurück. Im Wesentlichen wandte er zunehmend chemische und physikalische Methoden experimentell und quantitativ auf unterschiedliche Lebensphänomene an.

Wenn die Themenauswahl Loebs aus rekonstruktiver Perspektive eine gewisse logische Konsequenz aufweist, so waren doch die einzelnen Ergebnisse der Arbeiten Loebs gelegentlich entweder widersprüchlich oder er beschäftigte sich mit Forschungssträngen, die sich als Sackgassen erwiesen. Zum Beispiel waren seine Versuche zur Parthenogenese zunächst nur in Teilen reproduzierbar. Auch musste er eigene Aussagen zum Beispiel zur Reihenfolge der Ereignisse bei der Erzeugung einer »Fertilisierungsmembran« im Rahmen parthenogenetischer Experimente revidieren (Osterhout 1928, S. xxxi). Als nicht zielführend erwiesen sich ebenfalls seine Forschungen zur Entwicklung von Spermien außerhalb der Eizelle (Loeb und Bancroft 1912). Wie viele andere Forscher harmonisierte Loeb einen Teil seiner Befunde und Ergebnisse erst nachträglich. Die wesentlichen Errungenschaften, die er selbst seinen Arbeiten zuschrieb, fasste er in einer

Rückschau aus dem Jahr 1921 zusammen.[25] Die Ergebnisse seiner hirnphysiologischen Studien (z. B. Loeb 1884a; Loeb 1884b) und seine wichtigen Untersuchungen zur Heteromorphose, bei denen er den regenerativen Ersatz von Organen durch strukturell und funktionell andere beschrieb (Loeb 1891), ließ er in dieser Übersicht unberücksichtigt. Auch seine maßgeblichen Beiträge zur Regenerationsforschung, die er seit etwa 1915 an der Pflanze Bryophyllum calycinum (Brutblätter) durchführte und in denen er danach strebte, Regenerationsgesetze quantitativ auf Basis mathematischer Formeln aufzustellen (Loeb 1915b; Loeb 1924), erwähnte er hier nicht.

Aus seiner Sicht stellten die im Folgenden genannten Experimente und Resultate seine wichtigsten wissenschaftlichen Leistungen dar.

1. Künstliche Jungfernzeugung – Artifizielle Parthenogenese

1899 gelang Loeb die künstliche Erzeugung von schwimmenden Larven aus unbefruchteten Seeigeleiern mittels physiko-chemischer Methoden, die seitdem allgemein anerkannt und weiterentwickelt wurden. Er übertrug im Folgenden diese Methode auf die Eier von Würmern sowie Mollusken und bewies die Analogie der künstlich-parthenogenetischen Phänomene mit denen der Erzeugung katalytischer Prozesse. Zuletzt gelang es ihm ab 1917, künstlich parthenogenetisch erzeugte Frösche bis zur vollen Reife aufzuziehen, wobei er beide Geschlechter gefunden zu haben glaubte. Die von ihm erzeugten Frösche waren völlig normal und verfügten über einen diploiden Chromosomensatz.[26]

2. Antagonistische Salzwirkung

Loeb meinte an den Eiern des Fisches Fundulus den Beweis erbracht zu haben, dass in einer physiologisch balancierten Salzlösung das bivalente Ca-Ion vorhanden sein müsse, um die toxischen Effekte einer reinen NaCL Lösung abzufangen. Ferner sei diese antagonistische Wirkung des Ca auf die durch dieses hervorgerufene Verhinderung oder Umkehrung der Diffusion von NaCL in das Ei oder den Fisch zurückzuführen. Generell ging er davon aus, gezeigt zu haben, dass toxische Salze in physiologisch balancierten Salzlösungen weniger giftig wirkten als in anderen Lösungen, weil die Diffusion des toxischen Salzes in physiologisch balancierten Lösungen am geringsten sei.[27]

3. Heterogene Hybridisierung

Loeb gab an, bewiesen zu haben, dass die Befruchtung von Eiern des Seeigels Strongylocentrotus mit Spermien von Seesternen, die in normalem Seewasser unmöglich sei, durch Alkalisierung des Seewassers möglich gemacht werden könne.[28]

25 Siehe ein »Statement of Work«, das Loeb auf Flexners Bitte hin (vermutlich für eine Nobelpreisnominierung) verfasste. Loeb an Flexner 12. 12. 1921, APS.

26 Vgl. z. B. Loeb (1909b); Loeb (1913); Loeb (1918d); Loeb (1920–1921f). Loeb fand männliche und weibliche Frösche, ein Befund, der bis heute diskutiert wird, da der Mechanismus der Geschlechtsentwicklung bei den von Loeb genutzten Leopardenfröschen (Rana pipiens) bis heute nicht endgültig geklärt ist, vgl. Eggert (2004).

27 Vgl. z. B. Loeb (1900d); Loeb (1901–1902a); Loeb (1910b); Loeb (1912e).

28 Vgl. z. B. Loeb (1903).

4. Temperaturkoeffizienten und die Dauer des Lebens

Mit seinem Assistenten, dem späteren Nobelpreisträger John H. Northrop (1891–1987) hatte Loeb 128 aseptische Generationen der Fruchtfliege Drosophila kultiviert, um damit Ansichten entgegenzutreten, die davon ausgingen, dass für das Leben höherer Lebensformen eine Symbiose zwischen ihnen und Mikroorganismen bestehen müsse. Darüber hinaus nutzte Loeb diese Fliegen, um zu testen, ob die Lebensdauer eine Funktion der Temperatur sei. Loeb und Northrop fanden, dass eine Temperaturerhöhung um 10°C deren Lebensdauer um etwa 1/3 reduzierte. Da dieser Temperaturkoeffizient ungefähr dem von chemischen Reaktionen entspräche, schlussfolgerte Loeb, dass die Dauer des Lebens von Metazoen als die Zeit verstanden werden könne, die benötigt werde, um eine Reihe von chemischen Reaktionen abzuschließen, die entweder zur Produktion giftiger bzw. schädlicher Substanzen führe oder zur Zerstörung von für das Leben notwendigen Substanzen.[29]

5. Stöchiometrisches Verhalten der Proteine

Loeb lieferte unter Nutzung der von Svante Arrhenius entwickelten Theorien und Techniken den experimentellen Nachweis, dass Proteine als amphotere Elektrolyte anzusehen seien und dass Ionen stöchiometrisch und nicht etwa durch Adsorption oder ähnliche Prozesse an der Oberfläche binden. Loeb schloss daraus, dass die damals u.a. von seinem ehemaligen Schüler Wolfgang Ostwald (1883–1943) vorangetriebene, höchst populäre Kolloidchemie sich, was die Proteine angehe, nicht von der Chemie der Kristalloide unterscheide.[30]

6. Tropismen

In seiner Tropismus-Theorie des tierischen Verhaltens meinte Loeb nachgewiesen zu haben, dass die Bewegungsrichtung heliotropischer Tiere unter Lichteinwirkung auf der Grundlage des Bunsen-Roscoeschen Gesetzes (die Reaktion ist konstant, wenn das Produkt von Beschleunigung und Präsentationszeit des Lichtes konstant ist) berechnet werden könne.[31]

7. Kolloidales Verhalten der Proteine

Loeb meinte experimentell bewiesen zu haben, dass das kolloidale Verhalten der Proteine eine mathematische und quantitative Erklärung in Donnans Theorie vom Membrangleichgewicht finde. Den Beweis gründete er auf eine Serie von Messungen von Membranpotentialen und die Demonstration, dass die gemessenen Potentiale quantitativ mit den nach dem Donnan-Gleichgewicht berechneten Potentialen übereinstimmten. Hiermit erklärte Loeb nicht nur das kolloidale Verhalten von Proteinen, sondern auch die Ursache der elektrischen Ladung von Proteinpartikeln und die Ausfällung von Proteinen in Lösungen durch Salze.[32]

---

29 Vgl. z.B. Loeb (1908b); Loeb und Northrop (1917b); Loeb und Northrop (1917a).

30 Vgl. z.B. Loeb (1918a); Loeb (1920b); Loeb (1920a); Loeb (1920–1921g); Loeb (1920–1921a).

31 Vgl. z.B. Loeb und Ewald (1914); Loeb (1918c).

32 Vgl. z.B. Loeb (1920–1921b); Loeb (1920–1921c); Loeb (1920–1921d); Loeb (1920–1921e); Loeb (1921–1922a); Loeb (1921–1922b); Loeb und Loeb (1921–1922).

2.2.2 Kontroversen

Loebs Zeitgenossen schienen seine eigene Einschätzung der Bedeutung seiner Arbeitsgebiete zu teilen. Als Begründung für seine Nominierungen zum Nobelpreis werden mit Abstand am häufigsten die Artifizielle Parthenogenese (46 Nennungen), seine Tropismentheorie (13 Nennungen) und seine Beiträge zur Kolloidchemie und zu Proteinen aufgeführt.[33] Trotz der allgemeinen Anerkennung, die Loeb also genoss, war er aber keineswegs ein unumstrittener Forscher seiner Zeit. Er war ständig in wissenschaftliche Dispute über seine Arbeiten und über Prioritätsfragen verwickelt. Bereits früh in seiner Karriere hatten Hermann Munk (1839–1912) und Eduard Hitzig (1838–1907) auch aufgrund seiner Affiliation mit ihrem wissenschaftlichen Gegner Goltz seine hirnphysiologischen Arbeiten aufs Schärfste angegriffen (Pauly 1987a, S. 29–33). Loeb hatte zunächst sehr unter den Angriffen gelitten.[34] Als Zuntz Loeb allerdings 1914 ein im Nachlass von Munk gefundenes Exemplar von Loebs eigenen Hirnarbeiten zusandte, das Munk mit Notizen versehen hatte,[35] schrieb Loeb versöhnlich zurück: »*Es war sehr schön von Ihnen die beiden Jugendsünden mit Munks Namen + Bleistiftmarken für mich zu erstehen. Mich erinnert die Sache an eine Kampfperiode, die wie ein Traum hinter mir liegt. Es thut mir leid, dass ich Munk Kummer verursachte – Sie sehen ich werde alt und unpersönlich.*«[36]

Weniger versöhnlich war Loeb allerdings in Angelegenheiten, die ihn nach wie vor beschäftigten. Mit Herbert S. Jennings (1868–1947), dessen Schüler Samuel Mast (1871–1947) und einigen deutschen Kollegen – Wolfgang von Buddenbrock (1884–1964), Carl von Hess (1863–1923) – verband ihn eine innige, lebenslang andauernde wissenschaftliche Gegnerschaft über seine Tropismentheorie. Während Loeb an seiner reduktionistischen rein chemischen Auffassung von Instinkten festhielt, versuchten der Zoologe Jennings mit seiner »Trial and Error«-Theorie und andere Kontrahenten tierisches Verhalten komplexer aus der Evolution und aus tierischen Strukturen heraus zu erklären.[37] Loeb ging in diesen Streitigkeiten nicht zimperlich mit seinen Opponenten um. Die Publikation einer Kritik von Buddenbrock im Journal of Experimental Zoology verhinderte er beispielsweise unter dem Hinweis, dass sie schon auf Deutsch erschienen sei. Ironisch fügte er in seinem Ablehnungsschreiben an den Herausgeber des Journals Ross Harrison hinzu: »*I hope you will not think that I wish to prevent the publication of Mr. Buddenbrock's article in this country; do, please, all you can to find a periodical that will print the paper, though I should not advise POPULAR SCIENCE MONTHLY, since the layman is entitled to rather mature work and I do not think that under the circumstances Mr. Buddenbrock was in a frame of mind for mature thought.*«[38] Carl von Hess bezeichnete er einfach nur despektierlich als den »Oculisten« aus Würzburg.[39]

33 Vgl. Kapitel 5.1 Nobelpreisnominierungen.
34 Loeb an Zuntz 08. 02. 1887, 23. 09. 1894, SPK.
35 Zuntz an Loeb 02. 05. 1914, LOC.
36 Loeb an Zuntz 21. 03. 1914, SPK.
37 Zum Disput mit Jennings und seinen Hintergründen siehe z.B. Pauly (1981); Schloegel und Schmidgen (2002). Zum Streit mit Buddenbrock und Hess vgl. Ewald (1913); Buddenbrock (1915).
38 Loeb an Ross G. Harrison 26. 11. 1915, LOC.
39 Loeb an Max Baege 03. 10. 1912, LOC.

Auch Loebs Versuche zur Parthenogenese und Entwicklungsphysiologie wurden kritisiert. Der deutsche Zoologe Oscar Hertwig (1849–1922) kritisierte den grundsätzlichen Ansatz, unter Befruchtung einen physiko-chemischen Prozess zu verstehen, indem er – ganz Zytologe – der Kernsubstanz den wesentlichen Einfluss auf Befruchtungsvorgänge zumaß (Cremer 1985, S. 105–110). Mit dem Amerikaner Frank R. Lillie (1870–1947) und dessen Schülern – u. a. Ernest E. Just (1883–1941) – stritt Loeb leidenschaftlich um mehrere Fragen des Befruchtungsvorganges. Neben unterschiedlichen Ansichten über Details zur Befruchtungsmembran bestand der Dissens insbesondere darin, dass Lillie in der von Loeb propagierten Parthenogenese nicht den richtigen Zugang zum Thema sah, da sie u. a. die Rolle des Spermiums gänzlich unberücksichtigt ließe (Manning 1983, S. 78–84, 110, 255–264; Cohen 1985; Pauly 1987a, S. 153–156).

Loeb schreckte nicht davor zurück, andere Wissenschaftler in derartige Streitigkeiten hineinzuziehen und sie zu instrumentalisieren. So bezog er beispielsweise den polnischen Embryologen Emil Godlewski jr. in seine Dispute mit dem Franzosen Yves Delage (1854–1920) ein. Mit Delage focht Loeb vor allem Prioritäts- und Detailfragen im Zusammenhang mit Parthenogeneseversuchen aus. Im Kern stritten Loeb und Delage um folgenden Sachverhalt: Loeb ging davon aus, dass die Hervorrufung der Entwicklung durch Parthenogenese aus zwei Teilen bestehe. Der erste sei ein zytolytischer Membranbildungsprozess, der zweite die Anregung zur Kernsubstanzbildung (Nucleinsynthese). Eine wesentliche Voraussetzung für die Nucleinsynthese sah Loeb in Oxidationsvorgängen, ohne in jedem Fall die Notwendigkeit der Anwesenheit von Sauerstoff zu postulieren. Delage hatte diesen Befund Loebs einer starken Kritik unterzogen, ohne, wie Loeb meinte, alle seine Arbeiten berücksichtigt zu haben oder genügend auf seine Einschränkungen eingegangen zu sein. Darüber hinaus hatte Delage nach Loebs Ansicht in seiner Publikation den Eindruck erzeugt, die Idee und Methode der Parthenogenese entwickelt zu haben. Loeb band nun den polnischen Embryologen Emil Godlewski, jr. in diesen Streit ein, indem er diesen um eine Klarstellung in einer ihm von Loeb vermittelten Publikationsmöglichkeit in »Wilhelm Roux's Aufsätze und Vorträge über Entwicklungsmechanik« bat. Godlewski bemühte sich um eine Klärung der Umstände, ehe er Loebs Bitte folgte.[40] Nach einer ersten persönlichen brieflich an Loeb gerichteten Beruhigung und Anerkennung von dessen Pionierleistung *»[...] ich bin gründlich überzeugt und weiss dass sehr viele Fachkollegen im Auslande derselben Meinung sind, dass das Problem der künstl. Parthenogenese mit Ihrem Namen so stark verknüpft, so dauernd zusammengewachsen ist, dass hier niemand und nie Ihre Verdienste auf diesem Gebiete vermindern kann«*,[41] teilte Godlewski ihm nach gewissenhaften Recherchen mit: *»In meiner Arbeit, welche ich in zwei Wochen zum Roux für Vorträge und Aufsätze schicken werde – habe ich mich bemüht die Sache ganz objektiv zu behandeln – dabei konnte ich aber nicht umhin die Stellen aus seiner [Delages] Arbeit und Ihren früheren Arbeiten zusammen zu stellen und aus dieser Zusammenstellung den Schluss zu ziehen, dass »les idées« von Delage sich schon*

40 Loeb an Godlewski 23. 05. 1908, AJUK; Godlewski an Loeb 02. 10. 1908, LOC; Loeb an Godlewski 21. 10. 1908, AJUK; Godlewski an Loeb 23. 03. 1909, LOC; Loeb an Godlewski 10. 04. 1909, AJUK; Loeb an Godlewski 12. 04. 1909, AJUK.

41 Godlewski an Loeb 02. 10. 1908, LOC.

in ihren Publicationen längst befanden.«[42] Tatsächlich widmete er der Auseinandersetzung zwischen Delage und Loeb, die diese auch persönlich in den »Comptes rendus de l'Académie des sciences« ausgetragen hatten, in seinem Hauptwerk über das »Vererbungsproblem [...]« eine über drei volle Seiten reichende, im Sinne Loebs gehaltene Fußnote.[43] Auch über diesen Streit urteilte Loeb nach einigen Jahren milder. Dies allerdings erst, nachdem Delage ihm mitgeteilt hatte, dass Loeb als korrespondierendes Mitglied in die Academie des Sciences aufgenommen worden sei. In Erinnerung an die wissenschaftlichen Auseinandersetzungen fünf Jahre zuvor schrieb Loeb: »*Your letter [...] has been one of the most touching letters that I have ever received, and which I shall preserve as an example of highmindedness and generosity on the part of a fellow scientist. I can assure you that I fully reciprocate the sentiments which you express. Small differences on technical problems are unavoidable, but they cannot influence the respect for the accomplishments and the high aims of a man of your commanding position in biological work. I think your letter and your attitude will be considered a beautiful manifestation of the high-mindedness of a scientist of the first rank*«.[44]

Zuletzt erfuhren Loebs Ansichten zur Kolloidchemie einige Kritik. In diesem Fall allerdings war Loeb nicht, wie im Falle von Delage, zu versöhnlichen Worten bereit. Auch ging es hier nicht nur um kleine Meinungsverschiedenheiten über technische Probleme. Vielmehr ging es bei dieser Kritik an Loebs Arbeiten und den Loebschen Erwiderungen um die grundsätzliche Ausrichtung der Kolloidchemie überhaupt. Hauptsächlich an diesem Disput Beteiligte waren neben dem Nobelpreisträger von 1923 Archibald Vivian Hill (1886–1977), der eher technische Einwände äußerte,[45] vor allem Herbert Freundlich (1880–1941) sowie Loebs ehemalige Assistenten Martin H. Fischer (1879–1962) und Wolfgang Ostwald (Loeb 1923a; Edsall und Bearman 1979).

Unter Kolloiden wurden damals disperse Systeme verstanden, die anders als molekular-disperse Lösungen oder kristallisierende Körper nicht diffundieren und nicht dialysieren, die ebenfalls aber nicht mikroskopisch aufgelöst werden können (Ostwald 1915c, S. 1–27). Gelöste Kolloide wurden als Sole, koagulierte Kolloide als Gele bezeichnet. Zu den Kolloiden wurden vor allem Eiweißkörper (Proteine) und Stärke gerechnet. Kolloidchemiker vertraten die Auffassung, dass Proteine höchst variabel seien, durch kleine Veränderung des sie umgebenden Mediums aggregierten und disaggregierten, und dass sie mit Ionen und Molekülen durch Adsorption reagierten und dabei nicht den gewöhnlichen Gesetzen der organischen Chemie gehorchten.[46] Kolloiden wurde eine Eigengesetzlichkeit zugeschrieben, die sie als besondere Stoffklasse auswies. Da gleichzeitig davon ausgegangen wurde, dass das Protoplasma als subzelluläre Substanz des Lebendigen aus Kolloiden aufgebaut und mittels der Kolloidchemie beschrieben werden könne, erhielt diese den Status einer grundlegenden Wissenschaft des Lebens. Sie schien dabei in bisher nicht für möglich gehaltener Form vitalistisch-holis-

42 Godlewski an Loeb 23. 03. 1909, LOC.

43 Zum Ablauf der Diskussion vgl. Loeb (1907); Loeb (1908a) und Godlewski (1909, S. 185–187).

44 Loeb an Delage 18. 04. 1914, LOC, in Antwort auf Delage an Loeb 29. 03. 1914.

45 Siehe zum Beispiel Otto Meyerhof an Loeb 17. 09. 1923, LOC.

46 Eine gute, kritische historiographische Übersicht zur Kolloidchemie und ihrem Verhältnis zu »klassischen« Chemie findet sich bei Morgan (1990).

tische und mechanistisch-reduktionistische Forschungstendenzen zu vereinen. Auf der einen Seite war sie in der Lage, experimentell lebende Materie zu beschreiben, auf der anderen Seite genügte sie mit ihren qualitativen Ansätzen und ihrem Postulat einer Eigengesetzlichkeit der Kolloide romantischen Ansprüchen an eine Besonderheit des Lebendigen.[47]

Loeb hielt die Annahme einer spezifischen Reaktionsweise der Kolloide für falsch und wandte sich vehement gegen ihre qualitativen Aspekte. Er verstand Kolloide als klar definierte Moleküle, die mit Mitteln der klassischen organischen und physikalischen Chemie beschrieben werden könnten, und meinte bewiesen zu haben, dass Kolloide Proteinlösungen seien, deren chemisches Verhalten stöchiometrischen Gesetzmäßigkeiten folge. Die Kolloidchemiker wiederum hielten Loebs Befunde für nicht stichhaltig und seine Berechnungen von Molekülgewichten von Proteinen, die er nicht in reiner Form hatte isolieren können, für unglaubhaft (Servos 1990, S. 307–310). Der auch Ende der 1920er Jahre noch nicht entschiedene wissenschaftliche Konflikt wurde von Loebs Seite sehr polemisch geführt, auch weil er sich von den Kolloidchemikern für ignoriert und totgeschwiegen hielt, was er wiederum nach dem Ersten Weltkrieg als Versuch einiger deutscher Wissenschaftler deutete, ihre verlorene Hegemonialstellung in wissenschaftlichen Deutungsfragen zurückzugewinnen.[48] Zwar gab es auch in den USA und anderen Teilen der Welt Befürworter der Kolloidchemie, mit denen Loeb stritt, wie zum Beispiel Wilder D. Bancroft, der Loebs Anwendung des Donnan-Gleichgewichtes auf kolloidale Lösungen ebenso ablehnte wie seine rein stöchiometrischen Erklärungen (Servos 1990; Ede 2007, S. 41–52), aber mit keinem führte Loeb eine so persönliche und kompromisslose Auseinandersetzung wie mit seinem ehemaligen Schüler Wolfgang Ostwald.

Zunächst hatte Jacques Loeb den Sohn Wolfgang eines seiner wissenschaftlichen Vorbilder, Wilhelm Ostwald, sehr geschätzt. Zwischen 1904 und 1906 hatte er ihn in seinem Labor in Kalifornien als Assistenten beschäftigt und in der Zeit danach freundschaftlich begleitet. Im Verlauf des Disputes um die Kolloidchemie jedoch brach Loeb jeden Kontakt mit ihm ab und diskreditierte ihn und seinen anderen ehemaligen Assistenten aus Kalifornien, den Freund Ostwalds Martin Fischer, in etlichen Briefen. Fischer bezeichnete er z. B. als »Scharlatan«[49] oder Ostwald als »incompetent and silly«.[50] Die von Hill an seiner Theorie geübte Kritik führte er auf das schädliche Wirken Wolfgang Ostwalds zurück,[51] und seinen Vetter, den Zoologen Ernst Bresslau (1877–1935), warnte er ernsthaft davor, sich mit Kolloidchemie nach der Art Ostwalds zu beschäftigen, nicht ohne darauf hinzuweisen, dass seine eigene Theorie zu diesem Komplex zunehmend an Akzeptanz

47 Vgl. die überzeugende Argumentation von Lindner (2000) und Kohler (1975).

48 Vgl. die Kapitel zu Biologie und Krieg und zu Loebs Psychologie des Zitierens.

49 Loeb über Fischer in einem Brief an Paul de Kruif 24. 07. 1922, LOC.

50 Loeb an Otto Meyerhof 03. 10. 1923, LOC. In ähnlicher Weise bezeichnete er ihre Arbeiten auch als »irresponsible« (Loeb an Isidor Traube 29. 12. 1913, LOC) oder »uncritical« (Loeb an Isidor Traube 02. 01. 1914).

51 Loeb an Otto Meyerhof 28. 11. 1923, LOC: »*What induced Hill to write his attack on the theory, I do not know. I am afraid he is an admirer of Wolfgang Ostwald and the two did their ›best‹*«.

gewinne.[52] Mit anderen Kolloidchemikern, wie zum Beispiel dem Wiener Professor für Kolloidchemie Wolfgang Josef Pauli (1869–1955), dem Vater des späteren Nobelpreisträgers Wolfgang Pauli jun. (1900–1958), hingegen ging Loeb weniger scharf ins Gericht als mit Ostwald und Fischer. Mit Pauli unterhielt Loeb freundliche Kontakte bis in die 1920er Jahre.[53] Für Loebs drastische Haltung Fischer und vor allem Ostwald gegenüber müssen also Erklärungsmodelle gefunden werden, die über das rein auf wissenschaftliche Befunde bezogene Gebiet hinausgehen: Zum einen schienen im Falle von Ostwald und Fischer persönliche und politische Gründe den wissenschaftlichen Disput verschärft zu haben. Loeb kam nicht damit zu recht, dass ihn zwei seiner ehemaligen Schüler in Publikationen öffentlich kritisierten. Darüber hinaus strapazierte die nationalistische Haltung Ostwalds während des Ersten Weltkrieges das Verhältnis der beiden.[54] Zum anderen stand die auf Loeb vitalistisch wirkende Kolloidchemie im Stile Ostwalds für ihn in diametralem Gegensatz zu seiner Epistemologie und zu seinem Zugang zu wissenschaftlichen Objekten. In Ablehnung jeglicher Form des Vitalismus paarte Loeb einen strengen philosophischen Mechanismus mit der Vorstellung, Lebensprozesse durch technische Eingriffe analysierbar, kontrollierbar und begreifbar zu machen.

Der für Loeb individuelle Ursprung dieses philosophischen Mechanismus, die Quellen, aus denen Loeb ihn speiste und die Vorarbeiten anderer Wissenschaftler, aus denen er seine eigenen Forschungsansätze generierte, lassen sich auf verschiedenen Ebenen untersuchen. Die breite intellektuelle Grundlage der Ansätze Loebs in Form von wissenschaftlichen Bezugspersonen und Verbündeten sowie seine damit einhergehende Einbettung in Denkkollektive werden in Kapitel 3.2. behandelt. Auch der Einfluss von Auseinandersetzungen wie zum Beispiel derjenigen mit Ostwald auf das von ihm referierte Wissenschaftlerkollektiv und sein Versuch, durch Kollektive Kontrolle über wissenschaftliche Themen zu gewinnen, werden dort beschrieben. Im Mittelpunkt des folgenden Kapitels sollen zunächst – im Sinne der Innenperspektive – die direkten Vorbilder stehen, an denen Loeb sich bei der Formulierung seiner grundsätzlichen Forschungsrichtung und -praxis direkt orientierte. Schließlich werden Loebs Theorie einer Biotechnologie und seine Praxis im Umgang mit Labortieren vorgestellt.

---

52 Loeb an Ernst Bresslau 04. 09. 1922, LOC: »*I noticed that you have recently taken up the application of colloid chemistry to biology from the viewpoint of Wolfgang Ostwald. I am afraid that this will lead you nowhere since the experiments on which he bases his ideas are wrong and the method is antiquated and he is absolutely uncritical. I have written a number of papers on the subject during the last years, and I have just published a book on »Proteins and the Theory of Colloidal Behavior« which I will send to you [...] My theory is accepted rapidly in America, in England and also in Germany by men like Otto Warburg, Michaelis, and I think Einstein, and so on. It is, of course, ignored by the lesser lights of the type of Wolfgang Ostwald.*«

53 Siehe z. B. Briefe Loeb an Pauli 28. 06. 1920, 28. 06. 1920, LOC.

54 Eine aufschlussreiche Diskussion der Theorien und des Lebensweges von Wolfgang Ostwald sowie der Kolloidchemie in Deutschland bietet Deichmann (2001, S. 372–394).

3. Innenansichten

3.1 Technische Biologie, Theorie und Laborpraxis

»*Ich habe es mir nun zur Aufgabe gesetzt zu prüfen, ob und durch welche Mittel es auch bei Thieren möglich sei, an Stelle eines verloren gegangenen Organs mit Sicherheit ein typisch anderes, der Form und den Lebenserscheinungen nach vom verlorenen verschiedenes Organ wachsen zu lassen*« (Loeb 1891, S. 5).

Mit diesen Worten leitet Loeb seine frühe, in großen Teilen in Neapel erarbeitete, experimentelle Arbeit zur Organregeneration bei Seetieren ein. In seiner zweiteiligen Schrift über »Untersuchungen zur physiologischen Morphologie der Tiere« (Loeb 1891; Loeb 1892b) konnte er unter anderem zeigen, dass es möglich ist, durch experimentelle Manipulation aktiv Einfluss auf Regenerationsvorgänge in verschiedenen Cnidarien (Nesseltieren) zu nehmen. So präsentierte er zum Beispiel Experimente an Tubularien, bei denen er Teile des Stammes herausschnitt. Er konnte zeigen, dass ein solches Stück des Stammes, wenn es komplett von Wasser umspült wird, an beiden Enden Köpfe ausbildete. Dieses Phänomen beobachtete Loeb sowohl am oralen als auch am aboralen Pol, an dem normalerweise die Ausbildung einer Tubularienwurzel zu erwarten gewesen wäre. Für diesen ungewöhnlichen regenerativen Ersatz eines Organs durch ein sich in Form und Funktion unterscheidendes prägte Loeb den Ausdruck »Heteromorphose«.

Loebs Einleitung zu seiner Schrift über die »Heteromorphose« offenbart in eindrucksvoller Form einen wesentlichen Teil seines Erkenntnisinteresses und seiner Epistemologie, die ihn seine gesamte Wissenschaftlerlaufbahn über leiten sollte: Sein Ziel war es, durch seine Forschung an einen Punkt zu gelangen, an dem es möglich sein sollte, Lebensvorgänge willentlich zu beeinflussen und zu kontrollieren. Seine Hoffnung war es, über die Kontrolle von Lebensvorgängen zu einem Verständnis der ihnen zu Grunde liegenden Mechanismen zu gelangen (Loeb 1909c, S. 247). Sein Ziel war dabei die Definition einer »Physiologischen Morphologie«.

Die Hauptaufgabe seiner »Physiologischen Morphologie« sah er darin, in jedem Fall die Verbindung zwischen chemischen Prozessen und der Organbildung aufzuzeigen. In einem seiner ersten wichtigen Vorträge vor Kollegen in Woods Hole verglich er diesen Ansatz mit dem des Embryologen Wilhelm His (1831–1904): »*His raised the question: Why is growth different in different parts of the blastoderm?*« Aber anstatt den Versuch zu unternehmen, diese Frage vom physiologischen Standpunkt aus zu beantworten, gab His Antworten aus rein anatomischer Sicht. Im Vergleich und Kontrast zu His' morphologischem Zugang machte Loeb sich für einen funktionellen Zugang und dessen naturwissenschaftliche Analyse stark. Er formulierte: »*... One of the steps that physiological morphology has to take is to show in every case the connecting link between the chemical processes and the formation of organs ...*« Loeb ging aber noch wesentlich über diese Forderung hinaus, indem er dem reduktionistischen Ansatz noch einen technischen hinzufügte. So betonte er während eines seiner ersten wichtigeren Vorträge in Amerika vor Kollegen in Woods Hole: »*But the aim of Physiological Morphology is not solely analy-*

tical. It has another and higher aim, which is synthetical or constructive, that is, to form new combinations from the elements of living nature, just as the physicist and chemist form new combinations from the elements of non-living nature« (Loeb 1893a).[1]

Loeb kann mit dieser frühen Postulierung einer technischen Biologie, die er im Folgenden auch von Experimenten zur Entwicklungsphysiologie auf seine anderen Forschungsthemen übertrug, als einer der ideologischen Mitbegründer des »bioengineering« oder der Biotechnologie gesehen werden.[2] Er selbst sprach davon, dass seine Experimente die Möglichkeit aufzeigten, Gewebe künstlich mit neuen Eigenschaften zu versehen, wenn man seine Befunde zur Beschleunigung oder Verzögerung des Wachstums von Seeigelembryonen durch Veränderung von »Ion-Proteiden« in der sie umgebenden Lösung unter einem »biotechnical view point« betrachte (Loeb 1899–1900, S. 329–330). Entsprechend erteilte er vitalistischen und holistischen Theorien, die an eine nicht physikalisch oder chemisch zu erklärende »Lebenskraft« glaubten, eine klare Absage. Er bezeichnete sie abfällig als reine Metaphysik (Loeb 1915a).

In der Folge des Gelingens seiner »Artifiziellen Parthenogenese« beurteilte er die Entwicklung und Durchsetzungskraft seines eigenen biotechnischen Ansatzes in einem sehr positiven Licht. Vom Erfolg seiner künstlichen Jungfernzeugung beflügelt, schrieb er optimistisch an Mach: »*Es hat sich auch herausgestellt, dass durch Änderung der Ionenverhältnisse in den Geweben den letzteren Eigenschaften ertheilt werden können, welche dieselben normaler Weise nicht besitzen. Es ist am Ende doch noch möglich dass ich meinen Traum eine konstruktive oder technische Biologie an der Stelle einer bloss analytischen zu sehen, noch verwirklicht finde.*«[3] Überdies erhoffte er sich von seiner chemischen Technik, Entwicklungsvorgänge künstlich zu initiieren, entscheidende Impulse für die Medizin. Kurz vor seiner Berufung ans Rockefeller Institute for Medical Research schrieb er diesbezüglich selbstbewusst an Nathan Zuntz über seine chemische Entwicklungserregung des tierischen Eies: »*Die Zukunft wird zeigen, was das neue Gebiet wert ist. Ich bin geneigt anzunehmen, dass es die Stasis der Physiologie und Pathologie der Zelle zu lichten berufen ist. Das wird aber nur dann möglich sein, wenn erst mehr Leute sich mit den Methoden vertraut gemacht haben.*«[4]

---

1 Auch abgedruckt in Loeb (1912d, S. 100, 103, 109).

2 Das heterogene Feld der Biotechnologie, das Anfang des 20. Jahrhunderts auch als Technische Biologie bezeichnet wurde, hatte im Wesentlichen zwei unterschiedliche Ursprünge bzw. Stoßrichtungen. Die eine versuchte im Sinne Loebs technisch in biologische Abläufe einzugreifen und sie zu kontrollieren. Die andere zielte darauf ab, die Biologie technisch zu nutzen, um zum Beispiel mit Hilfe von Bakterien chemische Substanzen zu erzeugen oder synthetische Stoffe durch den Einsatz von lebender Materie herzustellen oder für Gebrauchszwecke zu verbessern. Eine Geschichte der Biotechnologie liefert Robert Bud (1993, S. 1–79).

3 Loeb an Mach 28. 12. 1899, DMA.

4 Loeb an Nathan Zuntz 14. 01. 1909, SPK.

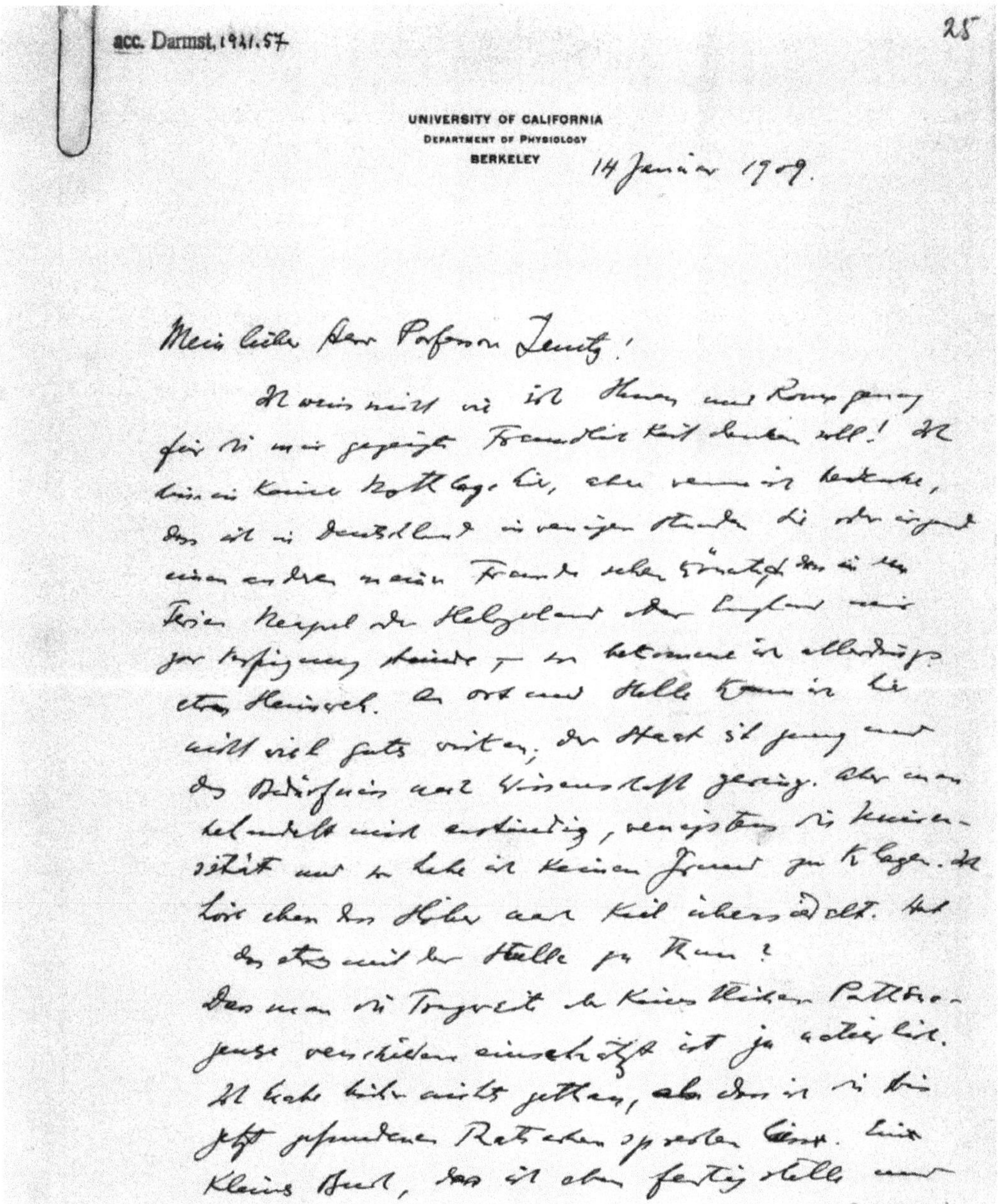

acc. Darmst. 1941.57

25

UNIVERSITY OF CALIFORNIA
DEPARTMENT OF PHYSIOLOGY
BERKELEY

14 Januar 1909.

Mein lieber Herr Professor Zuntz!

Faksimile 1: Brief von Loeb an Nathan Zuntz vom 14. Januar 1909, in dem er unter anderem seine Vision der Wirkung seiner Artifiziellen Parthenogenese auf Pathologie und Physiologie schildert; Staatsbibliothek Preußischer Kulturbesitz, Berlin, Sammlung Darmstädter Lc/1871 Blatt 25

UNIVERSITY OF CALIFORNIA
DEPARTMENT OF PHYSIOLOGY
BERKELEY

etwas morose der Sache gegenüber verhält, das ist sein gutes Recht und zeigt, dass er sich nicht viel unter der Sache denken kann. Er hat aber auch die Bedeutung des andern nie verstanden & der Mann ist auch beleidigt. Die Zukunft wird zeigen, ob das neue Gebiet recht ist. Ich bin geneigt anzunehmen, dass es die Basis der Physiologie und Pathologie der Zelle zu bilden berufen ist. Das wird aber nur dann möglich sein, wenn erst mehr Leute sich mit den Methoden vertraut gemacht haben.

Wir gedenken Ihrer oft und wünschen, dass wir Sie wieder einmal bei uns sehen würden. Meine Frau fühlt sich seit ihrer Reise nach dem Osten viel glücklicher und heiterer. – Ich wollte, dass auch bei Ihnen die Sorgen gehoben werden könnten, vielleicht wird es rascher geschehen als Sie annehmen.

Mit den herzlichsten Grüssen

Ihr Ihnen stets treu ergebener

Jacques Loeb.

3.1.1 Loeb und Ernst Mach

Die Hintergründe für diese Sichtweise auf die biologische Forschung sind in Loebs Beschäftigung mit den Arbeiten von Ernst Mach zu suchen. Vermutlich hat Loeb sich erstmals während seiner Würzburger Zeit 1886–1888 in besonderer Weise mit Ernst Mach und seinen Werken auseinandergesetzt. Machs »Analyse der Empfindungen« (Mach 1886) und seine »Mechanik in ihrer Entwicklung« (Mach 1883) waren nach eigener Aussage aus dem Jahr 1887 die Quellen, aus denen Loeb »... *die Begeisterung und die Energie zum Arbeiten*« schöpfte.[5] Loeb nutzte 1886 Machs Publikationen zur Ausarbeitung von Experimenten, mit denen er das Verhältnis zwischen muskulärer Anspannung und geistiger Aktivität klären wollte (Loeb 1886b, S. 593). In einer seiner ersten Arbeiten zur Hirnphysiologie aus demselben Jahr konstatierte er: »*Dass ich mich im Uebrigen in meinen Anschauungen vielfach an Fechner und an E. Mach anschliesse, wird dem Leser nicht entgangen sein*« (Loeb 1886a, S. 346).[6] Obwohl Loeb und Mach sich persönlich nie begegnet sind, betonte Loeb mehrmals in den folgenden Jahren Mach gegenüber, in welchem Umfang er seine Epistemologie auf dessen Ideen aufbaute.[7] Zwischen 1887 und 1909 schrieb er u.a. an Mach: »... *[Ihre] Ideen [sind] wissenschaftlich und ethisch die Basis ... auf der ich stehe, und auf der meiner Ueberzeugung nach der Naturforscher stehen muss*«;[8] »*Ich habe Ihnen schon früher geschrieben, wie sehr ich mit Ihrer Weltanschauung und Ihren Bestrebungen sympathisire und ich mag hinzufügen dass meine Verehrung für Sie mit den Jahren nur zugenommen hat [...]*«.[9] »*Durch Ihre ›Analyse der Empfindungen‹ sind Sie in Wirklichkeit mein Lehrer geworden und die Begeisterung und Anregung für das (wenige leider!) was ich zu Stande gebracht habe, verdankte ich Ihrem Buche [...]*«.[10] »*Ich weiss von niemandem dessen ich öfter und mehr in Dankbarkeit gedächte als Ihrer [...]*«.[11] »*Sie wissen, dass Ihre Schriften mir am Anfang meiner Thätigkeit, die Orientirung gegeben haben und denselben Dienst haben sie inzwischen Tausenden von jungen Forschern und Gebildeten erwiesen. Es muss Ihnen eine Genugthuung sein, jetzt auf jedem Schritt dem forschendem Einfluss zu begegnen, den Ihre Thätigkeit ausgeübt hat.*«[12]

Machs wissenschaftliches Programm umfasste die experimentelle Physik mit engen Verbindungen zur Neurophysiologie sowie die Wissenschaftsphilosophie. Obwohl Mach, nachdem er zwischen 1867 und 1895 zunächst Professor für experimentelle Physik an der Universität Prag gewesen war, in den Jahren 1895 bis 1901 einen philosophischen Lehrstuhl an der Universität Wien innehatte, weigerte er sich zeitlebens, sich selbst als

5 Loeb an Mach 21. 07. 1887, DMM.
6 Neben Mach bezieht Loeb sich hier auf Gustav Theodor Fechner (1801–1887), einen der Begründer der Psychophysik.
7 Zu Ernst Mach siehe vor allem Blackmore (1972); Thiele (1978); Hoffmann und Laitko (1991); Blackmore (1992). Zum Verhältnis von Mach und Loeb siehe auch Pauly (1987a); Fangerau und Müller (2005b).
8 Loeb an Mach 21. 07. 1887, DMM.
9 Loeb an Mach 20. 01. 1894, DMM.
10 Loeb an Mach 17. 11. 1896, DMM.
11 Loeb an Mach 21. 02. 1903, DMM.
12 Loeb an Mach 24. 10. 1909, SPK.

Philosophen zu bezeichnen. Seine Wissenschaftsphilosophie konzentrierte sich auf die Fragen der Ziele von Wissenschaft, der Gedankenökonomie, des Phänomenalismus und des Sensualismus. Er war ein Kritiker des Mechanismus, des Materialismus und der Metaphysik (Blackmore 1972; Hiebert 1973; Noé 1992). Mach bezweifelte, dass wissenschaftliche Theorien eine tiefere Realität beschrieben und dass »Naturgesetze« als konstante, reale Gesetzmäßigkeiten im engeren Sinne existierten. Er sah in diesen Gesetzen nur Konzepte, die dazu dienten »Erfahrungen« und »Wissen« ökonomisch zu gliedern und zu ordnen. Statt Theorien und ihrer Bildung sollten nach seinem Dafürhalten allein das Experiment und die Beschreibung (nicht Erklärung) die Grundlage jedweden wissenschaftlichen Zugangs zu einem Problem bilden. Mit dieser positivistischen Herangehensweise hoffte Mach, die Wissenschaft von solchen Konzepten und Theorien befreien zu können, die keine Entsprechung in der »Erfahrung« hätten. Sein Biograph John Blackmore beschrieb Machs Positivismus zusammenfassend als Kombination eines »*epistemological phenomenalism with … the belief in the desirability of scientific and technological progress … augmented … with his theories of ›economy‹ and ›biological needs‹ …*« (Blackmore 1972, S. 165).

Machs antimetaphysische Einstellung, sein Positivismus und sein gedankenökonomischer Zugang, die Aufgabe der Wissenschaft in der letztendlichen Befriedigung von praktischen menschlichen Bedürfnissen zu sehen (Laitko 1991, S. 270–273), bildeten die Grundlage der Epistemologie, des sozialen Engagements und der Ethik Loebs.[13] Zusätzlich wurde Loeb in seinen Anschauungen von den Vorstellungen des Philosophen, Ingenieurs und Sozialreformers Josef Popper-Lynkeus (1838–1921) geprägt. Popper war ein enger Freund Machs und Mach war es auch, der Poppers Arbeiten an Loeb herantrug. Loeb wiederum schätzte Poppers Schriften so sehr, dass er sie, hauptsächlich im Rahmen seines sozialen, ethischen und politischen Engagements, auch noch 20 Jahre nach seiner Erstlektüre an seine Zeitgenossen weiterempfahl.[14]

Popper vertrat die Ansicht, dass die Beschäftigung mit Technik und die Begeisterung für technische Errungenschaften einem menschlichen Trieb entspringen, der darauf abziele, mit Hilfe der Technik eine potentiell hohe Bequemlichkeit zu erreichen. Hinzu trete ein ästhetisches Moment, das sich insbesondere aus dem Bewusstsein speise, mit Hilfe der Technik die Grenzen des gewöhnlichen, alltäglichen zu überschreiten. Diesen

13 Vgl. Kapitel 3.3 Biologie und Krieg – Jacques Loebs Einsatz für die Internationalität der Wissenschaft.

14 Loeb an Mach 17. 08. 1890, SPK: »*Die Werke von Dr. Popper habe ich mit grosser Freude gelesen; ich kann es schwer verstehen, dass dieselben so wenig Verbreitung gefunden haben. Mehrere Freunde, die sich das ›Recht zu Leben‹ auf meine Empfehlung an schaffen wollten, theilten mir mit, dass es nicht aufzutreiben sei*«, Loeb an L. H. Baekeland 05. 10. 1916, LOC: »*I do not know whether I have ever called your attention to a book by Joseph Popper-Lynkeus on »Die allgemeine Nährpflicht als Lösung der Socialen Frage«, Dresden, 1912. In this book Popper shows that by the substitution of a public army of workers for the army of soldiers or loafers poverty could be abolished. Since I remember that you have suggested also the utilization of the army for public purposes I think the book would interest you. It is far from being a bore, and the man, who is an engineer and who was one of the pioneers in the introduction of the transmission of electric power, is anything but visionary. He has worked out the scheme in detail and his book is, to me, intensely interesting.*«

ästhetischen Trieb sah Popper besonders stark in den zivilisierten Kulturen Europas und Nordamerikas vertreten. In Übereinstimmung mit Machs Anschauung, Wissenschaft habe zum Ziel, das Leben zu ökonomisieren, argumentierte Popper, dass die praktische, technologische Umsetzung wissenschaftlicher Ergebnisse dem ökonomischen und ästhetischen Trieb in der Form der Ingenieurstechnik folge (Dünner 1999, S. 91–95; Lanser 2003, S. 35–36).

Machs Betonung des Experiments und Poppers Technikideal untermauerten nun Loebs eigene Position, wenn er seinen technischen Standpunkt in der Biologie propagierte. Für ihn bedeutete die technische Realisation biologischer Erkenntnis deren anzustrebendes Verständnis. Ebenso, wie der Aufbau und die Funktion einer Maschine erst wirklich verstanden sind, wenn es gelingt, sie in identischer Form nachzubauen, so wollte Loeb die Lebensvorgänge verstanden und begriffen wissen. Mach gegenüber machte er klar: »*Der Gedanke der mir vorschwebt ist der, dass der Mensch selbst als Schöpfer auch in die belebte Natur eingreifen kann, um sie eventuell nach seinem Willen zu formen. Man würde so wenigstens zu einer Technik der lebenden Wesen gelangen können. Die Biologen bezeichnen das als Erzeugung von Monstrositäten; Eisenbahnen + Telegraph + die übrigen Errungenschaften der Technik der unbelebten Natur sind dann auch Monstrositäten, jedenfalls sind sie von der Natur nicht geschaffen, der Mensch hat sie nicht vorgefunden.*« Viele Jahre, bevor er öffentlich als Konsequenz dieses technischen Ansatzes das Ziel der »Urzeugung« als Schlüssel zum Rätsel des Lebens in der biologischen Forschung ausrief, hatte er dieses schon in einem Brief an Mach im Rahmen einer kritischen Stellungnahme zum Zustand der biologischen Wissenschaft formuliert: »*In Bezug auf die vergleichende Morphologie scheint es mir dass Sie eine ideale Wissenschaft derer Art vor Augen haben von der aber die heute thatsächlich existirende Disziplin dieses Namens durch eine hohe Mauer von Aberglauben und Unwissenheit getrennt ist. Die Biologie wird überhaupt erst nach dem Gelingen der Urzeugung anfangen eine Wissenschaft zu werden. Ein Stadium der synthetischen Morphologie ähnlich der synthetischen Chemie wird der wirklich wissenschaftlichen Morphologie vorausgehen müssen*«.[15]

Im Laufe seiner Karriere emanzipierte sich Loeb in Teilen vom Einfluss Machs, so dass in der Geschichtsschreibung gelegentlich die Frage auftauchte, wie Loeb, der nach der Publikation seines Buches »The Mechanistic Conception of Life« (Loeb 1912c) als archetypischer Mechanist galt, sich in die Denktradition des Mechanismus-kritischen Ernst Mach hatte einordnen können. Mach sah den Mechanismus als eine rein denkökonomisch begründbare Theorie und wandte sich gegen Versuche, Methoden und Erklärungsmodelle der physikalischen Mechanik in alle Wissenschaften einzuführen (Blackmore 1972, S. 129–131). In letzter Konsequenz hielt er ihn sogar für metaphysisch, wenn er nicht empirisch begründet war (Kaiser 1982). Loeb hingegen vertrat den mechanistischen Standpunkt vehement. Die Antwort auf diese Diskrepanz liegt in der allmählichen Verschiebung von Loebs Epistemologie in den Jahren 1910 bis 1918 begründet. Während dieser Jahre verschob Loeb seine Forschungsschwerpunkte wie geschildert mehr und mehr zu Fragen der Wirkung von Ionen und Proteinen an Membranen und damit weg von der direkten Kontrolle von Lebensprozessen. Er entwickelte sich mehr und mehr von einem Biologen, der chemisch arbeitete, zu einem physikalischen Chemi-

15 Loeb an Mach 02. 11. 1894, DMM.

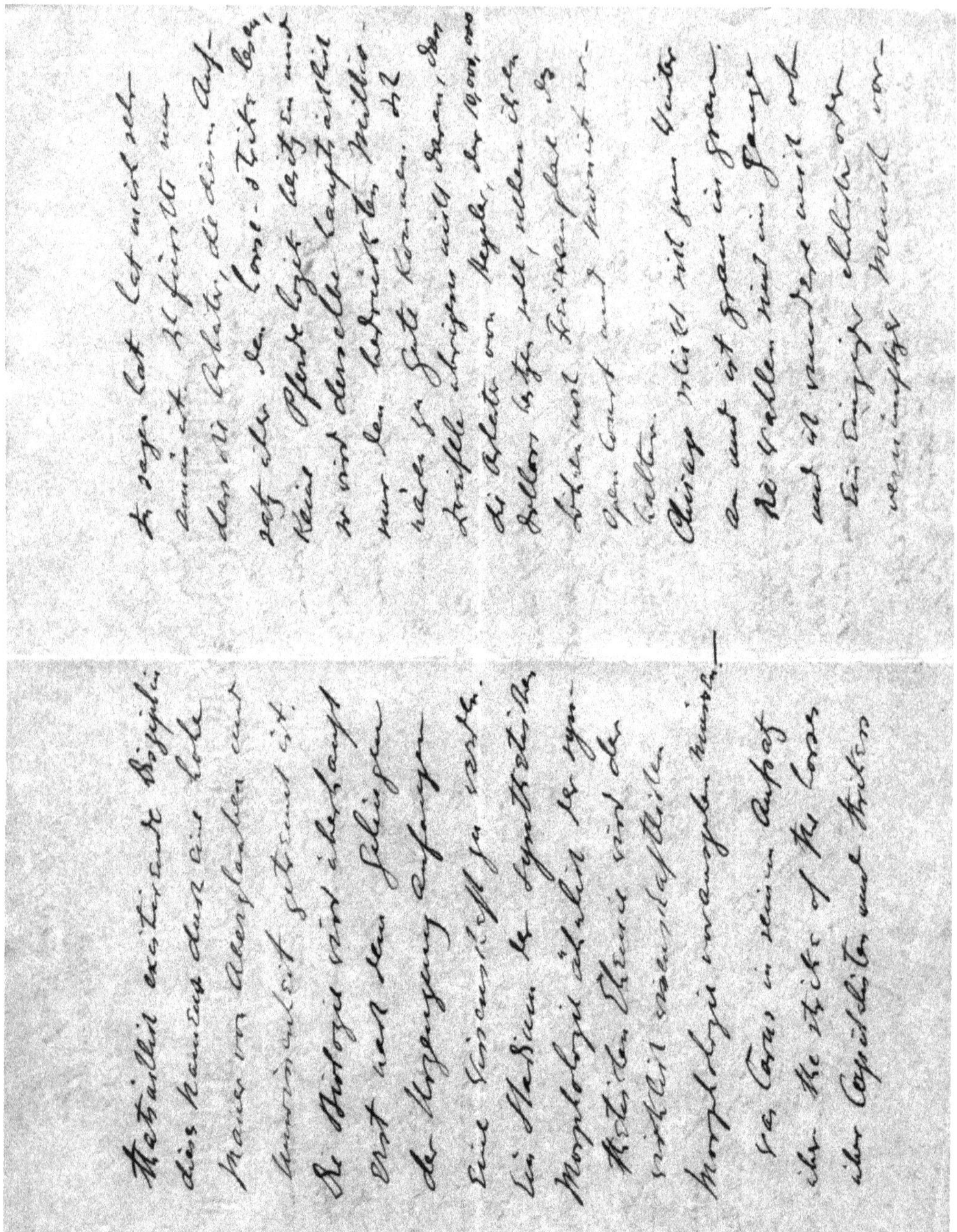

Faksimile 2: Brief von Loeb an Mach vom 02. 11. 1894, in dem er unter anderem postuliert, dass die Biologie erst nach dem Gelingen der Urzeugung anfangen werde, eine Wissenschaft zu werden; Deutsches Museum Archiv, München, Ernst Mach Korrespondenz

ker, der die Grundlagen der Lebensprozesse auf Molekülebene erforschte. Erst an diesem Punkt wurde aus ihm der klassische, reduktionistisch denkende Mechanist: Der in den Jahren 1905–1911 vor allem durch Jean B. Perrin (1870–1942) geführte experimentelle Beweis der Existenz von Atomen und Molekülen (Haw 2002) verfestigte seinen Glauben an den mechanistischen Determinismus, und obwohl er in engem Kontakt mit den führenden Vertretern der Physik stand, die an der Formulierung einer eher an Wahrscheinlichkeiten orientierten relativistischen Physik arbeiteten, gab er seinen deterministischen Standpunkt nie auf.[16] Am Ende wies Loeb Machs Kritik am Materialismus und Mechanismus – Mach hielt den Atomismus für eine reine Theorie im Sinne einer Denkökonomie – ebenso zurück wie dessen Wissenschaftsideal, funktionelle Beschreibungen auf der Basis von Erfahrungen vorzunehmen. Loeb betonte, dass, nachdem die Realität der Moleküle bewiesen worden sei und ihre Zahl innerhalb einer bestimmten Masse von Substanz gezählt werden könne, die Wissenschaft nun für lange Zeit und wahrscheinlich für immer auf einer mechanistischen Grundlage stünde. Auch müssten die Aufgaben der Wissenschaft jetzt anders definiert werden als Gustav Kirchoff (1824–1887), Wilhelm Ostwald (1853–1932) und Ernst Mach dies getan hätten. Jetzt war für Loeb, wie er ausführte, nicht mehr die Erlangung von Kontrolle das vornehmste Ziel der biologischen Wissenschaft, sondern »*... to visualize completely and correctly the phenomena of nature, of which our senses give us only very fragmentary and disconnected perceptions*« (Loeb 1915a, S. 768–769).

Nichtsdestotrotz behielt er den von Mach übernommenen positivistischen und seinen eigenen technischen Standpunkt weitestgehend bei. In seiner programmatischen Rede auf dem ersten internationalen Monistenkongress mit dem Titel »Das Leben«, die auf Deutsch, Englisch und Französisch publiziert wurde, hielt er 1911 apodiktisch fest, dass die moderne Biologie eine experimentelle und keine beschreibende Wissenschaft sei. Aus diesem Grund träten ihre Ergebnisse nicht rhetorisch oder argumentativ in Erscheinung, sondern sie präsentierten sich in zwei anderen Formen: Entweder sei es möglich, Lebensphänomene in einem solchen Maß zu kontrollieren, dass man sie willentlich erzeugen könne, oder es gelinge, die numerische Relation zwischen den Bedingungen eines Experimentes und dem biologischen Resultat herzustellen. Als Beispiele führte er die Erzeugung von Muskelkontraktionen mittels elektrischen Stroms und die quantitativ-statistisch hergeleiteten Mendelschen Regeln an. Auch am Ideal der Urzeugung hielt er fest, denn das Ziel der Biologie zur Lösung des Lebensrätsels müsse es sein, Leben künstlich zu erzeugen oder die Gründe zu finden, warum dies nicht möglich sei (Loeb 1911a). Allerdings stellte für ihn die Erzeugung von Leben im Sinne der Reproduktion dabei nicht die einzige Aufgabe der biologischen Forschung dar. Vielmehr sollte sie sich allen fundamentalen Lebensäußerungen zuwenden, die das, was lebende Substanz als solche definiert, ausmachten.

16 Jacques Loebs Sohn, der Physiker Leonard Loeb (1891–1978), ging davon aus, dass Loeb, selbst wenn er noch die Formulierung der Quantenphysik und die Heisenbergsche Unschärferelation miterlebt hätte, an seinem deterministischen Mechanismus festgehalten hätte, da seine mit der Methode des genauesten, fast pedantischen Experimentierens erzielten Ergebnisse durch die eher philosophischen Implikationen der »Unschärfe« kaum beeinflusst worden wären (Loeb 1959, S. 4, 6).

3.1.2 Technische Biologie und der Seestern – Experimente mit lebenden Objekten

Loeb betrachtete in der Tradition der deutschen mechanistisch orientierten Physiologie des 19. Jahrhunderts – und insbesondere in der seiner akademischen Lehrer Adolf Fick und Friedrich Goltz – lebende Organismen als mit naturwissenschaftlichen Methoden beschreibbare physikalisch-chemische Maschinen.[17] Von diesem Standpunkt aus schlussfolgerte er, dass es die Hauptaufgabe eines Biologen sein sollte, die Besonderheiten von Lebewesen zu untersuchen, die künstlichen Maschinen fehlten (Loeb 1904b; Loeb 1904–1905). Eine dieser Besonderheiten war für ihn die »Aktivität« oder »Spontaneität«, die er in seinen englischen Arbeiten durch die im Rahmen seiner Tropismenexperimente untersuchte »Irritabilität« spezifizierte (Loeb 1905a, S. 321). Diese erachtete Loeb aber nicht als »*... die tiefste und wesentlichste Lebenserscheinung. Als solche werden wir vielmehr die Entwicklung, mit andern Worten Wachsthum, Organbildung und Reproduction ansehen müssen*« (Loeb 1894/95, S. 379). Folglich wurden Irritabilität, regeneratives Wachstum und reproduktive Entwicklung zu den Schlüsselthemen der Loebschen Arbeiten zwischen 1888 und 1910, bevor er an das Rockefeller Institute for Medical Research wechselte, wo er sich zunehmend Fragen der Proteinchemie und der Antagonistischen Salzwirkung zuwandte. Während seine Studien zu Proteinen und Ionen sich vornehmlich auf chemische Versuche mit Lösungen stützten, waren bis dahin vor allem lebende Objekte seine Untersuchungsgegenstände gewesen. Gerade auf den Umgang mit diesen hatte seine aus der physiologischen Morphologie abgeleitete technische Biologie einen entscheidenden Einfluss.

Experimente an und mit lebendigen Organismen beinhalten verschiedene Schwierigkeiten. Die Auswahl des geeigneten Organismus für das passende Experiment stellt eine zentrale Entscheidung für den Forscher dar, weil die Bevorzugung des einen oder anderen Testorganismus einen wesentlichen Einfluss auf den Ausgang des Experimentes haben kann. Das Ergebnis eines Versuches, die »wissenschaftliche Entdeckung«, hängt entscheidend sowohl vom natürlichen Verhalten des Organismus ab, als auch von dessen Fähigkeiten, unter Laborbedingungen zu funktionieren, zu agieren und zu reagieren. Darüber hinaus kann sich das Verhalten eines Organismus unter Laborbedingungen fundamental von dem in der Natur unterscheiden, was wiederum Auswirkungen auf die aus einem Experimentalbefund zu ziehenden Schlussfolgerungen haben kann.[18] Zusätzlich spielt im Versuch mit lebendiger Materie die zeitliche Dimension eine wichtige Rolle, die sich von Experimenten mit toter Materie unterscheiden kann. Während im »klassischen« physikalischen und chemischen Versuch der Faktor Zeit sich in der Regel

17 Siehe hierzu vor allem Fleming (1964). Eine kurze Übersicht zum Mechanismusproblem in der Physiologie des 19. Jahrhunderts liefert Rudolph (1983). Eine Genealogie der physiologischen »Schulen«, in die Loeb eingeordnet werden kann, findet sich bei Rothschuh (1953, S. 124, 151, 186).

18 Die Frage des richtigen Untersuchungsobjektes ist nur historisch kontingent zu beantworten und in fast allen Wissenschaften relevant. Eine hervorragende Übersicht und Problematisierung für unterschiedliche Wissenschaftsfelder aus dem Bereich der Biologie bieten die Aufsätze in dem Sammelband »The Right Tools for the Job« von Clarke und Fujimura (1992).

als kontinuierlicher Verlauf darstellt, bestimmen im biologischen Versuch diskrete Zeitverläufe den Ausgang von Experimenten. So kann der »Moment« des Versuches für eine Fragestellung zentral werden, besonders dann, wenn Studien zur Entwicklung von Organismen durchgeführt werden. Zum Beispiel sind einige Organismen nur während bestimmter Wochen eines Jahres fruchtbar. Folglich sind Befruchtungsexperimente an solchen aus der Natur entnommenen Organismen nur in diesen Wochen möglich. Der vom Wissenschaftshistoriker Hans Jörg Rheinberger (1992) angestrengte Vergleich von Experimentalsystemen mit Labyrinthen scheint somit in besonderer Weise für Experimente mit Lebewesen zu gelten: Wie die Wände eines Labyrinths in der Phase ihres Aufbaus wirken sie auf den Experimentator in gleicher Weise die Sicht verstellend und leitend.

Dieses ›Verhalten‹ von Testorganismen führt zu der Frage, in wie weit wissenschaftliche Entdeckungen – neben anderen Faktoren – auch von der Auswahl der geeigneten lebendigen Testobjekte abhängig sind. Rheinberger (2001) hat mit seiner Studie zu Experimentalsystemen und epistemischen Dingen eindrucksvoll gezeigt, dass Experimente zu überraschenden Ergebnissen führten, die wiederum neue Experimente nach sich zogen und somit die Logik wissenschaftlicher Entwicklungen von der Theorie auf die Praxis verschoben. Seinen epistemischen Dingen kommt dabei die Funktion von Überraschungsgeneratoren zu. Sie sind die Erkenntnisgegenstände, an denen oder über die Wissen gewonnen werden kann und die dabei neue Fragestellungen generieren. Wenn man in Anlehnung an Rheinbergers »epistemische Dinge« nun die für ein Experiment ausgewählten Tiere als »epistemische Organismen« bezeichnen will, schließt sich die Frage an, in welcher Weise sie (unwillentlich) mit dem Forscher interagieren und dabei einen Einfluss auf seine Untersuchungsstrategien ausüben. Wie werden sie vom Forscher im Verlauf seiner Arbeit transformiert und welche formative Kraft kommt ihnen selbst im Umfeld des Labors zu? Wie bestärken sie den Wissenschaftler in seinem erkenntnistheoretischen Zugang zum Experiment mit ihnen und wie wirken sie auf seine Denkgebäude destabilisierend?

Im folgenden Abschnitt wird diesen Fragen im Zusammenhang mit Loebs experimentellen Arbeiten nachgegangen, indem der Umgang Jacques Loebs mit lebender Materie und seine Stellung zu seinen Testorganismen untersucht werden. Als Quellen dienten vor allem seine Korrespondenz und seine Publikationen sowie in geringerem Maße Laborbücher und -notizen, deren detaillierte Analyse einer weiteren Studie vorbehalten sein muss.[19] Die Rolle, die Testorganismen in Loebs Experimenten einnahmen, wird exemplarisch für seine Untersuchungen zu Tropismen, zur Regeneration und zur Künstlichen Jungfernzeugung zwischen 1888 und 1910 dargestellt. Es wird analysiert, in welcher Weise Loeb mit ihrer Natur interferierte, wie er ihre Natur (schöpferisch) diversifizierte und auf welche Art er aus ihrer Natur und seiner Beeinflussung derselben Folgerungen schloss.

19 Die Laborbücher sind im Loeb-Nachlass in der Library of Congress einsehbar. Für nachfolgende Arbeiten insbesondere zur direkten Praxis der biochemischen Laborarbeit Loebs liegt hier wertvolles Quellenmaterial vor.

3.1.2.1 Loeb und Organismen

Loeb arbeitete mit Lebewesen, seit er seine ersten wissenschaftlichen Schritte unternommen hatte. Er war daran gewöhnt, sie als Studienobjekte zu betrachten. Im Rahmen seiner wissenschaftlichen Arbeit sah er nicht viel mehr in ihnen: weder machte es ihm Spaß, Tiere für seine Laborexperimente auf Ausflügen zu Lande und zu Wasser zu sammeln, wie es für einige seiner Naturforscherkollegen der Fall war, noch zeigte er tieferes Interesse dafür, wo exakt die von ihm benutzten Lebewesen lebten oder wovon sie in der Natur lebten. Auch hier unterschied sich der physiologisch ausgebildete Loeb von zoologisch geprägten Forschern auch der jüngeren Generation, denen das Sammeln, Beobachten, Klassifizieren und Spezifizieren von Organismen wissenschaftlich wichtig war und eine große Freude bereitete.[20] Als Experimentalphysiologe, der seine wissenschaftliche Tätigkeit hauptsächlich im Labor erlernt und an Labortieren und -präparaten durchgeführt hatte, gestand Loeb 1896 seinem Vorbild Theodor Wilhelm Engelmann (1843–1909), dass er sich in das Gebiet der vergleichenden Physiologie, das die Lebenserscheinungen von den niederen Tieren bis zu den Säugetieren vergleichend behandelte und damit ein umfassendes Wissen über einzelne Lebensformen verlangte, autodidaktisch habe einarbeiten müssen.[21] Von seiner Ausbildung her war er nie gezwungen gewesen, sich genaue Kenntnisse über die natürliche Lebensform eines Testorganismus anzueignen, bevor er seine Experimente durchführen konnte. Zoologisches und naturhistorisches Denken waren ihm deshalb relativ fremd, so dass es ihm auch auf die korrekte Terminologie im Umgang mit Testorganismen oft nicht so genau ankam. Seine taxonomischen Einteilungen waren gelegentlich vage und grob, allerdings genau genug, um zu beschreiben, was er im Experiment mit welchem Tier tat. Zum Beispiel erklärte er zu seinen Experimenten mit Tubularien: »*Die Zoologen haben eine sehr komplizierte Terminologie für die einzelnen Organe der Hydroidpolypen ausgebildet, welche für die rein formelle Morphologie sehr zweckmäßig sein mag, welche aber auf die Reizbarkeit der einzelnen Organe keine Rücksicht nimmt.*« Den Zoologen hielt er entgegen, dass es für den Physiologen vor allem darauf ankäme, die Formen der Irritabilität der einzelnen Organe der Tubularien zu berücksichtigen. Als Folgerung schloss er kühn: »*Ich unterscheide bei Tubularia – nach der verschiedenen Reizbarkeit – Spross und Wurzel*« (Loeb 1891, S. 11–12). Wissenschaftler, die aus der naturhistorischen Richtung auf die Arbeiten Loebs blickten, machten sich über solche Aussagen und Haltungen selbstverständlich

---

20 Siehe z.B. Kohler (2002a, S. 479ff.), ausführlich ebenfalls in Kohler (2002b). Einer der Forscher, der in der Betrachtungsweise von Organismen eine komplette Gegenposition zu Loeb einnahm und diese auch artikulierte, war Ernest Everett Just, vgl. Manning (1983, S. 78–84, 110, 255–264).

21 Loeb an Engelmann 03. 02. 1896, SPK: »*Ich darf Ihnen bei dieser Gelegenheit wohl mitteilen, dass ich im Jahre 1885, als ich das Laboratorium von Goltz verliess, die Absicht hatte, zu Ihnen nach Utrecht zu gehen, um unter Ihrer Leitung das Studium der vergleichenden Physiologie aufzunehmen. Die Monotonie der sich auf Hund und Frosch beschränkenden Physiologie war mir unerträglich geworden. Äussere Gründe zwangen mich alsdann nach Berlin zu gehen und so wurde mein Plan vereitelt, was ich oft bedauert habe. Ich war so gezwungen mich autodidaktisch in dieses Gebiet der allgemeinen und vergleichenden Physiologie einzuarbeiten*«.

lustig, wie zum Beispiel Ernest Everett Just, der die Meinung vertrat, ein Lebensforscher müsse zu allererst die Natur seiner Versuchstiere kennen (Maienschein 1989).

Loebs relative Gleichgültigkeit der natürlichen Lebensart seiner Versuchsorganismen gegenüber sowie sein Desinteresse am Sammeln von Tieren haben eine Ursache in seiner ›Sozialisation‹ als Lebensforscher in der Zoologischen Station in Neapel. Die ihm hier während seiner Forschungsaufenthalte zur Verfügung gestellte Laborinfrastruktur versorgte ihn mit allem Nötigen. Die meisten seiner Objekte waren bereits für seine Versuche ›vorgefertigt‹. Es erfolgte ein ständiger Nachschub an Versuchstieren, ohne dass Loeb sich selbst darum hätte kümmern müssen, wo genau er seine Tiere andernfalls hätte suchen müssen. In Neapel konnte er sich auf seine Experimente allein konzentrieren, ohne sich Gedanken über den richtigen Moment und den richtigen Ort oder die richtige Ernährung seiner Tiere zu machen: für Loeb ein fabelhafter Zustand.

Institutioneller Exkurs – die Zoologische Station in Neapel

Die 1872 vom deutschen Zoologen Anton Dohrn (1840–1909) begründete Zoologische Station in Neapel war eines der ersten Meeresbiologischen Laboratorien überhaupt. Schon kurz nach ihrer Gründung galt sie als Muster für eine Reihe anderer Laboratorien, die nach ihrem Vorbild gebaut wurden.[22] Auch Loeb wollte sich an diesem Muster orientieren, als er nach seinem Wechsel nach Kalifornien die Möglichkeit erhielt, ein neues Labor nach seinen Wünschen zu konzipieren.[23] Als die Begeisterung für Darwins Evolutionstheorie und Ernst Haeckels (1834–1919) Abstammungslehre einen ersten Höhepunkt der biologischen Forschung erreichten, strebte der Haeckelschüler Dohrn danach, Forschern mit dieser privat finanzierten Institution einen freien Forschungsraum zu schaffen, in dem sie mit der nötigen Nähe zum Meer Versuche an Meerestieren durchführen konnten. Der laufende Betrieb der Station sollte sich über ein öffentliches Aquarium und über ein innovatives von Dohrn erdachtes Konzept finanzieren, das für die Wissenschaftskommunikation und den Methodentransfer in der Biologie bedeutsam werden sollte: Dohrn gelang es, Arbeitsplätze für wissenschaftliche Versuche an Universitäten, Forschungsförderorganisationen und Forschungsinstitutionen auf der ganzen Welt zu vermieten. Auf diese Weise entwickelte sich die Station schon nach kurzer Zeit zu einer internationalen Drehscheibe wissenschaftlichen Austauschs, zu einem »Mekka für Biologen aus aller Welt« (Juday 1910, S. 1275). Sie erwies sich als ein »permanenter Zoologenkongreß« (Boveri 1910, S. 40),[24] der ein internationales Forscherkolleg aus den unterschiedlichsten Bereichen der Naturforschung, aus Biologie, Physiologie, Medizin und

22 Zur bewegten Geschichte der Station und zu Dohrn siehe vor allem: Müller (1976). Vgl. auch die von C. Groeben herausgegebenen Briefwechsel mit Anton Dohrn, insbesondere Groeben (1982); Groeben und Wenig (1992); Groeben (1993), sowie Skalovà (1975); Partsch (1980), oder den Symposium Supplement Band des Biological Bulletin (Stazione Zoologica Napoli und Marine Biological Laboratory Woods Hole 1985).

23 Loeb an Davenport 14. 04. 1904, APS: »*There is some talk of putting up a station here and I have been asked to furnish some suggestions. Do you possess a set of plans of the Station at Naples and if so would you be kind enough to let me have them for a few days?*«.

24 Das genaue Zitat lautet: »Wie oft hat er [A. Dohrn] es ausgesprochen, daß seine Station gleichsam einen beständigen internationalen Kongreß darstelle«.

Botanik zusammenführte. Trotz unterschiedlicher methodischer Zugänge einte diese Forscher das gemeinsame Ziel, die kausalgesetzlichen Mechanismen der Selektionstheorie aufzuklären, die Deszendenztheorie experimentell zu verifizieren und (später) die wiederentdeckten Vererbungslehren Mendels mit wissenschaftlichen Tatsachen zu belegen. Besondere Bedeutung erlangte dabei die Entwicklungsphysiologie als neue Forschungsrichtung, nachdem Oscar Hertwig (1849–1922) 1875 am Seeigelei die wesentlichen Faktoren des Befruchtungsvorgangs entdeckt und das Seeigelei als günstiges Untersuchungsobjekt in die Zell- und Reproduktionsforschung eingeführt hatte. Das neue Studienobjekt verdrängte um die Jahrhundertwende die traditionelle anatomische und morphologische Forschung zugunsten embryologischer und entwicklungsmechanischer Fragestellungen (Müller 1975; Müller 1996).

Anders als im 1888 gegründeten amerikanischen Woods Hole, wo jeder Wissenschaftler selbst für sein Material zu sorgen hatte, was mitunter einiges Wissen über die gesuchte Lebensform verlangte (Maienschein 1989, S. 131ff.), wurde in Neapel jeder Forscher von eigens angestellten Sammlern, so genannten Kollektoren, mit den jeweils gewünschten Meerestieren versorgt.[25] Wer auch immer an der Station von Neapel einen Platz für einen Wissenschaftler anmietete, bekam die vertragliche Zusicherung, dass dem entsprechenden Forscher ein Tisch mit Instrumenten, Chemikalien, etwa 10 Aquarien und das »*zu den Studien erforderliche Material an Seethieren*« täglich frisch zur Verfügung gestellt werden. Zusätzlich wurde »*eine hinreichende Anzahl wohlconservirter Exemplare zur Fortsetzung und Vervollständigung der Untersuchungen dem jeweiligen Inhaber des Tisches in seine Heimat mitgegeben ... soweit es die Seltenheit des Materials und die Ansprüche Gleichberechtigter*« erlaubten. Das einzige, worum sich der Gastwissenschaftler selbst zu kümmern hatte, war ein Mikroskop (Müller 1976, S. 156ff.).

Eine Folge der Indifferenz, die Loeb den Lebensumständen seiner Versuchsobjekte entgegenbrachte, war, dass er nie zum Spezialisten für eine einzige Lebensform wurde. Er entwickelte nie einen Modellorganismus für seine Forschungen, wie zum Beispiel Thomas Morgan (1866–1945) im Falle seiner genetischen Versuche mit der Fruchtfliege Drosophila.[26] Zwischen 1889 und 1910 experimentierte Loeb mit mehr als 80 verschiedenen Spezies unterschiedlicher Tierstämme (Tabelle 2), so dass es dann auch einige Zeit dauerte, bis er im Seeigelei das richtige Objekt für seine Versuche zur künstlichen Parthenogenese gefunden hatte; und obwohl in den Jahren nach 1899 die Seeigel »Arbacia« und »Strongylocentrotus« aufs engste mit Loeb und seinen Experimenten assoziiert wurden, blieb er nicht bei diesen Organismen. Im Gegenteil, er bemühte sich um die Replikation seiner Ergebnisse bei so vielen anderen Arten wie möglich.[27]

Erst nach seinem Wechsel an das Rockefeller Institute sank Loebs Interesse am Tierversuch. Hier konzentrierte er sich so stark auf die physikalischen und chemischen Pro-

---

25 Die Entwicklung einer »industriellen« Versorgung mit Versuchstieren für die Forschung in den USA setzte erst ab ca. 1910 ein. Vgl. im Überblick Clark (1987).

26 Zur Rolle von Drosophila als Modellorganismus vgl. Allen (1978) und vor allem Kohler (1994). Zur späteren Entwicklung von Modellorganismen siehe Rader (2004).

27 Loeb stellt hier bei weitem keinen Einzelfall dar. Das Wiederholen von Versuchen bei unterschiedlichen Spezies war vor 1900 Standard unter Biologen und Physiologen (Logan 2002).

bleme der Biologie, dass lebende Organismen, insbesondere Meerestiere, eine zunehmend geringere Rolle in seinen Arbeiten spielten. Hans Driesch gegenüber machte er dies deutlich, nachdem dieser ihn nach dem Ersten Weltkrieg um Unterstützung für die unter den Kriegsfolgen leidende Zoologische Station in Neapel gebeten hatte. Loeb teilte Driesch apodiktisch mit: »*I am under the impression that with the present economic situation in Europe there is very little hurry for any change at Naples. I do not think that many Germans have the means at present to work at Naples. Moreover, I am convinced that marine biological laboratories have lost considerably in interest. In America very few people continue working on marine problems. The future belongs to the application of physics and chemistry to biology, and for this purpose marine organisms are of no exceptional value. We continue to go to Woods Hole but more for personal reasons and for the summer climate than because we need marine animals.*«[28]

Loeb hatte erkannt, dass seine Art der Forschung auf Versuche an mehreren Spezies angewiesen war, da nicht jede Tierform sich für jedes Experiment eignete (s. u.). Die Suche nach solchen Tieren wiederum verlangte zoologische Kenntnisse, über die Loeb nur zum Teil verfügte. Aus diesem Grund war er bemüht, Kollektoren oder Assistenten mit besonderen zoologischen Kenntnissen anzuwerben.[29] In einem Schreiben an den Präsidenten der Universität von Kalifornien, Benjamin Wheeler, in dem Loeb sich während seiner kalifornischen Jahre um die Finanzierung eines besonderen Kollektors bemühte, fasste er den Zusammenhang zwischen seiner Forschungsstrategie und der Notwendigkeit, ausgebildete Sammler zu beschäftigen, eindrucksvoll zusammen. Er ging sogar so weit, der Anstellung eines ausgebildeten Materialsuchers eine höhere Priorität für seine Forschungen einzuräumen als der Errichtung eines neuen Laboratoriums selbst: »*My work depends upon the possibility of choosing between a great variety of forms there which allow me to carry out certain ideas. Not every form is equally favorable for the solution of a given problem. My former collector knew only a few forms and if he had not left, my work would here been seriously crippeled through his lack of zoological training. [...] In selecting a successor I was confronted by two possibilities: Namely either to select an untrained man [...] which is no longer possible; I believe to have done the majority of things which can be accomplished with such limited facilities as are offered by an untrained collector – or to select a man who possesses the necessary systematic training in zoölogy. The question of a trained collector is at present of much greater impatience to me and more urgent than a new laboratory.*«[30]

28 Loeb an Driesch 18.08.1920, LOC.

29 So suchte er z. B. einmal einen in besonderer Weise entomologisch ausgebildeten Zoologen. Vgl. Brief Wolfgang Ostwald an Loeb 06.02.1911, LOC »*Was Ihren Wunsch nach einem besonders entomologisch ausgebildeten Zoologen anbetrifft, so habe ich nach Rücksprache mit Chun einen, wie wir glauben ungewöhnlich für Sie passenden Mann gefunden, der auch prinzipiell gerne bereit wäre, nach Amerika für einige Jahre zu gehen. Er heisst Germer, ist Schüler von Chun und hat ungewöhnliche Liebe und nach Chun's Urteil grosses Geschick für Sammeln und Züchten. Physikalisch-chemisch oder physiologisch weiss er allerdings nicht viel*«.

30 Loeb an Wheeler 02.01.1906, LOC.

Tabelle 2: Von Loeb zwischen 1889 und 1910 benutzte Versuchstiere oder ihre Teile mit dem Jahr der Erstnennung (nach der Bezeichnung in seinen Publikationen, so dass auch unspezifische Benennungen wie »Hund« oder »Wurm« mit aufgeführt sind).

Versuchstier	1. Jahr	Versuchstier	1. Jahr	Versuchstier	1. Jahr
Acmaea	1904	Drosophila	1911	Phoxichilidium maxillara	1895
Actinia cari	1895	Eudendrium racemosum	1891	Planaria	1890
Actinia equina	1891	Euglena viridis	1890	Planaria torva	1894
Act. mesembryanthenum	1891	Forficula auricularia	1890	Plant lice	1890
Adamsia Rondel	1895	Froschmuskel	1898	Plumularia pinnata	1891
Aglaophenia pluma	1891	Froschschenkelnerv	1897	Polygordius	1893
Amblystoma	1896	Fundulus	1893	Polynoe	1908
Amphipyra	1890	Gammarus pulex	1904	Polyorchis	1906
Amphitrite	1901	Gelasimus pugnax	1896	Porthesia chrysorrhoea	1890
Anemonia sulcata	1895	Gephyrean worms	1907	Pycnopodia spuria	1904
Antennularia antennina	1891	Gonionemus	1900	Rana	1888
Arbacia	1892	Gonothyraea lovenii	1891	Scyllium canicula	1891
Asterias captata	1904	Holothurian	1904	Scyllium catulus	1891
Asterias forbesii	1900	Hund	1884	Seeigel	1900
Asterias ochracea	1903	Kaninchen	1891	Serpula uncinata	1890
Asterina	1903	Küchenschabe	1888	Sertularia polyzonia	1890
Asterina gibbosa	1891	Leech	1894	Sipunculidae	1907
Asterina tenuispina	1891	Limulus polyphemus	1893	Sphinx Euphorbiae	1888
Balanus perforatus	1890	Lottia gigantea	1904	Sphinx Ligustri	1888
Bombyx lanestris	1890	Lumbricus foetidus	1894	Spirographis spallanzani	1890
Bombyx neustria	1890	Melolontha vulgaris	1890	Spyrogyra	1900
Campanularia	1900	Mensch	1886	Strongylocentrotus	1900
Cereactis aurantiaca	1895	Molluscus	1903	Str. franciscanus	1900
Cerebratulus marginatus	1894	Musca vomitoria	1888	Str. purpuratus	1900
Cerianthus membranaceus	1891	Nereis	1894	Tabularia	1904
Chaetopterus	1894	Ophiothrix fragilis	1904	Tenebrio molitor	1890
Chlorostoma funebrale	1908	Palaemonetes vulgaris	1896	Thysanozoon brocchii	1894
Ciona intestinalis	1892	Paramecium	1895	Tubularia	1904
Coccinella	1890	Perca fluviatilis	1894	T. mesembryanthemum	1891
Ctenolabrus	1895	Phascolosoma	1901	Winged Ants	1890
Cucumaria cucumis	1891	Podarke	1901	Worms	1890
Cuma Rathkii	1890				

Da Loeb sich nicht für »Landscape«, sondern nur für »Labscape«,[31] nicht für das natürliche Umfeld der Tiere, sondern nur für ihr Funktionieren im Labor interessierte, nutzte er gerne Tierarten, die häufig auch von anderen Wissenschaftlern benutzt wurden und deren Tauglichkeit für das Laboratoriumsumfeld schon erprobt worden war. Als Loeb das Seeigelei für sich und seine Arbeiten entdeckte, war die Eignung des Seeigels als Versuchsobjekt für Befruchtungsstudien schon lange bekannt: Die Eier und Embryonen des Seeigels sind relativ transparent. Erwachsene Tiere können unter einfachen Laborbedingungen gehalten und eine Unsumme von Gameten kann aus einem einzigen Individuum gewonnen werden. Die Befruchtung der Eier findet außerhalb des Seeigelkörpers statt und kann somit gezielt gesteuert und beobachtet werden, die Embryogenese verläuft schnell und bei mehreren gleichzeitig befruchteten Eiern relativ synchron (Ernst 1997).

Auch die Jahre, in denen Loeb mit Seesternen oder Drosophila zu arbeiten begann, markieren nicht die Zeitpunkte, zu denen diese Lebensformen in das Labor eingeführt wurden. Eine exemplarische Untersuchung der Nennung dieser Tiere in den Jahren 1876 bis 1924 im »Zoological Record«, einer der wichtigsten Fachbibliographien während des Untersuchungszeitraumes,[32] zeigt, dass diese Organismen als Forschungsobjekte bereits zumindest in den Anfängen erprobt, erforscht und einigermaßen unter Laborbedingungen getestet worden waren, als Loeb seine Studien mit ihnen aufnahm (Abbildung 3).

Der »Zoological Record« wurde für diese Untersuchung systematisch auf das Auftreten von Loebs Versuchstieren Asterias, Strongylocentrotus und Drosophila hin untersucht. Die Repräsentation dieser Organismen in dieser Fachbibliographie erlaubt Rückschlüsse auf Forschungskonjunkturen an und mit diesen Tieren (Simon 1977). Der Vergleich mit dem Jahr, in dem Loeb die Forschung mit der jeweiligen Lebensform aufnahm, gestattet eine Einordnung seiner Präferenz für diesen oder jenen Organismus in diese jeweiligen Konjunkturen. Auf der einen Seite wird aus der Analyse deutlich, dass Loeb jeweils die Forschung an Asterias, Strongylocentrotus und Drosophila aufnahm, als zu diesen Gattungen bereits Arbeiten von anderen Forschern publiziert worden waren. Mit dieser Strategie hatte Loeb Erfolg, da er auf Erfahrungen anderer Wissenschaftler zurückgreifen konnte und sich eben um Angelegenheiten wie die Kultivierung einer bestimmten Gattung unter Laborbedingungen keine Gedanken mehr zu machen brauchte. Zudem waren die forschungsstrategischen Vor- und Nachteile der einen oder anderen Tierart bereits bekannt.

Auf der anderen Seite zeigt die Übersicht aus dem Zoological Record, dass Loeb bei keinem der genannten Organismen mit seinen Untersuchungen der Konjunkturwelle hinterherhinkte. Er stieg jeweils mit Studien zu Asterias, Strongylocentrotus und Drosophila ein, als die Zahl der Experimente mit diesen Tieren noch im Steigen begriffen war. Er scheint es vermieden zu haben, auf bereits etablierte »Modellorganismen« zurückzugreifen. Auf diese Weise war es ihm jeweils möglich, noch etwas Neues am Experimentierobjekt zu entdecken. Loeb war dabei flexibel genug, seine Experimente auch schnell auf ein eben erst von Forscherkollegen als Versuchsobjekt entdecktes Lebewesen

31 Ein Wortspiel von Robert Kohler (2002b), mit dem er die Überschneidungsbereiche und Vermischungen dieser beiden Forschungsräume deutlich machen möchte.

32 Vgl. Zoological Society of London 7.1870–95.1958, zur Entwicklung, zum Inhalt und zur Beurteilung der Wichtigkeit des Zoological Record siehe Simon (1977, S. 132–136).

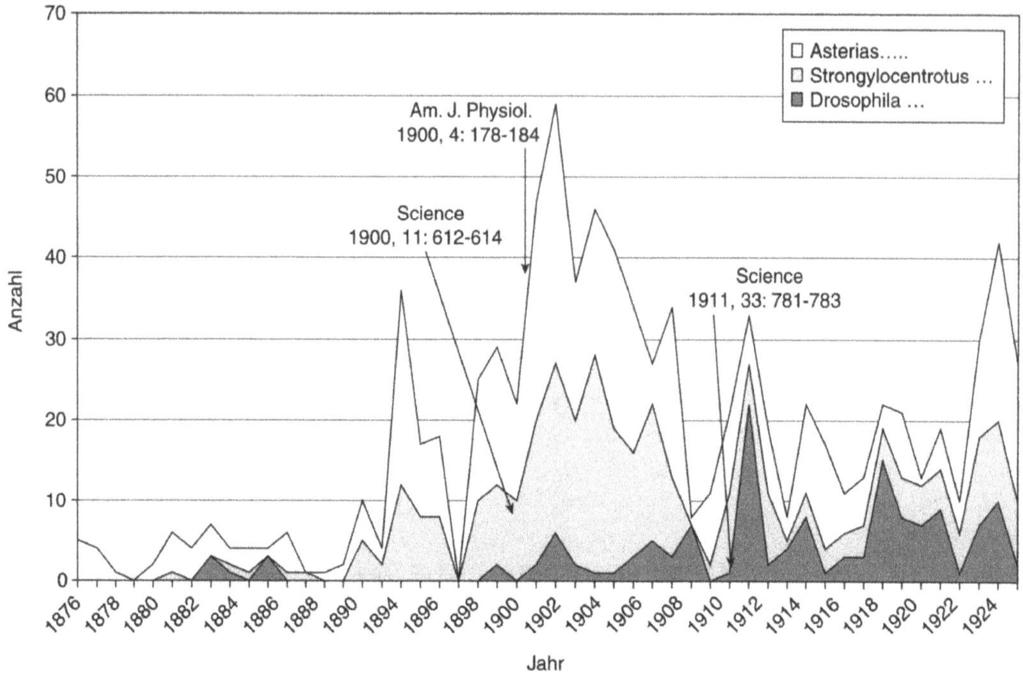

Abbildung 3: Repräsentation von Asterias, Strongylocentrotus und Drosophila im Zoological Record (Anzahl der Publikationen/Jahr) und Jahr der Erstpublikation einer Loebschen Studie mit der jeweiligen Tiergattung.

umzustellen. Entsprechend der eben geschilderten Praxis des Aufsteigens auf eine Konjunkturwelle der Forschung an einer bestimmten Gattung, nachdem andere Forschungen ihre Eignung für das Labor erprobt hatten, gehörte Loeb gelegentlich sogar zu den Trendsettern in der Benutzung einer Tierart für Experimente. Er zählte zu den ersten Forschern, die den Fisch Fundulus für das Labor entdeckten (Atz 1986). Alexander Agassiz (1835–1910) hatte 1892 als erster die embryonale Entwicklung von Fundulus beschrieben, bevor E. R. Boyer im selben Jahr schilderte, dass es ihm gelungen sei, reife Eier von Fundulusweibchen zu gewinnen und diese künstlich zu befruchten (Wourms 1997, S. 296). Die genauen Gründe, die Loeb dazu veranlassten, nach den genannten Forschern und Thomas Morgan (1893) als einer der ersten mit den Eiern des Fisches Fundulus zu arbeiten, bleiben leider im Dunkeln. Loeb (1893b) erwähnt lediglich den Umstand, dass der Fisch in den Buchten der Küste von Woods Hole sehr häufig zu finden sei, was wiederum heißt, dass sich niemand auf eine lange Suche nach den Eiern machen musste.

Insgesamt scheint seine Herangehensweise des Gebrauches von Organismen in der Phase ihrer Etablierung als Experimentierobjekt – in Kombination mit seinem Erfindungsgeist, seiner Fähigkeit, Instrumentarien für bestimmte Zwecke zu entwickeln, und seiner Geduld – einen Baustein des Loebschen Erfolges gebildet zu haben.

3.1.2.2 Von der Observation über die Manipulation zur Reproduktion

Eine Analyse des experimentellen Umgangs, den Loeb mit lebenden Organismen pflegte, zeigt unterschiedliche Ebenen der Interaktion. Der Charakter der ›experimentellen Kommunikation‹ zwischen Loeb und seinen Versuchstieren änderte sich mit verschiedenen experimentellen Zugängen, seinem Material und dem Ort seiner Studien.

Loeb führte seine ersten Tierexperimente, die er retrospektiv für langweilig erklärte,[33] unter dem Einfluss und der Leitung von Friedrich Goltz an Hunden durch. Vor diesem Hintergrund scheint es statthaft, die Versuche, die Loeb nach der Fertigstellung seiner Dissertation aufnahm, als den Beginn seiner genuinen Arbeit zu betrachten. Loeb begann unter anderem mit menschlichen Versuchspersonen. Zum Beispiel wollte er ermitteln, in wie weit muskuläre und mentale Aktivität einander beeinflussen. Zu diesem Zweck prüfte er die Muskelaktivität eines Probanden mit einem Dynamometer, während er die Testperson gleichzeitig ein Buch lesen (»Beiträge zur Analyse der Empfindungen« und »Die Mechanik in ihrer Entwicklung« von Ernst Mach) oder Rechenaufgaben lösen ließ (Loeb 1886b). Loeb war sich dessen bewusst, dass er validere Ergebnisse erzielen konnte, wenn die Testperson nicht genau wusste, was bei ihr getestet werden würde. So war er – wie er seinem ehemaligen Lehrer Nathan Zuntz zufrieden mitteilte – froh, einen elfjährigen Jungen für seine Untersuchungen von Muskeltätigkeit und Kopfrechnen gefunden zu haben, der nichts von den mit ihm angestellten Versuchen verstand.[34] Während dieser Experimente nahm Loeb die Rolle eines Beobachters ein. Er observierte seine Testpersonen, ohne in ihre körperliche Integrität einzugreifen.

Unter diesem Gesichtspunkt ähneln diese frühen Versuche Loebs seinen nachfolgenden Experimenten zu Tropismen. Zunächst nutzte Loeb für die Tropismenversuche Insekten, bevor seine Forschungsreisen nach Kiel und Neapel Experimente mit Seetieren möglich machten. Loeb wählte seine Testorganismen zunächst nach reiner Verfügbarkeit aus. Nachdem er in seinem Zimmer das spontane Verhalten von Insekten hinsichtlich ihrer Reaktion auf Lichtquellen beobachtet hatte, fing er sich einige von ihnen und setzte sie einem experimentellen Milieu aus, um aus dem natürlichen Verhalten gezogene Schlussfolgerungen experimentell zu überprüfen. In seiner Analyse des Heliotropismus bei Amphipyra (Eulenfaltern) bemerkte er zu ihrem natürlichen Verhalten: »... *when let loose, [they] did not fly to the window, but to the nearest wall or to the floor, where they ran about nimbly and crept under the first suitable object, like cockroaches. This looked as though the animals fled from the source of light*«. Das Testen dieses Phänomens unter experimentellen Bedingungen aber ergab für ihn, dass die Kontaktreaktion der Tiere größer sei als ihre Lichtreaktion (Loeb 1890). Nach ersten Versuchen mit Motten weitete Loeb seine Experimente auf eine Vielzahl von anderen Organismen aus.

Neben einer Reihe von Tiergattungen führte Loeb mit großer Begeisterung ein ständig wachsendes Arsenal von Instrumenten in seine Versuche ein, die er weitestgehend selbst erdachte, um andere Formen der Tropismen als nur die Reaktion auf Licht zu tes-

---

33 So schrieb er an Engelmann über den Grund seines ersten Wegganges von Goltz im Jahr 1885: »Die Monotonie der sich auf Hund und Frosch beschränkenden Physiologie war mir unerträglich geworden.« Loeb an Engelmann 03.02.1896, SPK.

34 Loeb an Zuntz 09. 02. 1887, SPK.

ten. Dabei führte ihn die Wirkung der Apparate zu wieder neuen Fragestellungen und der Planung neuer Versuchsaufbauten. Die Logik seines Forschungsfortschritts wurde folglich mitbestimmt durch die Wirkung von einmal eingeführten Instrumenten. Diese epistemische Kraft der Instrumente bezeichnete Loeb selbst als »magisch«. Über einen Apparat zur Testung von Schwerkraft (Geotropismen) schrieb er zum Beispiel an Ernst Mach: »*Ich habe mir Ihren Apparat zur Beobachtung der Bewegung von Thieren auf der Drehscheibe anfertigen lassen. Derselbe wirkt geradezu magisch; er erregt ungetheilte Bewunderung. Ich habe bis jetzt mich davon überzeugt, dass wenn die Centrifugalkraft die Schwerkraft an Intensität übertifft, die Thiere sich gegen die Centrifugalkraft orientiren wie sonst gegen die Schwerkraft: d.h. die Thiere wenden die Seite ihres Körpers die sonst dem Schwerpunkt der Erde zugekehrt ist gegen die Peripherie und die andere Seite gegen das Centrum der rotirenden Scheibe. Ich beabsichtige den Sommer an Seethieren Untersuchungen anzustellen.*«[35]

An diesem Punkt verschob sich sein ›beobachtendes Experimentieren‹ zu ›manipulierendem Experimentieren‹, das Elemente und Kräfte in den Versuchsaufbau mit einbezog, die in der Natur nicht auf die Versuchstiere wirkten. Ein besonderes Beispiel ist seine Entdeckung des »Galvanotropismus«, den er richtiger Weise als ein »reines Laboratoriumsprodukt« beschrieb: »*Mit Ausnahme der wenigen Individuen, welche in den letzten Jahren Physiologen in die Hände gefallen sind, die gerade über Galvanotropismus arbeiteten, hat kein Tier jemals Gelegenheit gehabt unter den Einfluss eines galvanischen Stromes zu geraten. Gleichwohl ist der Galvanotropismus eine ausserordentlich verbreitete Reaktion unter den Tieren. Eine schärfere Widerlegung der Auffassung, dass die Reaktionen der Tiere durch ihre Bedürfnisse oder Interessen bestimmt oder durch natürliche Zuchtwahl erworben sind, könnte es doch nicht gut geben*« (Loeb 1909a, S. 31–32).[36]

Loeb weitete diese manipulierenden und observierenden Experimente, die die Untersuchungsobjekte im Wesentlichen als intakte Einheit erhielten, immer weiter aus, bis er zur Manipulation von Prozessen in den Organismen selbst überging. Auf dieser Stufe also verschob er seine Zugangsweise von der Kontrolle des Verhaltens inerter Organismen hin zur Kontrolle von in den Versuchstieren ablaufenden Prozessen. Seine geschilderten Studien zur »Heteromorphose« verlangten beispielsweise die physische Intervention am Untersuchungstier bzw. die Verletzung seiner Integrität. Dennoch arbeitete er auch hier immer noch an ganzen Organismen, bis er auf der nächsten Stufe seines Experimentierens die Integrität der untersuchten Lebensform aufgab und damit begann, besondere Bestandteile oder Strukturen seiner lebenden Testobjekte zu studieren. Von diesem Punkt an dienten ihm die Organismen aus der Natur nur noch als Quelle für die ihn jetzt interessierenden Studiengegenstände: Loeb experimentierte mit ihren Eiern.

Eier unterscheiden sich von anderen Bestandteilen der Versuchstiere dadurch, dass sie ein Entwicklungspotential besitzen, über das tote Körperteile, wie die damals als Untersuchungsgegenstände beliebten Froschmuskeln oder Nerven, nicht verfügen. Darüber hinaus reicht dieses Entwicklungspotential des Eies soweit, dass aus ihm ein neuer

35 Loeb an Mach 30. 01. 1888, DMM.

36 Ähnlich als globale (nicht nur auf den Galvanotropismus bezogene) Aussage auch in Loeb (1909c, S. 247).

tierischer Organismus entstehen kann. Die Analyse und Kontrolle der physiko-chemischen Ursachen dieses Potentials wurde eines der Loeb leitenden Forschungsziele. Metaphorisch gesprochen trat er in eine Untersuchungsebene ein, die seine bisher geübte manipulative Strategie durch Teilnahme am Entwicklungsprozess, durch einen reproduktiven Akt, ersetzte. Seine Experimente zur Zellteilung und später zur künstlichen Parthenogenese unterschieden sich von seinen vorherigen Studien in der Weise, dass er sowohl willentlich als auch aktiv Entwicklungsprozesse zu von ihm bestimmten Zeitpunkten initiierte und nicht mehr nur das Ergebnis einer den Prozess manipulierenden Handlung protokollierte. Seine Absicht lag jetzt in der kontrollierenden Teilnahme an der Befruchtung sowie am Entstehungsprozess eines neuen Organismus und nicht mehr nur im Beobachten und Beschreiben desselben. Für Loeb war diese kontrollierende Teilnahme an Prozessen gleichbedeutend mit ihrem Verstehen. Er war der Meinung, dass das wahre Verständnis eines Prozesses erst erreicht sei, wenn man ihn willentlich reproduzieren und damit kontrollieren konnte. Für seinen Umgang mit Versuchstieren im Labor bedeutete dies das Schaffen und Gestalten von Lebensformen unter reinen Laborbedingungen ohne den Einfluss der Natur.

3.1.2.3 Formung von Lebewesen und die Formatierung des Labors

Loeb versuchte systematisch, Natureinflüsse auf seine Versuche auszuschalten. Für seine Experimente zur künstlichen Parthenogenese war es essentiell, dass die (natürlicherweise extrakorporal zu befruchtenden) Eier von Seeigeln keinen Kontakt zu eventuell im Wasser vorhandenen Seeigelspermien hatten. Um diese Kontaktfreiheit sicherzustellen, hatte er eine ausgefeilte Methode entwickelt, Eier aus Seeigelweibchen zu »ernten«. Das Seewasser, in dem sich die Seeigel befanden, wurde zunächst erhitzt, um etwaige frei schwimmende Spermien abzutöten, und anschließend zusätzlich gefiltert. Vor ihrer Öffnung wurden die Seeigel zur Ausspülung etwaiger anhaftender Spermien einem starken Strahl frischen Wassers ausgesetzt. Die Mundöffnung wurde mit einer sterilen Schere herausgeschnitten. Wenn sich nach der Eröffnung des Seeigels zeigte, dass es sich beim geöffneten Tier um ein Weibchen handelte, wurde mit sterilen Zangen der Darm entfernt. Das Innere des Seeigels wurde ausgewaschen, und ebenfalls unter sterilen Bedingungen wurden die Ovarien in toto herausgenommen, um aus ihnen dann die Eier zu entnehmen (Loeb 1900b). Auf diese Art konnte allein Loeb den Moment der Eientwicklung determinieren.

Allerdings benötigte Loeb auch für dieses Verfahren immer noch Tiere, denen er die Eier entnehmen konnte. Um nun Studien mit spezifischen Lebensformen, wie z. B. dem Seeigel, dem Fisch Fundulus oder dem Seestern durchführen zu können, musste Loeb bestimmte Orte besuchen, an denen der gesuchte Organismus zu bestimmten Jahreszeiten in einer für seine Versuche reifen Form zu finden war (z. B. den Golf von Neapel, die Buchten von Woods Hole oder von Pacific Grove, wo sich sein Kalifornisches Labor befand). Als Loeb mit Wheeler 1905 über die Errichtung eines zweiten Labors für seine Arbeiten etwas entfernt vom Campus Berkeley an der Küste in Pacific Grove verhandelte, wies Loeb auf exakt diesen Umstand der sich an Versuchstieren orientierenden Ortsgebundenheit hin: »*My own work is almost impossible without a marine laboratory. Pacific*

Grove is the most ideal spot for my work on account of its wonderful material«.[37] Nach seiner Berufung nach New York bemühte er sich bei dem Leiter des nahe gelegenen Cold Spring Harbor Laboratory Charles Davenport um Material, da ihm Meerestiere, wie sie ihm in Kalifornien zur Verfügung gestanden hatten, am Rockefeller Institute fehlten.[38] Wenn das lebende Material zur Neige ging, konnte er nicht weiter experimentieren, sondern musste, wie er selbst feststellte, zum Abfassen wissenschaftlicher Abhandlungen übergehen.[39]

Darüber hinaus hing der Erfolg seiner Techniken in einem entscheidenden Maße von der benutzen Subspezies eines Tierstammes ab. Gleichsam blieben Umweltfaktoren entscheidend für den Experimentiererfolg. Zuletzt war Loeb auch auf den Einfluss einer Größe angewiesen, die man guten Gewissens als Glück bezeichnen mag. In einer seiner ersten Veröffentlichungen zur künstlichen Jungfernzeugung schilderte er diese Umstände: »*My experiments were carried on after the breeding season was practically over, in September, when the majority of sea-urchins contained practically no more eggs. I had already made up my mind that my further experiments would have to be postponed a year, when through the kindness of Professor Bumpus*[40] *of the Fish Commission I obtained a few dozen sea-urchins that he had collected early in the season and kept in a small pond. It happened that almost every one of these animals was a female and full of eggs*« (Loeb 1899c, S. 434).

Loeb war sich solcher und anderer Interferenzen durchaus bewusst. Um Prozesse innerhalb seiner Versuchsorganismen zu kontrollieren, konnte er zwar das experimentelle Umfeld, wie die Temperatur, Spermienfreiheit oder Ionenkonzentrationen, bestmöglich gestalten, aber auf bestimmte den Organismen innewohnende Eigenschaften hatte er

37 Loeb an Wheeler 13. 07. 1905, LOC; ähnlich gab Loeb in einem Brief an Mach als einen Grund für seinen Wechsel von Chicago nach Kalifornien das Vorhandensein von Meerestieren an. Loeb an Mach 21. 02. 1903, DMM: »*Das wunderschöne Clima … die wunderbare Schönheit der Landschaft, die Nähe des Meeres und die Gelegenheit meine Lieblingsarbeiten das ganze Jahr hindurch ausführen zu können, haben mich vornehmlich bestimmt hierhin zu kommen.*« Als Zuntz 1904 Loeb in Kalifornien besuchen, machte Loeb sich Gedanken darüber, ob es zum Zeitpunkt des Besuches (August) wohl genügend laichende Tierspezies für Versuche geben werden. Loeb an Zuntz 07. 05. 1904, LOC.

38 Loeb an Zuntz 17. 11. 1911: »*Ich kämpfe hier noch immer mit den Schwierigkeiten der Organisation meines Laboratoriums, die mir viel Sorge bereitet hat. Ich vermisse Material, das ich in Californien hatte.*«, Loeb an Davenport 25. 10. 1910, APS: »*I have been settled in New York now for about a month and am trying to build up my laboratory. I am afraid I cannot do so without troubling my friends. Dr. Flexner told me that you kindly offered to help me with suggestions in regard to my getting material. Do you think it would be possible for me to have a collector come to your place and get certain material, for instance, Hydroids; or would it be possible for your collector to send me in case of need, some material? The Laboratory would gladly pay him for his work. I have no idea what kind of material is available in Cold Spring Harbor.*« In seiner Antwort schilderte Davenport die Fauna von Cold Spring Harbor und empfahl Loeb, einen Kollektor zu schicken, der mit einem der Austernfischer aufs Meer fahren solle, da er an seinem Labor nicht über einen eigenen Kollektor verfüge. Davenport an Loeb 27. 10. 1910, APS.

39 Loeb an Flexner 31. 08. 1914, LOC: »*The material is beginning to run low, but I have a good deal of writing to do*«.

40 Hermon Carey Bumpus (1862–1943).

keinerlei Einfluss. In einer undatierten Labornotiz, die in der Sammlung der Handschriftenabteilung der Staatsbibliothek Preußischer Kulturbesitz in Berlin überdauerte, hatte Loeb z. B. festgehalten, dass die Temperatur zur Erzeugung künstlich parthenogenetischer Prozesse höher als 16° Celsius sein solle (Umfeld) und dass besser Seeigeleier als Seesterneier benutzt werden sollten (Eigenschaften).[41] Bereits 1902 hatte Loeb eine Reihe technischer Faktoren aufgeführt, die erfüllt sein müssen, damit die Parthenogenese in anderen Laboratorien als seinem eigenen repliziert werden könne (Loeb 1901–1902b). Als Emil Godlewski jr. und Hans Driesch im Jahr 1904 trotzdem aufgrund mangelnder Replizierbarkeit der Loebschen Versuche Zweifel an seinen Berichten über die erfolgreiche Hybridisierung von Seeigeleiern mit Seesternsamen anmeldeten,[42] stellte Loeb in einem Brief an Godlewski die inneren Eigenheiten der einzelnen Tiergattungen als mögliche Ursache heraus: »*Dass die Versuche nicht mit Asteriassamen gelungen sind ist überraschend aber doch begreiflich, ich finde immer dass die Daten für eine Form z. B. Strongyloc. purpuratus mit denen einer nahe verwandten Form z. B. Franciscanus nicht identisch sind. Es ist immer nöthig für jede Form die quantitativen Daten besonders auszuarbeiten. Gerade auf diesem Gebiet kommt alles auf Spuren an*«.[43]

In seinen Tropismusstudien betonte Loeb zwei Ursachen, warum die eine Tierart sich für ein Experiment eigne und die andere nicht. Ein Grund konnte für ihn in der Anatomie der fraglichen Lebensform liegen, der andere in ihren physiologischen Eigenschaften. Er nutzte die von ihm erkannten Quellen des »experimentellen Versagens« der einen oder anderen Tierform auch, um sich gegen Kritiker zur Wehr zu setzen, die mit experimentellen Mitteln seinen eigenen Ergebnissen widersprachen. Loeb warf Herbert Spencer Jennings, der Loebs Tropismentheorie seine Idee von »trial and error« als Begründung tierischen Verhaltens entgegensetzte, vor, Jennings habe mit Hypotricha und anderen Infusorien einfach die falschen Versuchstiere benutzt und deshalb Loebs Tropismentheorie in diesen nicht bestätigt gefunden. Die anatomische Eignung und die physiologische Perzeptibilität auf Licht seien bei diesen Tieren für Loebs Versuche nicht gegeben gewesen. Da die Bewegungsorgane von Hypotricha nicht symmetrisch seien, »*sondern eigentümlich asymmetrisch angeordnet sind, so gehen sie bei der nächsten Progressivbewegung nicht in die alte Bewegungsrichtung zurück, sondern sie weichen seitlich davon ab, und es ist daher leicht begreiflich, dass solche Tiere nicht das beste Material bilden um die Gesetze des Heliotropismus zu demonstrieren, namentlich wenn sie noch dazu nur eine geringe photochemische Empfindlichkeit besitzen. Jennings hat nun mit Vorliebe Beobachtungen an solchen Organismen benutzt, um gegen die Theorie der Tropismen zu polemisieren, und er hat durch diese Polemik viel Verwirrung unter den Zoologen angerichtet*« (Loeb 1909a, S. 38–39).[44]

---

41 Undatierte Notiz, SPK.

42 Driesch an Loeb 10. 02. 1904, LOC; Godlewski an Loeb 22. 07. 1905, LOC. Godlewski schildert frustrane Versuche zur Replikation der Loebschen Experimente während eines Aufenthaltes in Neapel, die er auf Unterschiede im Material zwischen Neapel und Woods Hole zurückführt. Auch der deutsche Physikochemiker Isidor Traube (1860–1943) beklagte das Fehlen geeigneten Materials bei seinem Versuch auf Helgoland Parthenogeneseuntersuchungen durchzuführen. Traube an Loeb 12. 04. 1909, LOC.

43 Loeb an Godlewski 08. 08. 1905, AJUK.

44 Zur Debatte zwischen Loeb und Jennings siehe vor allem Pauly (1981).

Loeb hatte überdies erkannt, dass gelegentlich bestimmte Fähigkeiten der Versuchsorganismen die exakte Bestimmung des Kontrolleinflusses des Experimentators erschwerten. Besonders während seiner Untersuchungen zur künstlichen Parthenogenese bei anderen Tiergattungen als Seeigeln sprach er den Testtieren Eigenschaften zu, die das Experimentierergebnis verzerren oder den Experimentator über den Einfluss des eigenen Handelns täuschen konnten. Loeb spielte auf diese »aktive« Rolle von Versuchstieren während eines Experimentes an, die sie für ein solches als geeignet oder ungeeignet charakterisierten, als er konstatierte: »*[...] daß die Eier verschiedener Tierformen eine ganz verschiedene Tendenz besitzen, sich parthenogenetisch zur Entwicklung zu bringen. Es gibt Eier, die sehr leicht zur Entwicklung veranlaßt werden, so leicht, dass sie den Experimentator in Verlegenheit setzen, weil er nie weiß, ob das von ihm benutzte Agens die Ursache der Entwicklung ist, oder ob hierfür irgendein geringfügiger unbeachteter Nebenumstand, oder eine Veränderung im Ei selbst verantwortlich ist. Dahin gehören beispielsweise die Eier des Seidenspinners, des Seesterns und gewisser Anneliden. Wenn man mit Seesterneiern arbeitet, so kann man beobachten, dass sich gelegentlich einige derselben ohne jede nachweisbare äußere Ursache (in normalem Seewasser) zu schwimmenden Larven entwickeln. Den geraden Gegensatz zu solchen Eiern bilden die von mir gewöhnlich benutzten Eier des kalifornischen Seeigels Strongylocentrotus purpuratus, die überhaupt nie eine Tendenz zeigen, sich parthenogenetisch zu furchen, und die sich nur durch die geschilderte sehr spezielle Methode unter Einhaltung genauer quantitativer Verhältnisse zur parthenogenetischen Entwicklung bringen lassen*« (Loeb 1910a, S. 23–24).

Zur Überwindung von »natürlichen« Fehlerquellen musste Loeb seinen Versuchsaufbauten also weitere technologische Stufen hinzufügen, die mitunter nicht nur das Laborumfeld formten (wie z. B. das Vorhandensein frischen Seewassers,[45] die Temperatur, Wasserbecken mit sterilem Wasser etc.), sondern auch die involvierten Versuchstiere veränderten. Neben ihrer chemischen Beeinflussung zur Herabsetzung der Reaktivität von Organismen schuf und formte Loeb zur Ausschaltung von Fehlerfaktoren auch gezielt Versuchstiere, die sich von ihren in der Natur vorkommenden Artgenossen unterschieden, bzw. die in dieser Form gar nicht in der Natur existierten. Als Loeb experimentell den Einfluss der Temperatur auf die Dauer des Lebens bei Drosophila untersuchen wollte, sah er beispielsweise die Notwendigkeit, diese Temperaturexperimente an Tieren durchzuführen, die gänzlich frei von Mikroorganismen waren. Der Grund hierfür war die These Ilja Metschnikoffs (1845–1916), dass von Darmbakterien produzierte Gifte einen limitierenden Einfluss auf die Dauer des Lebens höherer Tiere hätten (Loeb und Northrop 1917a). Loeb sterilisierte die Eier von Drosophila mit einer Lösung, die Bichloride von Blei enthielt. Die überlebenden Eier kultivierte er auf sterilisiertem Fleisch in sterilen Flaschen. So gelang es ihm schließlich, 87 aufeinander folgende aseptische Generationen von Drosophila auf aseptischer Hefe aufzuziehen (Loeb 1919b).

Mit diesen »unnatürlichen« Tieren erzeugte er – noch mehr als durch die Veränderung ihrer »Fähigkeiten« durch chemische Manipulation ihrer Umgebung – lebendiges Labormaterial. Dabei jedoch hatte er mit seinen Versuchstieren zu interagieren. Alle seine Versuche und seine Neuformungen gelangen nur mit lebender Materie, die – wie

45 Aus diesem Grund schien ihm in Kalifornien ein Labor z. B. in Pacific Grove wertvoller zu sein als in San Francisco oder Berkeley. Loeb an Wheeler 13. 07. 1905, LOC.

die die Sterilisation überlebenden Fliegeneier – im übertragenen Sinne mit ihm ›kooperierte‹ und seine Manipulationen und ›Zeugungsakte‹ überlebte.

3.1.2.4 Interaktion mit der Natur

Die Übersicht über Loebs Zugang zu und Umgang mit Testorganismen verdeutlicht verschiedene Stufen seiner Interaktion und Kooperation mit der Natur. In dem Moment, in dem Loeb seine Testorganismen in das Labor überführte und mit ihnen experimentierte,

- interferierte er mit der Natur (1)
- diversifizierte er die Natur (2)
- und folgerte er aus der veränderten Natur (3).

Ad 1. Wie dargestellt, änderte sich im Laufe von Loebs Karriere die Art und Weise, in der er mit seinen Versuchstieren experimentell umging. Er begann mit der Observation ihres Verhaltens, bevor er in verschiedenen Versuchen die Faktoren testete, die dieses Verhalten beeinflussten. In unterschiedlichen Versuchsaufbauten testete er die Reaktion seiner Versuchstiere auf Licht, die Schwerkraft oder Elektrizität. Diese Experimente beinhalteten nach der Observation die Manipulation der Testorganismen mittels Geräten, aber nicht ein Auflösen der Integrität der Organismen.

Für seine Experimente zur Regeneration manipulierte Loeb physiologische Prozesse innerhalb seiner Versuchstiere durch die künstliche Veränderung ihrer Umgebung, aber er griff auch in die körperliche Integrität seiner Objekte ein, indem er sie verstümmelte. Dieser Zugang zielte auf eine externe und interne Manipulation seiner Testorganismen mittels Faktoren, die in einer natürlichen Umwelt so nie aufgetreten wären.

Zuletzt nahm Loeb bei seinen Studien zur Zellteilung und Parthenogenese mittels physiko-chemischer Verfahren am Entwicklungsprozess kontrollierend teil. Willentlich induzierte er dabei unnatürliche Phänomene, die sich darin von seinen früheren manipulierenden Verfahren unterschieden, dass er Entwicklunsgvorgänge initiierte, stoppte oder dirigierte.

Ad 2. Im Laufe seiner Versuche setzte Loeb, wie zum Beispiel bei der Testung des Galvanotropismus, auch reaktive Potentiale bei seinen Versuchstieren frei, die in dieser Weise in der Natur nicht vorkommen. Er nutze die »Bereitschaft« seiner Testorganismen, auf elektrischen Strom zu reagieren, ohne für dieses Phänomen ein natürliches Äquivalent zu suchen. In diesem Fall wurde durch das ›epistemische Tier‹ ein neues Erkenntnisfeld für Loeb eröffnet. Auch fügte Loeb der Diversität der Natur neue Elemente hinzu, die so nicht in der Natur existierten. Er schuf mittels technischer Methoden (Hybridisierung von Seesternen mit Seeigeln, Sterilisierung von Fliegen) Organismen im Labor und für das Labor, die sich von ihren Verwandten im natürlichen Umfeld in ihrer Entwicklung, ihrer Farbe oder ihrer Besiedlung mit Mikroorganismen wesentlich unterschieden.

Wie der Historiker Robert Kohler für Morgans Drosophila zeigen konnte, vereinen Testtiere im Labor zwei Aspekte: *Erstens* den des technologischen Artefakts und *zweitens* den des biologischen Organismus. Auf der einen Seite können sie manipuliert, kontrolliert und technologisch verändert werden, auf der anderen Seite sind sie Lebewesen mit eigenen Fähigkeiten zur Reaktion, zur Adaptation etc. Nach Kohler (2002 b) wären biowissenschaftliche Entdeckungen folglich ohne ihre metaphorisch gesprochene »Kooperation« nicht möglich. Auch Loeb wurden durch seine »Technofakte« neue experimentelle Möglichkeiten eröffnet, wenn denn die ursprünglichen Versuchstiere seine Verfahren überlebten oder für die Modifikation in anderer Weise empfänglich waren, bzw. wenn sie »kooperierten«. In seinem Labor schuf er sich in dieser Kooperation einen, wie Klaus Amann es in seiner überzeugenden Studie zur Transformation von Organismen in epistemische Objekte ausdrückte, auch an die Bedürfnisse seiner Testorganismen angepassten »Ort der zweiten Natur« (Amann 1994, S. 283–285).[46]

Ad 3. In der Auswahl der »richtigen« Tiere für die »richtigen« Experimente im »richtigen« Laborumfeld reagierte Loeb, wie dargestellt, auf das unterschiedliche Verhaltenspotential verschiedener Tierspezies. Im Wissen um die Vielfalt der natürlichen Erscheinungsformen von Lebewesen vermied es Loeb, generelle Aussagen aus mit nur einer Spezies erzielten Ergebnissen abzuleiten. Darum weitete er erfolgreiche Versuche auf so viele Tierarten wie möglich aus und hoffte, dadurch generalisierende Aussagen erzielen zu können.[47] Zusätzlich bemühte er sich, wie das Zitat aus dem oben zitierten Brief an Godlewski zeigt (vgl. Anmerkung 119), Zahlenverhältnisse zu dokumentieren, um so über das Generalphänomen gleichsam abstimmen zu lassen. Mittels dieses vergleichenden Ansatzes wollte er über viele Versuchsreihen natürliche »Verfälschungen« in seiner Suche nach der physiko-chemischen Grundlage des Lebens dadurch ausschalten, dass am Ende die generalisierende Aussage übrig bleiben sollte. Die Diversität sollte helfen, die biologischen Systemen innewohnende Komplexität auf eine limitierte Anzahl von Variablen zu reduzieren.

Loeb arbeitete nicht mit einem Modellorganismus, er strebte kein standardisiertes Versuchstier an. Vielmehr kam es ihm darauf an, seine Experimentiertechniken und -methoden zu standardisieren, um standardisierte Verfahren an einer Reihe verschiedener Lebewesen anwenden zu können. Am Ende hatte er an Seeigeln, Seesternen, Anne-

---

46 Nathan Zuntz thematisiert diesen Punkt der künstlichen Umwelt in einem Brief an Loeb, in welchem er die Schlussfolgerung Loebs kritisiert, in arktischen Gewässern lebten so viele Fische, da die Temperatur dort günstig auf die Lebensdauer wirke. Zuntz spricht exakt die Schwierigkeit an, aus den künstlichen Bedingungen des Labors, der zweiten Natur, auf die erste zu schließen, wenn er schreibt: »*Sehr interessiert hat mich auch Ihr Versuch die grossen Mengen von Lebewesen in den arktischen Gewaessern aus den günstigen Bedingungen für die Lebensdauer zu erklären; bei naeherer Ueberlegung habe ich aber doch ein grosses Bedenken dagegen. Die Versuchsbedingungen fast aller Organismen sind doch so guenstig, dass sie bei fehlenden Feinden und Hindernissen jeden ihnen gebotenen Raum so dicht erfüllen, wie die Ernaehrungsverhaeltnisse und die Decimierung durch Feinde irgend gestattet. Angesichts dessen ist schwer einzusehen, dass eine Begünstigung der Lebensdauer im Verhältnis zur Entwicklungsgeschwindigkeit so maechtigen Einfluss auf die Zahl der Organismen haben soll.*« Zuntz an Loeb 05. 07. 1909, LOC.

47 Zu dieser Praxis bei anderen Forschern seiner Zeit und zur Herausbildung von Modellorganismen vgl. Logan (2002). Zur Vielfalt im Labor Robert Kochs und zum vorher behandelten Komplex der Künstlichkeit des Labors vergleiche auch Gradmann (2005a).

liden, Mollusken, Fröschen etc. geforscht (siehe Tabelle 2). Neben diesen praktischen Erwägungen jedoch diente ihm dieser Zugang auch als argumentative Strategie bei der Prüfung seiner Hypothesen. Durch das Anhäufen von positiven Evidenzen wollte Loeb seine Hypothesen zu Irritabilität, Regeneration, Wachstum und Entwicklung belegen. Negative Ergebnisse, die gegen seine Hypothesen sprachen, war er jedoch selten bereit zu akzeptieren. Wenn ein Versuch bei einer Spezies zu einem seine Hypothese nicht stützenden Resultat führte, suchte Loeb nach den – z.B. anatomischen oder physiologischen – Faktoren in der Natur des Organismus, die diesen negativen Ausgang bedingt hatten. Wie seine Auseinandersetzung mit Jennings verdeutlicht, versuchte er, mit Hilfe der Diversität seiner Untersuchungstiere auch negative Evidenzen durch Umwidmung zur Stützung seiner Aussagen heranzuziehen.

Dieser Umgang Loebs mit seinen Versuchsobjekten, seine Laborforschung, seine Strategie, Schlüsse zu ziehen, sein positivistischer, quantitativer und vor allem sein biotechnischer Ansatz konstituierten einen Forschungsstil, der sich in Teilen über seine Publikationen und seine Schüler auf andere Forscher übertrug. Loeb sah sich in seinen Ansichten in der Tradition des Positivismus in der von Ernst Mach geprägten Form. Loeb sprach dabei nicht von einem »Stil« im engeren Sinne, er ordnete aber das eigene Wirken in stilistische Kontexte ein, die er, dem Zeitgeist gemäß, auch als nationale Stilformen der Wissenschaft interpretierte. Er bezog in diese Stilformen allerdings weniger die wissenschaftlichen Arbeiten als Produkt wissenschaftlicher Tätigkeit ein. Vielmehr rekrutierte er die einen nationalen Stil konstituierenden Elemente aus der Organisation der Wissenschaften und wurde von seinen Zeitgenossen in dieser Ansicht bestärkt.

3.2 Wissenschaftsstile in transatlantischer Perspektive

Verschiedene Wissenschaftshistoriker und -philosophen haben den Versuch unternommen, regionale und nationale Unterschiede in Denkstilen nachzuweisen. Eine Reihe von Arbeiten konzentrierte sich dabei auch auf den Vergleich zwischen der Ausrichtung und Institutionalisierung biologischer Disziplinen in Deutschland und den USA.[48] In Analogie zum Stilkonzept in der Kunst und der Literatur versuchten diese Ansätze erfolgreich, wiederkehrende und damit stilistische Muster in der Entwicklung, Wirkung, Institutionalisierung oder der sozialen Kontextualisierung von Wissenschaften nachzuweisen (Maienschein 1991a, S. 410f.; Wessely 1991; Harwood 1993, S. 11ff.). Diese Analysen zeigten, dass sich nationale Unterschiede in Stilen im wesentlichen auf der Grundlage von

1. differierenden Schwerpunktsetzungen in Bezug auf einzelne Disziplinen,
2. unterschiedlich starken Fokussierungen einzelner Inhalte,
3. divergierenden methodischen Zugängen und
4. Unterschieden in der institutionellen und professionellen Ausgestaltung von Wissenschaften (Ash 1984, S. 213)

rekonstruktiv entwickeln bzw. nachweisen lassen.

48 Vgl. Harwood (1987); Maienschein (1991a); Reingold (1991); Harwood (1993); Maienschein (1999); Fangerau und Müller (2005b).

Zusätzlich zu diesen Faktoren spielen auch nationale Stereotypien oder »nationale Identitäten« eine wichtige Rolle in der Formulierung oder Stilisierung eines »nationalen Wissenschaftsstils«. Ähnlich wie sich im Vergleich zwischen Nationen differierende, wiederkehrende Muster in der Ausübung einer wissenschaftlichen Disziplin finden lassen, so ist es möglich, intellektuelle Kontexte zu rekonstruieren, die eine soziale Akzeptanz der einen oder anderen Art Wissenschaft zu betreiben fördern oder behindern. Mit der Hilfe so genannter »nationaler Identitäten« können solche Unterschiede beschrieben werden.

Das Konzept der »nationalen Identität« rekurriert auf die Herkunft eines gemeinsamen intellektuellen Hintergrundes einer Gruppe von Menschen. Es dient dazu, bestimmte Gruppen voneinander zu differenzieren. Seine Betonung von »Nationalität« markiert seine politischen Implikationen. Innerhalb des Konzeptes wird davon ausgegangen, dass Individuen innerhalb einer Gesellschaft mit den anderen Mitgliedern dieser Gesellschaft durch die gemeinsame »nationale Identität« intellektuell verbunden sind. Auch wenn im Prozess der Nationenentstehung im 19. Jahrhundert die »nationale Identität« dazu benutzt wurde, einen historischen oder kulturellen Ursprung zu konstruieren, auf dessen Basis sich Nationen schicksalhaft entwickelten, so vertraten bereits manche Zeitgenossen wie Loeb die Ansicht, dass die Ausformulierung einer »nationalen Identität« durch ideologische Zwänge determiniert sei. Sie diente vornehmlich dazu, Spannungen und Disharmonien innerhalb national konstruierter Gesellschaften abzuschwächen (Thomä 2002). Das Konzept erscheint kurz gefasst als ein vielschichtiges Phänomen, das Einzelpersonen dazu nützt, sich oder ihre Gruppe von anderen zu unterscheiden. Im Zusammenhang mit der Frage nach nationalen Wissenschaftsstilen helfen Identitäten wissenschaftlichen Akteuren dabei, die Verfolgung eines bestimmten Forschungsziels über einen besonderen methodologischen Zugang im nationalen gesellschaftlichen Umfeld zu legitimieren. Darüber hinaus determinieren sie, wie und mit welchen Mitteln ein Forscher in diesem Umfeld agieren kann und welche wissenschaftlichen Werte er seinem Forschungshandeln zu Grunde legen sollte, damit dieses Akzeptanz findet.

Neben der Rekonstruktion von sich zwischen nationalen Einheiten unterscheidenden stilistischen Mustern im Wissenschaftsbetrieb erscheint die Analyse der Selbstwahrnehmung »nationaler Identitäten« von Wissenschaftlern als ein geeigneter Zugang zum Verständnis, warum Wissenschaft in verschiedenen Regionen der Welt unterschiedlich betrieben wurde. Historische wissenschaftspolitische Einschätzungen und Entscheidungen können auf ihre Wurzeln im Konzept der nationalen Identität hin überprüft werden. Zuletzt kann eine solche Untersuchung dazu dienen, heutige retrospektive Betrachtungen historischer »nationaler Stile« zu falsifizieren: Es kann der Frage nachgegangen werden, in wieweit heutige Vorstellungen von nationalen Wissenschaftsstilen auf den Vorurteilen der Vergangenheit beruhen.

Für Deutschland hat Bernhard Giesen in eindrucksvoller Form nachgewiesen, dass die intellektuellen Kreise die Konstrukteure und Träger der »Nationalen Identität« darstellten (Giesen 1993; Giesen 1999). Auch Jacques Loeb war ein solcher intellektueller Träger einer deutschen bzw. europäischen Identität, als er nach Amerika auswanderte. Seine Selbsteinschätzung und seine Analyse der Besonderheiten Deutschlands, Europas und Amerikas, insbesondere mit Blick auf die Wissenschaften, vor und nach seiner Auswanderung gibt ein Beispiel für eine radikale Wahrnehmung und Formulierung nationaler Unterschiede durch Wissenschaftler um 1900. In ihrem Wandel zeigt sie zweierlei:

die Angleichung Loebs an sein neues amerikanisches Umfeld und zugleich das Festhalten an seiner Selbstwahrnehmung als Europäer.

Im folgenden werden zunächst im Sinne der oben genannten Autoren in aller Kürze die Stilformen der deutschen und der amerikanischen Biologie zur Zeit der Auswanderung Loebs vorgestellt, um deutlich zu machen, aus welchem Umfeld Loeb sich, sein Wissen und seinen Forschungsstil transferierte. Dabei werden die Charakteristika des beschriebenen Loebschen Forschungsstils, die seine transatlantische Passage erleichterten, besonders hervorgehoben. Im Anschluss wird der Versuch unternommen, die Ursprünge des Loebschen Stils in seiner Beziehung zu Ernst Mach nachzuweisen, und zuletzt werden Loebs Wahrnehmung von Wissenschaftsstilen in Deutschland und den USA bis zum Ersten Weltkrieg sowie der Einfluss seiner Emigration auf diese Wahrnehmung einer Analyse unterzogen. Da die Ereignisse um den Ersten Weltkrieg Loebs Sicht auf die internationale Wissenschaft und deren Organisation nachhaltig verschoben und sich seiner Meinung nach die deutsche Wissenschaft durch ihre Unterordnung unter politische Interessen entschieden von wissenschaftlichen Idealen entfernte, erfolgt die Vorstellung seiner Perspektive auf Deutschland und Amerika während des Krieges und für die Zeit danach in einem eigenen Kapitel zu Loebs Blick auf das Verhältnis zwischen Wissenschaft und Krieg.

3.2.1 Stile der Biologie in Deutschland und Amerika am Ende des 19. Jahrhunderts

Als Jacques Loeb 1891 in die USA auswanderte, gehörte er zu mehr als 113000 deutschen Immigranten, mit denen er Hoffnungen, Ängste und Vorurteile bezüglich der neuen Umgebung teilte (Treasury Department 1892, S. 178; Nugent 1992, S. 27–37, 63–82, 149–62). Als ein im europäischen Umfeld ausgebildeter Wissenschaftler erschien er den meisten Amerikanern als ein Träger von Wissen, Haltungen und Fähigkeiten, die für sie das Ideal eines europäischen Forschers repräsentierten. Doch waren es, im Gegensatz zu dieser Einschätzung, gerade auch die ihn in der deutschen Physiologie etwas isolierenden Besonderheiten seiner Arbeiten, die den amerikanischen Biologen Charles Otis Whitman (1842–1910) dazu veranlasst hatten, Loeb eine Anstellung in Amerika zu besorgen.[49]

Zwischen 1870 und 1900 wurden die großen amerikanischen Universitäten wie z.B. Harvard, Johns Hopkins, Columbia oder Chicago in ihrer disziplinären Struktur grundsätzlich umorganisiert. Im Rahmen dieser Umstrukturierung wurden zunehmend auch die »Medical Schools«, die keinem standardisierten Format unterlagen und in denen die Lehrformate von der Ausbildung von Ärzten beim örtlichen »Practitioner« über Privatschulen bis hin zu einer universitären Ausbildung reichten, in die universitären Strukturen miteinbezogen (Ludmerer 1985). Dabei kam den biologischen Abteilungen als Bindeglied zwischen den akademischen Naturwissenschaften und den »Medical Schools« eine besondere Rolle zu. Treibende Kraft bei der Integration der »Medical Schools« in die Universitäten war das Bemühen der Universitätsreformer, die Ausbildung der Medi-

49 Die Umstände der Berufung Loebs nach Bryn Mawr und später nach Chicago hat Pauly ausführlich geschildert (Pauly 1987a, S. 55–69). Siehe ebenfalls Maienschein (1987).

ziner auf eine naturwissenschaftliche Basis zu stellen, ähnlich wie es die europäischen Institutionen mit der Ausgestaltung ihrer physiologischen Laboratorien getan hatten. An verschiedenen Universitäten wurden in der Folge Graduiertenprogramme für Biologie eingerichtet, doch, wie Philip Pauly zeigen konnte, erwiesen sich nicht die biologischen Abteilungen, sondern die biomedizinischen »Medical Schools« als die Orte, an denen die künftige Orientierung der Lebenswissenschaft an der entsprechenden Universität entschieden wurde. An Universitäten, an denen die Medizin einen starken Stellenwert erreichte, wie in Harvard und Pennsylvania, scheiterten die biologischen Programme. An Orten, wo es den Plänen einer wissenschaftlichen Medizin an Unterstützung fehlte, wie in Chicago oder Columbia, wurde die Biologie eine starke Disziplin. Pauly zog daraus den Schluss: »*Biology arose largely because there was an ideal of »biomedical« science, coupled with a persistent inability on the part of a number of universities to transform that ideal into reality*« (Pauly 1984, S. 373).

Dem Mitbegründer der Marine Biological Laboratories Charles Otis Whitman kam in der Ausformulierung dessen, was unter Biologie verstanden und wie sie organisatorisch ausgestaltet werden konnte, in Amerika eine besondere Bedeutung zu. Nachdem er zuerst eine Fünfteilung der biologischen »Departments« in Zoologie, Botanik, Anatomie, Pathologie und Physiologie angeregt hatte, schlug er 1891 eine Zweiteilung in Physiologie und Morphologie vor. Da ihm die Physiologie zu exklusiv an den Problemen der praktischen Medizin orientiert zu sein schien, wollte er die Schaffung einer »biologischen Physiologie« befördern. Als einzige Physiologen, die dieses Gebiet mit ihren Arbeiten beschrieben, nannte er Eduard Pflüger (1829–1910) und Jacques Loeb. Konsequent half Whitman folglich dabei, Loeb in Bryn Mawr zu platzieren. Als er dann 1892 die Aufgabe übernahm, die Biologie an der Universität Chicago zu organisieren, berief er Loeb dorthin als Professor für den physiologischen Anteil der Biologie (Pauly 1984, S. 382–387; Pauly 1987a, S. 59–60; Pauly 2000, S. 133–140).

In Amerika gelang es dem eben erst immigrierten Loeb in den Folgejahren, auch wenn er vielleicht nicht alle von Whitman in ihn gesetzten Erwartungen erfüllte, sich so gut in sein neues Umfeld zu integrieren, dass er zu einem der Entrepreneurs des – wie die Historikerin Jane Maienschein (1991b, S. 158–161) sich ausdrückte – »American biological enterprise« wurde.

Eine so bedeutende Rolle hätte Loeb nach Einschätzung seiner selbst und der seiner Zeitgenossen nicht in Deutschland spielen können. Loebs biologische Interessen an den elementaren Lebensäußerungen widersprachen dem Denken innerhalb der deutschen Physiologie und erst recht dem Denken der praktischen Medizin. Zwar folgte er dem »Mainstream« der deutschen Physiologie in ihrer mechanistisch-reduktionistischen Ausrichtung. Seine Forschungsobjekte und -themen aber lagen außerhalb der Arbeitsgebiete der zu dieser Zeit an Regenerations- und Entwicklungsvorgängen eher uninteressierten deutschen Physiologen. Allerdings passten seine bei Goltz, Zuntz und Fick erlernten und von der experimentellen Physiologie geprägten Vorstellungen und Methoden auch nicht in den morphologischen Denkstil, der die deutsche institutionalisierte Biologie zu dieser Zeit dominierte.[50] Während sich in der Botanik experimen-

50 Loeb schrieb hierzu: »*Ich bin daran gewöhnt dass die Zoologen mich schlecht behandeln*«, Loeb an Mach 30. 04. 1894, DMM.

telle Methoden, nicht zuletzt dank Julius Sachs, allmählich durchgesetzt hatten, war die Zoologie der vergleichenden Anatomie und Embryologie verhaftet geblieben. Somit stand die nicht-botanische universitär institutionalisierte Biologie in Deutschland um 1890 immer noch unter dem Primat der Morphologie, wie sie zum Beispiel von Ernst Haeckel vertreten wurde. Ihren Platz hatte sie dabei vornehmlich an den anatomischen oder zoologischen Instituten, wobei diese an unterschiedlichen Fakultäten (Medizin und Philosophie) angesiedelt waren. Eigene Lehrstühle etwa für »Vergleichende Biologie« gab es nicht. Die experimentelle nicht-botanische Biologie, experimentelle Zoologie und experimentelle Embryologie im Stile der Entwicklungsmechanik Wilhelm Roux's fand für deutsche Experimentalbiologen außerhalb dieser Institutionen an privaten Forschungsstationen im Ausland wie z.B. an Dohrns Station in Neapel statt.[51] Ab 1902 gesellte sich allen voran in Wien die von Hans Przibram (1874–1944), Wilhelm Figdor (1866–1928) und Leopold von Portheim (1869–1947) gegründete Biologische Versuchsanstalt im Vivarium des Praters hinzu, zu der Loeb nicht zuletzt dank eines Forschungsbesuches von Hans Przibram bei ihm in Kalifornien beste Kontakte unterhielt.[52]

Wie Hans Driesch noch 1905 festhielt, verfolgte Loeb ein experimentelles Forschungsprojekt, das an den deutschen Universitäten unmöglich war, in Amerika aber nicht nur gefördert, sondern stilbildend werden konnte. Driesch (1905, S. 7) prophezeite: *»Die wenigen deutschen Vertreter der universellen Physiologie und der »Entwicklungsmechanik« [...] werden es aber nicht verhindern können, dass der Zoologiebetrieb Amerikas denjenigen Deutschlands [...] an Quantität und an Qualität bald sehr erheblich überflügeln wird, falls nicht der offizielle Betrieb der Zoologie an den [deutschen] Universitäten eine ganz durchgreifende Änderung erfährt. Es geht nicht ohne Schaden auf die Dauer an, dass gerade diejenigen Forscher, welche sich am tiefsten um die theoretische Erkenntnis des tierischen Lebens bemühen, von zoologischer Seite als »nicht zoologisch« und von medizinisch-physiologischer Seite als »nicht physiologisch« beiseite geschoben werden.«*. Der aus Kalifornien nach Deutschland zurückgekehrte Loeb-Schüler Wolfgang Ostwald beklagte wenige Jahre später, dass es in Deutschland keinen Privatdozenten für experimentelle Biologie gebe und überhaupt wenig über die experimentelle Biologie als Disziplin bekannt sei, weil sie von Zoologen und Medizinern hauptsächlich als Nebenbeschäftigung betrieben werde.[53] Jakob Johann von Uexküll (1864–1944) zuletzt diagnostizierte: *»Die Biologie ist eine amerikanische Wissenschaft. Zwar besitzt Europa einige hervorragende Vertreter dieser Wissenschaft, aber eine Wissenschaft, die in der Erforschung der Lebenserscheinungen aller Tiere ihre Aufgabe sieht, gibt es in Europa nicht. In Amerika hingegen hat sich die Biologie von jeder Bevormundung freigemacht ...«* (Uexküll 1913,

51 Erst ein Generationenwechsel führte hier zu einem Umdenken. Siehe z.B. Nyhart (1987); Nyhart (2002). Eine gute, kurze Übersicht über die institutionelle Situation der Biologie an der Wende vom 19. zum 20. Jahrhundert findet sich bei Penzlin (2004).

52 Zur Geschichte der Biologischen Versuchsanstalt, an der unter anderem Eugen Steinach (1861–1944), Paul Kammerer (1880–1926) oder Wolfgang Pauli, sen. arbeiteten, siehe Reiter (1999).

53 Wolfgang Ostwald an Loeb 06. 02. 1911, LOC.

S. 801).[54] Uexküll nennt im folgenden Loeb als einen ihrer Hauptvertreter, der in seinen Studien zum Verhalten der Tiere die gegensätzlichen Disziplinen der Zoologie und der Physiologie zusammengeführt habe.

In seiner neuen amerikanischen Umgebung konnte Loeb nach seiner Emigration also in einem professionellen Umfeld seine an physiko-chemischen Idealen orientierte Physiologie »deutschen« Stils mit biologischen Interessen vereinen und einen neuen amerikanischen Stil der Biologie mit konstituieren. Oder wie er es bescheidener ausdrückte: in den USA ließ man seine »Ketzereien gelten«.[55]

Jedoch blieb Loeb zunächst auch in den USA zwischen den Stühlen, bevor er sich durchsetzen und an die »Spitze der Biologie«[56] vorrücken konnte. Mit seiner experimentellen physiologischen Sicht auf die Biologie und seinem damit verbundenen Anspruch, diese insgesamt zu vertreten, erregte er zunächst ebenfalls in Amerika den Widerstand von Morphologen in der Tradition von William Keith Brooks (1848–1908).[57] Mit Whitmans Hilfe gelang es ihm aber, sich in Chicago gegen diese zu behaupten. Er erhielt ein eigenes Laboratorium. An Wilhelm Engelmann schrieb er 1896 über diese Entwicklung: »*Gegenwärtig ist meine Zeit mit der Ausarbeitung der Pläne zu einem physiologischen Institut hier stark in Anspruch genommen. Es mag Ihnen sonderbar vorkommen, aber es hat einen fast vierjährigen Kampf erfordert, um es zu erreichen, dass ein von Zoologen unabhängiges physiologisches Laboratorium hier gebaut wird. Es ist auch beiläufig das erste americanische Laboratorium, dass rein und ausschliesslich der Physiologie gewidmet ist.*«[58] Mit seinen Aussagen über die Physiologie, die er für »die richtige« und in seinem Labor zu übende hielt, wiederum verärgerte er nicht nur deutsche Physiologen, sondern auch einige seiner physiologischen Kollegen in Amerika.[59] Loeb stellte sich auf den Standpunkt, dass die Konzentration auf Vertebraten in der Physiologie ebenso wenig zielfüh-

54 Analog stellte Driesch wiederum zur Stilfrage in der Biologie fest: »*Daß Sie selbst nicht dogmatisch von dem Alleinseligmachen der physicalischen Chemie überzeugt sind, weiss ich. Es scheint mir aber, als wenn manche jüngere Amerikaner der Gleichung: physic. Chemie = Biologie zuneigen. Vorigen Winter war ich lange Zeit in Neapel mit dem sehr intelligenten und auch philosophisch recht gebildeten R.S. Lillie zusammen; aber gerade bei ihm fand ich, so zu sagen, ein zu leicht nehmen des Lebensproblems.*«, Driesch an Loeb 11. 02. 1906, LOC.

55 Loeb an Zuntz, 23. 09. 1884: »*Ich hätte Ihnen gern eine meiner Monographien gewidmet, um Ihnen wenigstens äußerlich meine Dankbarkeit zu bezeugen, ich will Ihnen aber offen gestehen, dass ich stets zweifelte ob es für jemand eine Ehre sein könne, von mir andediciert zu werden. Das ist natürlich richtige Lumpenbescheidenheit gewesen, hervorgerufen durch die Angriffe Hitzigs + die Aufnahme welche meine biologischen Arbeiten anfangs bei Zoologen gefunden haben. Seitdem bin ich älter geworden, man lässt meine Ketzereien gelten.*« Hitzig hatte zu Beginn von Loebs Karriere dessen Neurophysiologische Arbeiten kritisiert, vgl. Loeb (1887).

56 Paul Ehrlich an Loeb 23. 08. 1906, LOC.

57 Siehe zu Brooks und zur Morphologie in Amerika Benson (1985).

58 Loeb an Wilhelm Engelmann 03. 02. 1896, SPK.

59 Vgl. die Analyse von Philip J. Pauly (1987b). Auf den Seiten 198–199 zitiert Pauly einen Brief von Franklin Mall an Simon Flexner aus dem Jahr 1902: »*the latest discovery in physiology is the Loeb reaction … Next time you meet a physiologist or anything of the kind say ›Loeb‹ to him & you will understand what I mean. I hide now whenever one says ›Loeb‹ by mistake, for you may rest assured that no one says it intentionally*«.

rend sei wie eine reine Zellularphysiologie. Die Physiologie solle vielmehr auf vergleichender allgemeiner Basis betrieben werden. Sie solle in Anlehnung an Claude Bernard die Lebenserscheinungen untersuchen, die allen Pflanzen und Tieren gemeinsam seien und dies in Form »*einer chemischen und physikalischen oder kurz energetischen Analyse*«.

Diese sehr biologische Sichtweise der Physiologie kontrastierte er mit der in seinen Augen vorherrschenden, zu stark auf die Medizin fokussierenden Ausrichtung der Physiologie (Loeb 1897a; Loeb 1897–1898, S. 252, 259, 267). Noch 1917 schrieb er in Vorbereitung der Gründung des »Journal of General Physiology« (s. u.), das er zunächst »Journal of Physicochemical Biology« nennen wollte, über das bereits bestehende Fachorgan: »*The American Journal of Physiology is devoted primarily to the interests of medical physiology and work on the problems of general biology and papers of physicochemical character are out of place in that journal.*«[60] Er selbst sah sich als Biologen und resümierte 1902 kurz vor seiner Berufung nach Kalifornien in einem Brief an den Pharmakologen Christian Herter (1865–1910): »*It has been my ambition to put biology on its own feet in this country – as far as very limited ability allowed me to do and to free our young men from the idea that we must be imitators of the Europeans instead of independent thinkers and workers, if not leaders*«.[61] 11 Jahre nach seiner Emigration hatte Loeb sich also so weit an seine neue Umgebung akkomodiert, dass er sich als Amerikaner verstand und seinen Forschungsstil sowie das Image seiner Arbeiten als »amerikanisch« mit dem der Europäer verglich. In diesem Kontext von Sozialisation, Bildern, Images und methodischen Zugängen zu den Lebenswissenschaften spielt die Frage nach dem Verständnis von nationalen Wissenschaftsstilen im Denken eines von Europa nach Amerika emigrierten Forschers wie Loeb eine wichtige Rolle (Lehmann 1995; Herrmann 1997).

3.2.2 Loebs Blick auf Europa und Amerika vor 1914

Loebs Haltung Europa und Amerika gegenüber sowie seine Sichtweisen von nationalen Wissenschaftsstilen reflektieren sich am besten in seiner umfangreichen Korrespondenz mit Wissenschaftlern aus Europa und den USA. Eine Rekonstruktion seiner Positionen nationalen Kategorien gegenüber wirft zusätzlich ein Licht auf seine Identität als zunächst »Europäer« und später »Amerikaner«. Dabei bezieht er sich natürlich aufgrund seiner Biographie auf deutsche Erfahrungen, wenn er von Europa spricht. Seine Unterscheidung zwischen Europa und Deutschland ist folglich nicht immer klar, insbesondere nicht in den Korrespondenzen, die er mit Kollegen aus Österreich-Ungarn oder anderen nicht deutschen Regionen Europas unterhielt. Mit diesen teilte er nicht den nationalen Hintergrund, auf den er sich deutschen Briefpartnern gegenüber bezieht, sondern den geographischen und kulturellen Hintergrund Europas.

Schon vor seiner Emigration findet sich in Loebs Korrespondenz eine Fülle von Kommentaren zu stilbildenden Mustern innerhalb der europäischen (resp. deutschen) und amerikanischen Wissenschaft. Gerade seinem geistigen Mentor Mach gegenüber nahm Loeb diesbezüglich kein Blatt vor den Mund:

60 Loeb an Flexner 18. 04. 1918, APS.
61 Loeb an Herter 03. 01. 1902, LOC.

1. In Bezug auf die inhaltliche Schwerpunktsetzung innerhalb der deutschen Physiologie und der deutschen Biologie hatte Loeb erkannt, dass seine biologische Physiologie oder experimentelle Biologie in Deutschland noch wenig Anhänger hatte. Seine Zukunftsaussichten pessimistisch einschätzend und schon auf eine Emigration in die USA hinarbeitend schrieb er an Mach: »*Die Eigenschaften, um in Deutschland rasch Professor zu werden, fehlen mir, ausserdem gehören meine Arbeiten keiner der in der Physiologie anerkannten Richtungen an; Persönliche Beziehungen zu den Physiologen in Deutschland habe ich nie gepflogen. Ich glaube also dass eine Habilitation (Professor Goltz würde es gerne sehen wenn ich mich in Strassburg habilitierte) mir nur eine Zukunft von Enttäuschungen bringen würde. Die Beschäftigung mit naturwissenschaftlichen Dingen kann ich natürlich nicht mehr aufgeben. Aber ich weiss nicht, ob die Produktivität mehr gehemmt wird, wenn man die Existenz eines wenig anerkannten, von der Gesellschaft sich fernhaltenden und politisch radikalen Privatdozenten zu führen hat, oder wenn man als Ophthalmologe etwa – in America frei und unabhängig wenn auch nur einen Theil des Tages sich wissenschaftlichen Untersuchungen widmen kann*«.[62] Noch 1912 tauschte er sich mit Albrecht Bethe (1872–1955) darüber aus, dass die physikalisch-chemische Richtung der Physiologie in Deutschland fast gar nicht auf der Ordinarienebene vertreten sei.[63]

2. Den Fokus wissenschaftlicher Aktivität und das Erziehungsideal in Europa sah Loeb eher von einem humanistischen Bildungsideal geprägt als von einem technischen. Über Europa urteilte er: »*Die Technik wird keine wirkliche Culturmacht, weil der scholastische Schwindel durch die Academien in Blüthe gehalten wird + weil man ein gebildeter Mensch immer nur in humanistischen Dingen sein kann.*«[64]

3. Was die vorherrschenden methodologischen Zugänge zur Biologie anging, urteilte Loeb analog zu seinen der Entwicklungsmechanik nahe stehenden Forscherkollegen, dass von ihm als scholastisch bezeichnete morphologische Theorien naturwissenschaftlich-experimentelle Zugänge dominierten. Virchows Zellstaat-Metapher oder Haeckels Biogenetisches Grundgesetz zum Beispiel lehnte er als Theorien ab, weil er ihre experimentelle Grundlage und Überprüfbarkeit für nicht gegeben hielt. Er notierte: »*[...] ich komme mehr und mehr zu der Überzeugung, dass man nicht genug den technischen Standpunct (also den des Versuchs) einseitig hervorkehren kann. Es ist der einzige der gegen alle Scholastik und allen Glauben Stand hält und der das kürzeste Abfertigungsmittel auch für solche Sachen wie beispielsweise Virchow'sche und Haeckelsche sogenannte Theorien ist. Diese Leute [stützen ihre] (gestrichen) wollen eine Wissenschaft entwickeln bloss auf Grund der casuistischen Beobachtungen die ihnen der Zufall in den Weg wirft und wenn es nach den Leuten ginge würde sich die moderne Electrizitätslehre auf gelegentliche Gewitterbeobachtungen beschränken*«.[65]

---

62 Loeb an Mach 06. 04. 1891, SPK, ähnlich Loeb an Zuntz 02. 06. 1891.

63 Bethe an Loeb 09. 12. 1912, LOC.

64 Loeb an Mach 06. 06. 1891, DMM. Er unterstützte Machs Vorschlag, auch in den oberen Klassen des Gymnasiums Naturwissenschaften zu unterrichten, was damals nicht der Fall war. Vgl. Loeb an Mach 20. 03. 1890, DMM.

65 Loeb an Mach 08. 08. 1891, DMM. Ähnlich Loeb an Mach 02. 06. 1891, SPK: »*Es ist schwer zu begreifen wie angesichts einer so souveränen Entfaltung der wirklichen Naturwissenschaft, die Metaphysik und Scholastik noch fast überall das Feld behaupten kann*«.

4. Zuletzt äußerte sich Loeb auch über die institutionelle Situation der Wissenschaft in Deutschland und das deutsche Universitätswesen, das er als hierarchisch, konservativ, rigide und dogmatisch beschrieb. Sich selbst zu diesem System in Opposition setzend urteilte er über seine eigenen Aussichten, in diesem System Fuß zu fassen: »*Practische Leute geben mir den Rath, mir einen Schatten anzuschaffen, d. h. mich zu habilitiren. Wenn man aber radikalster Antischolastiker ist Pfaffen- und Königthum aus innerstem Trieb zu bekämpfen gezwungen ist ist man zum Fortkommen an einer Universität nicht sonderlich qualificirt.*«[66]

Als Loeb diese Einschätzung über Deutschland vornahm, dachte er – auch aufgrund dieser Bewertung – schon an eine Auswanderung, was ihn dazu veranlasste, diese deutschen Zustände mit seiner möglichen Situation in Amerika zu vergleichen. Obwohl er das komplette Gegenteil seiner unerfreulichen deutschen Lage auf die USA projizierte, erscheint sein Amerikabild keineswegs einseitig positiv. Er schien nicht davon auszugehen, dass ihn dort das perfekte Umfeld für sich und seine Arbeiten erwartete. Seine Beurteilung der Verhältnisse in den USA nach einer ersten Amerikareise anlässlich des Kennenlernens der Familie seiner Frau umfasst nicht alle geschilderten Felder, die dazu dienen können, stilistische Muster systematisch zu ermitteln, aber einzelne Aspekte dieser Felder können sich aus seiner Beschreibung der amerikanischen Gesellschaft, wie er sie sah, ableiten lassen.

Wie viele andere Europäer wiederholte Loeb nach seinen ersten Amerikaimpressionen Vorurteile und Vorstellungen über Amerika, die bereits Alexis de Tocqueville (1805–1859) in seinem Buch »De la démocratie en Amérique« in den 1830er Jahren geäußert hatte, ohne den seitdem in den USA aufgetretenen Wandel der Verhältnisse besonders zur Kenntnis zu nehmen (Thomä 2002). Loeb skizzierte die USA als eine Art Urwald und konstatierte vor allem, dass die Amerikaner im Durchschnitt nicht so gebildet wie die Europäer seien. Diesen Umstand jedoch sah er weniger als Manko denn als große Chance, die Kultur in Amerika in eine in seinen Augen bessere Richtung zu lenken als sie in Europa genommen hat. Er hoffte darauf, dass im nicht humanistisch verbildeten Amerika durch die aufklärerische Arbeit von Wissenschaftlern die Kultur eine mehr technische und naturwissenschaftliche Richtung einschlagen könne. Während in Europa die Akademiker und die klassische Bildung verhinderten, dass die Technik eine kulturelle Kraft werde, sei in den USA durch das Fehlen jeglicher Tradition die Chance gegeben, dass sich die natürlichen ästhetischen Interessen entfalten könnten, was – im Sinne von Popper-Lynkeus – bedeuten könne, dass sich die technische Richtung der Kultur durchsetzte. Eine Gefahr für diese Entwicklung stellten aber die in Amerika herrschende Religiosität und der Zwang zur Konformität mit der Gesellschaft

66 Loeb an Mach 06. 08. 1891. Ähnlich pessimistisch schätzte Loeb die Zustimmung ein, die der in der Schweiz wirkende deutsche Physiologe Justus Gaule (1849–1939) unter seinen deutschen Professorenkollegen für seine Förderung freisinnigen Denkens unter Studenten erhalten würde. Loeb an Mach 17.08.1890, SPK: »*Ebenso würden Sie Gefallen an Professor Gaule (dem Physiologen) in Zürich finden, der die jungen freier denkenden Elemente zu sich heranzieht + in freien Ideen bestärkt – was in ganz Deutschland wohl nur sehr Wenige unter den Professoren billigen würden, wenn es ihnen bekannt wäre*«.

dar. In der Hoffnung, dass die Naturwissenschaften diese Elemente aber überwinden könnten, schilderte Loeb die USA insgesamt in der Gestalt eines ungepflügten Feldes, auf welchem die seiner Epistemologie folgende Wissenschaft im Sinne eines den Boden verbessernden Düngers wirken könne. Er schrieb an Mach über seine Eindrücke: »*Die Americaner besitzen im Allgemeinen nicht die Bildung – oder noch nicht – die Bildung welche die deutsche Gesellschaft durchschnittlich besitzt. Wer daher hier in Europa an den Verkehr mit Gelehrten gewöhnt ist, wird in dieser Hinsicht für den Anfang drüben vieles vermissen. Ich denke aber, dass das Bewusstsein, drüben noch etwas für die Cultur thun zu können und der günstige Umstand, dass man keine humanistisch oder scholastisch verbildeten Menschen vor sich hat, reichlich Entschädigung bietet. [...] ich bildete mir ein, die Americaner seien voller Verständniss für neue, vom Hergebrachten abweichende Bestrebungen. Das ist nun allerdings nicht der Fall und in dem amerikanischen Gelehrtenthum werden die Einzelnen noch strenger unter die Schablone gepresst, als vielleicht in Deutschland. Auch sonst in der Gesellschaft in Amerika herrscht eine bemerkenswerthe Furcht davor eine scharf markirte [sic] Individualität an den Tag zu legen. Diesem Umstand verdankt man das Blühen der Kirchen in Amerika (und in England). Auch der Ungläubigste geht in die Kirche, weil er sich scheut, eine Sonderstellung einzunehmen, von den Uebrigen sich durch irgend etwas zu unterscheiden. Allein auch das lässt sich ertragen, weil man die volle Freiheit geniesst, dem entgegenarbeiten zu können. Es handelt sich hier mehr um eine gewisse Feigheit und Unentwickeltheit der Americaner (auch um die Scheu andere vielleicht zu verletzen + die Harmonie zu stören) als um kirchlichen Fanatismus, oder um Gelehrtenhochmuth und Kastengeist. Aber wenn auch das kirchliche Leben irgendwo verdrängt werden kann so ist es in America.*« Wenn auch in Europa die Technik sich als Kulturideal aufgrund des herrschenden humanistischen Bildungsideals nicht werde durchsetzen können, so sah Loeb für Amerika eine andere, bessere Perspektive. Hierzu berichtete er: »*Das ist in America anders. Weil die Tradition fehlte konnte der natürliche Geschmack an der Wirklichkeit mehr durchdringen und ich weiss, dass der Laie drüben nicht ›Klassische‹ griech. oder römische Autoren sondern lieber ein Physikbuch zur Hand nimmt.*«[67]

Nachdem Loeb mit Hilfe der Familie seiner Frau und der Vermittlung von Charles O. Whitman eine Position in Amerika gefunden hatte und emigriert war, berichtete er nach Europa weniger über die generellen Wünsche und Vorstellungen von Amerika als von seinen konkreten Erfahrungen im amerikanischen Wissenschaftsbetrieb. Die Ausstattung und Forschungsinfrastruktur an der gerade erst gegründeten University of Chicago schilderte er als dürftig. Er bemerkte, dass er die europäische – wissenschaftliche – Kultur mit ihren Bibliotheken und Laboratorien vermisse. Darüber hinaus seien auch außerhalb der Wissenschaft gute Literatur oder gute Zeitungen[68] schwer zu bekommen, so dass er sich diese aus Europa schicken lassen müsse. Nichtsdestotrotz hatte er sich eingelebt und so sehr akklimatisiert, dass er sich nach eigener Aussage nicht mehr vor-

67 Loeb an Mach 06. 06. 1891, DMM.

68 Loeb an Mach 20. 01. 1894, DMM: »*Die beste deutsche Zeitung in Chicago steht noch tief unter dem Niveau der Chicagoer englischen Zeitungen, die dort schon blosse Carricaturen moderner Civilisation sind.*«

stellen konnte, woanders zu leben, als in diesem »wilden« Land.[69] Nicht einmal ein Jahr später ließ er Mach wissen, dass er anfange, sich wie ein Amerikaner zu fühlen.[70]

Was seine Forschungsmöglichkeiten anbetraf, wurden Loebs Schilderungen aus seiner neuen Umgebung immer optimistischer. So teilte er Mach mit, dass ihm innerhalb des Universitätsbetriebes die Freiheit gegeben werde, nach seinen »Träumen« und »Idealen« zu arbeiten, und im Gegensatz zu seiner früheren Darstellung, dass in Amerika ein Zwang zur schablonenhaften Konformität herrsche, lobte er nun das »intellektuelle Niveau« seiner neuen Heimat, in der jedem die Freiheit und die Möglichkeit gegeben werde, sein Glück zu suchen. Seine persönliche Freiheit in den USA und die ihm dort gegebene Gelegenheit zur Entfaltung seiner Individualität gaben ihm, wie er sich ausdrückte, ein bisher nicht gekanntes Glücksgefühl.[71] Loebs Briefe aus den folgenden Jahren spiegeln in eindrucksvoller Weise den Aufbau der amerikanischen Biowissenschaften und den damit verbundenen Ausbau der amerikanischen Forschungsinfrastruktur um 1900 wider. Auf die ersten Klagen über das Fehlen von Laboratorien und Bibliotheken folgte 1894 schon schnell die Nachricht, dass Loeb ein Budget zum Ankauf von wissenschaftlichen Zeitschriften und von Laborgegenständen erhalten habe.[72] Nathan Zuntz gegenüber betonte Loeb im selben Jahr zwar noch in humoriger Weise, dass sein Labor *»embryonal«* sei, *»wie der Gegenstand meiner Arbeiten«*, und dass er hoffe, einen Millionär zu finden, den sein Gewissen nicht schlafen lasse, weil er dann ein großes Labor haben werde, *»denn wenn hier etwas imponieren soll, muss es ›big‹ sein«*,[73] doch schon zwei Jahre später konnte Loeb stolz den Bau seines eigenen neuen Physiolo-

---

69 Loeb an Mach 04. 10. 1893, DMM: »*Die Buchhandlungen hier führen nur die niederste Klasse von Büchern, die mit Litteratur nur Papier und Druck gemeinsam haben und so muss ich mich immer »drüben« erkundigen, wenn ich mir Lectüre verschaffen will. – Meine Freunde prophezeiten mir, dass ich nach zweijährigem Aufenthalt hier als guter Deutscher nach Europa zurückkehren würde. Ich vermisse hier die europäische Cultur mit Bibliotheken + Laboratorien – aber ich glaube doch dass ich dieses wilde Land so lieb gewonnen habe, dass ich nirgendwo anders mehr leben möchte*«.

70 Loeb an Mach 30. 04. 1894, DMM: »*Sobald man arbeiten kann vergisst man seine Umgebung ganz + so fange ich bereits an zu vergessen, dass ich je in Europa gelebt habe, [...] ich werde wirklich Americaner*«.

71 Loeb an Mach 04. 10. 1893, DMM: »*Das Acclimatisationsstadium hoffe ich jetzt überstanden zu haben; d. h. ich glaube so weit zu sein, bis zu einem gewissen Grade in meinen Träumereien oder wenn Sie wollen Idealen weiter leben zu können ... Ich hatte einmal geglaubt es mache keinen Unterschied ob man in America oder Europa lebe. Aber der Uebergang zu einem Lande von entschieden tieferem geistigem +, bis zu einem gewissen Grade, auch tieferem sittlichem Niveau ist doch schwerer als ich angenommen hatte ... Die persönliche Freiheit und die Gelegenheit zur Entfaltung seiner Individualität (wenn auch im Urwald) gibt ein Gefühl des Glückes, das der Europäer sich nicht vorstellen kann, und um das man selbst der modernen Cultur entsagen kann*«.

72 Loeb an Mach 20. 01. 1894, DMM: »*Die Aussichten hier an der Universität haben sich etwas gebessert, man hat mir $ 900 gegeben um einige Zeitschriften + Apparate anzuschaffen. Ich hoffe demnach wieder ernstlich an die Arbeit zu gehen. Vorlesungen etc. nehmen einen grossen Theil meiner Zeit in Anspruch, ich hoffe aber dass, wenn ich einmal meine Curse ausgearbeitet habe, ich später mehr Zeit für mich haben werde. Sobald ich genügend von Büchern + Arbeit umgeben bin, werde ich mich auch mehr heimisch hier fühlen*«.

73 Loeb an Zuntz 23. 09. 1894, SPK.

gischen Institutes vermelden, das seinem Wunsch, ›big‹ zu sein, entsprach. Nach Loebs Aussage war es »*eins der grössten und auch schönsten Physiologischen Laboratorien die ich gesehen habe. Es ist 102' lang und 52' breit und 4 Stock hoch*«, doch trieb ihn jetzt die Sorge um, nicht die nötigen Mittel zur Anschaffung von Apparaten zu erhalten.[74] Als er 1903 dann in den im Vergleich zum Osten der USA wenig erschlossenen Westen nach Kalifornien ging, beklagte er zwar die dortige Isolation und Einsamkeit, nicht ohne aber auch die Schönheit des Landes und die ihm dort zur Verfügung gestellten ausgezeichneten Forschungsmöglichkeiten zu betonen.[75] Denn hier hatte er in den Mäzenen Morris Herzstein und Rudolf Spreckel die erhofften Millionäre gefunden, die wiederholt sein Labor, Neubauten und damit seine Arbeiten finanzierten.[76]

Auch Loebs zahlreiche europäischen Gäste, die er in Kalifornien in seinem Labor empfing, nahmen den rasanten Wandel in der amerikanischen Forschungslandschaft wahr. Neben der Schönheit des neuen Wirkungsortes Loebs, die nach Besuchen z. B. von Wilhelm Ostwald,[77] Hugo de Vries (1848–1935)[78] oder Hans Przibram[79] gepriesen wurde, sehnte sich zum Beispiel der junge Wolfgang Ostwald, der zwischen 1904 und 1906 in Loebs Labor als Assistent gearbeitet hatte und nun am Zoologischen Institut in Leipzig tätig war »*was Material, Apparate etc. (bes. ach, unsere schönen Chemikalien!!!) anbetrifft, oft nach den Fleischtöpfen Californiens zurück.*«[80]

Nur die Isolation im abgelegenen Kalifornien veranlasste Loeb dazu, über eine Rückkehr nach Europa nachzudenken. Wilhelm Roux und Nathan Zuntz unternahmen 1909 den (erfolglosen) Versuch, Loeb auf dem physiologischen Lehrstuhl in Berlin zu platzieren,[81] wofür Loeb Zuntz seinen Dank aussprach und dabei die Zentralität Europas als Attraktion betonte.[82] Auch die Annahme eines Rufes nach Budapest zog Loeb ernsthaft in Erwägung.[83] Nachdem Loeb jedoch von den dort herrschenden chauvinistischen Strömungen gehört hatte, die sich auch gegen seine Berufung stellten, bat er darum, seine Berufung zurückzuziehen. Er wollte nirgendwo hingehen mit dem Gefühl, dort nicht willkommen zu sein. Als Loeb dann in der Folge an das Rockefeller Institute for Medical Research nach New York gegangen und damit den universitären Zentren an der Ost-

74 Loeb an Mach 17. 11. 1896, DMM.

75 Loeb an Mach 21. 02. 1903, DMM.

76 U.a. Loeb an Zuntz 16. 02. 1904, SPK; Loeb an Wheeler 13. 07. 1905, LOC: »*I am afraid that in our short interview yesterday I forgot to tell you that the laboratory which Dr. Herzstein is putting up would be of the greatest to the department*«.

77 Wilhelm Ostwald an Loeb 02. 02. 1904, LOC.

78 De Vries an Loeb 14. 02. 1905, LOC.

79 Przibram an Loeb 08. 12. 1907, LOC; Przibram an Loeb 21. 03. 1909.

80 Wolfgang Ostwald an Loeb 24. 10. 1906, LOC; ebenso Wolfgang Ostwald an Loeb 07. 03. 1907, LOC.

81 Roux an Loeb 28. 11. 1908, LOC; Roux an Loeb 01. 12. 1908, LOC; Zuntz an Loeb 04. 12. 1908.

82 Loeb an Zuntz 14. 01. 1909, LOC: »*Ich weiss nicht wie ich Ihnen und Roux genug für die mir gezeigte Freundlichkeit danken soll! Ich bin in keiner Nothlage hier, aber wenn ich bedenke, dass ich in Deutschland in wenigen Stunden Sie oder irgend einen anderen meiner Freunde sehen könnte, + dass in den Ferien Neapel oder Helgoland oder England mir zur Verfügung stünde, – so bekomme ich allerdings etwas Heimweh*«.

83 Loeb an Mach 10. 01. 1910, SPK; Godlewski an Loeb 12. 11. 1909, 12. 12. 1909, LOC.

küste der USA wieder näher gerückt war, bestand das Motiv der Rückkehr in die Zentren wissenschaftlicher Betätigung nicht weiter fort. Nun wollte er in den USA bleiben, weshalb er einen möglichen Ruf nach Halle im Jahr 1911 schon im Vorfeld zurückwies.[84]

3.2.3 Einordnung der Loebschen Perspektive

In aktuellen Diskussionen um die Geschichte der Wissenschaften scheint es eine allgemein anerkannte Tatsache zu sein, dass Deutschland am Ende des 19. Jahrhunderts zu den führenden Ländern in der Produktion wissenschaftlicher Erkenntnis gehörte. In den letzten Jahren wurde zudem der Versuch unternommen, diese führende Position auf den deutschen Wissenschaftsstil oder die deutsche Organisation der Wissenschaften zurückzuführen. Wird dabei allerdings die oben vorgestellte Konzeption von ›nationalen Stilen‹ mitbedacht, so wird in der historischen Blickweise klar, dass dieses im 19. Jahrhundert geprägte Konzept schon um 1900 der Proklamation nationaler Wissenschaftsstile diente, die wiederum als Repräsentationsform der nationalen Identität wirken sollten. Mit dieser Intention wurde von vielen deutschen Wissenschaftspolitikern und Forschern um 1900 die deutsche Dominanz in den Wissenschaften postuliert (Pyenson 1982, S. 29; Metzler 2000, S. 37–38). Ein besonders pointiertes Beispiel stellt der Vizekanzler der Marburger Universität Theodor Birt (1852–1933) dar, der anlässlich einer Ansprache zum Jahrhundertwechsel 1900 ausrief: »*[...] die deutsche Wissenschaft unseres Jahrhunderts bedeutet den Triumph deutschen Geistes über alles Ausland [...]*« (Birt 1900, S. 8).

Da also schon Zeitgenossen um 1900 die Überlegenheit der »deutschen« Art Wissenschaft zu betreiben postulierten, sind retrospektive Analysen der Überlegenheit der deutschen Forschung um 1900 mit Vorsicht zu genießen, da sie eventuell alten Vorurteilen nachhängen oder in um 1900 erschaffene »Narrative« der wissenschaftlichen Medizin eingepasst werden (Hagner 2003). Überdies muss über die Antwort auf die Frage, ob ein nationaler Wissenschaftsstil gerade dominant ist, auch in der synchronen Betrachtung nicht unbedingt Einigkeit zwischen Forschern unterschiedlicher Provenienz herrschen.[85]

Die Korrespondenz Loebs zeigt, dass er zum Beispiel schon vor dem Ersten Weltkrieg (mit seinen verheerenden Folgen für die deutsche wissenschaftliche Infrastruktur) Positionen, wie sie zum Beispiel von Birt in Bezug auf den »Triumph des deutschen Intellekts« vertreten wurden, widersprach. Er sah hier keine Dominanz einer deutschen Art zu Denken, sondern war vielmehr der Meinung, dass der deutsche Stil, Wissenschaftler auszubilden und Forschung zu organisieren, zu scholastisch und zu hierarchisch sei und damit dem Fortschritt in seinem Sinne, der experimentellen »technischen Biologie« entgegenstände.[86] Trotzdem hielt auch Loeb als ein in Deutschland ausgebil-

84 Loeb an Zuntz 11. 04. 1911: »*Vor 2 Monaten fragte mich Bernstein in Halle an, ob ich einen Ruf nach Halle eventuell annehmen würde. Ich musste ihm ehrlich sagen, dass ich keinen Grund fühle mich von hier wegzuwünschen. Heimweh habe ich nur nach Californien – nicht nach Deutschland – und in Californien lockt mich die Fauna Flora und das Clima*«.

85 Vgl. für eine Übersicht Gizycki (1973), insbesondere S. 484.

86 Nur in dieser Form der »technischen Biologie« erkannte er wissenschaftlichen Fortschritt an,vgl. Loeb (1904b); Loeb (1904–1905).

deter und sozialisierter Forscher an bestimmten Vorurteilen fest, denen viele Intellektuelle in Deutschland zu dieser Zeit verhaftet waren. So konnte Loeb sich eigentlich bis zum Ersten Weltkrieg und darüber hinaus nie wirklich von der Vorstellung befreien, dass es sich bei Amerika – wie schon zu de Tocquevilles Zeiten – um ein wildes und unkultiviertes Land handele. Alle seine Aussagen in dieser Richtung bleiben mehrdeutig. Loeb beklagte zum Beispiel auf der einen Seite in Amerika das Fehlen der europäischen Kultur mit guter Literatur und einer guten europäischen Forschungsinfrastruktur. Der Wiener Mediziner und Chemiker Wolfgang Joseph Pauli (1869–1955), Vater des späteren Nobelpreisträgers Wolfgang Pauli (1900–1958), erinnerte ihn in einem Brief vom 07. 06. 1906 daran, dass er wohl die Schattenseiten des europäischen Lebens vergessen habe.[87] Auf der anderen Seite war es genau diese Kultur, die nach deutscher Sichtweise eine professionelle humanistische Bildung der »Kulturträger« voraussetzte,[88] die Loeb als »scholastisch« denunzierte. Insbesondere fürchtete er hier den Einfluss der europäischen Geschichtswissenschaft im Stile des Historikers Heinrich Treitschke (1834–1896),[89] eines Gegners seines Onkels Harry Bresslau. Diese beiden gegenläufigen Gedankenstränge konnte Loeb harmonisieren, indem er an seiner Vorstellung der Wildheit und Unkultiviertheit der USA festhielt und darauf hoffte, hier am Aufbau einer neuen, auf Wissenschaft basierenden Kultur mitwirken zu können.

Diese Hoffnung allerdings sah er im Laufe seines Lebens besonders im amerikanischen Universitätsbetrieb schwinden, in dem nun seiner Meinung nach die amerikanische Wissenschaftsorganisation jeglichen Fortschritt in Loebs Richtung behinderte. Auch die politische Entwicklung in den USA sah er persönlich als störend für die Entwicklung der Wissenschaften an (s. u.). Wie schon vorher in Europa schien für ihn wirklicher Fortschritt nur noch an außeruniversitären, freien Institutionen möglich zu sein. Allein mit der vergleichsweise hohen Zahl an privat geförderten Forschungseinrichtungen in Amerika erklärte er entsprechend auch den von Europäern wahrgenommenen Erfolg der amerikanischen Biologie und Astronomie.[90] Folglich stand er einer zentralen

87 Pauli an Loeb 07. 06. 1906, LOC: »*Ihrem Briefe glaube ich entnehmen zu können, dass Sie nur allzu sehr auf die Schattenseiten des europäischen Lebens vergessen haben [sic]. Die wahre Cultur ist ja hier nur an vereinzelte Menschen geknüpft, während einen das Leben täglich mit dem tiefstehenden Mob in Berührung bringt. Sie dürfen sich mit dem Gedanken beruhigen, dass Sie heute den Weltruf eines der originellsten Physiologen besitzen, den ein jeder kennt und schätzt. Hier klagen alle Arbeiter über die karg zugemessenen Mittel unter beständigem Hinweise auf Amerika u.s.f. Es macht sich jeder bei der Beurtheilung leicht ein falsches und günstigeres Bild von der Lage des anderen*«.

88 Zum Komplex des Verhältnisses zwischen Kultur und professionalisierter Wissenschaft in Deutschland um 1900 vergleiche vor allem McClelland (1991, S. 111–116).

89 Z.B. Loeb an Mach 20. 01. 1894, DMM, Loeb an Harry Bresslau 29. 10. 1919, LOC; Loeb an Sarton 16. 12. 1916, Houghton Library, Harvard (HLH); Loeb an Arrhenius 23. 10. 1914, Reingold LOC.

90 Loeb an Henry E. Armstrong 03. 11. 1911, Reingold LOC: »*The change from California to New York was in some respects a necessary one, since conditions out there had become rather intolerable. The American university organization, with an omnipotent head for each institution is one of the worst drawbacks to the development of science in this country. America excels in astronomy and biology simply for the reason that these two lines of work are carried on in observatories and marine stations which are outside of reach of the autocratic president*«.

Organisation wie dem 1916 gegründeten National Research Council äußerst kritisch gegenüber und bekämpfte nach dem Weltkrieg (erfolglos) in verschiedenen Korrespondenzen dessen Aufrechterhaltung und Einflussnahme auf die amerikanische Wissenschaft. Er fürchtete, dass zentralistische Strukturen die Ausbildung von freier, kreativer Forschung verhinderten.[91]

Sichtweisen wie die von Loeb oder Birt über die Dominanz der europäischen Wissenschaft können dazu dienen, Fehleinschätzungen in der deutschen Wissenschaftspolitik um 1900 nachzuvollziehen. Als deutsche Forscher und Politiker um 1910 begannen, mit unterschiedlichen Motivationen ihre mutmaßliche Hegemonialstellung in den Wissenschaften durch Amerika bedroht zu sehen, wie es auch Stellungnahmen deutscher Wissenschaftler Loeb gegenüber zeigen, hatten die USA Deutschland rein quantitativ auf dem Gebiet der Bildungsausgaben und Forschungsförderung schon unerreichbar überholt (Reingold 1976; Kevles, Sturchio et al. 1980; Reingold 1991). Zuvor hatten die Idee der europäischen kulturellen Überlegenheit und das Primat der Geisteswissenschaften über die Naturwissenschaften den Europäern den Blick auf diese Entwicklung verstellt. Die beiden Experimentalbiologen Hans Driesch und Wilhelm Roux brachten Loeb gegenüber aus ihrer wissenschaftspolitischen Motivation heraus, die entwicklungsmechanisch orientierte Biologie fördern zu wollen, diese neue, kritische Sicht auf den Punkt. Hans Driesch zum Beispiel wies darauf hin, dass Loeb Deutschland überschätze, obwohl sich wissenschaftlich kaum noch etwas bewege, und Roux stellte angesichts der gescheiterten Berufung Loebs nach Budapest fest, Europa sei senil.[92]

Angesichts auch solcher polemischer Aussagen bleibt die Frage bestehen, in wie fern nationale Wissenschaftsstile die Projektion einer Gruppe von Wissenschaftlern darstellen oder in wieweit sich derartige Stile rekonstruktiv objektivieren lassen. Stilistische Muster, die sich zwischen Ländern unterscheiden, quantitativ nachzuweisen, ist zum Beispiel in eindrucksvoller Form Nathan Reingold (1991) gelungen, der die Staatsausgaben für Forschung und Entwicklung nach verschiedenen wissenschaftlichen Diszipli-

---

91 Vgl. u.a. Loeb an Harrison 19. 12. 1919: »*I feel that too much centralization may be as fatal to American science as it has shown itself fatal to French science. Science, it seems, can only thrive in individuals, and if all the journals are united in one hand we may yet see in this country the condition which they have in France, that only those articles will be published which please the political power controlling the organization. The National Research Council in the abstract may mean all right, in the concrete it is a political combination which I am sure intends to do good but which in reality may become as much of a danger as any other political organization.*«; Loeb an Rutherford 31. 08. 1920, LOC, Reingold: »*We are threatened here with a bureaucratic administration of research by the National Research Council*«; Loeb an Arrhenius 04. 02. 1919, LOC.

92 Driesch an Loeb 16. 12. 1909, LOC: »*Ueberhaupt überschätzen Sie, glaube ich, Deutschland gewaltig. Industriel [sic] etc. mag es sich gehoben haben, aber wissenschaftlich sind nur – die Institute grösser geworden weiter nichts*«; Roux an Loeb 20. 02. 1910, LOC: »*Es ist doch sehr bedauernd, dass Sie noch nicht wieder nach Europa gekommen sind [...] Zugleich gratuliere ich Ihnen aber zu Ihrer neuen, Ihren Wünschen entsprechenden Stellung. Man hat in Amerika halt mehr Geld und weitere Gesichtspunkte, ist noch anpassungsfähiger; Europa ist senil. Ich fühle es allenthalben bei dem Bestreben, die causal-biologische Forschung in Deutschland zur (praktischen) Anerkennung zu bringen*«.

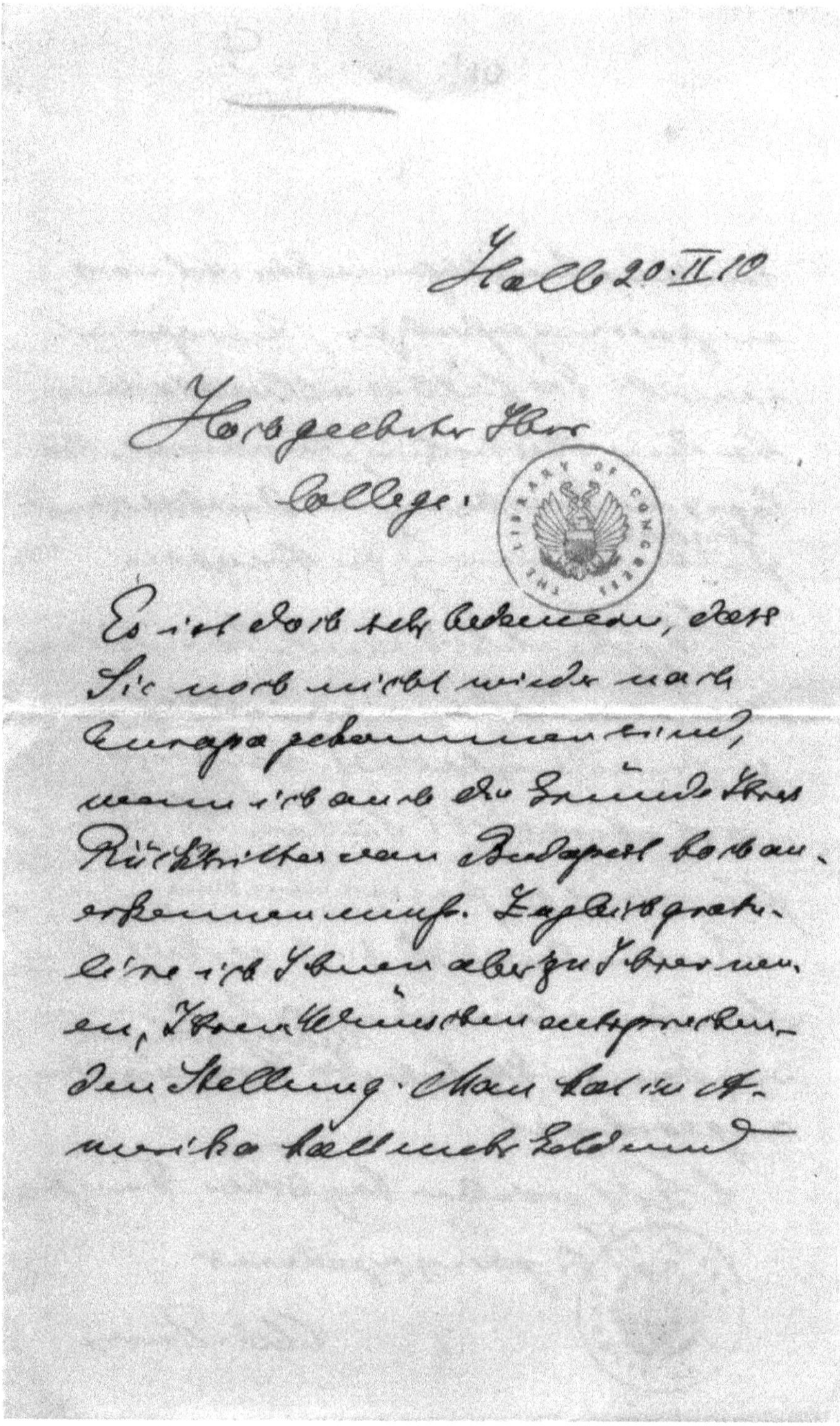

Halle 20.II.10

Hochgeehrter Herr College!

Es ist doch sehr bedauerlich, dass Sie noch nicht wieder nach Europa gekommen sind, wenn ich auch die Gründe Ihres Rücktrittes von Budapest durchaus anerkennen muss. Zugleich gratuliere ich Ihnen aber zu Ihrer neuen, Ihren Wünschen entsprechenden Stellung. Man hat in Amerika halt mehr Geld und

Faksimile 3: Brief von Wilhelm Roux an Loeb vom 20. 02. 1910, in dem er bedauert, dass Loeb nicht nach Europa zurückgekommen sei und in dem er die geistige Senilität der europäischen Wissenschaft beklagt; Library of Congress, Manuscript Division, Washington D. C., Jaques Loeb Papers, Container 11

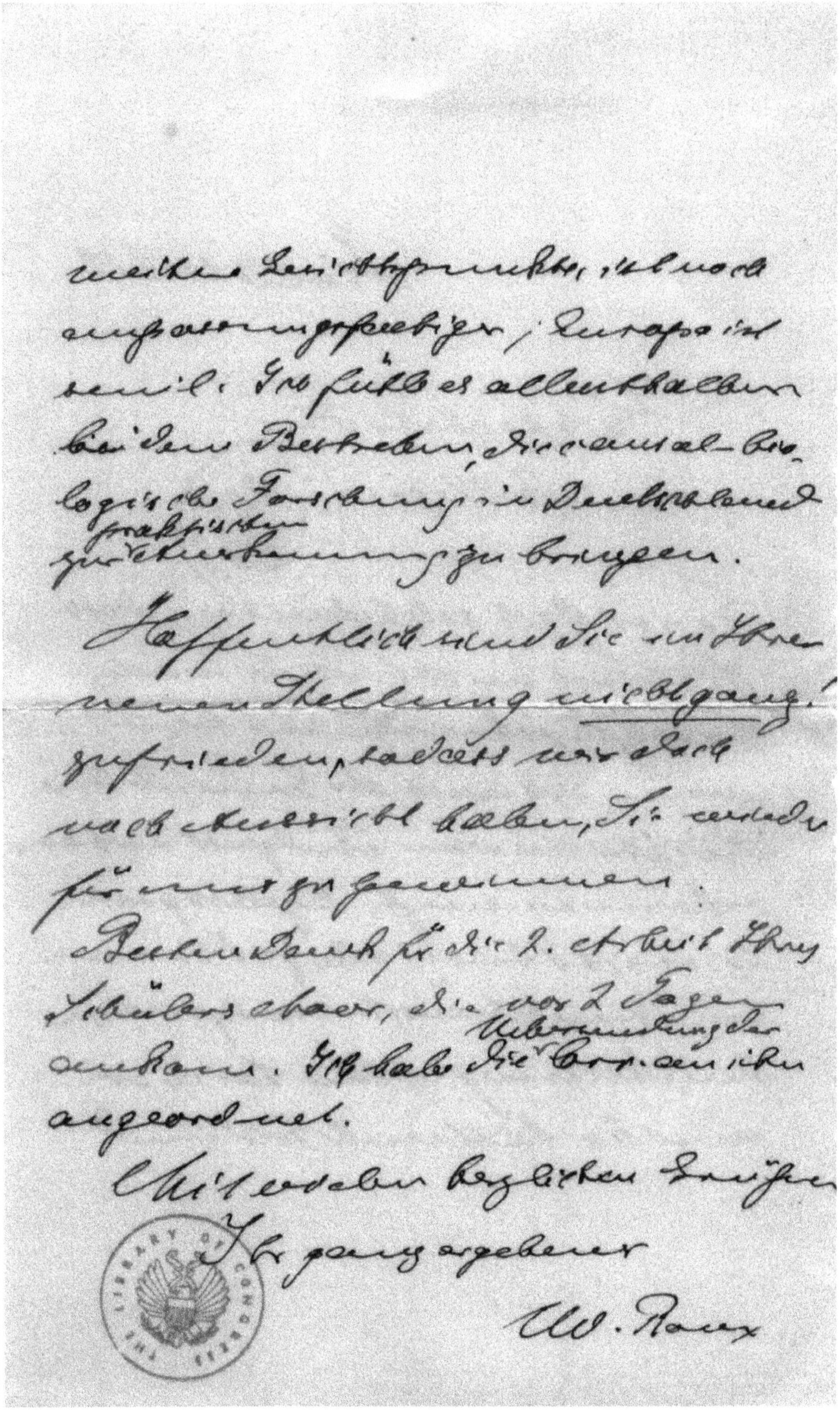

welchen Gesichtspunkten, ist noch
anpassungsfähiger; Europa ist
senil. Ich fühle es allenthalben
bei dem Bestreben, die causal-bio-
logische Forschung in Deutschland
zur praktischen Anerkennung zu bringen.

Hoffentlich sind Sie mit Ihrer
neuen Stellung recht ganz!
zufrieden, sodass wir doch
nach Aussicht haben, Sie wieder
für uns zu gewinnen.

Besten Dank für die 2. Arbeit Ihres
Schülers Baer, die vor 2 Tagen
ankam. Ich habe die Übersendung der Corr. an ihn
angeordnet.

Mit vielen herzlichen Grüßen
Ihr ganz ergebener
W. Roux

nen aufgeschlüsselt für Deutschland, England und die USA untersucht hat und dabei die Entwicklung bestimmter Präferenzen im chronologischen Vergleich aufzuzeigen vermochte.

Auch bibliometrische Analysen können hier zu überzeugenden Ergebnissen führen. Wie zum Beispiel Christian Bonah (1995) anhand einer extensiven Zeitschriftenanalyse zeigen konnte, neigten französische Physiologen – ohne exklusiv zu sein – um 1860 eher dazu, ihre Forschung an der praktischen Medizin zu orientieren als ihre mehr materialistisch und mechanistisch ausgerichteten deutschen Kollegen. Auf Nationalsprachen basierende bibliometrische Analysen können dazu dienen, die Dominanz der einen oder anderen Nation im Wissenschaftsbetrieb zu rekonstruieren, sie taugen aber nur im Zusammenspiel mit weitergehenden Wortfeldanalysen und qualitativen Studien dazu, Stile nachzuzeichnen, da sie stets mehrdeutig interpretiert werden können (Tsunoda 1983; Gerok 2000; Kollmann 2000). Wenn Sprachverteilungen allein betrachtet werden, kann der Gebrauch der einen oder anderen Sprache zum Beispiel mit nationalpolitischen Motivationen zusammenhängen oder damit, dass eine Sprache so dominant im internationalen Wissenschaftsbetrieb ist, dass sie nicht mehr als stilbildendes Muster anzusehen ist – z.B. Latein im 17., Französisch im 18. und Englisch im 20. Jahrhundert (Egghe, Rousseau et al. 1999; Schiewe 2000). Gerade die Arbeiten Loebs eignen sich hier zur Illustration derartiger Interpretationsfallen. Eine Übersicht über die von ihm genutzten Sprachen spiegelt seine persönliche Situation im Rahmen der Auswanderung ebenso wider wie die zunehmende Dominanz der englischen Sprache in den Wissenschaften, die wiederum eng mit den politischen Ereignissen um den Ersten Weltkrieg herum verbunden ist. Im Falle Loebs gestalten sich die Verhältnisse so, dass er eher als »Stilbildner« in der Frage des dominanten Sprachgebrauchs wirkt, als dass er einem bestimmten Stil folgt. Loeb blieb in seinen Publikationen bis zum Ersten Weltkrieg zweisprachig. Nach den ersten deutschsprachigen Arbeiten in den Jahren ab 1884 publizierte er direkt nach seinem Wechsel in die USA seine ersten englischsprachigen Beiträge. Seine erste englische Publikation erschien im Journal of Morphology und bildete den dritten Teil seiner bisher auf deutsch erschienenen »Untersuchungen zur physiologischen Morphologie der Tiere« (Loeb 1892a). Auf eine Phase mit fast ausschließlich deutschen Publikationen zwischen 1894 und 1898 folgte eine »gemischte« Periode, in der von ihm gleichzeitig deutsche und englische Arbeiten veröffentlicht wurden. Er gliederte sich also in sein neues amerikanisches Umfeld ein, ohne den ›kontinentaleuropäischen Wissenschaftsmarkt‹ zu vernachlässigen. Ab 1914 – mit Kriegsbeginn – konnten zunächst in Europa kriegsbedingt keine Arbeiten Loebs mehr erscheinen, was dieser bedauerte,[93] danach wollte Loeb aus politischen Gründen nicht mehr in seiner einstigen Muttersprache publizieren.[94] Dieses Sprachmuster in den Publikationen Loebs zeigt die Verquickung in der Interpretation derartiger Daten zwischen politischen, wissenschaftlichen und persönlichen Motivationen, die ihren Nutzen für Stilfragen problematisch, für Dominanzfragen aber in Maßen geeignet erscheinen lässt (Abbildung 4).

93 Loeb an Flexner 31. 08. 1924, APS: *»All scientific work abroad, even in England has stopped, publications likewise, – three papers of mine were in print in Germany and will of course never be published, I wish the thing were over.«*

94 Vgl. auch das Kapitel 3.3.3 Biologie, Krieg und Wissenschaftspolitik – Haltungen.

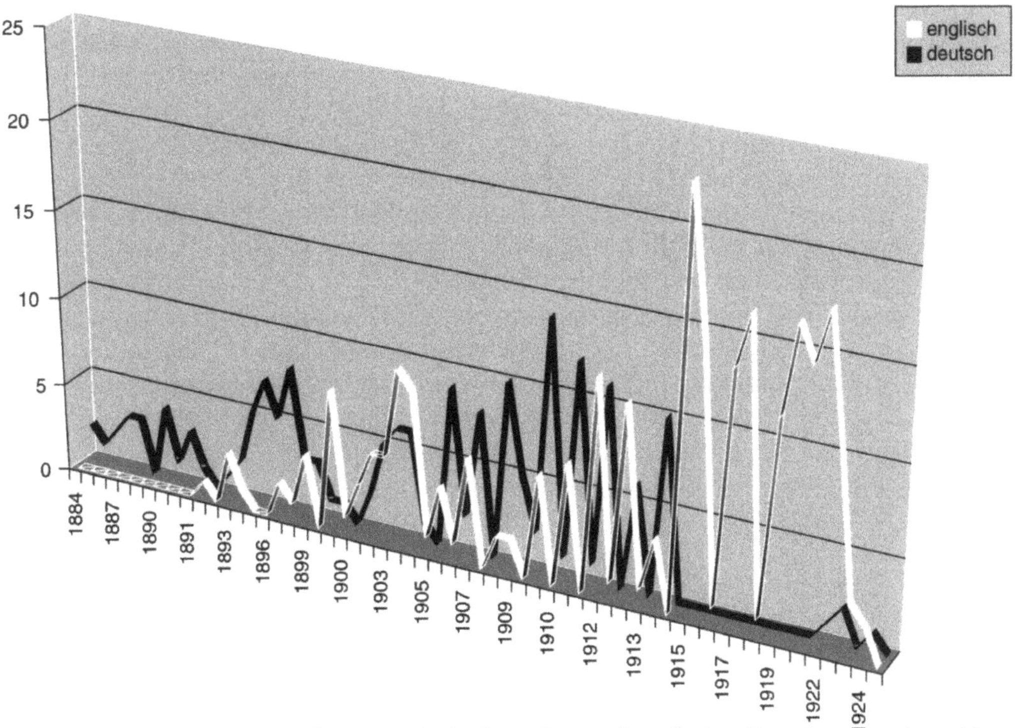

Abbildung 4: Anzahl der Aufsätze Loebs in deutscher und englischer Sprache unter Ausschluss der Buchkapitel in von ihm herausgegebenen Büchern, die jeweils nur einmal als deutsche bzw. englische Monographie gezählt wurden.

Frank Pfetsch hat schon 1974 gezeigt, dass sich die Untersuchung der Entwicklung wissenschaftlicher Fachgesellschaften sowohl zur Rekonstruktion von Stilmustern als auch zur Analyse von nationalen Dominanzen in der Wissenschaft eignet. Die Anzahl von neu gegründeten Gesellschaften im Vergleich erlaubt Rückschlüsse auf die Zentralität oder Peripherielage eines nationalen Standortes in der wissenschaftlichen Topographie eines Faches. Eine proportionale Aufschlüsselung von innerhalb eines bestimmten Zeitraumes neu gegründeten wissenschaftlichen Gesellschaften nach disziplinären Gesichtspunkten gestattet die Interpretation in Form nationaler Stilmuster. Pfetsch (1974, S. 342) wies nach, dass 43,5% aller Organisationen mit mehr als 1000 Mitgliedern, die in Deutschland zwischen 1800 und 1927 gegründet wurden, eine geisteswissenschaftliche Ausrichtung aufwiesen, 13% gehörten zur Mathematik oder den Naturwissenschaften, 7,8% hatten einen medizinischen Schwerpunkt. In den USA gehörten 25% der Organisationen zur Medizin, 23,3% zu den geisteswissenschaftlichen Fächern, 18,6% zu den technischen Wissenschaften und 16,3% zur Mathematik und den Naturwissenschaften. Betrachtet man diese Zahlen in Kombination mit Loebs Analyse der deutschen und amerikanischen Wissenschaft, so können sie als Indiz dafür gedeutet werden, dass in Europa tatsächlich eher ein humanistisches, geisteswissenschaftliches Ideal und in den USA eher ein naturwissenschaftlich-technisches Ideal die Wissenschaft dominierte. Jonathan Harwoods schlüssige Untersuchung zu Stilen innerhalb der genetischen Forschung im deutsch-amerikanischen Vergleich zwischen den beiden Weltkriegen kommt zu einem ähnlichen Ergebnis. Harwood unterscheidet zwei Typen von Genetikern, die sich auf der Grundlage unterschiedlicher Sozialisation in beiden Ländern entwickelt hatten: »Universalisten«, die in Deutschland die Mehrheit bildeten, und »Spezialisten«, die in den USA häufiger anzutreffen waren. Da Harwood allerdings beide Stile in beiden Ländern nachweisen konnte, ist die Aussage nicht eindeutig, ob man in diesem Fall von nationalen Stilen sprechen kann. Harwood (1987; 1993) argumentiert, dass dies möglich sei, da das Überwiegen des universalistischen Stils in Deutschland und das Vorherrschen des spezialistischen Stils in den USA sich jeweils aus der sozialen Struktur der Wissenschaften in beiden Ländern schlüssig erklären lasse. Eine vergleichbare Dichotomie wird auch von Jane Maienschein (1991a, S. 424–425) in ihrer Analyse der epistemischen Stile innerhalb der deutschen und amerikanischen Embryologie um 1900 postuliert. Sie differenzierte zwischen einem deutschen Zugang, mechanistische Erklärungsmodelle für ein weites Feld von Phänomenen heranzuziehen, und einem spezielleren, engeren Ansatz der Erklärungen unter den amerikanischen Forschern. Auch sie sah ein Nebeneinander und Überlappen der Modelle, das nicht an nationale Grenzen gebunden war, dennoch argumentiert auch sie, dass ein relatives Überwiegen des einen oder anderen Ansatzes die Kategorisierung der Zugänge als nationale Stile rechtfertige.[95]

Nicht national, sondern generationengebunden war die methodologische Stilfrage zwischen Morphologen und Experimentalisten innerhalb der Entwicklungsphysiologie (Nyhart 2002, S. 9–11). Wie in Amerika setzte sich allmählich in den Jahren nach 1900 auch an den deutschen Universitäten die experimentelle Methode in der Biologie durch.[96] Dennoch zeigen zum Beispiel die bereits zitierten Aussagen von Driesch und Roux, dass sie der Meinung waren, dass sich die Experimentalisten in Amerika besser durchgesetzt hätten als in Europa.[97] Folglich hätten sie Loebs Stil als »amerikanisch« bezeichnet, obwohl er selbst diesen in Europa erlernt hatte. Allein dieser Umstand zeigt, wie sehr das Konstrukt eines nationalen Stiles an individuelle Interpretationen und Motivationen gebunden ist.

Loeb selbst zeigt in seinen Stilkonstruktionen zwei wesentliche Fixierpunkte auf, an denen er stilistische Muster auch im internationalen Vergleich festmachen zu können glaubt. In seinen Stilbeschreibungen fokussiert er einerseits auf infrastrukturelle und organisatorische Umstände auf institutionellem Niveau und andererseits auf die von ihm

95 Nicht dichotome, aber doch unterschiedliche Zugänge zum Holismus in den Lebenswissenschaften, die sich nach nationalen Mustern kategorisieren lassen, haben in aller Kürze Lawrence und Weisz (1998b, S. 8–16) geschildert.

96 Vgl. auch die Aussage des jungen Wolfgang F. Ewald an Loeb vom 06. 03. 1914, LOC: »*Die experimentelle Strömung setzt auch in Deutschland so langsam ein. Man verlangt nun von einem künftigen Ordinarius eine gewisse Vielseitigkeit, die in Anbetracht der Lehrtätigkeit ja auch wohl nötig ist solange man eben Professor der Zoologie und nicht der experimentellen Biologie sein muss*«. Die hier anklingende Synthese von vergleichenden und experimentellen Methoden in der Zoologie ersetzt insbesondere nach 1918 zunehmend die vorher polemisch geführten Auseinandersetzungen zwischen Morphologen und Experimentalisten (Gross 1925).

97 Vgl. Kapitel 3.2, Anmerkung 92.

aufgeworfene Dichotomie zwischen positivistisch-mechanistisch-materialistischen Antworten auf die Frage nach den Grundlagen der Lebenserscheinungen auf der einen und metaphysisch-vitalistischen Erklärungsmodellen auf der anderen Seite. Und obwohl er auf der einen Seite von sich behauptete, politische und wissenschaftliche Fragen nicht vermischen zu wollen,[98] scheint er doch eben diese Grenze in seinen nationalen Stilisierungen regelmäßig übertreten zu haben. Wissenschaft war für ihn das internationale Streben nach »Wahrheit und Wissen«.[99] Erfolgte dieses Streben allerdings nicht nach seinen Ideen, so zögerte er nicht, die Vorstellungen anderer Wissenschaftler für metaphysisch zu erklären und bestimmte Denkformen nationalen Kategorien zuzuordnen (Reingold 1962, S. 127–128). Hier zeigt sich das reziproke Verhältnis zwischen Loebs Analyse wissenschaftlicher Zugangsweisen und seinem sozialpolitischen Engagement.

War Loeb schon unter anderem durch die Politik im Kaiserreich zur Auswanderung bewegt worden, da er seinen freien Geist von den sich in den Universitäten widerspiegelnden politischen Verhältnissen behindert sah,[100] so offenbart auch ein Blick auf Loebs Analyse der politischen und sozialen Situation in den USA, der er einen direkten Einfluss auf die Organisation und Ausrichtung der Wissenschaften zusprach, eine gewisse Enttäuschung. Positive Bemerkungen umfassen zwar Aussagen wie die, dass die Amerikaner über ein gewisses organisatorisches Talent verfügten,[101] – was Loeb im Zusammenhang mit der Organisation von Wissenschaft jedoch auch kritisch sah: In seinen Augen wurde zu viel organisiert und zu wenig geforscht. Auch bemerkte er wohlwollend, dass die Amerikaner in Extremsituationen eine gewisse Gelassenheit an den Tag legten.[102] Negative Gesichtspunkte jedoch überwogen in seinen Augen in der amerikanischen Gesellschaft. In vielen seiner Briefe kritisierte Loeb die amerikanische Politik, das amerikanische Streben nach Geld, den herrschenden Kapitalismus, Korruption, den Hang zum Aberglauben, die Religiosität, die herrschende Plutokratie und die Freude an oberflächlichen Erregungen.[103] Je länger er in Amerika lebte, desto mehr wurde seine

98 Vgl. Loeb an William H. Howell 24. 10. 1923, Reingold LOC, ebenso Loeb an Herman Bernstein 28. 07. 1923, LOC.

99 Loeb an Harrison 29. 10. 1917, LOC.

100 Vgl. z. B. aus der Zeit vor der Emigration Loeb an Mach 17. 08. 1890, SPK, und in der eigenen Rückschau (allerdings während des Ersten Weltkrieges und daher eventuell etwas verschärft) an den Engländer Edwin Ray Lankester 09. 07. 1917, LOC: »*You are perfectly right in assuming that my sympathies are against the German autocracy and bureaucracy; they have been ever since I began to think, and I left Germany because the regime of Bismarck was unendurable to me. I have done all I could, to help the cause of free thought in Germany and to help in the fight against Bismarckian traditions in politics as well as in the church*«.

101 Loeb an Mach 20. 11. 1904, DMM: »*... an organisatorischen Talenten ist hier kein Mangel wohl aber an Forschern*«.

102 Im Zusammenhang mit dem großen Erdbeben 1906 in San Francisco bemerkte Loeb in einer Schilderung der Sachlage an Mach: »*Die Americaner sind kühl und optimistisch und das hilft über das Schlimmste hinweg ...*« Loeb an Mach 07. 05. 1906, DMM.

103 Aus der Vielzahl von Briefen mit derartigem Inhalt seien hier nur exemplarisch einige an Mach zitiert: Loeb an Mach 06. 08. 1891, DMM »*Die jetzigen Republicaner in America ruiniren das Land finanziell und moralisch. Es wird dort zu schweren Krisen kommen.*«; Loeb an Mach 04. 10. 1893, DMM: »*Die ›Freude an Auslösungen‹ hat in dieser ungebildeten Demokra-*

Hoffnung getrübt, den wilden und unkultivierten Boden Amerikas durch wissenschaftlich-technische Erziehung, seine eigene wissenschaftliche Arbeit und sein eigenes sozialpolitisches Engagement verbessern zu können. Die größte Enttäuschung jedoch für diese Hoffnung waren der Erste Weltkrieg, Amerikas Kriegseintritt und die damit verbundene Zerstörung der internationalen Wissenschaftlergemeinschaft.

Die Ereignisse um den Ersten Weltkrieg und ihre Auswirkungen auf die Wissenschaft veränderten nachhaltig Loebs Blick auf die deutsche und die amerikanische Forschung sowie die Wissenschaftsorganisation in beiden Ländern. Desillusioniert erkannte er für sich, dass bei aller Kritik an den amerikanischen Verhältnissen diese den deutschen vorzuziehen seien, da sie eher seinem Ideal einer internationalen Wissenschaft förderlich erschienen als die von ihm als »hegemonial« gebrandmarkte deutsche Wissenschaft.[104] In der Folge brachten die Kriegsereignisse und ihre Konsequenzen aber auch die in Loebs Wirken immer angelegte Kombination aus Forschung, Epistemologie und sozialem Engagement zur vollen Blüte. Sie regten seinen Einsatz für eine noch stärkere Verbreitung seiner Ideen an. Im und nach dem Ersten Weltkrieg setzte Loeb sich mit voller Kraft für sein Programm einer internationalen biomedizinischen Grundlagenforschung ein, um damit am Wiederaufbau der europäischen Forschung in dem Sinne mitzuwirken, in dem er einst das unkultivierte Amerika verbessern wollte.

3.3 Biologie und Krieg – Jacques Loebs Einsatz für die Internationalität der Wissenschaft

»Biology and War« – so lautete der Titel eines kleinen von Loeb (1917) in der Zeitschrift »Science« veröffentlichten Aufsatzes, in dem er sein ganzes Unbehagen, seine Verbitterung und seine Niedergeschlagenheit über den Ersten Weltkrieg und Amerikas Kriegseintritt zusammenfasste. In diesem Artikel verlieh er seiner tiefen Enttäuschung darüber Ausdruck, dass die internationale »Scientific Community« und damit die internationale Suche nach »wissenschaftlicher Wahrheit« durch kriegstreiberische Politiker zerstört worden war.

Zweifelsohne stand Loeb mit seiner internationalistischen Haltung nicht allein, und auch sein Einsatz für den Internationalismus gegen den Chauvinismus wurde von eini-

---

tie den Typen des ›monopolizer‹ grossgezogen + das hemmt + demoralisirt stark.«; Loeb an Mach 27. 07. 1897 »*Ich weiss aber nicht welche Aussichten sich einem wissenschaftlich geschulten Manne hier bieten. America ist noch immer unter dem Banne des Charlatanismus, d. h. der marktschreierisch Veranlagte wird den ernsten wissenschaftlichen Menschen hier immer noch in den Hintergrund schieben*«; Loeb an Mach 24. 10. 1909, SPK: »*Ich lebe hier in einer wunderschönen Einsamkeit, die leider nur dadurch schwer erträglich wird, dass wir hier die entsetzlichste Korruption haben. So lange ich in meiner wissenschaftlichen Schale hausen kann, ist es ideal hier, die Beziehung mit den Menschen hier ist aber nicht immer angenehm. Die amerikanische Freiheit besteht nur noch in der relativ geringen Bevölkerung + dem relativ grossen leeren Raum der den Individuen zur Verfügung steht. Die Institutionen sind aber eine schlimme Form plutokratischer Ausbeutung und Unterdrückung*«.

104 Loeb an Flexner 16. 05. 1918, APS.

gen Wissenschaftlern weltweit geteilt. Verschiedene historische Arbeiten haben sich mit der Frage beschäftigt, mit welchem Einsatz und mit welchen Mitteln Forscher in Europa und den USA versucht haben, einen internationalen Charakter der Wissenschaft aufrecht zu erhalten, als der Erste Weltkrieg und die Politik die internationale Wissenschaftlergemeinschaft zu zersprengen drohten. Ein herausragendes Beispiel für diese Arbeiten stellt die umfassende Untersuchung von Nationalismus und Internationalismus in der »Nobel Population« zwischen 1880 und 1939 von Elisabeth Crawford (1992) dar, in der sie diese beiden Tendenzen innerhalb des Wissenschaftlerkollektives untersuchte, das sich aus Preiskandidaten und Nominatoren im Untersuchungszeitraum zusammensetzte.[105]

Anders als viele andere Wissenschaftler, die erst durch den Krieg ihre Neigung zum Internationalismus entdeckten, war Loeb aber Zeit seines Lebens ein Internationalist gewesen. Er propagierte und förderte internationale wissenschaftliche Beziehungen schon lange bevor diese im Zusammenhang mit dem Krieg ein öffentliches Thema wurden. An seinem Beispiel lässt sich zeigen, wie ein Forscher seine Epistemologie, sein Wissenschaftsverständnis und seine Weltanschauung mit wissenschaftlichem Internationalismus, Pazifismus und sozialem Engagement nahezu organisch verband. Dabei liegt die Wurzel für diese Verbindung nicht nur in seinem einfachen »Positivismus«, der für viele Wissenschaftler die Grundlage eines Einsatzes für den wissenschaftlichen Internationalismus darstellte (Schnitter 1993), vielmehr liegt sie in der komplexeren Kombination aus seiner mechanistischen Weltanschauung, seinem physiko-chemischen Zugang zum Verständnis der Lebensprozesse und seinem Technikideal in der Biologie, also in der dreifachen Ausdifferenzierung positivistischer Grundelemente. Ebenso wie viele andere seiner Zeitgenossen, wie zum Beispiel der österreichische Soziologe und Philosoph Rudolph Goldscheid (1870–1931) oder der schottische Biologe und Stadtplaner Patrick Geddes (1854–1932), beschränkte Loeb diese an seiner wissenschaftlichen Beschäftigung gewonnenen Überzeugungen nicht auf seine wissenschaftliche Tätigkeit und die Untersuchung biologischer Prozesse, sondern er übertrug sie auf Gesellschaften und Sozialwesen. Er leitete aus seinen biologischen Studien Folgerungen zur Verbesserung der sozialen Lebensbedingungen ab. Mit Hilfe seiner »technischen Biologie« hoffte er, biotechnologische Lösungen auch für gesellschaftliche Probleme anbieten zu können (Bud 1991). Sozialexperimenten stand er folglich keineswegs grundsätzlich ablehnend gegenüber.[106]

Der Blick auf Loebs Weltanschauung, sein soziales Engagement und seinen Einsatz für den Internationalismus wirft ein Licht auf die weitergehenden Implikationen seiner

105 Zu kleineren Arbeiten, die dieses Gebiet berühren, gehören zum Beispiel Paul Weindlings Studie über die Theorie des »Zellstaates« im deutschen Kaiserreich (Weindling 1981), Alexandr Dimitrievs Arbeit über die intellektuelle Mobilmachung innerhalb der internationalen akademischen Gemeinschaft im Ersten Weltkrieg (Dimitriev 2002) und A. G. Cocks die Nachkriegszeit behandelnde Untersuchung des International Research Council zwischen 1919 und 1926 (Cock 1983).

106 Interessanterweise lehnte er dabei allerdings sozialtechnische Ansätze in der Form, wie sie die eugenische Bewegung vortrug, aus wissenschaftlichen Gründen ab. Vgl. Kapitel 3.3.1.2 Loeb und Rassismus.

politischen Anschauungen und wissenschaftspolitischen Aktivitäten. Er hilft die Frage zu beantworten, welche Rolle Loebs soziales Engagement bei seinem Versuch spielte, seine Epistemologie in die europäische lebenswissenschaftliche Forschung zu integrieren und seine Leistung für den Wissenschaftstransfer von den USA nach Europa zu analysieren.

3.3.1 Loebs Weltanschauung

Loebs Programm einer ‚Technischen Biologie' beeinflusste nicht nur seine Forschungsarbeiten, sondern hatte gleichzeitig eine enorme Auswirkung auf seine sonstige Weltanschauung. Seine Ethik, seinen sozialen Einsatz und seine Beförderung internationaler Kooperation leitete er aus seinem bio-wissenschaftlichen Standpunkt und seinen auf dessen Basis gewonnenen Forschungsergebnissen ab. Nach seiner Ansicht hatte die Technische Biologie mit ihren mechanistischen und physikalisch-chemischen Komponenten eine Wirkung, die weit über rein biologische Fragestellungen hinaus reichte. Er sprach ihr einen Einfluss auf die Anthropologie und die Kultur ebenso zu wie auf die Ökonomien der industrialisierten Welt und das soziale Verhalten innerhalb von Gesellschaften (Loeb 1904b). Durch die Extrapolation seines Verständnisses der Effekte der Biologie auf diese Bereiche des menschlichen Lebens gelangte Loeb zu Lösungsansätzen für gesellschaftliche Probleme, die die Richtung seiner politischen Analysen entscheidend prägten.

Die mechanistische Wissenschaft leitete sein Verständnis von gesellschaftlichem Zusammenleben, weshalb er in der Politik vor allem gegen »Aberglauben« und metaphysische »Romanziererei« kämpfte. Für Loeb fußte der Aberglaube in einem fundamentalen Missverständnis der Ursachen von natürlichen Phänomenen. Aus diesem Grund schlug er vor, die Massen naturwissenschaftlich auszubilden, um auf diese Weise dem Aberglauben zu begegnen (Loeb 1915a, S. 784).[107] Die westlichen Gesellschaften wähnte er immer noch unter dem Einfluss der antiken Vorfahren, die Reichtum dadurch anhäuften, dass sie ihn anderen wegnahmen (Loeb 1915a, S. 785). Genau diese, die Ethik des politischen und ökonomischen Lebens bestimmende Haltung, hoffte er durch Naturwissenschaft und Technische Biologie verändern zu können, denn seiner Ansicht nach hatten die Naturwissenschaften gezeigt, dass es einen anderen und effektiveren Weg gebe, Reichtum anzuhäufen, nämlich den, ihn zu schaffen. Als Beispiele führte er den wissenschaftlichen Fortschritt auf den Gebieten der Landwirtschaft und der Mikrobiologie an, der seiner Meinung nach durch die Technische Biologie erzielt worden sei. Während neue Erkenntnisse im Bereich der Landwirtschaft die Ernährungssituation verbesserten, hätte die mikrobiologische Forschung den modernen Zivilisationen unter

107 Diesen Gedanken äußerte er auch in mehreren Briefen. Gerade in der institutionalisierten Wissenschaft sah er jedoch Widerstände gegen seinen Plan der Massenbildung. An Paul Carus schrieb er zum Beispiel: »*I look forward to only one remedy for social evils, and that is progress of science, and the spreading of the knowledge of science through the public at large. This, however, is a slow process since the universities do not want the public to know too much science.*« Loeb an Carus 08. 08. 1916, LOC.

anderem die Eroberung neuer Lebensräume durch die effektive Bekämpfung von Malaria, Gelbfieber und anderen tropischen Krankheiten ermöglicht. Eine besondere Bedeutung maß Loeb überdies der Entdeckung der Naturwissenschaft zu, dass Strahlenenergie in chemische Energie umgewandelt werden könnte und somit alternative Energiequellen zu Öl und Kohle zur Verfügung stünden, da »*in recent times the fact has often been mentioned that the coal fields will be exhausted sooner or later*« (Loeb 1904b). Seiner Meinung nach war der Reichtum moderner Nationen, wie zum Beispiel Deutschlands oder Frankreichs, nicht auf die Leistungen ihrer Politiker oder gewonnene Kriege zurückzuführen, sondern auf die Errungenschaften ihrer Wissenschaftler. Aus diesen Überlegungen heraus zog er seine Schlussfolgerung, dass Politiker und Staatsmänner unbedingt über naturwissenschaftliche Kenntnisse verfügen sollten. Wenn sie bisher über eine solche Bildung verfügt hätten, dann, so schloss er, hätten sie es zum Beispiel nicht zugelassen, dass eine Energiequelle nach der anderen in den Privatbesitz einiger weniger Individuen übergegangen sei. Denn wie die Strahlenenergie der Sonne sollten auch andere Energiequellen der Gemeinschaft gehören (Loeb 1904b; Loeb 1904–1905). In einem poetischen Moment äußerte er Emil Godlewski gegenüber eine gewisse Hoffnung, dass er an der Verwirklichung dieser Ideale einmal werde mitwirken können. Er schrieb: »*Ich träume gern von einer Zeit – die vielleicht nicht entfernt ist – in der die Naturforschung die Menschen von allem sozialen und politischen Elend befreit; und um das Ziel näher zu bringen müssen alle pessimistischen Meinungen, welche dem wissenschaftlichen Fortschritt im Wege stehen ganz aufgegeben werden*«.[108]

Als Konsequenz dieser Gedankengänge gab Loeb sich (besonders während und nach dem Krieg) politisch als Antikapitalist (s. u.). Er selbst sah sich in materialistischer Tradition als einen nicht radikalen Sozialisten, und obwohl er »die Schablone sozialdemokratischer Parteibestrebungen« 1890 als zu einseitig abgelehnt hatte, gab er Mach gegenüber 15 Jahre später an, »immer ausgesprochener Sozialdemokrat« gewesen zu sein.[109] Loeb machte ein ums andere Mal seine politischen Anschauungen öffentlich, so dass sie seinen Zeitgenossen wohl bekannt waren. Ebenso aber wussten sie um die seiner politischen Meinung innewohnende »Nichtradikalität«. Beispielsweise spielte der Loeb in freundlicher Verehrung zugetane Hans Przibram auf Loebs sozialistische Tendenzen an, als er sich bei Loeb in humoriger Form dafür entschuldigte, dass er vom Judentum zum Protestantismus übergetreten sei, um eine katholische Gräfin zu heiraten: »*Dass wir beide (Niusia ist Katholikin) zum Protestantismus übertreten, eine Folge unserer mangelhaften Ehegesetze, werden Sie uns wol[sic] verzeihen, wenn ich hinzufüge, das Niusia Sozialistin ist!*«[110]

108 Loeb an Godlewski 25. 04. 1904, AJUK. Loeb trug die hier geschilderten Gedanken in einem Brief auch dem amerikanischen Präsidenten Theodore Roosevelt (1858–1919) vor, auf den er eine freundliche, nichts sagende Antwort erhielt. Loeb an Theodore Roosevelt 08. 02. 1909, Roosevelt an Loeb 13. 02. 1909, beide LOC und Reingold.

109 Loeb an Mach 17. 08. 1890, SPK; Loeb an Mach 23. 08. 1905, DMM.

110 Przibram an Loeb 18. 03. 1908, LOC.

3.3.1.1 Einsatz für die Weltanschauung

Bei allem Humor stand Loeb fest zu seinen Auffassungen von Wissenschaft und Gesellschaft und verbreitete sie in programmatischen Aufsätzen und seinen Briefen. Darüber hinaus bemühte er sich, an ihrer Umsetzung beteiligt zu sein:

- Während seiner Zeit in Zürich trat er einem Kreis von Freidenkern um den Physiologen Justus Gaule und Gustav von Bunge (1844–1920) bei.
- Er verbreitete die Arbeiten von Popper-Lynkeus (1878; 1912) über Sozialreform sowie dessen Gedanken zu einer Gesellschaftsorganisation, die allen Mitgliedern der Gesellschaft einen grundsätzlichen Lebensstandard sichern sollte.[111]
- Direkt nach seiner Auswanderung suchte Loeb den Kontakt zu dem amerikanischen sozialphilosophischen Aktivisten Paul Carus (1852–1919), um auch in Amerika seinen gesellschaftlichen Einsatz für seine Weltanschauung fortzusetzen.

Paul Carus strebte danach, in den USA eine auf der Naturwissenschaft begründete Religion zu stiften. Zu diesem Zweck gab er unter anderem die beiden Zeitschriften »The Open Court« und »The Monist« heraus. Wie schon im Falle von Popper-Lynkeus war Loeb von Ernst Mach auf Carus und dessen Aktivitäten hingewiesen worden.[112] Als Loeb direkt nach seiner Ankunft in Amerika mit Carus Kontakt aufgenommen hatte, zeigte er sich zunächst enttäuscht. Er fühlte sich von Carus ignoriert, schlecht behandelt und hielt ihn, wie er Mach mitteilte, für einen arroganten Opportunisten, dem jegliches naturwissenschaftliches Verständnis fehlte, der sich darüber hinaus wie ein Priester aufführte und der aus diesen Gründen auch einen schlechten Ruf unter den amerikanischen Freidenkern hätte.[113] Nach dem ersten Zusammentreffen ergab sich aber eine Zusammenarbeit zwischen Loeb und Carus, so dass Loeb seine ursprüngliche negative Einschätzung revidierte. Nun schrieb er an Mach: »*In Bezug auf Carus haben Sie wohl Recht und ich hatte Unrecht. Er hat mich inzwischen besucht + ich habe ganz denselben persönlichen Eindruck von ihm empfangen wie Sie. Es thut mir leid dass ich unfreundlich über ihn geurtheilt habe + ich bitte Sie es zu verzeihen + zu vergessen.*«[114]

Trotz seiner Suche nach Gleichgesinnten zögerte Loeb, einer politischen Partei oder sozialphilosophischen Organisation beizutreten, da ihn der Gedanke abschreckte, in einer solchen von den persönlichen Ambitionen ihrer Führer manipuliert werden zu können.[115] So dauerte es dann auch bis zum Jahr 1911, bis Loeb öffentlich für seine naturwissenschaftliche Weltanschauung unter dem Dach einer Organisation eintrat. Diese Organisation war der 1906 unter anderem von Ernst Haeckel ins Leben gerufene Monistenbund.

Der Monistenbund hatte die Förderung des »Monismus« zum Ziel, eines relativ heterogenen Konglomerats von Weltanschauungen, dessen einendes Element, das u.a. so

---

111 Vgl. Kapitel 3.1, Anmerkung 14.

112 Zum Verhältnis von Mach und Carus und der gegenseitigen Einflussnahme vgl. Thiele (1971); Holton (1992, S. 30–33).

113 Loeb an Mach 20. 01. 1894, DMA.

114 Loeb an Mach 30. 04. 1894, DMA.

115 Loeb an Mach 04. 10. 1893, DMA.

entfernt voneinander liegende Gruppen wie Materialisten und Pantheisten zusammenbrachte, in dem Vorhaben bestand, die traditionelle dualistische Weltanschauung zu überwinden. Der Dualismus sollte durch eine Position ersetzt werden, die alle Phänomene des Lebens und der Welt auf ein einziges Grundprinzip zurückführte. Dieses wiederum sollte auf den Naturwissenschaften basieren. Die Standpunkte des Monistenbundes zur Religion und zur Sozialreform wurden umfassend und breitflächig in einer Reihe von allgemein verständlichen Publikationen und Informationsveranstaltungen popularisiert. Zweck der meisten öffentlichen Veranstaltungen war die Bildung der Massen und der Kampf für die Integration der Naturwissenschaften in den Schulunterricht.[116] Obwohl der Monistenbund in seiner Zusammensetzung – und gelegentlich auch in seiner öffentlichen Repräsentation – einen uneinheitlichen Charakter aufwies, fühlte Loeb sich von dem Bund angezogen, vereinten sich doch in seinen Zielen alle Ideale, die auch Loeb zur Verbesserung der Gesellschaft verfolgte. Auf Einladung seines – zu jener Zeit noch – Vorbildes und Freundes Wilhelm Ostwald, einem der führenden Protagonisten des Monistenbundes, nahm Loeb am Ersten Internationalen Monistenkongress in Hamburg im September 1911 als Ehrengast teil und fungierte neben Svante Arrhenius und Wilhelm Ostwald als einer der Hauptredner.[117] In einem Schreiben an Nathan Zuntz spielte er seine Teilnahme in herausgehobener Position zwar mit den Worten herunter »*Die Monisten interessieren mich sehr + ich glaube, es würde ganz lustig sein als Apostel am Monistenbunde theilzunehmen, namentlich im Verein mit Arrhenius und Ostwald*«.[118] Er arbeitete aber dann bis 1914 mit einer weit über ein einfaches Interesse hinausgehenden Energie für die Sache des Monismus in den USA. So versuchte er zum Beispiel, philosophische und politische Kräfte in Amerika unter dem Dach des Monistenbundes zusammenzuführen, indem er die Möglichkeit prüfte, Sozialdemokraten und Monisten in den USA zusammenzubringen, so wie Wilhelm Ostwald es in Deutschland versucht hatte.[119] Bei allem Einsatz blieb Loeb allerdings ein Realist. Als der sozialistisch gesinnte Privatdozent und positivistische Aktivist Max Hermann Baege (1875–1939), ein glühender Verehrer Loebs, ihm von Plänen Wilhelm Ostwalds berichtete, in den USA ein eigenes monistisches Dorf zu errichten, da antwortete Loeb unter Verweis auf seine grundsätzliche Bereitschaft zu sozialen Experimenten nur höflich: »*You know that I am greatly interested in you and your doings. I am a little doubtful about the new experiment concerning the monistic village or settlement. Such experiments have repeatedly been tried in America and have proved unsuccessful. I am not so certain that the monks in the monasteries are all very happy; but still, I as an experimenter should certainly not advise against trying social experiments*«.[120]

116 Zum Monistenbund, seinen Zielen, seiner Organisation und vor allem den zahlreichen in seinem Umfeld entstandenen Publikationen siehe vor allem Weber (2000). Vergleiche ebenfalls Ziche (2000); Weikert (2002).

117 Wilhelm Ostwald an Loeb 16. 03. 1911, 19. 04. 1911 LOC; Loeb an Wolfgang Ostwald 20. 04. 1911, LOC.

118 Loeb an Zuntz 11. 04. 1911, SPK.

119 Loeb an Wilhelm Ostwald 06. 02. 1912, Wilhelm Ostwald an Loeb 05. 04. 1913, Loeb an Wilhelm Ostwald 16. 04. 1913, Wilhelm Ostwald an Loeb 14. 10. 1913, alle LOC.

120 Loeb an Baege 03. 10. 1912 und Baege an Loeb 21. 10. 1912, beide LOC.

Ungefähr zur selben Zeit, in der Loeb sich dem Monistenbund anschloss, trat er auch der »Gesellschaft für Positivistische Philosophie« bei. Im April 1912 war Loeb von Baege mit der Bitte angeschrieben worden, einen Aufruf zur Bildung einer »Gesellschaft für Positivistische Philosophie« zu unterzeichnen, der über die Presse eine große Zahl von Interessierten ansprechen sollte.[121] Die Intention der Gesellschaft sollte es sein, die Kommunikation zwischen den wissenschaftlichen Disziplinen zu befördern, um auf diese Weise zu einer positivistischen, einheitlichen und konsistenten wissenschaftlichen Perspektive auf die Welt zu gelangen. Zu den Initiatoren der Gesellschaft gehörten Ernst Mach und der Philosoph Joseph Petzold (1862–1929). In seinem Brief an Loeb erwähnte Baege auch die Beteiligung von Wilhelm Ostwald bei der Gründung der Gesellschaft. Ostwald allerdings unterschrieb am Ende den Aufruf nicht, was wiederum Mach dazu veranlasste, die ihm von Ostwald angebotene Ehrenpräsidentschaft im Monistenbund zurückzuweisen (Holton 1992, S. 37–39). Anders als Ostwald zögerte Loeb nicht, den Aufruf unter Bekundung seiner großen Sympathie für die Unternehmung zu unterzeichnen.[122] Er sah in den Zielen der Gesellschaft eine Bestrebung, die voll und ganz mit seinem eigenen kooperativen, positivistischen und antimetaphysischen Zugang zu den Wissenschaften und zur Gesellschaft übereinstimmte.

Diese Weltanschauung spiegelt sich auch in Loebs Einsatz für den internationalen Charakter der Wissenschaft und seiner Hingabe, mit der er die Verbindung von Wissenschaftlern und seine eigene Integration in wissenschaftliche Netzwerke betrieb.[123] Während seiner beiden Besuche in Neapel hatte er die Vorteile des internationalen Austausches von Ideen schätzen gelernt. Aus dieser Erfahrung heraus strebte er danach, für die Internationalität der Wissenschaft zu wirken. Überdies hoffte er ganz im positivistischen Sinne, dass durch eine international betriebene Naturwissenschaft das Wissen in der Welt zunehme und die Welt damit in seinem Verständnis ein besserer Ort werde. Naturwissenschaftliche Forschung bedeutete für ihn vor allem die Anwendung bestimmter Methoden und zusätzlich »*[...] natürlichen Menschenverstand, die Kraft der Anwendung und konsekutives Denken [...]*« (Loeb 1914c, S. 92–93). Er war überzeugt davon, dass diese Mischung in aller Herren Länder zu finden sei und damit in nicht all zu langer Zeit jede Population, die man »*heute als spezielle Rasse oder Nation*« bezeichne, ihren Anteil an der Weiterentwicklung der Naturwissenschaft haben werde (Loeb 1914c, S. 92–93). Unterschiede im Anteil einzelner Länder am gemeinsamen Fortschritt waren seiner Meinung nach nur auf verschiedene finanzielle Mittelzuweisungen für Forschung, Erziehung und Entwicklung in den einzelnen Staaten zurückzuführen. Rassentheoretikern wie Joseph Arthur Graf von Gobineau (1816–1882), die die Wertigkeit von Rassen am Kriterium der Zivilisation im westlichen Verständnis festmachen zu sollen glaubten, hielt Loeb entgegen, »*[civilisation] ... is not a race question; it is a question of the application of energy of nations or communities to the development of science and its applications*«. Als Beleg verglich er die USA, die sich »*trotz ihrer Jugend so rasch*« entwickelten, mit den seiner Beobachtung nach jetzt zivilisatorisch stagnierenden Nationen Frankreich und Deutschland. Diese Staaten blieben im Vergleich nach seinem Dafürhalten

121 Baege an Loeb 20. 04. 1912, LOC.
122 Loeb to Baege 01. 05. 1912, LOC.
123 Vgl. Kapitel 4.1.7 Verbindungen zwischen informellem und formellem Denkkollektiv.

deshalb zurück, weil sie sich zu Gunsten der Finanzierung ihrer Armeen weigerten, mehr Geld in die Naturwissenschaften zu investieren (Loeb 1914c, S. 92–93).

In seiner Förderung internationaler Kooperationsbeziehungen war Loeb allerdings kein naiver Idealist, auch war er kein Altruist. Im System Wissenschaft, das unter anderem auf der Basis von Reputation und dem damit verbundenen ideellen Kapital funktioniert,[124] konnte Loeb sein ganzes soziales Engagement ebenso hintanstellen wie seine Verantwortung für die Karriere anderer Wissenschaftler, wenn er mit ihrer Forschung nicht zufrieden war. Wenn ein Forscher die von Loeb benannten Kriterien des wissenschaftlichen Arbeitens nicht erfüllte, wenn Loeb mit den angewandten Methoden nicht einverstanden war oder wenn ein Wissenschaftler nach Loebs Meinung schludrig arbeitete oder kein schlüssiges Denken an den Tag legte, dann konnten seine Urteile unnachgiebig hart sein. Hatte Loeb Arbeiten zu bewerten, die ihm nicht gefielen, war er unversöhnlich in seiner Bewertung. Seine Korrespondenz mit dem Direktor des Rockefeller Institute for Medical Research Simon Flexner zeigt, dass er auch nicht davor zurückschreckte, durch sein Verdikt viel versprechende Karrieren zu zerstören. Einige der überlieferten Briefe offenbaren, wie Kenneth Manning (1983, S. 99) es ausdrückte »*the destructive side of Loeb's character*«. Beispielsweise schrieb Loeb nach anfänglich positiver Evaluation über seinen spanischen Gastassistenten Mario Garcia-Banus an Flexner: »*Another matter I intended to take up with you was the fact that I have found that Dr. Banus, whom I had under closer observation during this summer than I ever had before, is not capable of doing any scientific work, and if he stays at the Institute his time will be completely wasted as far as he is concerned, and as well as we are concerned. I have written to Dr. Harrison and I am trying to get a position for him at Yale, otherwise I have advised him to return to Spain or to make himself useful by entering the army in some capacity*«.[125] Zwar schien er sich um eine Ersatzposition für Banus zu bemühen, er ließ aber keine Zweifel daran, ihn loswerden zu wollen. Loebs ehemaliger Assistent, der Rheumatologe Arnold J. Gelarie (1885–1947), versuchte sogar, Loeb zu verklagen, nachdem er seine Position am Rockefeller Institute aufgrund negativer Bewertungen durch Loeb verloren hatte.[126] Einschlägig bekannt ist zuletzt der Fall des farbigen Biologen Ernest Everett Just. Loeb scheint mitverantwortlich dafür gewesen zu sein, dass Ernest Everett Just in Amerika nicht den gewünschten Durchbruch mit seinen Arbeiten erzielte, weil Loeb in Gutachten für Stipendien und Preise, für die Just vorgeschlagen worden war, Justs Befähigung zur Wissenschaft bezweifelte, nachdem der Lillie-Schüler Just Loebs Studien zur Fertilisation kritisiert hatte (s. o.; vgl. Manning 1983, S. 84–101).

---

124 Zum Verständnis des Systems Wissenschaft als Reputationssystem siehe vor allem Whitley (1984).

125 Loeb an Flexner 12. 09. 1918, APS.

126 Z.B. Loeb an Flexner 09. 03. 1914, 01. 02. 1924, Flexner an Loeb 17. 06. 1914, APS.

3.3.1.2 Loeb und Rassismus

Da Ernest Just Afroamerikanischer Herkunft war, ist von dem Historiker Kenneth Manning gemutmaßt worden, dass Loeb Justs Karriere auch wegen dessen Hautfarbe aus rassistischen Gründen behindert hätte. Auf der einen Seite überzog Loeb die Arbeiten von Just in Stellungnahmen mit heftiger Kritik, auf der anderen Seite ignorierte er ihn in seinen eigenen Arbeiten vollkommen.[127] Samuel Cohen (1985) widerspricht Mannings Einschätzung und geht hingegen davon aus, dass Loebs Beurteilung von Just eher auf wissenschaftliche Differenzen als auf nationalistische oder rassistische Vorstellungen zurückzuführen sei. Betrachtet man Loebs Aussagen zum Rassismus und zur Eugenik, so scheint Cohen mit seiner Analyse richtiger als Manning zu liegen. Loeb kämpfte im privaten wie im öffentlichen Leben gegen Rassismus und die Idee einer wie auch immer gearteten rassischen Überlegenheit. Rassistische Theorien hielt er, im Gegensatz zu vielen eugenischen Rassentheoretikern seiner Zeit, für bar jeder biologischen Grundlage und für völlig unwissenschaftlich. Im Rassismus erblickte er nach 1914 auch die Ursache des Ersten Weltkrieges (Loeb 1914c; Loeb 1914a), und zum Rassismus in Amerika erklärte er gegenüber Arrhenius: »*Unless this idea of ›racial superiority‹ is abandoned, the hatred among the various nations will continue. Here in America too we are having no end of difficulties caused by the fanatical maltreatment of the Negro and the Japanese. If this agitation does not stop, it will land us in a war with Japan – a situation which would probably be welcomed by Mr. Roosevelt and the militarists. Is it not incredible that such childish silliness can exist in our age of science?*«[128]

Nicht nur den Rassismus bekämpfte Loeb als unwissenschaftliche Metaphysik, auch bestimmten Trends der Eugenik stellte er sich entgegen. Eugeniker versuchten, die gesellschaftlichen Turbulenzen in den Staaten Westeuropas und den USA zu Beginn des 20. Jahrhunderts mit dem Zunehmen einer defekten Biologie zu erklären.[129] Nach eugenischer Lehre war das soziale Verhalten eines Individuums wie auch eine große Zahl von Krankheiten durch Erbanlagen determiniert, weshalb nur eine Erbselektion effektiv soziale und gesundheitspolitische Probleme bekämpfen konnte. Folglich bestand das Ziel der Eugeniker darin, in ihrem Sinne defekte Gruppen von der Fortpflanzung und damit von Vererbungsprozessen auszuschließen, um auf diese Weise die Weitergabe degenerierter Erbanlagen an kommende Generationen zu verhindern (so genannte »negative Eugenik«). Eine weitere Möglichkeit, einer vermeintlich zunehmenden Zahl krankhafter Erbanlagen zu begegnen, sahen sie in der Förderung der Vermehrung günstiger Anlagen (»positive Eugenik«). Mit Hilfe dieser beiden Strategien sollten Krankheiten eingedämmt und Gesellschaften sozial sowie moralisch aufgewertet werden.

---

127 Loeb zitiert in seinen Publikationen keine von Justs Arbeiten, die ihm hätten bekannt sein müssen, direkt.

128 Loeb an Arrhenius 14. 12. 1914, Reingold LOC. Eine ähnliche Aussage, in der Loeb sich gegen den gegen Farbige gerichteten Rassismus in den USA wandte, findet sich bei Allen (1978, S. 229–231).

129 Eine pointierte Einordnung der Eugenik in die anderen Strömungen der Biologie liefert Allen (2002). Für eine kurze Übersicht über die Eugenik inklusive weiterführender Literatur siehe u.a. Fangerau (2005d); Fangerau und Noack (2006).

Loeb stand als »Biotechniker« der biotechnischen Beeinflussung von Gesellschaften, wie sie der Eugenik vorschwebte, zwar grundsätzlich positiv gegenüber. Allein der Eugenik als Theorie und sozialpolitischer Bewegung konnte er wenig positive Seiten abgewinnen. Auch wenn er die eugenische Logik der Erblichkeitsauswahl durchaus nachvollziehen konnte, zählte er doch ihre Grundannahmen zu den experimentell nicht überprüfbaren Großtheorien, die er ablehnte.[130] Gleichzeitig war er der Meinung, dass viele Ziele der Eugenik sich auch durch andere, experimentell besser fundierte Maßnahmen erreichen ließen. Beispielsweise gab er der eugenischen Vorstellung Recht, dass der Staat im eugenischen Sinne durch Verlangen des Nachweises der Stillfähigkeit der Mütter und Großmütter von Ehekandidatinnen die Stillfähigkeit in kommenden Generationen sichern könne. Dieses Ziel aber, so argumentierte er, könne in gleicher Weise durch die Hygiene im Verein mit den Fortschritten in der physikalisch-chemischen Erforschung der Milch erreicht werden (Loeb 1912a, S. 8–9).[131] Darüber hinaus hielt Loeb sowohl die rassistische Ausprägung der Eugenik als auch ihre spekulativen Annahmen über die Erblichkeit bestimmter sozialer Eigenschaften für unwissenschaftlich und damit für grundsätzlich falsch (Loeb 1914c; Loeb 1914a). Da er nur die Methode des quantitativen Experimentes als wissenschaftlich anerkannte und in seinen Augen weder die Evolutionstheorien noch die Behauptungen der Rassenbiologie auf dieser Methode fußten, bezeichnete er beide – wie übrigens auch aus demselben Grund die Psychoanalyse – als Pseudowissenschaft (Loeb 1918b).[132]

Wie immer war Loeb auch im Fall der Eugenik in seinem Urteil kompromisslos und nahm ihre Hauptakteure in die Verantwortung. Mit dem Biologen Charles B. Davenport zum Beispiel hatte ihn einmal ein gutes Verhältnis verbunden, die experimentellen Arbeiten Davenports hatte Loeb sehr geschätzt.[133] Als Davenport 1910 Leiter des amerikanischen Eugenics Records Office wurde und er damit begann, eugenische Studien zum Beispiel zur »Thalassophilie« (der Liebe zur See) anzustellen, die er häufig bei Seemannsfamilien zu finden glaubte, änderte sich Loebs Einstellung zu Davenport drastisch. Loeb reduzierte den Kontakt und machte Flexner gegenüber deutlich, was er über die Eugenik generell und die Eugenik Davenportscher Prägung dachte: »*Davenport's work on eugenics is slipshod. I cannot see how, from methods as inaccurate as those which he uses, reliable results can come out. [...] The line of work of eugenics in itself is promising and, I think, it should be taken up. But, the methods and organization should surely be more scientific than those adopted by Davenport.*«[134] Nachdem die eugenische Bewegung

---

130 Vgl. Loebs kritische Stellungnahmen zu Virchows Zellstaatmetapher oder Haeckels Biogenetischem Grundgesetz, vgl. Kapitel 3.2, Anmerkung 65.

131 Dass Loeb ausgerechnet die Stillfähigkeit als Beispiel anführt, hängt mit der Beachtung zusammen, die diesem Thema in den westlichen Industriestaaten ab 1900 geschenkt wurde, nachdem erkannt worden war, dass die Erhöhung der Stillquote einen wesentlichen Faktor bei der Verringerung der damals hohen Säuglingssterblichkeit darstellte. Zu diesem Komplex und weiterführender Literatur siehe u. a. Vögele (2001, S. 307–319).

132 Sigmund Freud nahm Loeb seine negativen Äußerungen der Psychoanalyse gegenüber allerdings nicht weiter übel, nachdem dieser ihm brieflich mitgeteilt hatte, dass er durchaus Verbindungen zwischen seiner Arbeit und der Freuds sehe. Freud an Loeb 09.10.1921, LOC.

133 Loeb-Davenport Korrespondenz, APS.

134 Loeb an Flexner 27. 10. 1913, APS, ähnlich Loeb to Raymond Pearl 19. 09. 1921, APS.

sich nach 1918 zu einer von breiten bürgerlichen Schichten getragenen sozialen Bewegung aufgeschwungen hatte, bezeichnete Loeb eugenische Forschungsstätten gar als Brennpunkte schlechter mentaler Infektionen.[135]

Die rassenbiologische Eugenik von Madison Grant (1865–1937) zuletzt lehnte Loeb mit nicht weniger heftigen Worten ab. Eine von Frederick A. Woods (1918) verfasste positive Rezension des rassenhygienischen Buches von Grant »The Passing of the Great Race« in »Science«, das Loeb für rassistisch durchdrungen hielt, kommentierte er Morgan gegenüber mit den Worten: »*The last number of SCIENCE has a review of that stupid and brutal book of Madison Grant by a man who appears obviously to be as much of an amateurish bungler as Grant himself.*«[136]

In Folge seiner Sicht, dass der Erste Weltkrieg unter anderem wegen des wahnhaften Glaubens an »rassische Überlegenheit« begonnen worden war, versuchte Loeb diesem Rassismus und auch seiner Expression im Gewand der Eugenik den Geist eines wissenschaftlichen Internationalismus entgegenzustellen. In der praktischen Umsetzung dieses Versuchs bemühte er sich dabei, auch solchen Wissenschaftlern Hilfe zukommen zu lassen, denen er vorher ablehnend gegenüber gestanden hatte. Die nationale Herkunft spielte hierbei für ihn keine Rolle. Vor allem während und nach dem Ersten Weltkrieg manifestierte sich Loebs Weltanschauung eines sozialen, internationalen Freidenkertums auf der Basis von Naturwissenschaften in verschiedenen (Hilfs-) Aktivitäten.

3.3.2 Internationale Wissenschaft und Krieg

3.3.2.1 Engagement für Individuen

Der Ausbruch des Ersten Weltkrieges bedeutete eine sowohl wissenschaftliche als auch persönliche Katastrophe für Loeb. Der Kriegsbeginn fiel in eine Phase einer im Allgemeinen guten Stimmung Loebs, als er in seinem »Summer Ressort« Woods Hole Experimente durchführte. Obwohl er, wie viele seiner Zeitgenossen, vorausgeahnt hatte, dass die politischen Entwicklungen in Europa auf einen militärischen Konflikt hinausliefen, machte ihn der tatsächliche Kriegsausbruch höchst betroffen. Am 31. August 1914 schrieb er seinem Direktor am Rockefeller Institute Simon Flexner: »*The work yielded some interesting results and all would have been well except [for] that nightmare in Europe. … All scientific work abroad, even in England has stopped, publications likewise*«. Auf wissenschaftlichem Gebiet betraf ihn der Krieg, weil drei seiner Manuskripte in Deutschland auf die Veröffentlichung warteten und ihm klar war, dass sie nun nie gedruckt werden würden (»*will of course never be published*«). Persönlich betraf ihn der Krieg, weil er sich in seinem Labor mit den schwierigen Schicksalen einiger seiner Kollegen konfrontiert sah. Beispielsweise berichtete Loeb von einer russischen Gastwissen-

135 Loeb an Flexner 04. 08. 1923, APS: »*It is not only that these laboratories have accomplished nothing for the furtherance of science, they have, on the contrary, misled the young men into wrong directions where their work is a failure and the laboratories have thus become what I call a focus for bad mental infections*«.

136 Loeb an Morgan 29. 10. 1918, LOC.

schaftlerin in seinem Labor, die verzweifelt versuchte, Kontakt zu ihrer 12-jährigen Tochter aufzubauen, die sie für die Zeit ihres Amerikaaufenthaltes bei einer deutschen Familie zurückgelassen hatte. Ein anderer Gastwissenschaftler Loebs, der später für seine Transplantationsversuche mit Amphibienaugen und seine Schilddrüsenforschungen berühmt gewordene Eduard Uhlenhuth (1885–1961), erschien Loeb nur noch als Schatten seiner selbst, da er sich Sorgen um seine fünf Brüder an der Front machte. Auch Loeb selbst sorgte sich um seine anderen europäischen Schüler, die ebenfalls alle im Fronteinsatz waren, unter ihnen Reinhard Beutner, Wolfgang Felix Ewald und Wolfgang Ostwald.[137]

Loeb beließ es nicht bei der Schicksalsschilderung, sondern er versuchte sofort, den betroffenen Personen zu helfen. Im selben Brief noch fragte er Flexner nach den Möglichkeiten, Uhlenhuth ein Fellowship oder eine Assistentenstelle zu geben, denn »*Uhlenhuth is a good worker and of course cannot return.*« Dies war noch im August 1914 der Startschuss für sein während der folgenden Jahre hauptsächliches soziales Engagement: die Hilfe für europäische Wissenschaftler.

Immer wieder schrieb Loeb Briefe an Simon Flexner, in denen er die Aussichten auf Hilfe für europäische Wissenschaftler erfragte, die durch den Krieg ihrer Tätigkeit nicht mehr nachgehen konnten oder in den USA gestrandet waren, weil eine Rückkehr nach Europa unmöglich oder zu gefährlich erschien.[138] Loebs Unterstützung beschränkte sich dabei nicht auf Biologen. Als er vom Belgischen Philosophen, Mathematiker und Wissenschaftshistoriker George Sarton (1884–1956), dem Herausgeber der wissenschaftshistorischen Zeitschrift ISIS, kontaktiert wurde, da es ihn nach Amerika verschlagen hatte und er versuchte, sich und seine Familie mit dem Abhalten von Französischstunden über Wasser zu halten, erkundete Loeb die Möglichkeit, auch für ihn eine wissenschaftliche Anstellung oder Geldmittel zu bekommen.[139]

Unter den Biologen, denen Loeb besonderen Beistand zu Teil werden ließ, war der deutsche Genetiker und Direktor des Kaiser-Wilhelm-Institutes für Biologie Richard Benedikt Goldschmidt (1878–1958).[140] Goldschmidt befand sich 1914 auf dem Heimweg von einem Forschungsaufenthalt in Japan. Er hatte auf der Rückreise einen Zwischenstopp in den USA eingelegt, als er vom Kriegsausbruch überrascht wurde. Loeb riet ihm, in Amerika zu bleiben, da ihm auf dem Weg über den Atlantik die Gefahr

---

137 Loeb an Flexner 31. 08. 1914, APS. Zu Uhlenhuth vgl. Figge (1962).

138 Neben einigen anderen half Loeb während des Krieges auch sehr intensiv dem Polen Casimir Funk (1884–1967), dem Entdecker der Vitamine, eine Anstellung zu finden. Ihm versprach er: »*... you may be sure that I shall not rest until I have found something suitable for you*«, Loeb an Casimir Funk 09. 05. 1917, LOC, siehe auch die weitere Loeb-Funk Korrespondenz, LOC und die Korrespondenz Loeb-Flexner, APS.

139 Loeb an Flexner 30.03. 1915, APS: »*Here is another victim of the war, a Belgian, Dr. George Sarton, who is the editor of ›ISIS‹ a periodical on the History of Science, himself a prominent mathematician and a man of high scientific attainments. He is apparently literally starving and offers to give French lessons in order to support his wife and child. I hate to burden you with all these things but it might be possible that you could place the appeal for help where it might do some good, without too much trouble for yourself. I am afraid we are only at the beginning; after the war we shall have a stream of appeals*«.

140 Für eine Kurzbiographie vergleiche (Fangerau 2005b).

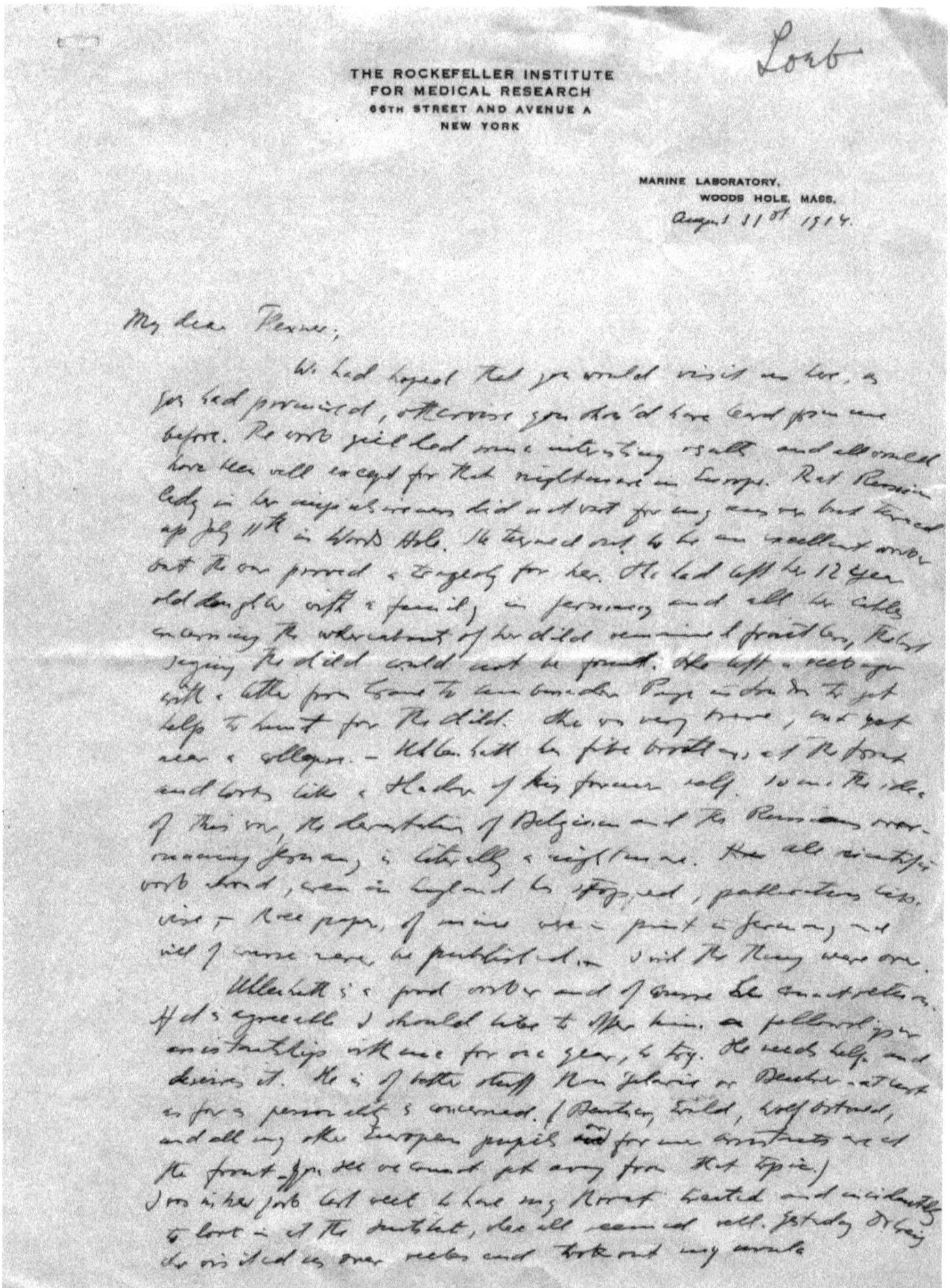

Loeb

THE ROCKEFELLER INSTITUTE
FOR MEDICAL RESEARCH
66TH STREET AND AVENUE A
NEW YORK

MARINE LABORATORY,
WOODS HOLE, MASS.
August 31st 1914.

My dear Flexner;

Faksimile 4: Brief von Loeb an Simon Flexner vom 31. 08. 1914, in dem er den Kriegsbeginn in Europa kommentiert; American Philosophical Society, Simon Flexner Papers

THE ROCKEFELLER INSTITUTE
FOR MEDICAL RESEARCH
66TH STREET AND AVENUE A
NEW YORK

MARINE LABORATORY,
WOODS HOLE, MASS.

We were glad to hear that your sister has returned safely from England, and anticipate seeing her here. I wish you and Mrs Flexner could come here too. The summer was not bad and now we have the prospect of a few nice days. The material is beginning to run low, but I have a good deal of writing to do.

With kind regards to yourself Mrs Flexner and the children from us all

Yours sincerely
Jacques Loeb

drohte, in britische Gefangenschaft zu geraten.[141] In den folgenden Jahren, die Goldschmidt zunächst allein und dann mit seiner Familie in den USA verbrachte, bemühte Loeb sich darum, ihm Finanzmittel zu besorgen, wobei er – wie in den anderen Fällen, in denen er im Rockefeller Institute nach Geldquellen suchte – vor allem die wissenschaftlichen Qualitäten Goldschmidts hervorhob.[142] 1918, nachdem die USA in den Krieg eingetreten waren, verschärfte sich Goldschmidts Situation weiter. Er wurde zusammen mit der deutschen Zellforscherin Rhoda Erdmann (1870–1935), mit der er zu dieser Zeit im Labor von Ross G. Harrison (1870–1959) in Yale arbeitete, aus dem Labor heraus als »enemy alien« interniert. Sein Fall erzeugte öffentliches Aufsehen in den USA,[143] und wieder bemühte Loeb sich, Goldschmidt zur Hilfe zu kommen. Dieses Mal allerdings agierte Loeb, nicht zuletzt auch wegen der öffentlichen Erregung, vorsichtig, indem er sich sensibel für die herrschende antideutsche Stimmung in den USA zeigte.

Bereits im Mai 1915, direkt nach der Versenkung des amerikanischen Passagierdampfers Lusitania durch ein deutsches U-Boot, hatte Loeb öffentlich seiner Sorge darüber Ausdruck verliehen, dass ein Kriegseintritt der USA für die in Deutschland geborenen Amerikaner Seelenqual und Schaden bedeuten würde (Oppose War with Germany 1915). Sehr genau beobachtete und reflektierte er die zunehmende nationale Paranoia in den USA, die sich gegen alle Deutsch-Amerikaner richtete und die sich nach dem Kriegseintritt auch in Gewalt gegen deutschstämmige US-Bürger entlud, die nicht willig oder nicht fähig waren, einen übermäßigen amerikanischen Patriotismus an den Tag zu legen.[144] Folglich fürchtete Loeb im Falle Goldschmidts wohl korrekter Weise, dass direkte Interventionen seinerseits zu Goldschmidts Gunsten eher hinderlich als förderlich sein würden, da sie von den amerikanischen Behörden eventuell auf seine und Goldschmidts gemeinsame deutsche Wurzeln und ihre gemeinsame jüdische Religionszugehörigkeit zurückgeführt werden könnten. Deshalb versuchte er, in Amerika geborene und aufgewachsene Kollegen dazu zu bewegen, für Goldschmidts und Erdmanns Freilassung einzutreten.[145]

---

141 Loeb an Goldschmidt 25. 11. 1914, LOC.

142 Z.B. Loeb an Flexner, APS: »*I enclose a letter from Professor Goldschmidt of the Kaiser Wilhelm Institut, who arrived here from a trip to Japan when the war broke out and who has not been able to go back to Germany, and of course will have to remain here until the end of the war. He has been working in Harrison's laboratory and has not asked for any assistance or any favors from any American institution. His family has joined him recently and his expenses are rather heavy. His work is one of the highest order and I wonder whether in any way anything could be done to relieve his burden by possibly giving him a grant for the continuation of his work or a fellowship. In writing to you about the matter you understand that I simply put the matter before you in compliance with Dr. Goldschmidt's letter which I enclose. I have no judgement in the matter except that I can testify to his high standing in the scientific world and to the high character of his work*«.

143 Vgl. z. B. New York Times (»Take Teuton Sailor As Chief Spy Here« 1918).

144 Siehe zu diesem Komplex u. a. die Standardwerke von Luebke (1974) und Keller (1979).

145 Z.B. Loeb an Harrison 03. 05. 1918, LOC: »*You may be sure that I will do anything in my power to assist in helping Goldschmidt and Miss Erdmann, but I think their interests will be guarded better if the initiative is taken by Morgan or Wilson or Conklin rather than by myself*«, Loeb an Morgan 03. 05. 1918, LOC; Zum »Fall Goldschmidt« aus der Perspektive von Thomas Hunt Morgan siehe auch Allen (1978, S. 215–227).

In Übereinstimmung mit seinen wissenschaftlichen Prinzipien bemühte Loeb sich in seinen Hilfsversuchen für durch den Krieg geschädigte Personen nur dann um Positionen in der Wissenschaft, wenn er die wissenschaftlichen Arbeiten des Hilfesuchenden schätzte. Aber er blieb auch in solchen Fällen nicht untätig, in denen er das wissenschaftliche Potential einer Person eher als gering einschätzte. Der Fall des österreichischen Zoologen Isaak Ernst Werber kann hier als Beispiel dienen. Hans Przibram, der Leiter der Biologischen Versuchsanstalt in Wien, hatte Loeb 1907 Werber als Assistenten vorgeschlagen, und Loeb hatte Werber daraufhin zu sich nach Kalifornien geholt.[146] Loeb war jedoch mit der Arbeitsweise Werbers nicht zufrieden, woraufhin Przibram schon 1908 Werbers Rückkehr nach Wien organisierte. Als Werber während eines zweiten Versuches, in den USA Fuß zu fassen, Amerika wegen des Kriegsbeginns nicht mehr verlassen konnte, unterließ Loeb ganz explizit jeden Schritt, eine akademische Position für Werber zu finden. Im Gegenteil teilte er dem ebenfalls von Werber angesprochenen Ross Harrison in Yale 1917 mit, dass am Rockefeller Institute nichts für Werber getan werden könne. Wenige Monate später wurde er noch deutlicher, indem er Harrison schrieb: »*He has been here to see me, suggesting to me that he receive a position at the Rockefeller Institute which, of course, is out of the question.*«[147] Direkt nach Kriegsende äußerte Loeb bezüglich Werber Flexner gegenüber im gleichen Tenor: »*the man should return by all means, he cannot hold any position in this country*«.[148] Trotz der persönlichen und wissenschaftlichen Schwierigkeiten, die Loeb offensichtlich mit Werber hatte, wollte er ihn aber dennoch nicht völlig seinem Schicksal überlassen und bewies einmal mehr sein soziales Engagement. Er suchte nach Arbeitsmöglichkeiten für Werber außerhalb des Wissenschaftsbetriebes. Er bemühte sich um eine Position für Werber als Lehrer oder Laborgehilfe und fand für Werbers Ehefrau Anstellungen als Französischlehrerin in verschiedenen Familien.[149] Als letztendlich wohl auch aufgrund von Werbers schwieriger Persönlichkeit, die von Loeb und Flexner als misstrauisch, übermäßig stolz und unwillig eingeschätzt wurde, alle Versuche, ihm eine Anstellung zu verschaffen, scheiterten, wandte Loeb sich an Wohlfahrtseinrichtungen. Überdies sandte er Ross Harrison, in dessen Nähe Werber sich aufhielt, einen Scheck über 10 Dollar mit der Bitte, diesen an Werber auszuhändigen »*without my name and without his realising that it is a gift. I leave it to you to find some pretext*«.[150]

146 Przibram an Loeb 12. 10. 1907, 08. 12. 1907, 18. 03. 1908, 24. 07. 1908, 02. 09. 1908; Wheeler an Loeb 18. 01. 1908, 21. 09. 1908, 09. 10. 1908, alle LOC. Loeb und Przibram verband ein gutes Verhältnis. Przibram hatte 1906 Loeb in Kalifornien besucht, ihre Forschungsphilosophie ähnelte sich ebenso wie sie politisch die gleichen Standpunkte teilten. Vgl Kapitel 3.2, Anmerkung 52.

147 Loeb an Harrison 25. 08. 1917,; Loeb an Harrison 03. 01. 1918, beide LOC.

148 Loeb an Flexner 18. 01. 1919, APS.

149 Loeb an Harrison 25. 08. 1917, LOC, »*At the Institute nothing can be done for Werber, and I have taken the liberty of sending your letter to Miss Lillian D. Wald, of the Henry Street Settlement. I only hope that she is at home and that something can be done. I have recommended to Miss Wald to find a position for Mrs. Werber, and as far as Werber is concerned I suggested possibly a position for him as a teacher among the alien population of New York, where he could hold his own better than he once did among the cow boys of New Mexico*«.

150 Loeb an Harrison 25. 08. 1917, LOC. Zu Werber siehe ansonsten Loeb an Harrison 29. 04. 1915, 25. 08. 1917, 31. 08. 1917, 03. 01. 1918; Goldschmidt an Loeb 14. 01. 1916, alle LOC; Flexner an Loeb 20. 01. 1919, Loeb an Flexner 22. 01. 1919, APS.

3.3.2.2 Engagement für die internationalen Wissenschaftsbeziehungen

Loebs Einsatz galt nicht nur Individuen, sondern auch der Aufrechterhaltung der internationalen wissenschaftlichen Beziehungen. Zu Beginn des Krieges verlieh er Wilhelm Roux gegenüber seiner Niedergeschlagenheit darüber Ausdruck, dass der Krieg die wissenschaftlichen Beziehungen zwischen einer Reihe von Staaten gestört habe und dass es zu gefährlich sei, Manuskripte in andere Länder zu versenden. In tiefem Glauben an die Internationalität der Wissenschaften fügte er jedoch hinzu: »*but after the war we must all work together to see that international relations are restored and the enmities forgotten.*«[151]

Nach dem Kriegseintritt der USA versuchte er, seine amerikanischen Kollegen davon zu überzeugen, dass die Wissenschaft über den Nationen stehe und über den Krieg erhaben sein solle. An Ross Harrison appellierte er: »*science knows neither enemy nor friend, but is solely a question of the promotion of truth and the knowledge of nature*«.[152] Diesem idealistischen Wissenschaftsverständnis entsprechend war Loeb sehr enttäuscht, als er als Mitherausgeber des Journals of Experimental Zoology (JEZ) erleben musste, wie sehr die Politik eben doch mit der Wissenschaft interferierte.

Das Journal of Experimental Zoology wurde vom 1892 gegründeten Wistar Institute, der ersten unabhängigen US-amerikanischen Einrichtung für medizinische Forschung, verlegt. Der Leiter des Instituts, Milton Greenman, weigerte sich kurz nach Kriegseintritt der USA eine Arbeit des Schweizer Biologen Jakob Seiler (1886–1970) abzudrucken. Seiler war Angehöriger des Kaiser-Wilhelm-Institutes für Biologie in Berlin. Obwohl Seilers Manuskript beinahe enthusiastisch von Edmond B. Wilson (1856–1939) begutachtet worden war,[153] beschied Greenman auf der Basis von Seilers Institutszugehörigkeit, dass das JEZ keine Arbeiten von »enemy aliens« veröffentlichen wolle, wobei er die Tatsache ignorierte, dass Seiler Schweizer und damit neutral war. Unter den Herausgebern des JEZ begann daraufhin eine Diskussion, ob man entweder auf die Publikation von Seilers in deutscher Sprache verfasster Arbeit in unveränderter Form bestehen solle, oder ob es besser sei, die Arbeit ins Englische zu übersetzen und auf die Angabe der Zugehörigkeit Seilers zum Kaiser-Wilhelm-Institut zu verzichten, oder ob ganz von der Publikation der Arbeit Abstand genommen werden solle. Loeb schlug das Fortlassen der Institutsangabe vor und stimmte der Übersetzung der Arbeit ins Englische zu. Er beharrte aber auf dem Standpunkt, dass die Herausgeber die Veröffentlichung des Manuskriptes unbedingt durchsetzen müssten. Ihm war es unverständlich, »*... why political affairs should in any way be mixed up with the publication of statements of abstract science which is or should be above the stupidity and the brutality of politics*«.[154]

Mit dieser Sichtweise stand Loeb nicht allein. Sein Standpunkt wurde von Ross Harrison, dem ersten Herausgeber des JEZ, geteilt. Auch Harrison versuchte, die anderen

151 Loeb an Roux 05. 10. 1915, LOC.

152 Loeb an Harrison 29. 10. 1917, LOC.

153 Wilson an Harrison 01. 06. 1917, LOC: »*We are lucky to have so excellent a paper to publish – it is beautifully done and I only wish he had made his text a little fuller*«.

154 Loeb an Harrison 29. 10. 1917, LOC. Harrison war erster Herausgeber des JEZ und moderierte die Diskussion unter den anderen Herausgebern.

Herausgeber und die Entscheidungsträger im Wistar Institute davon zu überzeugen, dass Seilers Arbeit im JEZ erscheinen solle. Er argumentierte mit einem Vergleich, in dem er der Haltung des Wistar Institutes das Verhalten deutscher wissenschaftlicher Zeitschriften während des Krieges gegenüberstellte: »*[...] in looking over a few German zoological journals published since the war broke out, including Roux's Archiv, Archiv für Protistenkunde, Zoologischer Anzeiger, Archiv für mikroskopische Anatomie, Archiv für Zellforschung, and Anatomischer Anzeiger I have found more than a dozen papers by enemies of Germany (English, French, Russian, Japanese and Italian) some of which are printed in the English, French or Italian language. I have hoped that our country would not show itself to be less liberal than Germany in a matter of this kind*«.[155] Trotz dieser Argumente konnten sich Harrison und Loeb nicht durchsetzen, und Seilers Arbeit erschien nicht im JEZ, sondern letztendlich in der deutschen »Zeitschrift für Vererbungslehre« (Seiler 1917).

Direkt nach dem Krieg machte Loeb eine ähnliche bittere Erfahrung in Bezug auf den Einfluss politischer Entscheidungen auf die Wissenschaft. Dieses Mal betraf die Politik eine seiner eigenen Unternehmungen. Sie bedrohte die wissenschaftliche Freiheit des gerade erst von ihm neu gegründeten Journals of General Physiology. Obwohl Loeb bemüht war, auch in dieser Situation an seinen Idealen festzuhalten, hatte der Krieg ihn so sehr desillusioniert, dass er realistisch genug war, die Existenz seines neuen Journals nicht durch einen Kampf gegen Windmühlen aufs Spiel zu setzen. Loeb plante, ein Manuskript des eben nach seiner Entlassung aus der amerikanischen Internierung heimgekehrten Richard Goldschmidt in seiner Zeitschrift zu publizieren. Loeb, der die immer noch starke antideutsche Stimmung in den USA spürte, suchte den Rat von Simon Flexner und den seines Mitherausgebers Winthrop Osterhout. Er fragte sie, was sie über eine Veröffentlichung der Arbeit Goldschmidts im gerade erst von ihm 1918 gegründeten Journal of General Physiology dachten. Loeb hielt Goldschmidts Artikel für »*einen sehr wichtigen Beitrag zum Problem der Geschlechtsbestimmung*«, trotzdem entschied er sich – insbesondere nach der Antwort Flexners, der dringend von der Veröffentlichung der Arbeit im Journal of General Physiology abriet – gegen den Abdruck. Er wollte keinen Boykott seiner neu gegründeten Zeitschrift riskieren.[156] Entschuldigend schrieb er an Goldschmidt: »*your paper was sent to the printer after you gave it to me, but both Osterhout and Flexner insisted that the appearance of your paper would result in a boycott of the Journal in the United States on account of the intense feeling against the Germans at that time, and especially for the reason that you had been interned as an alien enemy. I had to postpone the printing of your paper but I expect to publish it as soon as these violent emotions from which we are still suffering are a matter of the past*«.[157]

---

155 Harrison an Loeb 10. 11. 1917, LOC.

156 Loeb an Flexner 07. 07. 1919, Flexners Antwort 10. 07. 1919, APS: »*In my opinion nothing should be ventured now that might imperil the success of the Journal of General Physiology. You cannot make the world over just now, and the publication of Dr. Goldschmidt's paper would not only fail to effect that object but, if against Prof. Osterhout's judgement, be, I think, a mistake. Luckily now that communication with Germany is almost to be resumed, neither Dr. Goldschmidt nor science will suffer, since he can send his paper to a German Journal*«.

157 Loeb an Goldschmidt 16. 02. 1920, LOC, abgedruckt in Reingold und Reingold (1981).

Es wäre zu einfach, diese Antwort allein darauf zurückführen zu wollen, dass Loeb in Fragen seines eigenen Journals andere Wertmaßstäbe ansetzte als im vorher geschilderten Fall des Journals of Experimental Zoology. Neben der Sorge um die Zukunft seiner Zeitschrift bestimmte Loebs durch die Kriegsereignisse gewandelte Haltung den deutschen Wissenschaftlern gegenüber seine Entscheidung. Loebs Onkel Harry Bresslau nahm von Deutschland aus die sich wandelnde Position Loebs seiner alten Heimat gegenüber zur Kenntnis und er beklagte, dass Loebs Briefe aus der Zeit vor dem Krieg so anders geklungen hätten als die während des Krieges und danach. Vor dem Krieg, so trauerte Bresslau, habe Loeb sogar die Akzeptanz einer Professur in Deutschland in Erwägung gezogen, und nun bezichtige er Deutschland, am Krieg und dem folgenden Elend schuld zu sein.[158] Dieser von Bresslau diagnostizierte Wandel im Deutschlandbild von Loeb sollte die Färbung der Loebschen Anstrengungen zur Wiederbelebung der Internationalität der Wissenschaft nach dem Krieg entscheidend prägen.

3.3.3 Biologie, Krieg und Wissenschaftspolitik – Haltungen im Wandel

Zu Beginn des Kriegs hatte Loeb sich bemüht, die Interessen, Kriegsgründe und Haltungen Deutschlands und Österreich-Ungarns auf der einen Seite und diejenigen Frankreichs, Englands, Russlands und Italiens auf der anderen Seite aus einer neutralen Position zu sehen. Er war sehr enttäuscht darüber, dass wissenschaftliche Kollegen auf beiden Seiten, die vormals freundschaftliche Beziehungen gepflegt hatten, nun nationalistische Ressentiments hegten. Es erschien ihm einfach unglaublich, dass Wissenschaftler aus ganz Europa ebenso anfällig für Chauvinismus und Nationalismus sein sollten, wie die in seinen Augen naturwissenschaftlich ungebildeten Massen. Besonders mit dem ebenfalls einem internationalistischen Wissenschaftsideal anhängenden Schweden Svante Arrhenius tauschte er sich über diese Enttäuschung aus.[159]

Für den sozialistisch orientierten Loeb war der Krieg das logische Resultat einer unheilvollen Allianz aus fehlgeleiteten Politikern, Industriellen, Kapitalisten und Militaristen. Während in Europa vor allem der Militarismus diese Allianz geschmiedet hatte und nun dominierte, waren seiner Meinung nach in Amerika kapitalistische Kräfte dabei, eine ähnliche Vereinigung vorzubereiten. Schon 1915 prophezeite er, dass Amerika aus kapitalistischen Gründen in den Krieg eintreten werde. Die Banken und die Waffenindustrie drängten nach Loebs Ansicht auf den Kriegseintritt der USA.[160] Diese Per-

158 H. Bresslau an Loeb 05. 04. 1920, Loeb an H. Bresslau 29. 10. 1919, 06. 02. 1920, alle LOC.

159 Loeb an Arrhenius 23. 10. 1914, 14. 12. 1914, LOC, Reingold. Zum Internationalismus von Arrhenius siehe Elzinga (1997).

160 In einem Brief an seinen ehemaligen Assistenten Wolfgang F. Ewald bemerkte Loeb: *»Now ›good profit‹ dictates that war must be maintained, certainly in Europe and if profits are not big enough then our country must go to war with Germany too.«* Loeb an Ewald 29. 07. 1915, LOC. Einen ähnlichen Tenor haben neben vielen anderen auch die Briefe Loeb an Wilhelm Ostwald 31. 07. 1915, Loeb an Wilhelm Roux 05. 10. 1915, Loeb an de Vries 18. 10. 1916, Loeb an Harry Bresslau 27. 01. 1916, Loeb an Bethe 25. 08. 1920, alle LOC.

spektive veranlasste Loeb dazu, trotz seiner Abneigung Organisationen gegenüber, der im Dezember 1914 gegründeten »American League to Limit Armaments« beizutreten, aus der später die »American Union Against Militarism« wurde. Darüber hinaus versuchte Loeb, im persönlichen Kontakt den Chemiker und Erfinder Leo Baekeland (1863–1944), der gleich nach dessen Einrichtung Mitglied des Naval Consulting Board of the United States geworden war, dazu zu bewegen, seine hier aufgebauten Beziehungen zur Verhinderung einer Kriegsbeteiligung einzusetzen.[161]

Nach Loebs Interpretation hatten die vereinten Kräfte von Aberglauben, Kapitalismus und Militarismus die Massen auf beiden Seiten dazu verführt, begeistert und willig in den Krieg zu ziehen. In Übereinstimmung mit seiner positivistischen Weltsicht bemühte sich Loeb (1914a) darum, in seinem Aufsatz »Freedom of Will and War« auch für dieses Phänomen eine biologische Erklärung zu geben: Unter Verweis auf seine eigenen Experimente zum Tropismus und auf die Experimente von Eugen Steinach (1861–1944) an der Biologischen Versuchsanstalt in Wien, der Hoden und Ovarien bei Ratten transplantiert und so auf die Fernwirkung der von den Geschlechtsdrüsen sezernierten Substanzen hingewiesen hatte, argumentierte Loeb, dass chemische Substanzen im Gehirn eine entscheidende Rolle in der Determinierung von Freiheitsgraden (»degrees of freedom«) individueller Handlungen haben müssten. Menschen, so Loeb, könnten durch bestimmte Phrasen erregt und provoziert werden, weil diese zur Sekretion bestimmter chemischer Stoffe im Körper bzw. im Gehirn führten. Nach Loebs Ansicht hatten nun die Politiker in den Krieg führenden Staaten, insbesondere in Deutschland, durch solche Erregung erzeugende Phrasen die individuellen Freiheitsgrade ihrer Bevölkerungen so weit reduziert, dass sie diese nach ihrem Willen benutzen und lenken konnten. Zu den entscheidenden Phrasen gehörten nach Loebs Meinung Schlagworte wie »Rassische Überlegenheit« und der Missbrauch von Begriffen wie »Slawische« oder »Französische« Kultur. Für Loeb entbehrten die Phrase »Rassische Überlegenheit« und ihre insinuierten Konnotationen wie »Kultur« jeglicher naturwissenschaftlichen Grundlage, und sie widersprachen in seinen Augen – anders als von Rassentheoretikern aller Länder behauptet – den Vererbungsgesetzen.

Als Folge dieser Überlegungen zeigte Loeb sich besonders darüber enttäuscht, dass die französischen und deutschen Sozialdemokraten den Krieg unterstützten, weil er doch gerade in ihnen die politischen Kreise gesehen hatte, die an ein Wissenschaftsideal, wie er es vertrat, geglaubt hätten. Ihre Kriegsbefürwortung erklärte Loeb sich damit, dass sie entweder ihre Informationen zur Vererbung aus veralteten, nicht experimentalbiologisch begründeten Quellen bezogen hatten oder von rein schriftstellerisch arbeitenden Autoren beeinflusst worden waren, die überhaupt erst die Idee einer rassischen Überlegenheit in Deutschland in Umlauf gebracht hätten. Autoren, die er dabei im Kopf hatte, waren Heinrich von Treitschke, Friedrich von Bernhardi (1849–1930) oder

161 Loeb an Baekeland 20. 05. 1915. Loeb und Baekeland verbanden ähnliche Ansichten zur Rolle der Chemie und der Technik in der Wissenschaft. Beide teilten die Auffassung, dass Wissenschaftler, Techniker und Ingenieure zu den wichtigsten Personen der Gesellschaft gehörten, da nur diese Berufsgruppen allein die Zivilisation voranbrächten und die Gesellschaft verbesserten. Vgl. Whittemore (1975, S. 137f., 141, 147).

Houston Chamberlain (1855–1927).[162] Chamberlain selbst wiederum hatte Loeb, in Erwiderung der ihm von Letzterem entgegengebrachten Abneigung, als Wissenschaftler charakterisiert, an dem Mephisto seine Freude hätte. Zu Loebs Vorstellung einer mechanistisch-chemischen Erklärung des menschlichen Willens schrieb Chamberlain (1912, S. 700): »*Mephistopheles würde mit Herrn Professor Jacques Loeb als Vertreter unserer ganzen luciferischen Wissenschaft und luciferischen Auffassung des Menschenwesens vollkommen zufrieden sein*«.[163]

Seine eigene Sicht auf den Krieg wiedergebend, schrieb Loeb an Wilhelm Ostwald über die Stimmung in Amerika: »*While the Americans sympathise with the German scientists and the German people, they do not sympathise with the military caste in Germany, and they have a strong desire that militarism disappear at the end of this war.*«[164] Vor dem Krieg hatten Ostwald und Loeb viele Anschauungen geteilt, sie hatten sich gegenseitig Besuche abgestattet, gemeinsam im Monistenbund gewirkt, und Ostwalds Sohn Wolfgang hatte zwischen 1904 und 1906 zwei Jahre bei Loeb als Assistent gearbeitet. Ostwald und Loeb waren befreundet gewesen, doch nun erkannten sie einander nicht mehr. Hatte Ostwald einst Loebs Sympathie für Sozialreform und Antimilitarismus geteilt, so verteidigte er jetzt in seiner Antwort an Loeb die deutsche Sicht auf den Krieg und begrüßte anders als Loeb die Unterstützung der deutschen Sozialdemokratie für den Krieg, da er davon ausging, dass diese Unterstützung die Regierung jetzt zwingen würde, die Sozialdemokratie als bürgerliche Partei anzuerkennen.[165]

Loeb musste erkennen, dass seine Interpretation des Krieges und seiner Ursachen sich von der seiner deutschen Freunde zu entfernen begann. Wie viele andere Amerikaner auch befremdete ihn die große Bereitschaft, mit der viele deutsche Intellektuelle den Krieg unterstützten. Zwar brachte er Verständnis dafür auf, dass einige von ihnen ver-

---

162 Neben vielen anderen Briefen vergleiche auch Loeb an Sarton 16. 12. 1916, HLH: »*I have read, in connection with an address which I have foolishly promised to give at the Naturalists' meeting here on, »Biology and War«, a good deal of the German journalistic writers of the Münsterberg type; namely among others Houston Chamberlain, Bernhardi, Treitschke, and they all suffer from the same type of mental degeneracy which is obvious also in Münsterberg. I think the present war is of course primarily a war of greed for gold and power, but next to that we have to thank that crop of irresponsible writers of the Münsterberg type which has arisen in Germany and which threatens to lower the mentality of the whole world in the direction of mediaevalism. It was in opposition to this spirit of brutal egotism, preached by Bernhardi, Nietzsche, Chamberlain, (and I think we might include Münsterberg) that I have dedicated my book to the French freethinkers who were humanitarians.*« Loeb kritisiert hier zusätzlich den deutsch-amerikanischen Philosophen und Psychologen Hugo Münsterberg (1863–1916), der sich als deutscher Patriot verstand.

163 Auch der Anthroposoph Rudolf Steiner bezog sich auf Goethe, als er in zwei Vorlesungen aus dem Jahr 1917 Loeb für seinen reduktionistischen Ansatz in der Physiologie und für seine mechanistische Weltanschauung kritisierte (Steiner 1961, S. 145–146, 185–189).
Alfred Rosenberg (1893–1946) zuletzt griff in den Weimarer Jahren für die antimodernistischen Strömungen der völkischen Kreise sprechend Chamberlains Worte auf, als er erklärte, dass das Erscheinen eines Wissenschaftlers wie Loeb die Folge der Alleinherrschaft mechanistischer Methoden in den Wissenschaften gewesen sei (Rosenberg 1927, S. 70–71).

164 Loeb an Wilhelm Ostwald 10. 10. 1914, LOC.

165 Wilhelm Ostwald an Loeb 06. 11. 1914, LOC.

suchten, progressive Ideen, Glauben an Technik und Modernität sowie positivistische Anschauungen mit der Rede von einer romantisch geprägten deutschen Kultur zu versöhnen, indem sie sich mit ihrer Regierung oder ihrem Land identifizierten.[166] Gleichzeitig aber unterschied sich seine Interpretation von Stellungnahmen deutscher Intellektueller wie z. B. dem »Aufruf an die Kulturwelt« nicht von derjenigen seiner amerikanischen Kollegen.

Der »Aufruf an die Kulturwelt« war eine Proklamation, in der 93 deutsche Wissenschaftler ihre unbedingte Sympathie und Unterstützung für die deutschen Kriegshandlungen ausdrückten und erklärten, warum sie diese für gerechtfertigt hielten. Eigentlich hatte diese Erklärung Verständnis für die deutsche Position wecken sollen, doch nicht zuletzt wegen ihrer Deutung und Mediation durch die Entente hatte sie einen gegenteiligen Effekt. Sie wirkte verheerend auf die internationalen Beziehungen der deutschen Wissenschaft, da sie vor dem Hintergrund der militaristischen Reden Kaiser Wilhelms II. als Manifest deutscher Arroganz in kultureller und rassistischer Hinsicht gedeutet wurde.[167] So war Loeb entsetzt darüber, dass eine Reihe seiner bewundertsten Freunde zu den 93 Wissenschaftlern gehörten, die den »Aufruf an die Kulturwelt« unterschrieben hatten. Zu den Unterzeichnern gehörten unter anderen auch Paul Ehrlich (1854–1915), Ernst Haeckel und Wilhelm Ostwald. Ostwald war von Loeb für seine energetische Sicht auf die Phänomene des Lebens wie ein Idol betrachtet worden. Loeb bewunderte Paul Ehrlich für seine strengen naturwissenschaftlichen Methoden, und über Haeckel hatte Loeb noch ein Jahr vor dem Erscheinen des »Manifests der 93« an den Verleger Herman Bernstein (1876–1935) geschrieben: »*you may realize that Haeckel has stood more than anybody else in Germany for freedom of conscience and toleration*«.[168] Nun hatten diese Wissenschaftler in Loebs Augen die Sache der Internationalen Wissenschaft durch die Unterzeichnung des »Aufrufes« betrogen. Loeb sandte Ostwald einen Separatdruck seines Aufsatzes »Freedom of Will and War« über die seiner Meinung nach biochemischen Ursachen der Kriegsbegeisterung und notierte im Begleitschreiben vorsichtig: »*I am sending you a copy of an article I have written and published in the NEW REVIEW on »Freedom of Will and War«. In times of peace I think you might have liked it, but I am afraid it will not please you now. However, it may interest you to see what kind of sentiments the war has aroused among the pacifists in the countries which are not engaged in the war*«.[169]

166 Loeb an Arrhenius 14. 12. 1914, LOC.

167 Zum »Aufruf an die Kulturwelt«, seiner Entwicklung, Wirkung und seinem Gebrauch in der Kriegspropaganda auf beiden Seiten der Frontlinie siehe Ungern-Sternberg und Ungern-Sternberg (1996) sowie vom Brocke (1985). Eine Diskussion der Kriegsbefürwortung deutscher Intellektueller im Ersten Weltkrieg liefert z. B. Mommsen (1996).

168 Loeb an Bernstein 14. 11. 1913, LOC. Auf wissenschaftlicher Ebene stritt Loeb gegen Haeckels darwinistische Theorien, da er diese für Metaphysik bar jeder naturwissenschaftlichen Grundlage hielt. Er schätze Haeckel aber wiederum sehr für seinen Kampf gegen Klerikalismus und für die Gedankenfreiheit. Siehe z. B. Loeb an Mach 20. 01. 1884, 30. 04. 1884, 06. 08. 1891, alle DMA, ebenso Loebs Gruß zu Haeckels achtzigstem Geburtstag im »Monistischen Jahrhundert« (Loeb 1914b). Vgl. auch Kapitel 5.4, Anmerkung 72.

169 Loeb an Wilhelm Ostwald 08. 01. 1915, LOC.

Im Laufe des Krieges erhielt Loeb einige Briefe von deutschen Kollegen und Freunden, die einstmals seine naturwissenschaftliche, sozialistische Weltsicht wenn nicht geteilt, dann doch wenigstens verstanden hatten. Es überraschte ihn, mit welcher Vehemenz diese Forscher nun einseitig die Seite des Deutschen Reiches und Österreich-Ungarns vertraten.[170] Zunächst hatte Loeb noch versucht, Verständnis für die deutsche Sicht aufzubringen und Anstrengungen unternommen, die deutschen Ansichten in der amerikanischen Presse publizieren zu lassen.[171] Doch je länger der Krieg dauerte, desto mehr veränderte sich seine Haltung und desto stärker machte er den »German Junker« und seinen rassistisch begründeten Nationalismus für das Elend des Krieges verantwortlich. Ostwald gegenüber erklärte er, dass letztendlich der deutsche rassische Fanatismus, den vor allem Historiker und Literaten in ihrem Einsatz gegen den Internationalismus popularisiert hätten, schlimmer sei als der Krieg selbst, insbesondere, da doch die moderne Biologie gezeigt hätte, wie absurd die Idee einer rassischen Überlegenheit sei.[172]

Loebs Sinneswandel in Bezug auf die Kriegsursache deckt sich mit dem anderer amerikanischer Biologen, deren Pazifismus oder zumindest Neutralität nach und nach in eine Befürwortung des Krieges gegen Deutschland umschlug. Seine Aussagen zum deutschen Rassismus und Militarismus ähneln zum Beispiel sehr den Vorstellungen, die Vernon L. Kellogg (1867–1937) in seiner Propagandaschrift »Headquarters Nights« veröffentlichte (Kellogg 1917). Mit seinem Bericht über »Conversations and Experiences at the Headquarters of the German Army«, in dem er Aussagen zur deutschen Überlegenheit durch einen deutschen Offizier wiedergab, hatte Kellogg versucht zu zeigen, dass wenigstens in Teilen Sozialdarwinistisches Denken für die deutschen Kriegshandlungen verantwortlich sei. Indem Kellogg Darwinismus und deutschen Militarismus miteinander verband, eröffnete er einen Kriegsschauplatz für amerikanische Biologen an der Heimatfront. Er schuf ihnen eine Möglichkeit, sich am Kriegseinsatz der USA auf intellektueller Ebene dadurch zu beteiligen, dass sie die biologische Inkorrektheit der deutschen rassischen Rechtfertigungen für den Krieg bewiesen. Damit sollten sie zu Befürwortern der Begründung des amerikanischen Kriegseintritts werden, dass die USA Krieg führten, um den Krieg in Europa zu beenden. Verschiedene amerikanische Biologen, wie zum Beispiel William Patten (1861–1932), William Emerson Ritter (1856–1944) und Raymond Pearl (1879–1940) betonten, dass der für den Krieg verantwortliche deutsche Militarismus das Ergebnis einer falsch verstandenen Evolutionstheorie sei. Dabei stellten sie nicht die Evolutionstheorie selbst in Frage,

170 Zu den ausführlichsten Briefen mit dieser Tendenz gehören die von Wilhelm Ostwald, Wilhelm Roux und Harry Bresslau aus Deutschland sowie von Hans Przibram aus Österreich. Z.B. Wilhelm Ostwald an Loeb 06. 11. 1914, Roux an Loeb 14. 09. 1915, Harry Bresslau an Loeb 7. 11. 1914, Przibram an Loeb 01. 08. 1915, alle LOC.

171 Loeb an Roux 05. 10. 1915, Reingold LOC, Roux an Loeb 06. 11. 1915, LOC.

172 »*I feel that racial fanaticism, which has been introduced by mediaeval historians and litterateurs, when they saw that the national sentiments were giving way before internationalism, is a worse curse to humanity than war itself [...] It is all so unnecessary since modern biological work has shown the absurdity of all those ideas concerning race which seem to dominate the literary and political world today*«. Loeb an Wilhelm Ostwald 08. 01. 1915, LOC, neben vielen anderen Briefen ähnlich auch in Loeb an Thomas Hunt Morgan 26. 03. 1919, LOC.

sondern sie argumentierten, dass die deutschen Kriegstreiber die Rolle der »natürlichen Zuchtwahl« (Selektion) in der Evolution überbetonten, dass sie die im eugenischen Sinne verheerenden Wirkungen des Krieges auf die besten Mitglieder einer Gesellschaft vernachlässigten, oder dass sie die positive Rolle der Kooperation in der kulturellen Evolution zu wenig berücksichtigten.[173]

Loeb schloss sich in seiner Wahrnehmung eines deutschen »Junkerismus« in gewisser Weise diesen Ideen seines Umfelds zu einer besonderen deutschen Ausprägung des Darwinismus als Kriegsursache an. Allerdings stellte er, wie schon ausgeführt, die grundsätzlichen Validität der Evolutionstheorie in Frage (Loeb 1916b, S. 5–7). Er hielt an seinem Modell des chemischen Psychotropismus zur Erklärung des deutschen Militarismus fest, kam aber zum gleichen Resultat wie die übrigen Biologen: Um den Krieg zu beenden, wollte er die Klassen und Gruppen besiegen, die in seinen Augen die chemisch aktive Idee einer rassischen Überlegenheit in die deutschen Köpfe eingeimpft hatten. Schweren Herzens musste er sich eingestehen, dass sogar Wissenschaftler fehlgeleitet worden waren. Obwohl er, wie geschildert, Goldschmidt nach dessen Internierung 1917 zur Freilassung verhelfen wollte, teilte er Thomas Morgan im Umfeld von Goldschmidts Verhaftung, in völliger Übereinstimmung mit seiner biologisch-chemischen Sicht auf die Freiheit des Willens, dessen Beeinflussung durch Phrasen als Auslöser chemischer Fernwirkung und auf den Krieg mit: »*To tell the truth, I have never been able to understand how it was possible for a man of Goldschmidt's intelligence not to look through the imposition worked upon the German people by their Junkers and industrialist class. I think theirs is a case of a nation rendered insane by philosophy and peer biology, to such an extent that even men like Goldschmidt cannot gain their mental health any more*«.[174]

Hatte Loeb vor Beginn des Krieges in der reinen Naturwissenschaft noch eine Sache der Methode, nicht eine von Rasse oder Nationalität erblicken wollen, so begann er im Laufe des Krieges unter Rückgriff auf seine alte Interpretation des hierarchischen, metaphysisch geprägten deutschen Universitätsstils[175] und in Konsistenz mit seiner biologischen Erklärung der Kriegsursachen, auch bestimmte Strömungen in der deutschen Wissenschaft mit dem »Deutschen Junkerismus« zu assoziieren. Zugänge, die er für falsch und metaphysisch hielt, betrachtete er jetzt als eine Folge des deutschen Junkerismus und als Verkörperung eines deutschen Wissenschaftsstils.[176] Zu diesen gehörten die

173 Zur Rolle der amerikanischen Biologen im Ersten Weltkrieg und ihren Einschätzungen des Krieges sowie ihrer Bewertung der Evolutionstheorie und des Darwinismus als Kriegsbegründung siehe u.a Mitman (1990); Mitman (1992, S. 52–71); Crook (1994, S. 130–175).

174 Loeb an Morgan 03. 05. 1918, LOC.

175 Vgl. das Kapitel 3.2.2 Loebs Blick auf Europa und Amerika vor 1914.

176 Dabei sah er den Junkerismus besonders in den Lebenswissenschaften in den Feldern wirken, in denen er am meisten Gegner hatte. Z. B. äußerte er Einstein gegenüber: »*Man kann sich in Europa noch nicht daran gewöhnen, dass Americaner ernstlich an der Wissenschaft theilnahmen. Man schreibt mir von Europa, namentlich von Deutschland, dass es mit dem jungen Nachwuchs in der Wissenschaft schlecht aussieht. Das dürfte aber wohl nur für die biologischen Wissenschaften und die »Kolloidchemie« gelten. Das liegt aber daran dass hier nicht nur der Nachwuchs sondern auch das Beispiel und die richtige Führung fehlt. In der Physik sieht es ja glänzend aus in Deutschland*«.

von ihm bekämpften Disziplinen der Kolloidchemie und der Morphologie. Loeb ergänzte folglich seine ohnehin schon kritische Sicht auf den von ihm bei seiner Auswanderung konstruierten »deutschen« Stil der Wissenschaft um persönlich bekämpfte Wissenschaftstrends.

Einen Grund für die seiner Meinung nach falsche deutsche Wissenschaft erblickte er konsequent zu seiner sonstigen methodologischen Auffassung im Unterrepräsentiertsein der experimentellen Biologie in der deutschen Forschungslandschaft. Nathan Zuntz gegenüber erklärte er: »*On the whole, I think it is a blessing for Germany to have rid itself of its militarism and I hope that Germany will realize that a return to the rule of the Pan-Germans would lead to its complete downfall since the world is determined not to have that gang in control again. I also hope that the antisemitic charlatans of the type of Chamberlain and Eugen During will gradually lose their influence. If the German biologists had developed in the direction of experimental biology as they should have, and if they had done their duty, men like Houston Chamberlain could never have poisoned the minds in Germany as they had succeeded in doing.*«[177] Der Mangel an experimentellem biologischem Verständnis in Deutschland war für ihn gleichbedeutend mit der ständigen Gefahr, dass die von ihm für falsch gehaltene »Junkerwissenschaft« weiterhin in Europa und auf der Welt verbreitet werden würde.

In ihm wuchs die Überzeugung, dass die gesamte deutsche Wissenschaft und fast alle deutschen Universitäten vom Virus des »Junkerismus« befallen seien.[178] Neben Berichten über reaktionäre Strömungen an deutschen Universitäten ließ ihn zudem ein programmatischer, polemischer Aufsatz von Wilhelm Ostwald (1915a) über »Deutsche Organisation und Wissenschaft« fürchten, dass Deutschland nach einer Erholungsphase nach dem Krieg wieder danach streben könnte, eine Hegemonialstellung in den Wissenschaften zu gewinnen, so wie es kriegerisch um eine politische Vormachtstellung in Europa gerungen hatte. Als Konsequenz begann er schon in den letzten Monaten des Krieges, aktiv seine eigene Wissenschaftspolitik an der Bekämpfung des »Deutschen Junkerismus« auszurichten. Diesen Kampf gegen eine deutsche Hegemonialstellung in den Wissenschaften betrieb er auf drei Ebenen. Seine Taktik umfasste *erstens* inhaltlich den Kampf gegen die von seinem ehemaligen Schüler Wolfgang Ostwald maßgeblich propagierte Kolloidchemie,[179] *zweitens* strukturell die Dissemination wissenschaftlicher Methoden und Ergebnisse und *drittens* personell die Bereitstellung von Fördergeldern für ausgewählte Forscher, die die nach seiner Meinung »richtige« Wissenschaft betrieben.

---

177 Loeb an Zuntz 31. 12. 1919, SPK.

178 Z.B. Loeb an Goldschmidt 16. 02. 1920, Loeb an Driesch 05. 04. 1920, Loeb an Einstein 20. 07. 1923, 31. 01. 1924, alle LOC. Loeb offenbart in diesem Kontext Anklänge eines deterministischen Geschichtsbildes, das von feststehenden Stufen der Entwicklung einer Gesellschaft ausgeht. Auch für Amerika prophezeit er in einem Brief an Einstein das »Junkerstadium«: »*Amerika macht auch eine unangenehme Reaktions-periode durch, der Krieg hat die meisten Menschen irrsinnig gemacht und das Junkerstadium scheint eine notwendige aber hoffentlich vorübergehende Erscheinung des nationalistischen Irrsinns zu sein. Sie würden von diesen Dingen aber bei einem Besuche in Amerika nichts empfinden.*« Loeb an Einstein 20. 07. 1923, LOC.

179 Siehe auch das Kapitel 2.2.2 Kontroversen.

3.3.4 Loebs Wissenschaftspolitik in der Folge des Krieges

3.3.4.1 Einsatz gegen die Kolloidchemie

Loeb sah in der Kolloidchemie nicht nur wie im Kapitel »2.2.2 Kontroversen« beschrieben ein wissenschaftliches Problem. Vielmehr nahm er vor allem ihre deutsche Ausprägung auch als Versuch wahr, ein reaktionäres deutsches Wissenschaftssystem wieder zu erschaffen. So erklärte er ihre qualitativen Aspekte kurzerhand für Metaphysik in der Tradition deutscher Romantik und verwandte nach 1917 fast seine ganze wissenschaftliche Energie darauf zu beweisen, dass die Grundannahmen der Kolloidchemie falsch seien und durch seine reduktionistischen Ansätze ersetzt werden müssten. Mehr als 50% (N=59) seiner 113 Arbeiten, die er nach 1917 veröffentlichte, hatten Proteine und ihr kolloidales Verhalten zum Thema, weitere 17% (N=19) fokussierten Membranpermeabilität und antagonistische Salzwirkungen und damit Phänomene, die in engem Bezug zur Kolloidchemie standen.

Die Härte seiner Kritik und die persönlichen Ausfälle gegen Ostwald werden vor dem Hintergrund des Krieges und seiner Deutung durch Loeb verständlicher. Insbesondere störte ihn, dass Ostwald und andere deutschsprachige Kolloidchemiker ihn und seine ihre Ergebnisse kritisierenden Arbeiten nicht zitierten. Gerade hinter dieser Praxis witterte er eine systematische Strategie, die darauf abzielte, ihre qualitativen Theorien vor seinen quantitativen Wahrheiten zu schützen. So beklagte er sich 1922 bei Albert Einstein über altmodische Kolloidchemiker wie Wilhelm Ostwald, die die Verbreitung seiner Fakten in der deutschen Forschungsliteratur verhinderten, und Arrhenius gegenüber erklärte er: »*Ostwald tries to eliminate me by complete boycott and whenever he mentions biologists who have contributed to colloidal chemistry my name is omitted, though in the first edition of the book he stated in the preface that it was I who put him into his field. He was probably no more sincere then than he is today. Pauli has published a book just now on proteins in which he absolutely omits me. I do not understand these people; they are no scientists, but stupid politicians, who imagine that by not mentioning my existence they can cover up their scientific blunders*«.[180]

Da Loeb sich also systematisch ignoriert fühlte, begann er, seine eigenen Ergebnisse aggressiv in Zentraleuropa bekannt zu machen.

180 Loeb an Arrhenius 01. 08. 1922, LOC; Loeb an Ernst Bresslau 04. 09. 1922, LOC: »*My theory is accepted rapidly in America, in England and also in Germany by men like Otto Warburg, Michaelis, and I think Einstein, and so on. It is, of course, ignored by the lesser lights of the type of Wolfgang Ostwald*«. Loeb an Einstein 04. 09. 1922, LOC: »*It would have been a great satisfaction to me if I had a chance to bring some of my results before the physical chemists, since I have a very limited audience in this country and since in Germany they are not familiar with the literature published during the year. In addition, the opposition on the part of the majority of the biologists to any application of physical chemistry to biological problems, and the opposition of the old-fashioned type of colloid chemists like Wolfgang Ostwald, prevent the dissemination of these facts in German literature.*«

Wenn Loeb in seinen früheren Aussagen die Meinung vertreten hatte, dass Wissenschaft keine Feinde oder Freunde, sondern nur die »Wahrheit« kenne, so war er doch keineswegs naiv, was die Macht des wissenschaftlichen Marktes anbetraf. Ihm war sehr bewusst, welches Potential der Einflussnahme auf die »Wahrheit« innerhalb dieses Marktes in wissenschaftlichen Publikationen steckte. Dem Sinnspruch »Quod non est in actis, non est in mundo« folgend bemühte er sich selbst mit seiner Vielzahl an Publikationen auf die Forschungsstile und -ziele seiner Zeitgenossen einzuwirken. Um seiner wissenschaftlichen Weltanschauung weitere Durchsetzungskraft zu verleihen, entwickelte er im Ersten Weltkrieg den Plan, eine eigene Zeitschrift und eine eigene Monographieserie herauszugeben. Dieses Vorhaben zielte auch darauf ab, die seiner Meinung nach drohende deutsche Dominanz im Wissenschaftsbetrieb, die sich nicht zuletzt in der Vielzahl deutschsprachiger wissenschaftlicher Publikationen zu manifestieren schien, zu überwinden. Im März 1918 formulierte er Svante Arrhenius gegenüber den Wunsch, gegen die Markt- und Machtstellung deutscher Wissenschaftler und Verlage anzugehen: »*I feel very strongly the necessity of saving the world from the subtle influence of German scientific teaching and scientific literary organisation*«.[181] Kurze Zeit später machte er Flexner gegenüber den Vorschlag, mit Geldern des Rockefeller Institute eine Zeitschrift zu gründen.[182] Er rechtfertigte diesen Plan, sicherlich auch die herrschenden antideutschen Ressentiments in seinem Sinne ausnutzend, unter anderem mit seiner deutlichen Zielsetzung, der deutschen Publikations- und damit Definitionsmacht in Fragen der Wissenschaft einen amerikanischen Kontrapunkt im publikatorischen Bereich entgegenzusetzen. Diesen sah er, den Einfluss von Reputation im Wissenschaftsbetrieb sehr hoch einschätzend, sowohl im qualitativen wie im quantitativen Bereich: »*The more I think of it, the more I am convinced that the organization of all the sciences by the Germans was a deliberate part of their scheme of world domination, and I am also strongly of the opinion that they could carry through their scheme only by having their scientific periodicals subsidized because the latter were not self-supporting. In view of what the Germans are doing in Russia, I think it becomes imperative for us to see it that the coming generation is not compelled to submit to German leadership in science, and the only way we can accomplish this is to create scientific journals of our own in sufficient number and of a sufficiently high character*«.[183]

Mit dieser Absicht, gegen die Herrschaft des seiner Meinung nach deutschen Stils in den Wissenschaften anzugehen, gründete er 1918 das von ihm und W. Osterhout herausgegebene »Journal of General Physiology« und die von ihm und Thomas H. Morgan herausgegebene Monographieserie »Monographs on Experimental Biology«. In dieser Serie sollten als Ergänzung zur Zeitschrift explizit nur unter quantitativen und experi-

181 Loeb an Arrhenius 11. 03. 1918, LOC.

182 Loeb an Flexner 18. 04. 1918, APS: »*I enclose the letter giving briefly the reasons why I think a new Journal for Physicochemical Biology should be founded in this country. If you feel the same way as I do, you may present the letter to the Board of Scientific Directors, otherwise throw it into the waste basket*«.

183 Loeb an Flexner 16. 05. 1918, APS.

mentellen Gesichtspunkten behandelte Themen der Biologie in Buchform erscheinen (Allen 1978, S. 330–332; Andersen 2005).[184]

Die alleinige Existenz dieser beiden von ihm geleiteten Publikationsorgane reichte ihm aber nicht aus. Gezielt begann er nach Beendigung des Krieges, Monographieserie und Zeitschrift in Europa zu popularisieren. In dem Wissen um den durch Unruhen, Staatenbildung bzw. Grenzverschiebung, Inflation und Ressourcenverknappung verursachten schlechten infrastrukturellen Zustand der europäischen Wissenschaftsinstitutionen[185] sandte er etliche Kopien seiner Zeitschrift und der Buchreihe als Gratisexemplare an Wissenschaftler in Zentral- und Osteuropa.[186] Die Europäer, die sich zu jener Zeit keine Zeitschriften und schon gar nicht den Ankauf von Publikationen aus Übersee leisten konnten, nahmen die Geschenke gerne an, und erbaten wie von Loeb geplant die Zusendung weiterer Exemplare, nachdem ihr Interesse geweckt worden war. Auf diese Weise konnte Loeb zum einen dabei behilflich sein, der Wissenschaft im Nachkriegseuropa wieder auf die Beine zu helfen, zum anderen konnte er diese Situation dafür nutzen, seine eigenen Ideen zu verbreiten. Er koppelte die Freiexemplare und die Ankündigung, auch folgende Nummern des Journals of General Physiology und der Buchreihe zu schicken, an die Bedingung, dass die von ihm auf Kosten des Rockefeller Institute zur Verfügung gestellten Publikationen allen wissenschaftlichen Kollegen vor Ort zugänglich gemacht werden müssen. Darüber hinaus bat er um Rezensionen insbesondere seiner eigenen Veröffentlichungen in europäischen Zeitschriften, um auf diese Weise nach den Kriegsjahren eine größere Verbreitung zu erzielen. Als er zum Beispiel einige Ausgaben des Journal of General Physiology und den ersten Band der »Monographs on Experimental Biology« – sein Buch über Tropismen (Loeb 1918c) – an Hans Przibram an die Biologische Versuchsanstalt in Wien sandte, verband er die Sendung mit dem Hinweis: »*It is possible that the journal may interest other scientists outside of the Versuchsanstalt and if you feel that it should be made accessible to them I leave that to your discretion. If you should feel also that some of the contents of my book on ›Forced Movements etc.‹ would be of interest to other biologists I leave it to you to arrange to have the book reviewed either in Roux's Archiv or in the Biologisches Centralblatt, as you may see fit.*«[187] Bereits einen Monat später wiederholte er seine Bitte um Rezension etwas deutlicher in einem

184 Vgl. auch Loeb an Przibram 10. 03. 1920, LOC. Das »Journal of General Physiology« sollte nach Loebs Idee zunächst »Journal of Physicochemical Biology« heißen und damit seinen eigenen Zugang zu den Lebensprozessen noch deutlicher machen. Loeb an Flexner 18. 04. 1918, APS. Nach Rücksprache mit Flexner und Morgan erhielt die Zeitschrift aber den ein breiteres Themenfeld abdeckenden Titel: »Journal of General Physiology«. Loeb an Flexner 16. 05. 1918, APS.

185 Vgl. Loebs Korrespondenz mit Richard Goldschmidt, Albrecht Bethe oder Hans Przibram, alle LOC.

186 Die Zahl der Separatdrucke, die Loeb von seinen eigenen Arbeiten für die persönliche Verteilung zu bestellen pflegte, scheint bei 300 gelegen zu haben. Vgl. u.a. Roux an Loeb 30. 01. 1913 (betreffend Separata aus dem Archiv für Entwicklungsmechanik), LOC; Loeb an Edwin B. Wilson 13. 07. 1917 (betreffend Separata aus den Proceedings of the National Academy of Sciences), beide LOC.

187 Loeb an Przibram 10. 03. 1920.

Brief, dem er zudem Lebensmittelkarten für Przibram und andere an der Versuchsanstalt arbeitende Wissenschaftler beigelegt hatte.[188]

In ähnlicher Weise sandte Loeb Kopien seiner Publikationsorgane u. a. nach Belgien (an Edgar Zunz), in die Niederlande (an Hugo de Vries), nach Russland (an Ivan Pawlow), Polen (an Emil Godlewski jr.) und Deutschland (u. a. an Albrecht Bethe, Curt Herbst, Wilhelm Roux, Nathan Zuntz und Richard Goldschmidt).[189] Fast nie vergaß er, darauf hinzuweisen, dass die Drucksachen persönlich oder über einen Standort in der Bibliothek für möglichst viele Wissenschaftler bereit gestellt werden sollten. Sein Wirken für die Verbreitung eigener Ideen konnte er somit geschickt mit seinem sozialen Engagement verbinden, indem er es mit einer Hilfe für die europäische Wissenschaft in Einklang brachte.

3.3.4.3 Finanzielle Unterstützung für ausgewählte Köpfe

Die Verbindung von sozialem Engagement und Wissenschaftspolitik versuchte Loeb auch auf das Gebiet der Forschungsförderung für europäische Wissenschaftler zu übertragen. Zunächst war ihm daran gelegen, außerhalb Deutschlands wissenschaftliche Forschungsinstitutionen zu fördern. Kurz vor Ende des Krieges schlug er eine Umwidmung der Nobelpreisgelder in diesem Sinne vor, um der vermeintlichen deutschen Vormachtstellung in den Wissenschaften internationale Forschungseinrichtungen entgegen zu stellen und »*die Welt vor der deutschen Philosophie der Organisation, der Brutalität und des Antisemitismus zu bewahren*«.[190] An Arrhenius fasste er seine diesbezüglichen Ideen zusammen und fand drastische Worte: »*I feel very strongly the necessity of saving the world from the subtil influence of German scientific teaching and scientific literary organization. It will be necessary that all the liberal countries, like Sweden, Holland, England, America, and France develop their research institutions and their means of publication to such an extent that our youth is no longer compelled to look to Germany for instruction. It seems to me that you in Sweden should take the first step by utilising the*

---

188 Loeb an Przibram 14. 04. 1920, LOC: »*Since American literature can reach the Central Empires only in the form of complimentary copies of books and since this number is naturally restricted I hope you will not misinterpret a suggestion I am going to make, namely, that if possible these two books should be reviewed in the Physiologisches Centralblatt, in Roux's Archiv or in some other journal so that at least those interested in that line of work could know of the existence of these books and have an idea of their contents*«.

189 Z.B. Loeb an Goldschmidt 19. 02. 1921; Godlewski an Loeb 24. 01. 1922; Loeb an Godlewski 16. 12. 1921; Loeb an de Vries 23. 01. 1919, 26. 05. 1919; de Vries an Loeb 17. 03. 1919, alle LOC; Herbst an Loeb 01. 04. 1922; Loeb an Nathan Zuntz 31. 12. 1919, SPK; Loeb an Wilhelm Roux 31. 12. 1919, LOC; Loeb an Edgar Zunz 27. 02. 1920; Edgar Zunz an Loeb 01. 01. 1920; Loeb an Przibram s. o. und 14. 04. 1920, 27. 07. 1923; Przibram an Loeb 18. 06. 1920, 28. 03. 1920, Loeb an Pawlow 27. 10. 1921; Loeb an Bethe 02. 09. 1922, 28. 06. 1920; Bethe an Loeb 29. 09. 1922; Loeb an Ernst Bresslau 10. 12. 1920, alle LOC; Loeb an Arrhenius 23. 01. 1919, LOC, auch abgedruckt in Reingold und Reingold (1981).

190 Loeb bezieht sich bei dieser Wortwahl auf Wilhelm Ostwalds Pamphlet zur »Deutschen Organisation und der Wissenschaft« (Ostwald 1915a), die auch Arrhenius bekannt war.

money for the Nobel Prizes for the equipment of your research institutions. If peace had persisted, there might have been a justification in spending annually the one hundred and sixty thousand dollars or so left by Nobel on prizes; with the impoverishment following the war, with the necessity of providing research institutions outside of Germany to save the world from their philosophy of organization, brutality, anti-Semitism, and the lord knows what else, it becomes imperative that we do everything to prevent the victory of the Germans over the minds of the coming generations. It seems to me that it becomes a duty of the friends of liberty to insist that the money for the Nobel prizes for one thing should at least for the next twenty-five or fifty years be utilized in building up research in Sweden.«[191]

Als Mitglied des mit Geldmitteln üppig ausgestatteten Rockefeller Institute for Medical Research – die nicht mit der Rockefeller Foundation zu verwechseln ist [vgl. Kap. 5.2 Institutioneller Exkurs: Loeb und das Rockefeller Institute for Medical Research] – und inzwischen in Europa als Persönlichkeit bekannt, die anderen Forschern während des Krieges geholfen hatte, wurde Loeb nach dem Krieg von mehreren europäischen Wissenschaftlern mit der Bitte kontaktiert, ihnen bei der Suche nach finanzieller Unterstützung in Amerika behilflich zu sein. Hier erblickte Loeb neben der Dissemination seiner Publikationen eine weitere Möglichkeit, durch ausgewählte Fördermaßnahmen den Einfluss des »Deutschen Junkerismus« nicht nur außerhalb Deutschlands, sondern auch an den deutschen Universitäten zu stoppen.

Je mehr Berichte er von Wissenschaftlern, die sich Hilfe suchend an ihn wandten, über die Zustände an den deutschen Universitäten erhielt, desto weniger Sympathie hatte er für das gesamte deutsche System und die »deutsche Organisation«. Richard Goldschmidt, Nathan Zuntz, Hans Driesch, Otto Meyerhof und Albert Einstein beschrieben ihm in ihrer Korrespondenz ein anti-semitisches, borniertes und reaktionäres Klima im Land und an den Universitäten.[192] Diese Schilderungen überzeugten Loeb davon, dass es besser sei, finanzielle Hilfe nur handverlesenen Wissenschaftlern zukommen zu lassen und nicht pauschal Wissenschaftsorganisationen zu fördern oder auf eine institutionelle Förderung zu vertrauen, ein Gedanke, den er unter anderem im Zusammenspiel mit Albert Einstein entwickelt hatte.[193] Im Gegensatz zur bisherigen Förderpolitik der Rockefeller Foundation, die den Wiederaufbau der Wissenschaften in Europa vornehmlich über institutionell gebundene Geldmittel unterstützen wollte, hoffte Loeb, ein Fördersystem etablieren zu können, das Gelder rein personengebunden vergeben sollte, um so einem Missbrauch der Finanzmittel durch reaktionäre Kräfte innerhalb der Institutionen entgegenzuwirken. Auch hoffte er, auf diese Weise seinen experimentellen, quantitativen Stil in Europa gezielter und kontrollierter durchsetzen zu können. Schon bevor er mit Einstein über Förderstrategien korrespondierte, bemerkte er Richard Goldschmidt gegenüber: »*I feel that your group of men at the Kaiser Wilhelm Institut should be helped before anybody else. A committee is organised here which tries to help indiscriminately whereby in my opinion little will be accomplished. It does not pay to*

191 Loeb an Arrhenius 11. 03. 1918, LOC.

192 Z.B. Goldschmidt an Loeb 30. 12. 1919, Zuntz an Loeb 02. 02. 1920, Driesch an Loeb 29. 04. 1920, Meyerhof an Loeb 10. 10. 1921, Einstein an Loeb 14. 08. 1922, alle LOC.

193 Einstein an Loeb 22. 05. 1922, 14. 08. 1922, beide LOC.

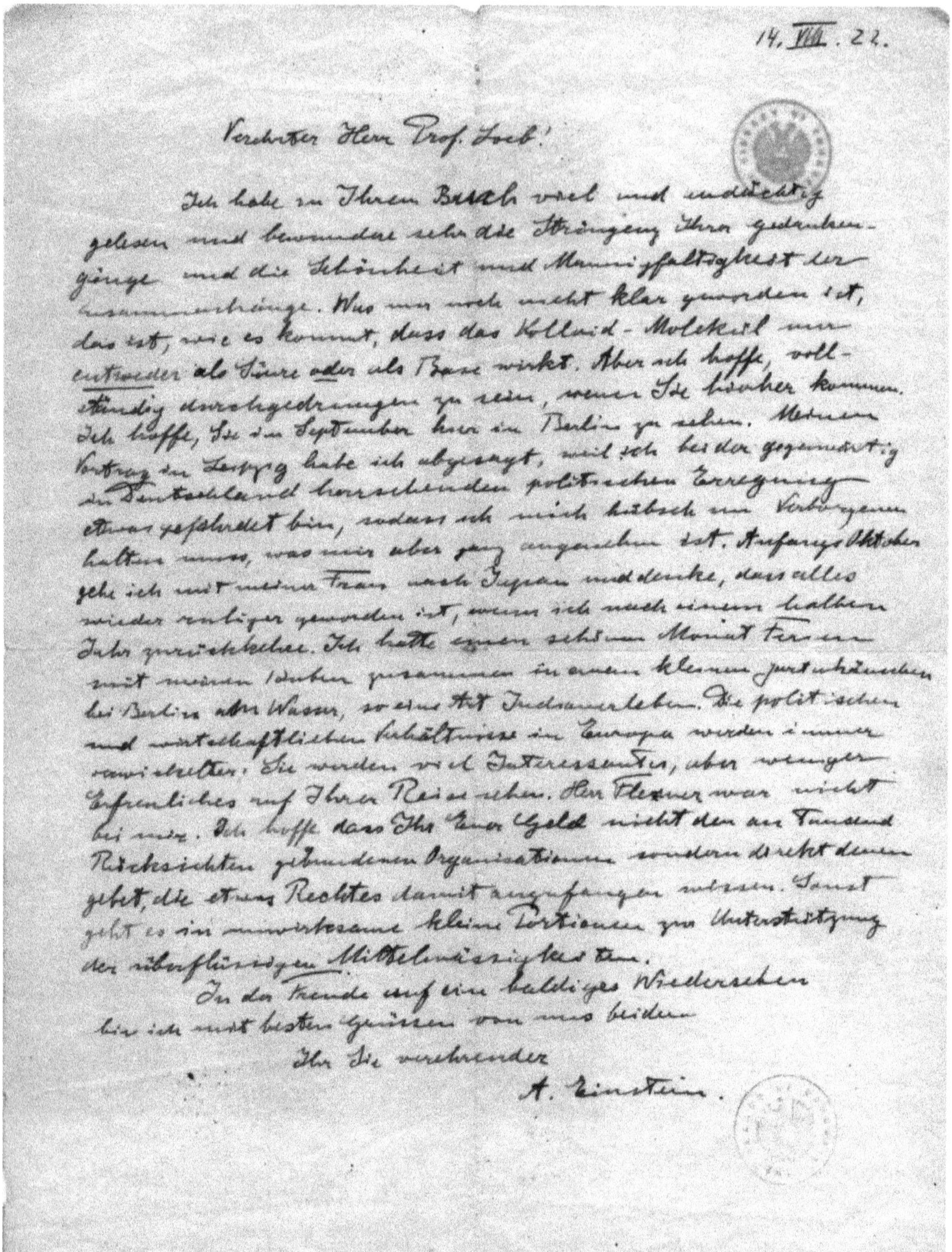

14. VIII. 22.

Verehrter Herr Prof. Loeb!

Ich habe nun Ihr Buch viel und andächtig gelesen und bewundere sehr die Strenge Ihrer Gedankengänge und die Schönheit und Mannigfaltigkeit der Zusammenhänge. Was mir noch nicht klar geworden ist, das ist, wie es kommt, dass das Kolloid-Molekül nur entweder als Säure oder als Base wirkt. Aber ich hoffe, vollständig durchgedrungen zu sein, wenn Sie hierher kommen. Ich hoffe, Sie im September hier in Berlin zu sehen. Meinen Vortrag in Leipzig habe ich abgesagt, weil ich bei der gegenwärtig in Deutschland herrschenden politischen Erregung etwas gefährdet bin, sodass ich mich hübsch im Verborgenen halten muss, was mir aber ganz angenehm ist. Anfangs Oktober gehe ich mit meiner Frau nach Japan und denke, dass alles wieder ruhiger geworden ist, wenn ich nach einem halben Jahr zurückkehre. Ich hatte einen schönen Monat Ferien mit meinen Buben zusammen in einem kleinen Gartenhäuschen bei Berlin am Wasser, so eine Art Indianerleben. Die politischen und wirtschaftlichen Verhältnisse in Europa werden immer verwickelter. Sie werden viel Interessantes, aber weniger Erfreuliches auf Ihrer Reise sehen. Herr Flexner war nicht bei mir. Ich hoffe dass Ihr Euer Geld nicht den an tausend Rücksichten gebundenen Organisationen sondern direkt denen gebt, die etwas Rechtes damit anzufangen wissen. Sonst geht es in unwirksame kleine Portionen zur Unterstützung der überflüssigen Mittelmässigkeit hin.

In der Freude auf ein baldiges Wiedersehen bin ich mit besten Grüssen von uns beiden

Ihr Sie verehrender

A. Einstein.

Faksimile 5: Brief von Albert Einstein an Jaques Loeb vom 14. 08. 1922, in dem er über die Zustände an den deutschen Universitäten berichtet und die Einzelförderung ausgewählter Wissenschaftler vorschlägt; Library of Congress, Manuscript Division, Washington D. C., Jaques Loeb Papers, Container 4

help the research of men who are incompetent to do research. I think the men who have shown that they can make progress and have originality and self-criticism should be helped first. I am trying my best that when the time comes that help is extended by the Rockefeller Institute this viewpoint will prevail«.[194]

Loebs Versuch, sein »Bestes« für eine Neuorientierung der Forschungsförderung im Umfeld der Rockefeller Gelder zu tun, hatte allerdings anfänglich nur bedingten Erfolg. Es verging einige Zeit, bevor er seine Idee einer Individualförderung verwirklicht sehen konnte. Flexner hatte als Direktor des Rockefeller Institute Loebs Plan der personengebundenen Einzelförderung für nicht durchführbar und außerdem für inopportun gehalten. Auch hatte er nicht daran geglaubt, dass die Entscheidungsträger bei der Rockefeller Foundation einen solchen Plan befürworten würden. Sehr deutlich teilte Flexner Loeb auf dessen Vorschlag hin mit, was er über Loebs Idee dachte. Vor allem sah er Probleme in der Auswahl der zu finanzierenden Wissenschaftler: »*Now as regards the general proposal of aiding European scientists in the manner that you suggest, i.e. by small appropriations, I do not think it is feasible. The difficulties of making a selection and moreover the making of invidious distinctions would be so great and the effect so unfortunate, at least for the Institute, that I should not myself wish to enter upon such an undertaking. I am confident also that the Rockefeller Foundation would not consider such a proposal.*«[195]

Loeb erwiderte Flexners Auswahl-Argument, indem er erklärte, dieses fuße auf »*schwache[r] Logik, ... da jede Unterstützung unfähiger und steriler Köpfe für die Wissenschaft wertlos ist*«.[196] In den folgenden Jahren bemühte er sich daher intensiv darum, zumindest für eine Handvoll Wissenschaftler, die er für geeignet hielt, Hilfsgelder zu bewirken. Erst durch ständige Petitionen an Flexner und einen Wechsel in der Förderstrategie der Rockefeller Foundation gelang es Loeb, letztendlich für eine Reihe deutscher Forscher, die einen seiner Meinung nach richtigen Forschungsstil vertraten, eine Unterstützung zu erlangen.[197] Die Rockefeller Foundation hatte nach dem Krieg zunächst versucht, Institutionen in Europa zu unterstützen, vor allem um – wie auch Loeb es sich vorstellte – die neu gegründeten Staaten Zentral- und Osteuropas vor dem Einfluss deutscher-chauvinistischer und »bolschewistischer« Wissenschaft zu schützen[198] und zu

194 Loeb an Goldschmidt 18. 01. 1921, LOC.

195 Flexner an Loeb 19. 07. 1921, APS.

196 Loeb an Einstein 20. 07. 1921, LOC.

197 Vgl. z.B. Loeb an Einstein 04. 09. 1922, LOC: »*I hope it will be possible, finally, to get support in this country for those German scientists who are able to do the right kind of work; if not, I am afraid there will be added to the brutality following the war the cessation of scientific activity which can only result in keeping the forces of brutality longer in power.*«; Loeb an Arrhenius 08. 01. 1923, LOC: »*I hope that some help will be offered to some of the leading scientists in Germany and possibly France and some other countries. I have advocated the plan to help those people who have shown that they can do work rather than to distribute sums of money to various institutions*«.

198 Diese These vertritt u.a. Paul Weindling (1993). Benjamin Page (2002) ist dieser These insofern entgegen getreten, als er in den Förderprogrammen der Rockefeller Foundation eher den Versuch sieht, ein globales Netzwerk in der wissenschaftlich orientierten Medizin aufzu-

verhindern, dass dortige Wissenschaftler durch die ausgesprochen widrigen Umstände der Nachkriegszeit um Jahre zurückgeworfen werden. Nicht zuletzt durch den Einsatz der Rockefeller-Funktionäre Wickliffe Rose (1862–1931), der ganz auf der Linie Loebs die führenden Köpfe durch »Fellowship Programme« unterstützen wollte,[199] und Richard Pearce (1874–1930) wurde ab Ende 1922/Anfang 1923 – entgegen Flexners Erwartung – eine Individualförderung auch für deutsche Wissenschaftler durch »Fellowships« durchgesetzt. Über die deutschen Stipendiaten entschied ein »Ausschuss zur Förderung des wissenschaftlichen medizinischen Nachwuchses (Hilfsausschuss der Rockefeller Foundation)«.[200] Zu denjenigen Forschern, die in diesem Programm unter anderem durch Loebs Hilfe Unterstützung erhielten, gehörten u.a. die Nobelpreisträger Albert Einstein (1879–1955), Otto Warburg (1883–1970), Otto Meyerhof (1884–1951) und der Biochemiker Leonor Michaelis (1875–1949).[201]

3.3.4.4 Forschungspolitik und Grenzen des Engagements – Zwischenfazit

Jacques Loeb stellte, wie gezeigt, in seinem Forscherleben eine Synthese aus seiner Epistemologie, seiner besonderen Weltanschauung und seinem sozialen Engagement her. Vor dem Weltkrieg sah er sich als positivistischen Sozialisten und internationalen Wissenschaftler. Während und nach dem Krieg kämpfte er konsequent gegen Chauvinismus und für die Wiederbelebung internationaler Wissenschaftsbeziehungen. Obwohl er sehr enttäuscht darüber war, dass seine gesamte pazifistische Propaganda im Krieg ohne Erfolg geblieben war und er nun die pessimistische Zukunftsvision hatte, dass die sozialen Bedingungen auf der Welt sich immer weiter verschlechtern würden, gab er seinen Plan einer auf Naturwissenschaften basierenden Gesellschaftsordnung trotzdem nie ganz auf. Der Krieg hatte zwar seinen Enthusiasmus für Reformen, wie er ihn noch auf dem Kongress des Monistenbundes in Hamburg 1911 an den Tag gelegt

---

bauen. Wie der Fall Loebs zeigt, müssen sich diese beiden Ziele in der Forschungsförderung nach dem Ersten Weltkrieg keineswegs ausgeschlossen haben.

199 Siehe die knappe, aber klare Beschreibung von Kevles (1992, S. 203).

200 Zu den Hintergründen des Programmes für Deutschland und die Diskussionen um die Verteilung der Hilfsmittel vgl. Weindling (1988). Zur Organisation und Mittelvergabe bei der Rockefeller Foundation vgl. u.a. Schneider (2002).

201 Vgl. auch Werner (1996b, S. 103–124, 129–265). Siehe u.a. Loeb an Einstein 20. 07. 1923, 21. 01. 1924, 31. 01. 1924, LOC. Den Plan zur Änderung der Fördermentalität hatte Loeb die ganze Zeit nicht aufgegeben, und auch nach seiner Verwirklichung wurde er nicht müde, auf seine Beweggründe für die Befürwortung einer Individualförderung hinzuweisen. Unter Hinweis auf die Verhältnisse in Deutschland schrieb er noch zwei Jahre nach der ersten Ablehnung seiner Pläne durch Flexner an diesen: »*I enclose a letter I received from the wife of Prof. Winterstein (professor of Physiology in Rostock), whom I had recommended for the chair of physiology in Bonn. The information she gives about the conditions in German universities may interest you. The more I hear about the conditions there, the less sympathy I have for the German universities. It will be as necessary to actively support the few good and decent men in German universities as to disregard the brutal and stupid majority of Professors.*« Loeb an Flexner 13. 12. 1923, APS, vgl. auch Loeb an Flexner 07. 02. 1923, APS.

hatte, erlahmen lassen, für einzelne Wissenschaftler trat er aber weiterhin ein.[202] Wenn ihm schon immer klar gewesen war, dass nicht alle Wissenschaftler uneigennützig und frei von Politik ihrer eigenen Forschung nachgingen, so hatte er im Krieg zusätzlich erfahren müssen, dass auch seine wissenschaftlichen Freunde aus Deutschland, wie zum Beispiel Wilhelm und Wolfgang Ostwald, versuchten, ihre wissenschaftliche Reputation in die Weltpolitik einzubringen. Schlimmer noch, sie hatten in diesem Versuch eine in Loebs Augen anti-internationale, chauvinistische Politik vertreten. Als Konsequenz aus dieser Erfahrung war Loebs Hilfe für Europa nach dem Ersten Weltkrieg allein an zwei Zielen ausgerichtet: Zum einen wollte er den »Loebschen« Ansatz in der biologischen Forschung durchsetzen, zum anderen wollte er nur international und liberal ausgerichtete Wissenschaftler fördern. Hilfe für die »deutsche Wissenschaft«, die er mit der »internationalen Wissenschaft« kontrastierte, und die nicht diesen Zielen diente, lehnte er ab. Zusätzlich achtete er darauf, mit den Fördermaßnahmen nicht seine eigene Reputation innerhalb der amerikanischen Scientific Community aufs Spiel zu setzen.

Als der Anthropologe Franz Boas (1858–1942) an Loeb mit der Frage herantrat, ob er zahlendes Mitglied der von Boas mitbegründeten »Emergency Society in Aid of European Science and Art« werden wolle, wies Loeb dieses Ansinnen relativ schroff unter Hinweis auf seinen früheren antikapitalistischen Kampf gegen Amerikas Kriegseintritt zurück. Er war der Meinung, dass eher solche Leute zu dem Hilfsfonds beitragen sollten, »*... who are able to live in affluence in spite of or possibly through the war*«.[203] Ebenso verweigerte Loeb seine Beteiligung, als sein Onkel ihn 1922 bat, sich an einer Sammlung für die 50-Jahres-Gedenkfeier der »Deutschen Universität Straßburg« zu beteiligen.[204] Auch ein Gesuch Drieschs um Loebs Unterstützung bei dem Versuch, die bei Kriegsbeginn von den Italienern beschlagnahmte Zoologische Station in Neapel unter Leitung

202 In einigen Briefen äußerte Loeb seine Enttäuschung, z.B. Loeb an Curt Herbst 28. 01. 1921, LOC: »*Meine pazifistische Propaganda hat nicht genützt. Die menschliche Gesellschaft scheint nicht viel besser zu sein als eine Gesellschaft von Affen, die im Urwald leben, und mein Enthusiasmus für Reformen ist merklich abgekühlt. Während die Wissenschaft eine erstaunliche Stufe erreichen wird, werden sich soziale Angelegenheiten von schlecht zu schlechter entwickeln ...*«. Ähnlich Loeb an Harry Bresslau 01. 02. 1921, LOC: »*The human race, I think, is still essentially composed of monkeys whose natural habitat is the jungle, and the only civilized part in that jungle is the realm of exact science which, unfortunately, does not influence the rest of the jungle very much.*« Siehe auch die früheren Briefe Loeb an Paul Carus 08. 08. 1916, LOC, und Loeb an Edwin Ray Lankester 09. 07. 1917, LOC.

203 Boas an Loeb 16. 08. 1920, Loeb an Boas 24. 08. 1920 beide LOC.

204 Loeb erklärte: »*I think you asked me some time ago for aid in behalf of the continuation of the memory of the German University in Strassburg. I do not think that any sympathy could be aroused in the United States with that idea. Everybody, I think, even the Germans here, feel that it would have been better for the world if Elsace-Lorraine had never been taken away from France. Under the circumstances, you can easily imagine that I cannot make any propaganda for that status*« Loeb an Bresslau 04. 09. 1923, Bresslau an Loeb 05. 05. 1922, beide LOC. Abgesehen von dieser Absage sandte Loeb ansonsten großzügig privat Geldbeträge, Lebensmittel und Lebensmittelkarten nach Deutschland und Österreich. Z.B. Loeb an Bresslau 05. 04. 1920, 01. 02. 1921, 04. 12. 1922, 30. 11. 1923, Loeb an Przibram 14. 04. 1920, alle LOC.

von Anton Dohrns Sohn Reinhard wieder im alten Status als privates Institut unter deutscher Leitung zu eröffnen, beantwortete Loeb unter Hinweis auf die antideutschen Stimmungen in Amerika ablehnend.[205] Nichtsdestotrotz erklärte Loeb Driesch gegenüber »*I am an Internationalist*«, und Boas gab er zur Antwort, dass er gerne bereit sei, alles für die deutsche Wissenschaft zu tun, was er könne.[206] Er schlug Boas überdies ein systematisches Schema vor, wie Wissenschaftlern in Deutschland durch die »Emergency Society in Aid of European Science and Art« geholfen werden könne. In Analogie zu seinem eigenen Vorgehen empfahl er, dass vor allem amerikanische Literatur den deutschen Wissenschaftlern zugänglich gemacht werden solle. Um dabei einen möglichst hohen Grad an Verbreitung zu erreichen und die hierarchischen Strukturen im deutschen Universitätsbetrieb zu unterlaufen, empfahl Loeb: »*that your society subscribe for one copy each of the leading scientific journals in this country and have one copy placed into each of the university libraries, but on the condition that these copies be kept in an open reading room where they are accessible to all interested. The German method of locking up books is a survival of medievalism and should be abolished …*«.[207]

Unter Berücksichtigung seiner Hilfsleistungen für Wissenschaftler in Zentral- und Osteuropa sowie seiner Verbreitung von ausgewählter Forschungsliteratur kann die Rolle Loebs als Katalysator eines transatlantischen Wissenschaftstransfers nicht unterschätzt werden. Seine Methoden der transferierenden Wissenschaftspolitik trugen in nicht geringem Maße dazu bei, seinen die Lebensvorgänge auf physikalische und chemische Prozesse zurückführenden Forschungsansatz in die lebenswissenschaftliche Forschung in Zentral- und Osteuropa zu integrieren. Ähnlich wie er gehofft hatte, auf dem unkultivierten Boden der amerikanischen Wissenschaftslandschaft seine Ansätze und

205 Driesch an Loeb 21. 07. 1920, Loeb an Driesch 18. 08. 1920, beide LOC: »*I hardly need to tell you that I am an Internationalist and that I should like to have the war forgotten as soon as possible. But, I am afraid work in that direction is not very promising in the United States for the present. In the fall of 1916 a few new streets were opened in Woods Hole and it was decided to give them the names of men prominent in Marine Biology. Agassiz, Whitman, and others, of course, were honored in that way, and when finally there was a lack and the name for a street left over, I suggested Anton Dohrn which aroused such a storm of indignation and of insults that I left the meeting. It was a revelation to me that those men who not long before had boasted of their friendship with Dohrn had now forgotten that they ever had accepted his favors, and had nothing but curses for him, and incidentally for me, poor deluded being, who had imagined that science and scientists were above national prejudice.*
If old Dohrn were alive I should not hesitate to say that the Station should continue under his direction. As far as Reinhard Dohrn is concerned, I fail to see why he should be at the head of the Station. Of course, the Italian Government should indemnify the Dohrn family, but I think a man like Bottazzi or some other good Italian Biologist is just as capable of running the Station as Reinhard Dohrn. I hardly think that any international principle is involved if a man like Bottazzi, residing at Naples, continues as head of the Station. Bottazzi, for instance, would be more scientific than Reinhard Dohrn and more familiar with the work than Dohrn. The main thing would be that Germans would be admitted on the same terms as anybody else, and I do not believe that the real scientific Italians would object to that.«

206 Loeb an Boas 11. 08. 1920, LOC.

207 Loeb an Boas 24. 08. 1920, LOC.

Methoden zum Blühen zu bringen, so hoffte er nun, im verwüsteten Europa einen ebenso unbestellten Boden vorzufinden. In die Leere in der Forschungslandschaft Europas nach dem Krieg wollte er »seine« Wissenschaft implantieren: die Technische Experimentelle Biologie.[208]

208 Innerhalb der europäischen Medizin wurde die Ausbreitung des von Loeb vertretenen physiko-chemischen, biologischen Ansatzes gelegentlich auch als »Amerikanisierung« kritisiert, vgl. Kap. 3.2 Wissenschaftsstile in transatlantischer Perspektive und Picard und Schneider (2001).

4. Kollektive und Passagen

4.1 Inkorporation Wissenschaftlicher Denkkollektive

In den Wissenschaften kann die Formulierung eines Forschungsprogramms wie dessen von Jacques Loeb fast nie als das Ergebnis einer individuellen Einzelleistung aufgefasst werden. Ebenso gilt dies für die Popularisierung eines Forschungsansatzes, die ipso facto auf Multiplikatoren angewiesen ist. Vielmehr vollziehen sich beide Prozesse als kollektiver Vorgang. Zahlreiche Wissenschaftshistoriker und -soziologen wie z.B. Bruno Latour, Robert Merton, Thomas Kuhn oder lange vor ihnen Ludwik Fleck haben diesen gemeinschaftlichen Charakter des Schaffens von Wissen mit unterschiedlichen Ansätzen und Fallbeispielen überzeugend nachgewiesen.

Stark verkürzt entstehen beispielsweise nach Ludwik Flecks Erklärungsmodell, auf das sich die meisten ihm folgenden Autoren berufen, Ideen immer in Wechselwirkung mit einer Forschergemeinschaft, die über einen bestimmten Denk- und Wahrnehmungsstil, ein spezifisches gedankliches und sachliches Verarbeiten des Wahrgenommenen verfügt. Damit kommen unvermeidlich Faktoren ins Spiel, die nicht primär im Denken eines einzelnen Wissenschaftlers allein verankert sind. Für diese »Gemeinschaft der Menschen, die im Gedankenaustausch oder in gedanklicher Wechselwirkung stehen«, hat Fleck (1980, S. 54) den Begriff des »Denkkollektivs«, das sich durch einen eigenen »Denkstil« auszeichnet, geprägt. Dieser Kultur gebundene und vom Kollektiv kultivierte Denkstil, der sich auf publikatorischer Ebene vor allem in den jeweiligen Lehr- und Handbüchern manifestiert, wird geformt durch gemeinsame Probleme, die ein Denkkollektiv interessieren, durch Urteile, die eine Gruppe von Wissenschaftlern als evident betrachtet, und schließlich durch die Methoden, die eine Forschergruppe als Erkenntnismittel anwendet. Meist gehört auch ein besonderer organisatorischer und literarischer Stil des Wissenssystems zu den gemeinsamen Strukturmerkmalen der Denkkollektive. Innerhalb dieser geschlossenen Meinungssysteme bilden sich durch eine vom Kollektiv angestrebte Harmonisierung widersprüchlicher Tatsachen eine Art Denkzwang und Denkgewohnheiten heraus. Dieser Denkzwang ermöglicht Erkenntniserweiterung nur dann, wenn sich kleinere oder größere Differenzen zwischen zwei sich noch verstehenden Denkstilen einstellen, Unregelmäßigkeiten auftreten oder empirische Entdeckungen gemacht werden, die neue Deutungsmöglichkeiten des Wahrgenommenen erlauben und den Denkstil modifizieren. Eine durch diese Prozesse ausgelöste allmähliche Destabilisierung führt zur Verschiebung oder Umwandlung des Denkstils und letztendlich zur Auflösung des Denkzwangs, so dass die Entstehung eines neuen Denkkollektivs und Denkstils möglich wird.

Kurzum, aus der Position Flecks ergibt sich, dass selten eine wissenschaftliche Tatsache oder ein Forschungsprogramm von anderen vollkommen unabhängig ist, sondern dass jedes von ihnen auf viele andere zurückgeht und wiederum zurückwirkt: Frühere Entdeckungen und Programme entscheiden demnach über aktuelle Ergebnisse von Beobachtungen und bedingen auch die zukünftigen Forschungen.

Die bisherige Darstellung hat verdeutlicht, dass Loeb sowohl bei der Entwicklung seines Forschungsprogramms der »Technischen Biologie« als auch bei seiner Verbreitung auf ein weitläufiges wissenschaftliches Netzwerk angewiesen gewesen sein sollte. Dieses wissenschaftliche Netzwerk lässt sich im Wesentlichen auf zwei verschiedenen Repräsentationsebenen analysieren. Zum einen handelt es sich um ein intellektuelles Netzwerk, wie es sich in Form von Zitationen in Loebs Aufsätzen widerspiegelt, zum anderen handelt es sich um ein soziales Netzwerk, wie es sich vor allem aus persönlichen Kontakten oder auch aus Loebs Korrespondenzen rekonstruieren lässt. Beide dienten Loeb ineinander verwoben sowohl zur Herausbildung seines Forschungsprogramms als auch zu dessen weiterer Verbreitung, wie die folgenden Ausführungen zeigen werden. Der historische Schlüssel zu beiden Netzwerken besteht in der Analyse wissenschaftlicher und wissenschaftlich-persönlicher Kommunikation.

Loeb war sich der Wichtigkeit von Netzwerken in der Wissenschaft sehr bewusst. Auch war ihm klar, dass wissenschaftliche Kommunikation sowohl auf literarischer, publikatorischer, als auch auf sozialer, persönlicher Ebene stattfinden konnte. Folglich waren für ihn zum einen persönliche Kontakte zu Kollegen von großer Wichtigkeit, zum anderen schätzte er die Wirkung von Zeitschriftenbeiträgen für die Entwicklung von Wissensgebieten. Während er die letztgenannte Form des wissenschaftlichen Austausches noch der persönlichen Kommunikation ob ihrer Dauerhaftigkeit vorzog, hielt er von Kongressveranstaltungen wenig. Aus Anlass einer Kongressabsage seines Lehrers Nathan Zuntz schrieb er diesem: »*Scientifically you missed nothing, since the meetings were not very well attended, and there were too many of them going on simultaneously to give anybody enough mental composure to think thoroughly about anything. I think, after all literature is the field by which matters must be adjusted, and secondly perhaps private discussion among the workers themselves. The meetings, I am afraid, help the cause of science very little; they have only the one good thing that they give us a chance to see our friends.*«[1]

Richard Whitley hat diese hier aufscheinende Kombination aus intellektueller Vernetzung von Forschern in der Literatur und sozialer Vernetzung über Kontakte in der Organisation von Wissenschaft als »Reputationssystem« beschrieben. Der selbst gesetzte Auftrag an Wissenschaftler, Neues zu schaffen, zu finden und zu beschreiben, geht mit einer »Aufgabenunsicherheit« (»Task uncertainty«) einher, die eine ständige Rückversicherung mit wissenschaftlichen Kollegen nötig macht. Nur so kann der Forscher sicherstellen, dass er weiterhin auf ein von seinem Denkkollektiv geteiltes gemeinsames wissenschaftliches Ziel hinarbeitet. Die seit dem 19. Jahrhundert fortschreitende Zunahme der Zahl von Wissenschaftlern und ein damit einhergehender Streit um nicht in gleicher Weise anwachsende Ressourcen, die der Wissenschaft von der Gesellschaft zur Verfügung gestellt werden, konstituierten ein Reputationssystem, in dem das Ansehen, das ein Forscher unter seinen Kollegen genießt, über seine weitere Karriere bestimmt (Whitley 1984). Wissenschaftler müssen sich daher aktiv bemühen, Verbündete für ihre Ziele zu gewinnen und auf diese Weise wissenschaftlich-soziale Netzwerke zu knüpfen.

Die hier anschließende Frage lautet, auf welche Forschernetzwerke Loeb bei der Formulierung seiner technischen Biologie zurückgriff und wie sich diese intellektuellen Netzwerke in seinen Korrespondenzen auch als persönliche Verbindungen widerspie-

1 Loeb an Zuntz 27. 01. 1913, SPK.

geln. Zitierte Loeb, wen er kannte oder was er kannte? Wie veränderten sich Loebs Netzwerke durch biographische Ereignisse wie zum Beispiel den Wechsel eines Forschungsstandortes? In welchem Verhältnis standen Loebs soziales und sein intellektuelles Netzwerk, und wie gewann Loeb selbst durch Einsatz dieser Netzwerke auf die weitere Forschung und Entwicklung im Gebiet der Lebenswissenschaften und der Medizin Einfluss bzw. – in Analogie zu seinen Zielen in der Forschung – Kontrolle?

Derartige Fragestellungen lassen sich (unter anderem) durch Übernahme von Methoden der »Sozialen Netzwerkanalyse« und deren Anpassung an den Gegenstandsbereich der Geschichte untersuchen. Dieses eigentlich im soziologischen Umfeld entstandene Forschungsgebiet ist gewinnbringend bereits mehrfach für die Geschichtswissenschaft adaptiert worden.[2] Da dem Historiker jedoch in der Regel nicht wie dem Soziologen die Möglichkeit offen steht, Protagonisten zu befragen, muss er andere Quellen heranziehen als der gegenwartsbezogene Soziologe. Als mögliche Quellen zur Rekonstruktion sozialer Netzwerke und der in ihnen geübten wissenschaftlichen Kommunikation stehen ihm Publikationen, Korrespondenzen, überlieferte Geschäftsbeziehungen, gemeinsame institutionelle Bindungen, verzeichnete familiäre Kontakte und ähnliche Materialien zur Verfügung.[3] Im Falle Loebs werden zur Beantwortung der eben aufgeworfenen Fragen im Folgenden seine Arbeiten einer Zitationsanalyse und seine Korrespondenzen einer Netzwerkanalyse unterzogen.

4.1.1 Loebs »Psychologie« des Zitierens

Zitate dienen neben dem Nachweis der Befähigung zum wissenschaftlichen Arbeiten (durch die Kennzeichnung des eigenen Wissens um den Forschungsstand) dem Offenlegen eigener Bezugspunkte und der Objektivierung eigener Aussagen. Sie dienen aber auch dem virtuellen Knüpfen von Kontakten, indem Verbündete durch positive Zitate gesucht und Konkurrenten entweder verschwiegen oder negativ zitiert werden.[4] Selbstzitationen zuletzt verfolgen den Nebeneffekt der Verbreitung des eigenen Ruhmes.[5] Ein Autor versucht mit Zitationen also die unterschiedlichsten Ziele zu erreichen, die von der Identifikation und Dissemination von Informationen (Cronin 1981) bis hin zur sozialen Komponente wissenschaftlicher Kommunikation innerhalb des Reputationssystems (Cozzens 1989) reichen.

Durch eine Analyse der Erwartungshaltung, die Loeb anderen Wissenschaftlern gegenüber bezüglich ihres Zitierverhaltens an den Tag legte, lässt sich indirekt rekonstruieren, welche Strategien und Motivationen seinem Zitierverhalten zu Grunde lagen.

---

2 Vgl. neben vielen anderen die kurze Übersicht von Erickson (1997).

3 Vgl. für übersichtliche Darstellungen Knipscheer (1990); Jansen (1999); Weyer und Abel (2000); Wasserman und Faust (2007).

4 Zur Psychologie des Zitierens vgl. Bavelas (1978).

5 Vgl. zu den Funktionen und Anwendungen von Selbstzitationen in der heutigen Wissenschaft, die bedingt auch auf das Verhalten von Wissenschaftlern, die vor 100 Jahren gelebt und gearbeitet haben, übertragbar sind, die Übersichten Falagas und Kavvadia (2006); Glanzel, Debackere et al. (2006).

Auf Loebs Erleben von Zitationen und sein Zitationsverhalten, seine »Psychologie« des Zitierens, finden sich in seiner Korrespondenz zahlreiche Hinweise, die genau diese Spannbreite der Zitatmotivation aufweisen. Ein Kommentar Loebs zu einem dem Journal of Experimental Zoology eingereichten Manuskript spiegelt beinahe mustergültig die beiden Pole der Zielsetzung von Zitationen wider: »*I return the manuscript of Mr. Lowe, to the printing of which I see no objection except that the man, as is usual with our young writers, does not know the literature. To give an example, the more important part of his paper deals with the influence of various potassium salts, especially the influence of the anion. He has overlooked the fact that the last year Cattell and I published a long paper on this very subject in the Journal of Biological Chemistry, Vol. 23, p. 42, 1915, under the title »The Influence of Electrolytes upon the Diffusion of Potassium out of the Cell and into the Cell.« […] It seems to me that if the writer had known these results and if he would consult these papers it would allow him to draw more definite conclusions.*

It seems to me that our young man should get into the habit of considering at least the literature in this country. Mr. Lowe quotes papers of mine to which probably his attention had been called by Loevenhart, but obviously he has not made an effort to look up the literature himself – He also has considered only one of Spaeth's papers, and this the oldest one. If I may make a suggestion, you return the paper to Mr. Lowe, requesting him to look up this missing literature and to utilize it in his paper. I think in this way you will have a chance in helping along the scientific education of our young writers.»[6]

Loeb vermisst in der Arbeit Lowes bestimmte Zitate aus zwei Gründen. Zum einen bemängelt er, dass Lowe seine Vertrautheit mit seinem Forschungsgegenstand nicht durch Literaturangaben dokumentiert hat.[7] Zum anderen moniert er aber auch das Fehlen seiner eigenen Arbeiten in Lowes Text, da ihm seiner Meinung nach durch dieses Versäumnis die Anerkennung für eigene Arbeiten nicht gewährt wird. Zitiert zu werden war für Loeb aufgrund seiner eigenen Erfahrung der wissenschaftlichen Randständigkeit in Deutschland eine Genugtuung.[8] Dieser Topos der Anerkennung von Wissenschaftlern durch die Zitierung ihrer Arbeiten kehrt in Loebs Korrespondenz immer wieder und spielt gerade in Prioritätsfragen, die ebenfalls die Reputation eines Forschers fördern, eine große Rolle. Beispielsweise beschwerte sich Paul Ehrlich bei Loeb, dass seine Arbeiten in einer Publikation aus Loebs Labor keine Berücksichtigung gefunden hätten.[9] Loeb beeilte sich in seiner Antwort an Ehrlich klarzustellen: »*Es versteht sich*

6 Loeb an Harrison 17. 07. 1916, LOC.

7 Siehe auch Loeb an Harrison 05. 01. 1924, LOC »The *papers by Miss Collett show that she is not familiar with the recent literature on the subject […]*«.

8 Loeb an Mach 21. 02. 1903, DMM: »*[Wilhelm] Ostwald hat meine Arbeiten wiederholt berücksichtigt und das ist mir eine grosse Genugthuung […]*«.

9 Ehrlich an Loeb 03. 07. 1906, LOC: »*Heute komme ich nun mit einer Bitte literarischer Art, deren Berechtigung Sie, wie ich hoffe, wohl anerkennen werden. Es handelt sich hier einerseits um das wichtige Prinzip der Vereinigung der Alkaloide und Gewebe einerseits, und die Bedeutung der Lipoide andererseits. Ich habe sehr bedauert, dass in den Arbeiten über Lipoide nur Hans Meyer und Overton, in der neuesten Arbeit von Dr. Brailsford Robertson im Journal of biological chemistry nur Lowell und Hamburger citiert sind, während meines Namens gar nicht Erwähnung getan ist. Es betrübt mich diese Tatsache um so mehr, als es sich gerade um Arbeiten aus Ihrem Institut handelt, die in der ganzen Welt mit grösstem Interesse verfolgt werden*«.

von selbst, dass ich, sobald sich eine Gelegenheit bietet, die Sache in Ordnung bringen werde. ... Seit Jahren habe ich mit der größten Bewunderung Ihre Entdeckungen verfolgt und ich würde es auf das höchste bedauern, wenn ich – auch unabsichtlich und durch ein blosses Versehen – dazu beitragen sollte, dass Ihr Antheil an der Entwicklung der modernen biologischen Ideen nicht klar hervortritt. Nichts ist hinderlicher für die richtige Entwicklung eines wissenschaftlichen Gedankens, als der Umstand dass der wirkliche Urheber und Erfinder auf die Seite gedrängt wird; und ich habe es immer für meine Pflicht gehalten, wo ich etwas derartiges gefunden habe, für die richtige Darstellung des Sachverhaltes einzutreten. Sie werden in meinem Buche bemerken, dass ich das für Moritz Traube zu thun versucht habe. Ihnen gegenüber werde ich selbstverständlich meine Pflicht erfüllen.«[10]

Loeb selbst fühlte sich vor allem durch seinen deutschen Gegenpart und Konkurrenten um Lehrstühle Max Verworn (1863–1921) unzureichend erwähnt.[11] Wie Loeb in Amerika wollte Verworn in Deutschland eine »Allgemeine Physiologie« etablieren. Anders als Loeb aber verstand Verworn unter den Zielen und Wegen der »Allgemeinen Physiologie« nicht die Zurückführung einer vergleichenden Physiologie auf Physik und Chemie, sondern die Hinwendung zur zellulären Ebene. Er wollte eine vergleichende Zellularphysiologie etablieren (Verworn 1895, S. 50ff.). Loeb griff diese Vorstellung heftig an und stieß sich sowohl an Verworns Gebrauch der um 1900 üblichen Metapher vom Zellenstaat, als auch und vor allem daran, dass Verworn seine, Loebs Arbeiten nicht zitierte.[12] In einer Polemik über die Inhalte der Allgemeinen Physiologie, die Loeb in Pflügers Archiv publizierte, stellte er fest: »*Es ist sonderbar, durch welche Mittel Autoren und ihre Ansprache von den Cellularphysiologen beseitigt werden. Die Zahl meiner Beitrage zur allgemeinen Physiologie ist beispielsweise grösser, als die von Verworn. Gleichwohl werden meine Beobachtungen in seinem Lehrbuch nicht erwähnt, wenn auch die Resultate derselben ihm bei seinen Schlussfolgerungen willkommen gewesen sein mochten. Der »Zellenstaat« ist eine reine Phrase, die wissenschaftlich werthlos ist. Diese Phrase reicht aber für Verworn aus, um meine Arbeiten, die im Sinne von Claude Bernard Beiträge zur allgemeinen Physiologie bilden, zu beseitigen. Roux hat schon über die literarischen Eigenthümlichkeiten Verworn's Klage geführt, und ihn kurz heraus einen »Abschreiber« genannt. Verworn hat sich dadurch verletzt gefühlt, aber es scheint mir, dass er das Gefühl des Verletztseins lieber denen überlassen sollte, die wie ich durch seine cellularphysiologische Sophistik um die Früchte ihrer Arbeiten gebracht werden*« (Loeb 1897–1898). Dementsprechend bedauerte Loeb den Umstand, dass Verworn in der deutschen Physiologie zunehmend Einfluss gewann und dass er ihm mit der Gründung der »Zeitschrift für allge-

10 Loeb an Ehrlich 20. 07. 1906, LOC, SPK.

11 Loeb an Mach 17. 05. 1897, DMM: »*... und auch Verworn, der Grund gehabt hätte mich zu erwähnen, hat mich totgeschwiegen*«. Zur Konkurrenz, zum Beispiel um die Lehrstühle für Physiologie in Berlin und Bonn siehe Wilhelm Roux (Unterstützer Loebs) an Loeb 21. 10. 1908, 17. 04. 1910, LOC; Zuntz an Loeb 07. 11. 1908, SPK. Zur Gegenseitigkeit der Abneigung siehe u. a. Wilhelm Pauli an Loeb 26. 09. 1906, LOC: »*Ich komme von Stuttgart, wo Sie von allen sehr vermisst worden sind. Einen vielleicht ausgenommenen – Verworn – mit dem ich ihretwegen eine persönliche Auseinandersetzung hatte, da ich prompt auf seine Versuche, Sie herabzusetzen (im Privatgespräch), reagierte.*«

12 Zur Metapher vom »Zellenstaat« in ihren sozialbiologischen Implikationen vgl. u. a. Weindling (1981); Eckart (1996); Barberis (2003).

meine Physiologie« 1902 auf dem Gebiet der Etablierung einer Disziplin durch das Schaffen einer Zeitschrift zuvor kam. Eine publikatorische Monopolstellung Verworns fürchtete Loeb spätestens, nachdem dieser nach seiner Berufung nach Bonn die Redaktion der renommierten Fachzeitschrift »Pflügers Archiv für die gesamte Physiologie« übernommen hatte.[13]

Kurz bevor Wolfgang Ostwald als Forschungsassistent zu Loeb nach Berkeley kam, tauschte er sich mit Loeb 1903 über die »Verwornsche Manier«[14] des Nichtzitierens aus. Autoren nicht namentlich zu nennen und ihre Arbeiten nicht zu zitieren, hielten Ostwald und Loeb in ihrem diesbezüglichen Briefwechsel nur dann für zulässig, wenn in die Wissenschaft eingeführte Begriffe sich schon so etabliert hätten, dass sie für allgemein bekannt erachtet werden könnten.[15] Ironischer Weise zog sich nach 1914 auch Ostwald gerade deshalb den Zorn Loebs zu, da Loeb sich jetzt, nach dem Disput der beiden über die Kolloidchemie, von Wolfgang Ostwald zu wenig zitiert und gewürdigt fühlte, wobei er selbst Ostwald ebenfalls nicht in direkten Zitaten erwähnte.[16] In ähnlicher Weise beklagte sich Loeb darüber, dass Frank R. Lillie seine Arbeiten nicht zitierte.[17] EdwinWilson wiederum appellierte andersherum in geschickter Weise an Loebs Sinn für die wissenschaftliche Reputation, nachdem dieser sich gegen die Publikation einer Arbeit von Samuel Mast gestellt hatte, in der dieser Loebs Priorität in der Tropismusforschung nicht gewürdigt hatte. Wilson trat für die Publikation der Arbeit in den Proceedings of the National Academy of Sciences und gegen den Abdruck einer öffentlichen Richtigstellung durch Loeb ein, indem er Loeb schmeichelte: »*Specialists in your line of work know in detail the unequalled standard of your own publications. Those who are not specialists still know that your reputation is that of one of the great biological leaders of this country, perhaps the greatest. The specialist will be amused at the fact that a much lesser light has seen fit not to attribute adequate credit to you for priority. The non-specialist will not be much interested in the matter and, if he knew, might even think that you were following a more dignified procedure if you said nothing but laughed with the specialists who knew.*«[18]

Zusammenfassend ist folglich davon auszugehen, dass Loeb seine Zitate aus diesen verschiedenen Motivationen heraus sehr bewusst setzte und eine Analyse seines Zitierverhaltens Rückschlüsse auf sein sowohl intellektuelles als auch soziales Denkkollektiv erlaubt.

---

13 Loeb an Zuntz 17. 11. 1911, SPK; Wolfgang Ostwald an Loeb 06. 02. 1911, LOC. Dieses Vorbild Verworns hat Loeb in seinen eigenen Versuchen aufgegriffen, als Herausgeber von Zeitschriften und durch die genaue Auswahl der Zeitschriften, in denen er publizierte, die Richtung von Forschungen zu lenken. Vgl. Loeb an Isidor Traube 03. 11. 1913, LOC. Zur Geschichte der deutschen biologischen Zeitschriften und zu Pflügers Archiv vgl. Bethe (1954).

14 Wolfgang Ostwald an Loeb 29. 04. 1903, LOC.

15 Wolfgang Ostwald an Loeb 16. 05. 1904, LOC.

16 Siehe das Kapitel 3.3.4.1 Einsatz gegen die Kolloidchemie; Die einzige Arbeit Ostwalds zur Kolloidchemie, die Loeb nach 1919 als (als direktes Zitat brachte (Loeb 1919a), war das Kapitel »Die allgemeinen Kennzeichen der organisierten Substanz« (Ostwald 1915b) aus Carl Chuns »Kultur der Gegenwart: Allgemeine Biologie«.

17 Loeb an Harrison 18. 05. 1916, LOC.

18 Loeb an Wilson 05. 09. 1922, Wilson an Loeb 23. 09. 1922, LOC.

4.1.2 Zitationsanalyse

Wird ein Teil des Wissenschaftsbetriebes als reputatives Kommunikationssystem begriffen, innerhalb dessen Forschungsmethoden und -ergebnisse im »Kollegenkreis« diskutiert werden, so können wissenschaftliche Publikationen neben anderen Überlieferungsformaten wie zum Beispiel Briefen, Manuskripten, Laborbüchern, Gesprächsaufzeichnungen, Konferenzberichten etc. als das physische Substrat dieser Auseinandersetzungen angesehen werden.[19] Über Zitationen erfolgende Textvernetzungen in wissenschaftlichen Publikationen können in diesem Sinne sowohl in erster Linie als ein intellektuelles Netzwerk als auch in zweiter Linie als Repräsentationsform eines sozialen Netzwerkes gedeutet werden, das von Forschern strategisch aufgebaut und eingesetzt wird, um bestimmte Ziele zu erreichen.[20]

Die Analyse von Textvernetzungen mit Hilfe von Zitationsanalysen bietet nun eine Möglichkeit, wissenschaftliche (soziale) Netzwerke auf intellektueller Ebene zu erfassen. Solche Untersuchungen gehen über die persönlichen sozialen Interaktionen zwischen Forschern hinaus und erweitern sie um die Ebene des gemeinsam Gedachten. Sie sind geeignet, »Denkkollektive« im Sinne Ludwik Flecks zu ermitteln, d.h. Personengruppen, die einem gemeinsamen Denkstil verhaftet sind. Darüber hinaus verdeutlichen sie intellektuelle Bezüge zwischen Personen, die sich nicht persönlich kennen oder die zu unterschiedlichen Zeiten gelebt haben.

Derek de Solla Price hat gezeigt, dass die Zitierhäufigkeit einer Arbeit mit ihrem Alter sinkt. Forscher bemühen sich also, neuere Literatur häufiger zu zitieren als ältere Arbeiten. Eine Ausnahme stellen Schlüsselpublikationen von Autoritäten dar, die geehrt werden sollen oder denen ein die Disziplin konstituierender Pionierstatus zukommt (Solla Price 1974, S. 90–93). Das gehäufte Zitieren neuerer Arbeiten lässt sich mit dem Streben nach Aktualität, dem Weiterbewegen der Forschungsfront, der »Task Uncertainty« und dem Streben nach Reputation begründen. In diachroner Betrachtung erlaubt die Analyse der Veränderung von Zitierhäufigkeiten also Rückschlüsse auf sich verändernde Wissensinhalte und Ausdifferenzierungen innerhalb der Wissenschaften (van Raan 2000). Die sich bewegende Forschungsfront wird durch die Gruppe von Arbeiten charakterisiert, die zum jeweiligen Betrachtungszeitpunkt zum aktiven Literaturcorpus gehören und die ähnliche Arbeiten zitieren. Die innerhalb dieses Corpus zitierten Arbeiten wiederum können als intellektuelle Grundlage (»intellectual base«) eines For-

19 Seit mehr als 100 Jahren wird systematisch der Versuch unternommen, dieses physische Substrat zu messen, zu quantifizieren und auf diese Weise zu bewerten. Darüber hinaus wird im Rahmen der so genannten »Szientometrie« versucht, dieses Substrat als Teil der wissenschaftlichen Aktivität von Forschern zu deuten und zum Teil die Bezahlung ihrer Arbeit an diese Aktivität zu koppeln. Szientometrie ist ein 1969 von Vassily, Nalimov und Mulchenko geprägter Begriff (»Naukometriya«). Zur Geschichte dieses Forschungszweiges vergleiche Schmidmaier (1984); Hertzel (1985); Hood und Wilson (2001). Einer der ersten Versuche, Zitationsanalysen für die Geschichtsschreibung nutzbar zu machen, stammt aus dem Jahr 1917 und behandelt die Geschichte der vergleichenden Anatomie im Zitationsspiegel (Cole und Eales 1917).

20 Für die Praxis und Funktion von Verweisen und Zitaten in den Wissenschaften siehe vor allem die Arbeit von Eva-Maria Jakobs (1999) mit umfassender Bibliographie.

schungsfeldes angesehen werden. Die zitierenden Arbeiten bilden die Forschungsfront und die zitierten Autoren mit ihren Forschungsinhalten repräsentieren deren intellektuelle Grundlage (Persson 1994, S. 31). Unter diesem Blickwinkel stellen die Zitationsraten – im der Zitationsanalyse gegenüber kritischen Sinne Wolfgang Stocks – ein Maß dafür dar, wie wissenschaftliche Autoren Veranlassung hatten, »*sich überhaupt – ohne Berücksichtigung der Stellung des Zitierten in der zitierenden Arbeit und ohne Berücksichtigung von Themen – mit den Wissenschaftlern, Druckwerken usw. ... zu befassen und dieses auch ... kund[zu]tun*« (Stock 1985, S. 314). Dies schließt auch negative Zitationen in die Betrachtung ein, die ebenfalls zum Denkkollektiv gehören, denn auch negativ zitierte Autoren scheinen immerhin noch so weit in den Denkstil eines Autors hineinzupassen, dass ihre Ansichten noch in die Denkzwänge eines Autors einzugliedern sind – sonst würde er sie nicht zitieren.[21]

In der Regel zitieren wissenschaftliche Autoren sich selbst und ihre Kollegen mehrmals in einer Reihe von aufeinander folgenden Publikationen. Das Muster solcher Re-Zitationen ergibt ein individuelles Bild für jeden Autor, das der Informationswissenschaftler Howard White als »Citation Identity« bezeichnet und mit der Einzigartigkeit eines Fingerabdrucks verglichen hat (White 2000; White 2001b). Die »Citation Identity« ist zu unterscheiden vom »Citation Image« eines Autors, das durch eine Eingruppierung seiner Arbeiten in über Fremdzitate ermittelte Arbeitsfelder erstellt werden kann. Während die »Citation Identity« Auskunft über die von einem Autor zitierten Arbeiten gibt, informiert das »Citation Image« darüber, in welchen Zitierzusammenhängen die Arbeiten des fraglichen Autors selbst stehen. Das »Citation Image« sagt also mehr über die Position eines Wissenschaftlers innerhalb eines Zitiernetzwerkes aus, berücksichtigt aber weniger das von einem Autor selbst herangezogene intellektuelle Netzwerk, welches sich dagegen in der »Citation Identity« repräsentiert. Zwar wird auch das »Citation Image« eines Autors mittels Zitationsanalysen rekonstruiert, diese Analysen werden aber nicht auf einen spezifischen Autor zentriert, sondern mit Hilfe von umfassenden (wenn möglich elektronischen) Bibliographien und Zitationsindizes durchgeführt, die möglichst exhaustiv viele Autoren und ihre Arbeiten einschließen.[22]

White (2001b, S. 88) definiert die »Citation Identity« einfach als »set of authors that an author cites«. Während ein Autor dieses »Set« in einer einzelnen Arbeit bewusst und

21 Zu dieser Kritik siehe (Swales 1986, S. 40).

22 Eugene Garfield (*1925) ist einer der Pioniere auf dem Gebiet derartiger Studien. Er gründete 1960 das Institute for Scientific Information, das seit 1963 den Science Citation Index herausgibt, eine Bibliographie, die neben bibliographischen Angaben zu thematisch verschlagworteten Aufsätzen auch die Vernetzung der Artikel über Zitationen verzeichnet. Die elektronische Zugänglichkeit dieser und ähnlicher Bibliographien über das Internet und die Entwicklung von Analyseprogrammen hat umfängliche bibliometrische Studien ermöglicht, die aber leider für die Geschichtswissenschaft über den Rahmen der Zeitgeschichte hinaus kaum nutzbar gemacht werden können, da die Indizes derzeit nicht weiter als bis 1945 zurückreichen. Für eine Übersicht über die aktuellen Möglichkeiten der Zitationsanalyse siehe die Beiträge der momentan führenden Bibliometriker in der Festschrift für Garfield (Cronin und Atkins 2000). Ein Beispiel für eine historische Anwendung im Hinblick auf den prozessualen Charakter wissenschaftlicher Entdeckungen bieten Lindahl, Elzinga et al. (1998).

absichtlich zusammenstellt, ergibt sich aus der diachronen Betrachtung aller seiner Arbeiten ein Bild, das vom Autor nicht geplant ist. Die wiederholte Nennung von Autoren und ihren Arbeiten reflektiert dabei zum einen die Relevanz, die ein Autor anderen Autoren und ihren Werken zumisst. Auch gibt die Zahl der Nennungen des eigenen Namens Auskunft über die Selbstwahrnehmung der eigenen Arbeiten eines Autors in der Forschungslandschaft (Lawani 1982). Zum anderen ist die wiederkehrende Zitierung von Publikationen das Ergebnis einer Ressourcenallokation, die der Autor betreibt, nämlich mit möglichst wenig Aufwand Weiterentwicklungen in den eigenen Arbeiten darzustellen, ohne jedes Mal die Literatur zum Thema gänzlich neu erschließen und zusammenstellen zu müssen. Dieser Effekt zeigt sich sowohl in kürzeren Zeitschriftenartikeln als auch in Monographien, wobei in Zeitschriftenartikeln zur Redundanzvermeidung eher jüngere Arbeiten (s. o.) und in Monographien das gesamte gerade relevante Corpus (die intellektuelle Grundlage) wiedergegeben werden.

Über eine Analyse von Ko-Zitationen innerhalb der Re-Zitationen lassen sich eben diese thematischen Bündelungen über mit Themen assoziierte Wissenschaftlernamen im Oeuvre eines Forscher darstellen. Autoren und ihre Publikationen, die wiederholt in den Arbeiten eines Wissenschaftlers gemeinsam zitiert werden, weisen einen Zusammenhang auf, der in der Regel in dem geteilten Inhalt ihrer gemeinsam zitierten Arbeiten zu suchen ist und sich schließlich auch grafisch darstellen lässt. Zum Beispiel ist es möglich, über Schlagwort-, Dokument- und Autor-Ko-Zitationsanalysen zur Kartierung von Wissensgebieten, Denkkollektiven und Entwicklungen innerhalb dieser zu gelangen.[23] Eine Schwäche dieser Methode liegt allerdings darin, dass die kartierten und aufgelisteten Namen, die für »Insider« von großem Interesse sein können, für dem Thema nicht zugewandte Personen nichts sagend und trivial erscheinen. Doch selbst dann erreicht eine solche Analyse das Mindestziel, intellektuelle und soziale Netzwerke, die die Forschung eines Wissenschaftlers mit bedingen, zu rekonstruieren und zu visualisieren.[24]

Unter der Annahme, dass Loeb in seinen Arbeiten auf ein Netzwerk von Wissenschaftlern zurückgriff, deren Ideen und Theorien er in seine Konzepte inkorporierte und die er dabei bewusst zitierte, lässt sich folglich auch sein »unsichtbares Kollegium« (Crane 1972) mittels einer Untersuchung der sich in Zitaten spiegelnden intertextuellen Vernetzung rekonstruieren. Ego- bzw. Loeb-zentriert werden im Folgenden seine intellektuellen Bezugspersonen im Rahmen einer Autor- und Journal Ko-Zitationsanalyse erschlossen, und ihre wie auch immer geartete Relevanz für ihn wird über die Häufigkeit der Nennungen und ihre Zentralität in seiner »Citation Identity« quantifiziert.[25]

Zur Erstellung von Loebs »Citation Identity« wurden alle seine Arbeiten auf ihre Zitate hin ausgewertet und in eine eigens erstellte Microsoft-Access® Datenbank über-

23 Für Übersichten vgl. Small (1999); White (2001a); Börner, Chen et al. (2003); Chen (2003b); Chen (2003a, S. 135–190).

24 Zum Ursprung dieses Ansatzes in der Sozialen Netzwerkanalyse, zur Geschichte der Visualisierung von sozialen Netzwerken und für einen orientierenden Überblick vgl. Freeman (2000); Pfeffer (2008).

25 Die Darstellung konzentriert sich auf die Erstautoren. Geteilte Autorenschaften waren zu Loebs Zeiten zwar möglich, kamen jedoch vergleichsweise selten vor. Aus diesem Grund wurde auf eine Aufschlüsselung nach mehreren Autoren verzichtet.

führt. Jedes Zitat wurde so genau wie möglich mit Autor, Titel der Arbeit, Erscheinungsort, Erscheinungsjahr, Seitenzahl, Reihentitel etc. erfasst, unklare Angaben wurden durch bibliographische Recherchen verifiziert und offensichtlich fälschliche Angaben korrigiert. Die Visualisierung des formellen Denkkollektives Loebs, wie es sich in seinen Ko-Zitationen spiegelt, erfolgte mittels einer Überführung der erhobenen Daten in das frei verfügbare Java basierte Programm »CiteSpace« (Version 2.1 R11). CiteSpace ist ein vom Informationswissenschaftler Chaomei Chen (*1960) entwickeltes Programm zur Analyse und Visualisierung der intertextuellen Vernetzung von wissenschaftlicher Literatur. Insbesondere ist dieses Programm in der Lage, Zitationsanalysen eines Literaturcorpus diachron über zu definierende Zeitabschnitte durchzuführen und diese dann in einer Darstellung abzubilden. Darüber hinaus erlaubt es die Berechnung und Visualisierung der »Zentralität« einzelner Autoren/Arbeiten im untersuchten Corpus. Intellektuelle Wendepunkte und Verschiebungen in der intellektuellen Grundlage, im Denkkollektiv eines Wissenschaftlers, lassen sich folglich mit diesem Programm untersuchen und anschaulich darstellen.[26]

4.1.3 Zitationsanalyse der Publikationen Loebs

Loeb zitierte in seinen 525 Zeitschriftenbeiträgen und Büchern 2325 unterschiedliche Arbeiten von insgesamt 824 Autoren. Diese 2325 Arbeiten von 824 Autoren bilden seine intellektuelle Grundlage und sein formelles Denkkollektiv.

Abbildung 5 zeigt die Anzahl der 2325 von Loeb zitierten unterschiedlichen Beiträge, die auf jeden genannten Autoren entfällt, in doppelt logarithmischer Darstellung. Es ergibt sich ein typisches Verteilungsbild, das näherungsweise »Lotkas Gesetz« zur Beschreibung des Verhältnisses von Autoren und der Anzahl der von ihnen veröffentlichten Arbeiten entspricht. Diese nach ihrem Proponenten benannte Gesetzmäßigkeit besagt, dass die Zahl der Autoren, die n Artikel veröffentlichen, umgekehrt proportional zum Quadrat der Anzahl n aller publizierenden Autoren ist.[27] Dieser Regelhaftigkeit entsprechend zitiert auch Loeb von wenigen Autoren viele unterschiedliche Arbeiten und von vielen nur eine einzige. Tabelle 3 ergänzt eine Liste der 26 Autoren, die in Loebs Korpus mit den meisten unterschiedlichen Arbeiten vertreten sind.

Die älteste von Loeb zitierte Arbeit sind die »Mémoires pour servir à l'histoire d'un genre de Polypes d'eau douce à bras en forme de comtes« von Abraham Trembley

26 Vgl. Chen (2004b); Chen (2004a, S. 283–296); Synnestvedt, Chen et al. (2005); Chen (2006). Voranalysen wurden durchgeführt, indem die erhobenen Daten in das Programm Sitkis überführt wurden, das aus den Rohdaten eine Ko-Zitationsmatrix erstellte (Schildt und Mattsson 2006). Diese Matrix wurde mit der Netzwerk Analyse Software UCINET (Borgatti, Everett et al. 2002) weiterverarbeitet und für das weiter unten beschriebene Pathfinder Network Scaling in die Software »Network Workbench Tool« überführt, das für dieses Scaling über einen integrierten Analysealgorithmus verfügt (Herr, Huang et al. 2006). Die Visualisierung der Ko-Zitationsnetzwerke erfolgte während der Voruntersuchungen mit Hilfe der Funktionen des Programms PAJEK (Batagelj und Mrvar 2003).

27 Für eine erklärende Übersicht siehe vor allem Hertzel (1985, S. 178f.).

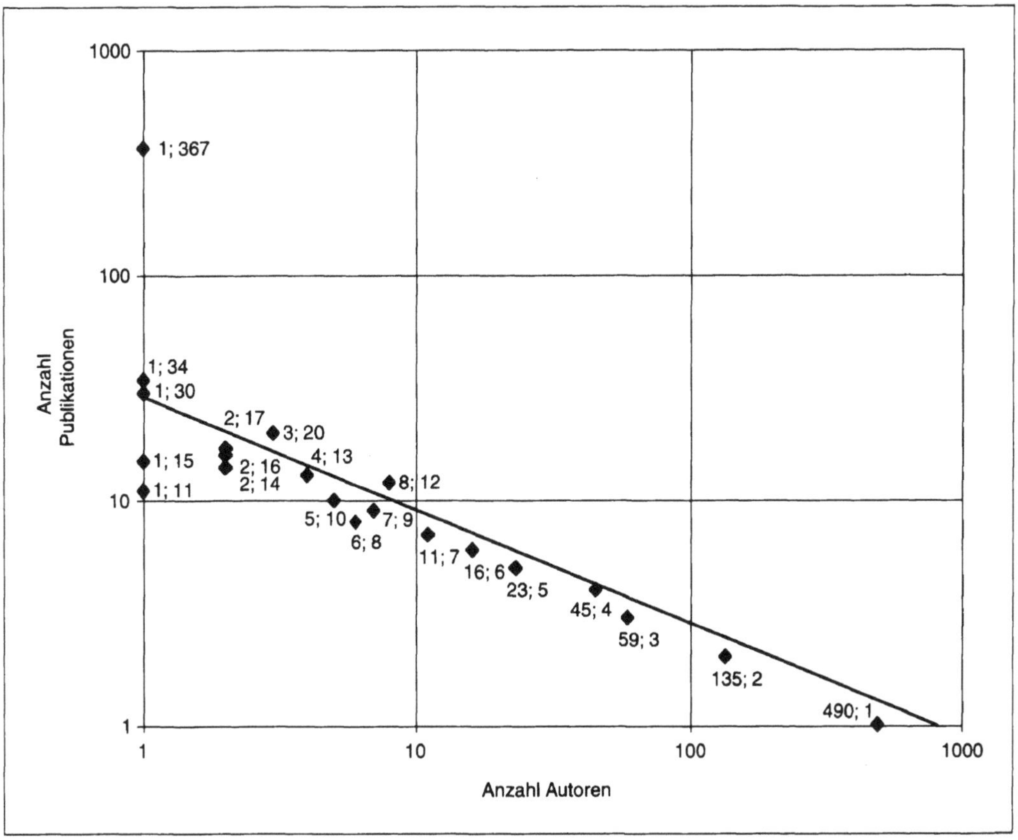

Abbildung 5: Anzahl der Arbeiten, die Loeb pro Autor zitiert in doppelt logarithmischer Darstellung sowie die »Ideallinie« nach Lotkas Gesetz.

(1710–1784) aus dem Jahr 1744. Die im Laufe seines Lebens meistzitierten Arbeiten stammen von ihm selbst. An der Spitze stehen seine »Untersuchungen zur physiologischen Morphologie der Tiere, Band 2« und seine Parthenogenesearbeit »On the Artificial Production of Normal Larvae from the Unfertilized Eggs of Sea-urchin (Arbacia)« mit jeweils 31 Zitaten in anderen Arbeiten. Erst an 12. Stelle folgt eine Arbeit, die nicht von Loeb selbst oder als Koautor verfasst worden ist, nämlich »The acid-gelatin equilibrium« von Henry Richardson Procter und John Arthur Wilson (Procter und Wilson 1916) mit 22 Zitierungen.

Über den längsten Zeitraum hält Loeb neben seinen »Untersuchungen ...«, die er in Arbeiten zwischen 1892 und 1924 immer wieder zitiert, an Julius Sachs' »Stoff und Form der Pflanzenorgane« und an P. Flourens »Recherches expérimentales sur les Propriétés et les Fonctions du Système Nerveux« fest (jeweils 34 Jahre).

Bei der Zählung von Personennennungen in Loebs Citation Identity muss unterschieden werden zwischen der Zählung von Loebs Publikationen, in denen ein Autorenname in der Bibliographie genannt wird, und der Zählung der Einzelzitate selbst. Wenn beispielsweise Hans Driesch in jeweils 3 Arbeiten Loebs 2 Mal genannt wird, so erreicht

Tabelle 3: Die 26 mit den meisten unterschiedlichen Arbeiten vertretenen Autoren

Rang	Autor	Anzahl der unterschiedlichen zitierten Arbeiten pro Autor	Rang	Autor	Anzahl der unterschiedlichen zitierten Arbeiten pro Autor
1.	Loeb J	367	14.	Engelmann TW	13
2.	Bohn G	34	15.	Lillie RS	13
3.	Driesch H	30	16.	Hess C	13
4.	Delage Y	20	17.	Nagel WA	13
5.	Robertson TB	20	18.	Hertwig O	12
6.	Morgan TH	20	19.	Moore AR	12
7.	Herbst C	17	20.	Ringer S	12
8.	Parker GH	17	21.	Lyon EP	12
9.	Holmes SJ	16	22.	Pauli W	12
10.	Wilson EB	16	23.	Osterhout WJV	12
11.	Loeb L	15	24.	Mach E	12
12.	Lillie FR	14	25.	Goltz F	12
13.	Jennings HS	14	26.	Verworn M	11

er je nach Betrachtungsweise 3 oder 6 Zitationen. Im Folgenden wird zur Herstellung der Vergleichbarkeit mit anderen Arbeiten (White 2001b; Cronin und Shaw 2002), in Analogie zur Praxis von Autor-Ko-Zitationsanalysen und unter der Annahme, dass es bei (Re)-Zitationen zur Würdigung der Ideen eines anderen Wissenschaftlers auf die Namensnennung an sich ankommt, die Einzelzählweise angesetzt: Wenn ein Autor in einer Arbeit Loebs zitiert wird, wird er einmal gezählt, egal wie viele Publikationen von ihm in der entsprechenden Arbeit angegeben werden.[28]

Insgesamt führt Loeb in 6986 bibliographischen Angaben und Fußnoten Referenzen an, so dass er im Durchschnitt 13 Arbeiten anderer Autoren pro eigener Arbeit (6986/525) zitiert. Seine Zitationen umfassen 2329 unterschiedliche Texte. Das Verhältnis zwischen Zitationen und Zitierten betragt 2,8 (2329/824).[29] Seine eigenen Arbeiten zitiert Loeb am häufigsten. In allen seinen Arbeiten zitiert er 389 Mal sich selbst mindestens einmal bzw. bringt er 2404 Selbstzitate von 367 eigenen Texten (plus 22 Nennungen, in denen er Zweitautor nach Theodor Groom ist). Damit erreicht er eine Selbst-

28 Nach dieser Zählweise ist es schwieriger die Zitierquote eines Autors zu erhöhen. Während es bei der Zählung jedes einzelnen Nachweises möglich ist, die Zitierzahl eines Autors durch Mehrfachnennungen und Zitierung ähnlicher Arbeiten zu erhöhen, ist dies bei der Einzelzählweise nicht nötig. Hier müsste eine neue Publikation erstellt werden, um für einen zu zitierenden Autor einen höheren Zitierwert zu erreichen.

29 Das ist für heutige Verhältnisse relativ hoch. Er verteilt vergleichsweise viele Zitate auf vergleichsweise wenige unterschiedliche Autoren, vgl. White (2001b).

zitationsrate (Anteil der eigenen Texte an allen zitierten Texten) von 16% (367/2329).[30] 60% (1401/2329) seiner Zitate sind Re-Zitate (Arbeiten, die mehr als einmal zitiert werden) und etwa 40% (927/2329) sind Unizitate.

Tabelle 4 zeigt die 60 meistzitierten Personen mit der Anzahl ihrer Nennungen in Loebs Gesamtwerk. Das heißt, dass nicht die Zahl ihrer zitierten Arbeiten, sondern ihre Nennung in einem Text Loebs gezählt wurde. Insgesamt werden 3341 Mal von Loeb die o.a. 824 Einzelpersonen in seinen Texten zitiert.

Nach sich selbst am häufigsten zitiert Loeb Hans Driesch mit vergleichsweise wenigen Nennungen in 39 Texten. Von Driesch zitiert Loeb dabei insgesamt 86 Einzelpublikationen. Fast ausschließlich handelt es sich bei diesen Zitationen um Drieschs experimentelle Arbeiten. Die philosophischen Schriften Drieschs, die in ihrem neovitalistischen Gehalt Loebs Denken entgegenstanden, zitierte Loeb nur zweimal in seinem Buch »The Organism as a whole« (Loeb 1916a). Einzig in dieser Arbeit beziehen sich zwei Zitate auf Drieschs Publikation seiner 1907–1908 in Aberdeen am Lehrstuhl für Naturtheologie unter dem Titel »Science and Philosophy of the Organism« gehaltenen Gifford-Vorlesung, in der Driesch (1908–1909) vitalistische Positionen vertritt. An diesem Beispiel zeichnet sich ein Muster ab, das kennzeichnend für Loebs Zitierstil zu sein scheint. Werke, denen Loeb als wissenschaftlicher Autor ablehnend gegenübersteht, an denen er sich aber wissenschaftlich im Rahmen seines Denkstils abarbeiten kann, werden von ihm mit einem genauen Zitat belegt. Arbeiten aber, die von Loeb so sehr abgelehnt werden, dass er sie außerhalb seines Denkstiles verortet, werden von Loeb fast nie mit genauem Zitat erfasst, sondern nur vage im Text, meistens nicht einmal namentlich, mit dem entsprechenden Autor assoziiert. Sie tauchen in dieser vorliegenden Analyse also nicht auf.[31] Hier offenbart sich eine methodische Lücke in der Zitationsanalyse, der allerdings argumentativ mit dem Hinweis begegnet werden kann, dass die zu analysierende intellektuelle Grundlage der wissenschaftlichen Publikationen Loebs sich vornehmlich eben auf die Arbeiten stützt, die er im Rahmen seines Denkens für zitierenswert hielt.

Um nun Loebs intellektuelles sich in seinen Zitierungen widerspiegelndes Netzwerk anschaulich zu rekonstruieren und zu kartieren, wurde eine Autoren-Ko-Zitationsanalyse durchgeführt, die mittels einer Pathfinder Network Analyse auf die engsten Verbindungen reduziert und somit kartographisch darstellbar gemacht wurde (Schvaneveldt 1990). Für die Autoren-Ko-Zitationsanalyse wurden, wie in den meisten Studien üblich, pro Aufsatz gemeinsam genannte Autoren nur einmal erfasst, wenn sie auch mit mehreren Beiträgen in der Arbeit genannt wurden.[32] Hierdurch ergibt sich eine leichte Ver-

---

30 Diese sogenannte synchrone Selbstzitationsrate liegt im Vergleich zu den heutigen Verhältnissen relativ hoch. White (2001b, S. 93) gibt für eine Reihe von Informationswissenschaftlern synchrone Selbstzitationsraten zwischen 3% und 8% an.

31 Vergleiche auch die oben ausgeführten Anschauungen Loebs im Zusammenhang mit Verworn und Ostwald zum Ignorieren von Autoren. Zu Hans Driesch und seinem Neovitalismus siehe Freyhofer (1982).

32 Wird beispielsweise Driesch mit 8 Arbeiten in einem Aufsatz zitiert und Loeb mit 15, so wird für die Ko-Zitationsanalyse dieses gemeinsame Auftreten als eine Ko-Zitation gewertet und nicht als 8*15=120.

Tabelle 4: Die in Loebs Oeuvre am häufigsten zitierten Personen

Anzahl Zitierungen	Autoren		
389	Loeb J	(+22 als Zweitautor von Groom TT)	
39	Driesch H		
33	Hertwig O		
32	Herbst C		
30	Lillie RS	Pauli W	
26	Sachs J		
25	Procter HR		
24	Morgan TH	Warburg O	
23	Hardy WB	Robertson TB	
22	Delage Y	Groom TT (als Erstautor, Coautor von Loeb)	
19	Michaelis L	Ostwald Wo	
18	Lillie FR		
17	Donnan FG Mathews AP Nussbaum M	Lyon EP Mead AD	Mach E Northrop JH
16	Friedenthal H		
15	Beutner R Roux W	Dewitz J	Norman WW
14	Boveri T	Godlewski E	
13	Bohn G Höber R	Goltz F	Kupelwieser H
12	Fischer MH Hermann L Kühne W	Freundlich H Howell WH Perrin J	Garrey WE Kostanecki K Pflüger E
11	Arrhenius S Verworn M Bernstein J	Winkler H Moore AR	Graber V Sörensen SPL
10	Bataillon E Hofmeister F Radl E	Bullot G Osterhout WJV Wilson JA	Engelmann TW Overton E Zsigmondy R
9	14 weitere Autoren		
8	10 weitere Autoren		
7	21 weitere Autoren		
6	36 weitere Autoren		
5	47 weitere Autoren		
4	57 weitere Autoren		
3	96 weitere Autoren		
2	192 weitere Autoren		
1	291 weitere Autoren		

schiebung im Gewicht, das den Autoren in der jeweiligen Arbeit Loebs beigemessen wird. Da es aber eher um die Kartierung des Denkkollektives als um ein Maß der sich in Doppelnennungen pro Aufsatz spiegelnden Wichtigkeit eines Autors im speziellen Beitrag geht, ist diese Verschiebung zu Gunsten der Vereinfachung eines komplexen intertextuellen Netzwerkes in Kauf zu nehmen.[33]

4.1.4 Visualisierung formeller Denkkollektive als Pathfinder Networks

Ko-Zitationen lassen sich grafisch als »Kartierung« des zitierten Wissens abbilden, was den Vorteil mit sich bringt, dass sich diese Karten auf einen Blick erfassen lassen, während die intellektuelle Aufnahme von Ko-Zitationen und ihren Auswertungen in Tabellenform eher mühsam ist. Eine Netzwerkkarte von gemeinsam zitierten Autoren oder Aufsätzen stellt eine räumliche Repräsentation von den Beziehungen der Autoren oder Aufsätze zueinander dar. Sie ist natürlich ein Artefakt, da zum Beispiel Loeb die dargestellte Vernetzung weder so konstruierte noch sie in dieser Form selbst wahrgenommen hat. Die Visualisierung der Textvernetzungen in diesem Format hilft jedoch, die Struktur der Ko-Zitationen sowie die Organisation der Vernetzungen topographisch und für den historischen Betrachter anschaulich zu gestalten. Kartierungen reduzieren die Komplexität der ermittelten Zahlenkolonnen einer Ko-Zitationsmatrix und sie zeigen die Verbindungen und Zusammenhänge in der »intellektuellen Grundlage«, die hinter der sich bewegenden Forschungsfront eines Wissenschaftlers steht. Sie dienen überdies als heuristisches Werkzeug, da eventuell unerwartete Muster in der Vernetzung einer Erklärung bedürfen, die wiederum zum Inhalt der zitierten Arbeiten führen (Small 1999). Das Ziel bei der Visualisierung einer Ko-Zitationsanalyse kann es nicht sein, das untersuchte Denkkollektiv und sein Wissensgebiet photographisch darzustellen. Vielmehr sollen die Zusammenhänge von Autoren so dargestellt werden, dass sie die Teilnehmer des »unsichtbaren Kollegiums« eines Forschers in ihrer Vernetzung symbolisieren (Rip 1988, S. 262–264). Autoren, die häufig zusammen zitiert werden, stehen nahe beieinander, aber auch spezielle Ausprägungen ihrer Forschung, aktive Subdisziplinen ihrer Wissenschaft sind über Ko-Zitationskarten visualisierbar, indem sie mit einem Cluster oder Subnetzwerk von Autoren assoziiert werden (Chen 2003b; White 2003).

Die Rohdaten einer Ko-Zitation geben an, wie oft zwei Autoren gemeinsam in einer Arbeit zitiert werden. Je öfter Personen zitiert werden, desto höher ist natürlich die Wahrscheinlichkeit ihrer Ko-Zitation mit anderen häufig zitierten Forschern. Gemeinsam zitierte Autoren werden in Netzwerkkarten durch eine Verbindungslinie (so genannte Kanten) gekennzeichnet. Die Autoren wirken als Netzwerkknoten. Damit wird die Vernetzung vieler Autoren darstellbar. Wenn in einem Netzwerk dominante Figuren fehlen, erscheinen eher lose Verbindungslinien. Je dunkler sich die Verbindungslinien in den folgenden Abbildungen darstellen, desto mehr Ko-Zitationen treten auf, die als Maß für die Enge einer Verbindung gedeutet werden können.

33 Zur Methode der Ko-Zitationsanalyse mit Vor- und Nachteilen des einen oder anderen Vorgehens vergleiche Chen (2003a, S. 151–159); Gmür (2003).

Aus Rohdaten erstellte Netze sind aber leider recht unübersichtlich, da sich etliche Kanten wie Knäuel überschneiden. Abhilfe bietet hier eine Reduktion der Kanten mit Hilfe des Pathfinder Network Scalings. Der Pathfinder Network Algorithmus betrachtet die Rohzählungen von Ko-Zitationen als Gewichtungen auf Verbindungslinien, die zwischen zwei Autoren grafisch dargestellt werden können. Wenn alle möglichen Verbindungslinien zwischen Autoren aufgezeichnet werden, variieren diese Gewichtungen. Mittels des Pathfinder Algorithmus werden diese Linien auf die hervorstechendsten, wichtigsten beschränkt und komplexe Netzwerke damit reduziert ohne dabei Autoren »aufzugeben«. Die Reduktion erfolgt unter der Vorstellung der Dreiecksungleichung, die besagt, dass eine Seite in einem Dreieck höchstens so lang sein kann wie die Summe der beiden anderen Seiten. Übertragen auf Netzwerke heißt das, dass die Distanz zwischen zwei Punkten kleiner oder gleich der Distanz ist, die eine Verbindung dieser Punkte über einen dritten Punkt aufweisen würde. Der Pathfinder Algorithmus wendet auf alle möglichen Kanten zwischen den Knoten eines Netzwerkes diese Ungleichung an und berechnet die kürzesten Routen zwischen den Punkten. So wie ein Handlungsreisender möglichst viele Städte mit dem kürzesten möglichen Weg verbinden will, ohne eine Stadt zweimal besuchen zu müssen, so reduziert das Pathfinder Network Scaling die Verbindungsdichte eines darzustellenden Netzwerkes.

Zwei Parameter bestimmen dabei die Topologie des Pathfinder Netzwerkes. Der q-Parameter bestimmt, über wie viele Netzwerkknoten die Dreiecksungleichung beachtet werden soll, von einem Minimum von zwei Knoten bis zu einem Maximum von n-1, wobei n die Anzahl der Knoten im Netzwerk ist. Der r-Parameter bestimmt die Minkowski-Metrik, die bei der Berechnung der Wegdistanzen einbezogen werden soll. Bei r=1 ist die Gewichtung der Wegstrecke gleich der Summe aller Verbindungspunkte entlang der Wegstrecke, bei r=2 wird die Gewichtung als euklidische Distanz berechnet, und bei r=unendlich ist die Weggewichtung gleich der maximalen Gewichtung jeder Verbindung entlang der Wegstrecke (Schvaneveldt, Durso et al. 1989, S. 254–262; Chen 2003a, S. 104–107). Feste Regeln für einzusetzende q- und r-Werte bei Pathfinder Analysen gibt es nicht. Auch wenn die meisten Autoren so genannte »Minimal Cost« Netzwerke mit den wenigsten und direktesten Verbindungen erstellen, bei denen sie q=n-1 und r=unendlich setzen, so wird für Autor-Ko-Zitationsanalysen diskutiert, andere q und r Werte je nach Datenlage einzusetzen, um die Informativität der darzustellenden Netzwerke dem jeweiligen Ziel der Darstellung anzupassen (Buzydlowski 2002, S. 102–103). Die im Folgenden genutzte Software erstellt »Minimal Cost« Netzwerke.

Der große Vorteil an Pathfinder Netzwerken liegt in ihrer leichten Interpretierbarkeit. In Pathfinder Netzwerken haben Autoren mit vielen und/oder starken Verbindungslinien zu anderen Autoren eine zentrale Position. Autoren mit vielen Verbindungen zu anderen Forschern erscheinen in der Visualisierung wie ausstrahlende Sterne und repräsentieren unter der Annahme, dass sie auch für bestimmte Inhalte stellvertretend stehen können, so etwas wie eine Spezialität im visualisierten Arbeitsgebiet. Verbindungslinien zwischen mehreren solcher dominanten Autoren verbinden Spezialitäten zu einem Wissensgebiet. Chen unterscheidet dem Aussehen der die Autoren repräsentierenden Knoten im Netzwerk nach

1. »landmark nodes« (Landmarken),
2. »hub-nodes« (Mittelpunkte) und
3. »pivot-nodes« (Angelpunkte).

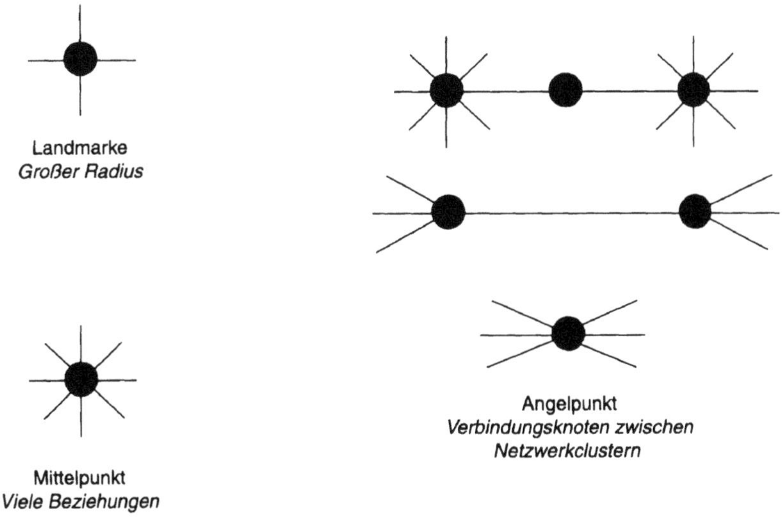

Abbildung 6: Landmarken, Mittelpunkte und Angelpunkte – nach Chen (2004b).

Landmarken stehen für viel zitierte Autoren, die nicht notwendiger Weise viele Verbindungen zu anderen Knoten aufweisen, aber über einen großen Radius verfügen. Mittelpunkte weisen viele Verbindungen zu anderen Knoten auf und scheinen für signifikante Felder definierende Beiträge zu stehen. Angelpunkte fungieren als Gelenke zwischen Netzwerk-Clustern, die ihrerseits durch Landmarken und Mittelpunkte gebildet werden (Abbildung 6). Angelpunkte kennzeichnen überdies in diachronen Abbildungen Wendepunkte in der intellektuellen Grundlage bzw. im Denkkollektiv eines Autoren (Chen 2004b, S. 3). Diese Punkte zeichnen sich grafentheoretisch durch eine hohe »Betweeness Centrality« aus, d.h. sie sind Punkte, die auf vielen kürzesten Verbindungsrouten zwischen anderen Punkten des Netzwerkes gefunden werden. In anderen Worten misst die Betweeness Centrality den Prozentsatz der Anzahl der kürzesten Wege im Netzwerk, zu denen der fragliche Knoten gehört. Knoten mit hoher Betweeness Centrality werden gehäuft auf Strecken gefunden, die Cluster miteinander verbinden, weshalb sie sehr geeignet sind, als Bindeglieder oder Wendepunkte in der intellektuellen Grundlage eines Forschers gedeutet zu werden. Um einen ähnlichen Informationsgehalt zu erreichen, müssen in klassischen Autor-Ko-Zitationsanalysen mehrere Berechnungsschritte z.B. zur Normalisierung der Daten durchgeführt und Grafikprogramme bemüht werden. Für Pathfinder Netzwerkanalysen sollte das Vorliegen der Ko-Zitations-Rohdaten ausreichen.[34]

Im Falle der historischen Anwendung einer derartigen Analyse- und Visualisierungsmethode erscheint es zuletzt notwendig, die Analysefenster in Untersuchungszeiträume einteilen zu können, um so unterschiedliches Zitierverhalten eines Autoren zu unterschiedlichen Zeitpunkten erfassen und damit diachrone Abläufe und Entwicklungen verdeutlichen zu können.

34 Eine ausgezeichnete Übersicht über die Vorteile von Pathfinder Netzwerken in Autor-Ko-Zitationsanalysen liefert White (2003). Zu sozialen Netzwerken und verschiedenen Zentralitätsparamtern siehe die kurze, aber prägnante Einführung von Holzer (2006).

Eine Software, die diese Anforderungen an Netzwerkvisualisierungen von formellen Denkkollektiven erfüllt, ist das von Chaomei Chen entwickelte Programm »CiteSpace« (Chen 2004b; Chen 2004a, S. 283–296; Synnestvedt, Chen et al. 2005; Chen 2006). CiteSpace liest bibliographische Daten und zugehörige Zitationen im Export Format des Science Citation Index des Institute for Scientific Information ein. Das von den eingelesenen Daten umfasste Zeitintervall kann in gleich lange Abschnitte aufgeteilt werden, die separat auf Autor-, Schlüsselwort- oder Dokumentkozitationen hin analysiert und anschließend in einer Abbildung für die Zeitabschnitte farbkodiert wiedergegeben werden. Zur Begrenzung der erfassten und abzubildenden Ko-Zitationen müssen Grenzen für den Einschluss in die Analyse und Darstellung festgesetzt werden. Es besteht die Möglichkeit Schwellenwerte dafür zu bestimmen, wie oft Arbeiten zum Einschluss überhaupt zitiert worden sein müssen (Citation threshold), wie oft sie gemeinsam zitiert worden sein müssen (Co-citation threshold), und wie hoch der Ko-Zitationskoeffizient (Co-citation coefficient als Cosinus-Koeffizient) sein muss (Chen 2004b, S. 5360). Die berechneten Netzwerke werden mittels des Pathfinder Algorithmus reduziert und zu einer Gesamtdarstellung zusammengefügt. Das synthetisierte Netzwerk enthält alle Knoten und Kanten, die in den Einzelintervallen aufgetreten sind, und verbindet die Knoten der Einzelintervalle noch zusätzlich durch die im gesamten Untersuchungszeitraum über die Intervallgrenzen hinweg stattgefundenen Ko-Zitationen.

Zuletzt wird das Zitationsnetzwerk visualisiert. Hierfür benutzt das Programm einen Spring Embedder nach Kamada und Kawai (1989), ein kräftebasiertes Verfahren, das mechanische Prozesse simuliert. Knoten wirken wie sich abstoßende Objekte, die Kanten wirken wie die Knoten zusammenhaltende Federn (engl. »spring«). Von einer zufälligen Anordnung ausgehend strebt der Embedder ein möglichst energiearmes Arrangement an. Knoten mit enger Beziehung stehen nahe beieinander, bzw. zusammenhängende Autoren werden in geringem Abstand voneinander gruppiert. So entsteht eine topographische Darstellung.

4.1.5 Loebs Citation Identity

Um im Fall Loeb biographische Ereignisse, Themenverschiebungen, Ortswechsel und den Einfluss des Ersten Weltkrieges auf Loebs Zitierverhalten mit abzubilden und nicht nur eine intellektuelle Karte von Loebs gesamtem Lebenswerk zu entwerfen, wurden 2-Jahres-Schritte als Intervalle für die Ko-Zitationsbetrachtung gewählt. Diese werden in der grafischen Kartierung in einer Abbildung zusammengefügt. Bei der Visualisierung seines formellen Denkkollektives und der darin beinhalteten Zitationsanalyse wurden Loebs eigene Arbeiten ausgeschlossen, da er wegen der sehr hohen Anzahl an Selbstzitationen die anderen Autoren, auf die er sich bezieht (und um die es bei der Ermittlung seines Denkkollektives ja eigentlich geht), überlagert hätte. Tabelle 5 zeigt die Konfiguration der Netzwerkkonstruktion an, die mittels CiteSpace erstellt wurde. Mindestens zwei Ko-Zitationen mussten zum Einschluss in die Analyse für einen Autor vorliegen.

Die sich ergebende Netzwerkabbildung verdeutlicht die Entwicklungen in Loebs verzweigtem Denkkollektiv. Zur besseren Lesbarkeit wurden in Abbildung 7 einige Knoten

Tabelle 5: Konstruktionskonfiguration des Autor-Ko-Zitationsnetzwerkes in Loebs Citation Identity[35]

2-year slices	c I cc I ccv	Eingeschlossene Arbeiten	Knoten	Verbindungen	Biographisches
1884–1885	1 I 2 I 0.2	30	28	266	Straßburg, Berlin, Würzburg, Kiel, Neapel
1886–1887	1 I 2 I 0.2	17	13	20	
1888–1889	1 I 2 I 0.2	11	9	28	
1890–1891	1 I 2 I 0.2	60	52	293	
1892–1893	1 I 2 I 0.2	25	22	159	Auswanderung, Bryn Mawr, Chicago, Woods Hole
1894–1895	1 I 2 I 0.2	52	42	177	
1896–1897	1 I 2 I 0.2	37	28	59	
1898–1899	1 I 2 I 0.2	78	70	1015	
1900–1901	1 I 2 I 0.2	85	78	1645	
1902–1903	1 I 2 I 0.2	46	31	64	Berkeley, Europareise, Ehrendoktoren
1904–1905	1 I 2 I 0.2	88	60	180	
1906–1907	1 I 2 I 0.2	279	232	12782	
1908–1909	1 I 2 I 0.2	228	210	12882	
1910–1911	1 I 2 I 0.2	138	117	2710	Rockefeller Institute
1912–1913	1 I 2 I 0.2	239	210	8990	
1914–1915	1 I 2 I 0.2	89	62	246	1. Weltkrieg, 1917
1916–1917	1 I 2 I 0.2	178	162	9531	Kriegseintritt USA
1918–1919	1 I 2 I 0.2	312	285	27937	
1920–1921	1 I 2 I 0.2	205	180	9782	Rockefeller Institute
1922–1923	1 I 2 I 0.2	106	83	1304	
1924–1925	1 I 2 I 0.2	93	87	2720	
1926–1926	1 I 2 I 0.2	11	10	45	

geringfügig von Hand justiert. Sowohl die einzelnen Zwei-Jahres-Schritte als auch das Gesamtnetzwerk wurden per Pathfinder Network Scaling reduziert. Die im Folgenden angegebenen Zentralitätswerte beziehen sich allein auf Netzwerke mit der angegebenen Konfiguration.

Die Abbildung zeigt die Citation Identity Loebs in einer so genannten Cluster-Ansicht, die sich von einer Darstellung auf einer Zeitleiste dadurch unterscheidet, dass die von ihm zitierten Artikel eben nicht chronologisch, sondern nach Ko-Zitationsnähe angeordnet sind. Die zeitliche Komponente wird über die Einfärbung der Knoten und

35 Abkürzungen: c: Schwelle für Zitationen. Eine Arbeit muss einmal zitiert worden sein, um im Sample eingeschlossen zu sein; cc: Schwelle für Ko-Zitationen. Mindestens 2 Ko-Zitationen müssen vorliegen, damit eine Verbindungslinie zwischen zwei Arbeiten angezeigt wird; ccv: Schwelle für den minimalen Ko-Zitationskoeffizienten (Cosinus).

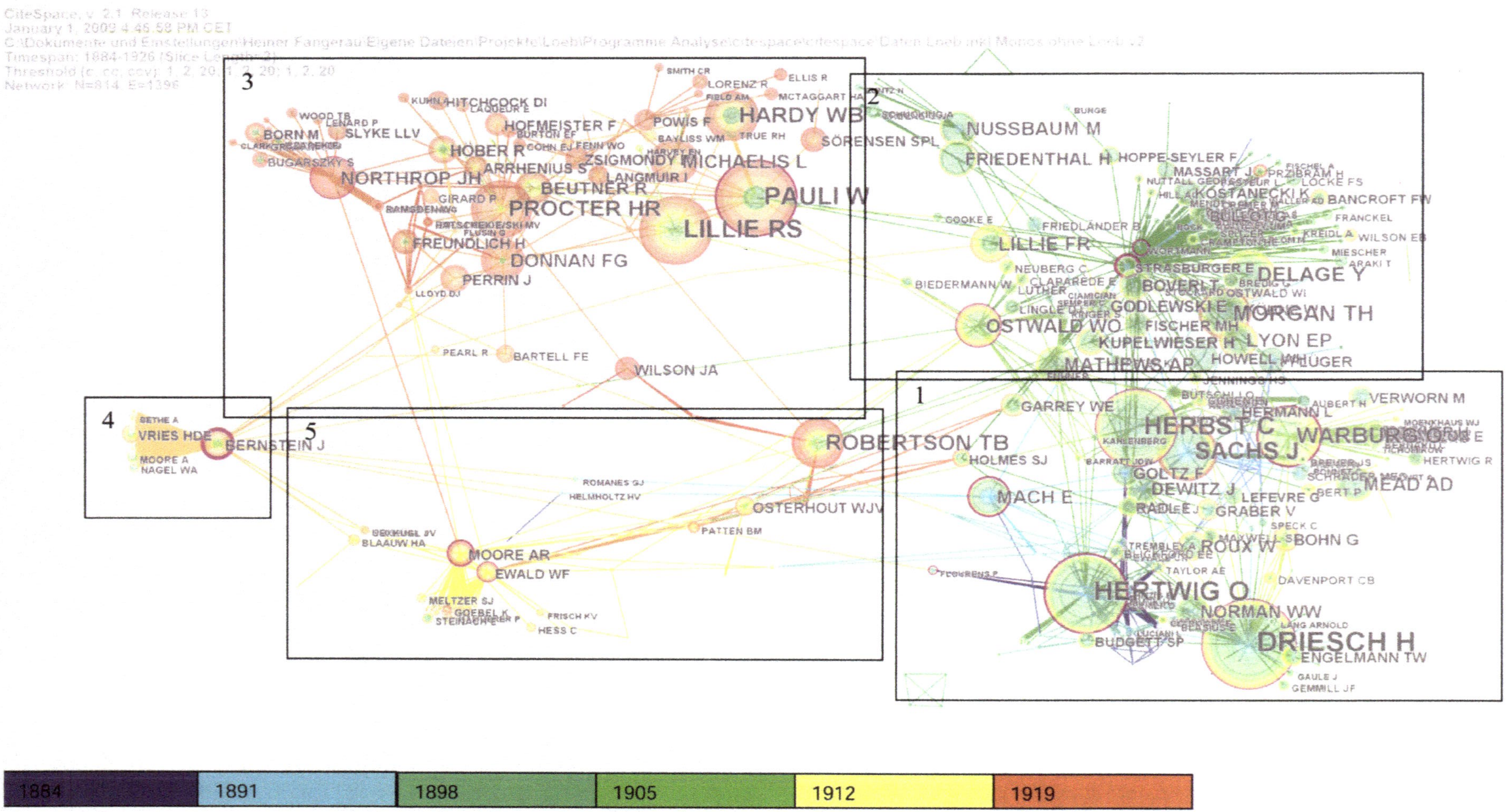

Abbildung 7: Loebs Citation Identity 1884–1926

Tabelle 6: Cluster in der Netzwerkdarstellung von Loebs Citation Identity

Cluster Nr.	Anzahl Namen, Arbeiten, zentrale Personen	Titelschlagworte der zitierten Arbeiten
1	Ca. 240 Namen (ca. 640 Arbeiten) Warburg, Herbst, Driesch, Flourens, Hertwig, Mach	Temperatur, Geschlecht, Entwicklung, Regeneration, Reizbarkeit, Tropismus, Otolithen, Gehirn, Narkose, Oxidation
2	Ca. 180 Namen (ca. 480 Arbeiten) Strassburger, Wortmann, Ostwald	Salze, Sauerstoffmangel, Atmung, Altern, Entwicklung, Befruchtung, Regeneration, Blut, Reize, Reaktion
3	Ca. 120 Namen (ca. 300 Arbeiten) Pauli, Northrop, Donnan	Osmose, Ionen, Elektrizität, Kolloide, Viskosität, Salze, Wasserstoff, Proteine
4	Ca. 170 Namen (ca. 310 Arbeiten) Bernstein	Tropismen, Reizung, Reize, Reaktion, Taxis
5	Ca. 90 Namen (ca. 210 Arbeiten) Moore, Ewald	Phototropismus, Optik, Licht, Verhalten, Vererbung Moore: Autolyse, Antagonismus

Verbindungslinien angedeutet. Das erste Jahr der gemeinsamen Zitierung in Loebs Arbeiten wird durch Farbe der Verbindungslinien verdeutlicht, die eine gemeinsame Zitierung symbolisieren. Das Spektrum reicht von Blau für die frühen Jahre in Deutschland ab 1884, über Türkistöne für die Chicagoer Jahre 1892–1902, über Grün für die Jahre in Kalifornien 1902–1910 bis hin zu Hellgrün bis Gelb für die Jahre am Rockefeller Institute bis zum Ersten Weltkrieg und Orangetöne für die Jahre nach dem Krieg bis zu Loebs Tod. Die Größe der die Autoren repräsentierenden Knoten gibt Auskunft darüber, wie oft ein Autor überhaupt im Ko-Zitationsnetzwerk von Loeb vorkommt. Die Farbringe stehen als »Jahresringe« für die 2-Jahres-Abschnitte, in denen der betreffende Autor von Loeb zitiert wurde. Die Breite des jeweiligen Ringes ist proportional zur Zitierhäufigkeit im entsprechenden Zeitraum. Ein violetter Rand um einen Knoten kennzeichnet Wende- oder Angelpunkte in Loebs strukturellem Zitationsnetzwerk (Punkte mit hohen Betweeness-Zentralitätswerten). Hier handelt es sich um Autoren, die – auch wenn sie nicht in jedem Fall häufig zitiert wurden – strukturelle Lücken im Ko-Zitationsnetz schließen, indem sie Cluster miteinander verbinden. Damit sind die entsprechenden Autoren mit ihren Ideen wichtige Verbindungselemente zwischen Themen innerhalb von Loebs Citation Identity. Sie dienen im Folgenden als Orientierungspunkte für die Interpretation.

Die Visualisierung von Loebs formellem Denkkollektiv weist fünf größere Cluster auf, von denen vier so eng verwoben sind, dass die Clustergrenzen verwischen (Tabelle 6).

Der chronologisch erste prominente Autor, der im Cluster rechts unten auf der Abbildung hervorsticht, ist Ernst Mach, der mit seinen »Beiträgen zur Analyse der Empfindungen« (Jena 1886) Loebs wissenschaftlichen Ansatz entscheidend prägte. Auch Machs »Grundlinien der Lehre von den Bewegungsempfindungen« (Leipzig 1875) waren entscheidend für Loebs weitere Forschungsvorhaben. Mach hatte hier in seinen wichtigsten Beiträgen zur Psychophysiologie Experimente zur Wahrnehmung von Drehempfindungen und seine Theorie zur Wirkweise des Bogengangs auf diese Sinneseindrücke vorgetragen. Loeb nutzte diese Arbeit, um für sich den Bogen zu schlagen zwischen der Sinnesphysiologie und seinen Tropismusstudien. Mach (Centrality 0,20) leitet ein etwa 240 Autoren umfassendes Autorencluster ein, das dominiert wird von Otto Warburg (Centrality 0,25), Oskar Hertwig (0,22), Pierre Flourens (0,19), Hans Driesch (0,18) und Curt Herbst (0,11). Auch Julius Sachs findet sich hier in zentraler Position mit beinahe so hohen Zentralitätswerten (0,08) wie Herbst (0,11). Dieses dichte Cluster, das den Zeitraum von 1884 bis etwa 1914 umfasst, spiegelt Loebs Interessengebiete umfassend wieder. Die häufigsten Titelstichworte der von den genannten Personen zitierten Arbeiten (ca. 640) zeichnen ein Bild der Themen dieses Clusters: Gehirn, Otolithen, Tropismus, Reizbarkeit, Regeneration, Entwicklung, Geschlecht, Temperatur, Narkose, Oxidation.

Hans Driesch nimmt hier eine Doppelposition ein. Zum einen stellen seine Arbeiten, zum Beispiel sein Aufsatz »Heliotropismus bei Hydroidpolypen« (Zoologisches Jahrbuch 5, 1890, S. 147) einen der Hauptbezugspunkte für Loebs Tropismusstudien dar. Zum anderen leiten seine Entwicklungsmechanischen Studien (Zeitschrift für wissenschaftliche Zoologie 55, 1892, S. 5) über zu Loebs eigenen Parthenogenesestudien. Oskar Hertwig ist vor allem wegen seiner zellphysiologischen Studien und wegen seiner Einführung des Seeigeleis als geeignetes Studienobjekt für Loeb von großer Wichtigkeit. In ähnlicher Weise erlangte Curt Herbst Bedeutung für Loeb, der sich mit seinen Versuchen zur Beeinflussung von Entwicklungsvorgängen zum Beispiel an Herbsts Studien zur formativen Reizung anschloss. Pierre Flourens repräsentiert innerhalb dieses Clusters die Gruppe der Hirn- und Nervenphysiologen, auf die Loeb sich in seinen frühen Arbeiten bezog, schafft aber auch gleichzeitig die Verbindung dieses Clusters mit der Gruppe um Julius Bernstein (s. u.).

Die im ersten Kapitel erwähnte Schlüsselstellung von Julius Sachs für Loeb spiegelt sich ebenfalls in seiner Citation Identity wieder. Zwar nimmt Sachs innerhalb des Clusters gemessen an den Zentralitätswerten nur die siebte Stelle ein, dafür weist er zusätzlich optisch die Charakteristika einer sternförmig ausstrahlenden Mittelpunktstellung auf. Seine Rolle für die Informationsweitergabe und seine Funktion als Träger der intellektuellen Grundlage von Loebs gesamter Tropismusforschung wird deutlich sichtbar. Otto Warburg zuletzt kommt in Loebs formellem Denkkollektiv die Bedeutung zu, dass er Loebs weiteres Denken und Arbeiten ab 1910 zur antagonistischen Salzwirkung und zur Dauer des Lebens entscheidend beeinflusste. Mit seinen Versuchen zu Oxidationsprozessen an Seeigel- und anderen Eiern (vor allem »Ueber Oxydationen in lebenden Zellen nach Versuchen am Seeigelei«, Zeitschrift für physiologische Chemie 66, 1910, S. 305) leitete er weiterführende Überlegungen auf Loebs Seite zum Beispiel zur Atmung, zu antagonistischen Salzwirkungen und zur Lebensdauer ein.[36]

Warburg grenzt an die eng mit dem geschilderten Cluster verbundene zweite Gruppe, in der Eugen Strasburger (0,48), Wolfgang Ostwald (0,19) und Julius Wortmann (0,21) die höchsten Zentralitätswerte aufweisen. Dieses zweite etwa 180 Autoren und 480 Arbeiten umfassende Cluster erstreckt sich über weniger Jahre als das erste und spiegelt im Wesentlichen Loebs Forschungsjahre in Kalifornien zwischen 1902 und 1910 wider. Erst über den etwas von Strasburger und Wortmann entfernten Ostwald werden auch die Jahre bis 1916 eingeschlossen. Die häufigsten Titelschlagworte der zitierten Arbeiten

36 Zur gegenseitigen Wertschätzung Warburgs und Loebs und zu ihrer Kontroverse um die Rolle der Oxidation beim Befruchtungsvorgang siehe Werner (1996b); Werner (1996a).

spiegeln Loebs ganze Themenvielfalt: Reize, Reaktion, Entwicklung, Befruchtung, Regeneration, Blut, Salze, Sauerstoffmangel, Atmung, Altern. Von den eng beieinander liegenden Strasburger und Wortmann werden jeweils nur eine Arbeit, diese allerdings mehrfach zitiert. Beide erschließen vornehmlich Arbeitsfelder, in denen Loeb Reize und Reaktionen testete, und stellen die Verbindung zu seinen frühen Arbeiten des ersten Clusters her (Strasburger »Wirkung des Lichtes und der Wärme auf Schwärmsporen«, Jenaische Zeitschrift für Naturwissenschaft 12, 1878, S. 551; Wortmann »Zur Kenntnis der Reizbewegungen«, Botanische Zeitung 48–51, 1887). Von seinem damaligen Assistenten Wolfgang Ostwald zitiert Loeb Arbeiten zu den Themenkomplexen der Richtungsbewegungen, der Entwicklung und der Oxidation aber auch zur kolloidchemischen Adsorption (»Ueber die Beziehungen zwischen Adsorption und Giftigkeit«, Zeitschrift für Chemie und Industrie der Kolloide 6, 1910, S. 297–307), womit Ostwald als Mittler zum Cluster um Pauli, Northrop und Donnan fungiert.

Diese dritte etwa 120 Personen umfassende Gruppe mit circa 290 zitierten Arbeiten verdeutlicht eindrucksvoll Loebs thematische Konzentration auf die Proteinchemie nach dem Ersten Weltkrieg. Fast vollständig umfasst sie den Zeitraum von 1918 bis zu Loebs Tod. Die Titelstichworte der zitierten Arbeiten sind weniger breit gestreut als in den vorher beschriebenen Clustern. Die häufigsten Begriffe lauten: Osmose, Ionen, Salze, Wasserstoff, Kolloide, Proteine, Viskosität, Elektrizität. Nur wenige Autoren (vor allem Beutner, Procter, Hoeber, Pauli und Lillie) stellen den Kontakt zu früher zitierten Arbeiten her. Schlüsselpositionen als Verbindungsglieder zu früheren Clustern nehmen vor allem mit hohen Zentralitätswerten Wolfgang Pauli (0,28) und mit niedrigerer Zentralität Ralph Lillie (0,04) ein. Innerhalb des Clusters ragen Frederick Donnan (0,08) und Loebs damaliger Mitarbeiter am Rockefeller Institute John Howard Northrop (0,19) heraus.

Wolfgang Pauli gehört zu den Kolloidchemikern, mit deren Arbeiten Loeb sich am intensivsten auseinandersetzte. Während seiner Studien zur antagonistischen Salzwirkung hatte er 1899 wie Pauli (»Über die physikalischen Zustandsänderungen der Eiweißkörper«, Wiener Akademischer Anzeiger, 12. Oktober 1899), aber unabhängig von diesem, die Existenz von Ion-Proteid Verbindungen in lebendem Gewebe angenommen, ein Umstand, den er in mehreren Publikationen betonte. Zwar sei – so Loeb (1899–1900b, S. 330) – Paulis Studie zu spät erschienen, als dass sie Loebs eigene Gedanken beeinflusst habe, dennoch habe er sie als willkommene Unterstützung angenommen. Als solche hat er Paulis diesbezügliche Arbeiten mehrfach zitiert. Darüber hinaus bemühte er sich in mehreren Arbeiten, eine Theorie Paulis zu widerlegen, in der dieser davon ausging, dass die mit Veränderung des PH-Wertes variable Quellung und Viskosität von Protein Lösungen mit der Ionisation und Hydratisierung der Proteine zusammenhänge. Demgegenüber wollte er zeigen, dass diese Verbindung eine indirekte und durch ein Donnan-Gleichgewicht mitbestimmt sei, das sich zwischen dem Innern von Proteinpartikeln und der sie umgebenden Flüssigkeit einstelle (Loeb 1922, S. 17–26). Damit erklärt sich auch gleichzeitig die Zentralität Donnans innerhalb dieses Clusters, dessen Arbeiten (vor allem seine zentrale Schrift »Theorie der Membrangleichgewichte und Membranpotentiale bei Vorhandensein von nicht dialysierenden Elektrolyten. Ein Beitrag zur physikalisch-chemischen Physiologie« Zeitschrift für Electrochemie 17, 1911, S. 572) für Loeb im Streit mit den Kolloidchemikern die Rolle eines intellektuellen Wendepunktes annahmen, der ihn veranlasste, kolloidales Verhalten nicht mit Adsorption, sondern zum einen stöchiometrisch und zum anderen mit Hilfe des Donnan-Gleichgewichtes zu erklären.

In seinem wissenschaftlichen Assistenten, dem späteren Nobelpreisträger für Chemie John Howard Northrop fand Loeb einen starken Verbündeten, der seine Annahmen unterstützte und ebenfalls Experimente mit der gleichen Ausrichtung durchführte. Die einander auch persönlich verbundenen Wissenschaftler (Herriott 1994, S. 428) arbeiteten seit 1915 (nur unterbrochen vom Kriegseintritt der USA) zusammen an mehreren von Loebs bisherigen Fragestellungen. Sie beschrieben mathematisch quantitativ, dass der Pfeilschwanzkrebs Limulus auf Licht heliotropisch wie eine Photozelle reagierte, sie untersuchten gemeinsam Osmosephänomene und Donnan-Gleichgewichte und experimentierten nicht zuletzt zum Einfluss verschiedener Faktoren auf die Lebensdauer von Fruchtfliegen. Die von Northrop ohne Loeb als Mitautor verfassten Arbeiten, die sich in Loebs Citation Identity finden, stammen fast alle aus einer Untersuchungsreihe Northrops zur Stabilität von Bakterienlösungen, in denen dieser unter anderem mit Paul de Kruif die Wirkung von Elektrolyten auf die Agglutinationsfähigkeit von Bakterien prüfte. Seine Zentralität innerhalb des »Nachkriegsclusters« erklärt sich daraus, dass Loeb die Ergebnisse dieser Arbeiten mehrfach im Zusammenhang mit Kritik an den Kolloidchemikern zur Stützung seiner eigenen Aussagen zitiert hat (Loeb 1923b).

Ralph Lillies optisch hervorstechende Position in Loebs Zitationsnetzwerk lässt sich aus zwei Richtungen erklären. Ralph Stayner Lillie war wie Loeb ein Vertreter einer »General Physiology« (Gerard 1952). In seiner seit 1901 publikatorisch vertretenen wissenschaftlichen Themenvielfalt verbindet er das Cluster um Donnan mit dem um Warburg und Driesch und damit auch zeitlich die Jahre 1908 bis 1920. Wie Loeb bearbeitete er Fragen des Befruchtungsvorganges ebenso wie Irritabilität, Ionenwirkungen und Kolloide. Loeb zitiert Lillie zu all diesen Themen, am häufigsten im Zusammenhang mit dem osmotischen Druck kolloidaler Lösungen. Loebs Wahrnehmung und Akzeptanz Lillies war allerdings nicht uneingeschränkt positiv. In seinen Publikationen stritt er sich mit ihm zum Beispiel über die Wirkung von hypertonaren Lösungen auf die Permeabilität von Eimembranen im Zusammenhang mit der Künstlichen Jungfernzeugung (Loeb 1916a, S. 120–122) oder die (von Hofmeister, Lillie oder Pauli vertretene) Postulierung von Ionenserien zur Erklärung stöchiometrisch nicht erklärbarer Effekte von Ionen auf die physikalischen Eigenschaften von Proteinen (Loeb 1922, S. 13–15). Unabhängig von der abgebildeten Citation Identity schien Loeb auch persönlich nicht viel von Ralph Lillie wie auch dessen Bruder Frank Lillie zu halten.[37] Nicht nur, dass er einige Experimente Ralphs für wertlos erklärte. Viel schlimmer als diese erschien ihm Lillies philosophische Hinwendung zum Vitalismus zu sein, die er als »pathologisch« und vage Spekulation kritisierte (Manning 1983, S. 92), weshalb er Lillie selbst als »a good deal of a mystic« bezeichnete.[38]

Neben diesen drei breiter aufgestellten Clustern fallen noch die beiden zeitlich und räumlich relativ homogenen Autorengruppen um Bernstein und Moore und Ewald ins Auge. Beide sind jeweils über die Autoren mit der höchsten Zentralität mit den anderen

37 Frank Lillie betrieb wie Loeb Studien zur Befruchtung und entwickelte in Anlehnung an Ehrlich eine Seitenkettentheorie der Fertilisation. Hierüber schrieb Loeb zum Beispiel an Flexner: *»Lillie has made awful or rather humorous blunders, …«* Loeb an Flexner 28. 02. 1914, APS.

38 Loeb an Arrhenius 09. 07. 1917, LOC auch abgedruckt in Reingold und Reingold (1981).

Clustern vernetzt, stehen aber ansonsten etwas isoliert da. Die homogene Gruppe um Bernstein umfasst 169 Autoren und 311 zitierte Arbeiten. Die Titelstichworte der zitierten Arbeiten konzentrieren sich auf die im Vergleich zu den anderen Gruppen eng zusammenliegenden Themen: Tropismen, Reizung, Reize, Reaktion, Taxis, und zwar in dem kleinen Zeitfenster zwischen 1918 und 1919. Die relative Isolation dieser Autorengruppe erklärt sich aus dem Umstand heraus, dass die meisten der sich hier wiederfindenden Personen gemeinsam nur in Loebs Buch »Forced Movements and Animal Conduct« von 1918, dem ersten Band der mit Morgan herausgegebenen »Monographs on Experimental Biology«, zitiert worden sind. Dieses Buch fasst Loebs Tropismus-Experimente zusammen, einige Jahre nachdem er seine eigentlichen Studien hierzu abgeschlossen hatte. Für dieses Buch trug er folglich alle bis zum Veröffentlichungszeitpunkt neu erschienene, von ihm bisher kaum berücksichtigte Literatur zusammen, um sie hier aufzuführen. Julius Bernstein stellt mit einem vergleichsweise hohen Zentralitätswert von 0,78 die Verbindung zu allen anderen Clustern her. Seine Zentralität für Loeb liegt unter anderem darin begründet, dass er als einer der ersten Elektrophysiologen Aktionsströme zur Erklärung der Erregbarkeit von Nerven annahm. Vor allem in seiner »Dynamik der Lebenserscheinungen« setzt Loeb sich mit den Gedanken Bernsteins auseinander, die für seine eigenen Arbeiten zur Irritabilität, zu Membranpotentialen und zu elektrischen Vorgängen in lebendiger Materie einen Integrationspunkt darstellen.

Das zweite kleinere Cluster mit 210 zitierten Arbeiten von 92 Autoren gruppiert sich um Loebs Schüler Wolfgang Felix Ewald (Zentralität 0,18) und Arthur Russell Moore (0,24). Auch hier kreisen die Themen um den Tropismus mit einer Fokussierung auf Phototropismus, Optik, Licht und Verhalten. Weitere Schlagworte sind Vererbung, Autolyse, Lebensdauer und Antagonismus. Moore hatte als Assistent bei Loeb in Berkeley und Ewald bis kurz vor dem Ersten Weltkrieg bei Loeb in New York gewirkt. Beide arbeiteten zu Forschungsthemen von Loeb mit Schwerpunkt auf den Tropismen, wobei Moore zusätzlich zu Fragen der Hybridisierung und der Dauer des Lebens forschte.[39] Die eigene Stellung dieses Clusters kommt dadurch zustande, dass hier Autoren vertreten sind, die sowohl in Loebs Buch »Forced Movements and Animal Conduct« von 1918 als auch in seinem »Organism as a whole – from a physicochemical viewpoint« zitiert werden. Moore eröffnet dabei wiederum für Loeb das Feld der Forschungen zur Koordination und zu diesbezüglichen Studien beispielsweise von Uexküll oder Sherrington.

Zusammenfassend spiegelt die Entwicklung der Loebschen Citation Identity seine im ersten Kapitel geschilderte Forschungsentwicklung in detaillierter Form wider und verdeutlicht gleichzeitig die Einflüsse seiner intellektuellen Grundlage auf seine Forschungsarbeit. Dabei unterliegt sein intellektuelles Netzwerk im Laufe seiner Karriere einem starken Wandel. Die inkorporierten Personen ändern sich mit neuen Forschungsthemen und neu zitierten Arbeiten. Ein tabellarischer Blick auf die in signifkanten Zeiträumen meistzitierten Autoren verdeutlicht eindrucksvoll diese Volatilität der Loebschen Zitiernetzwerke (Vgl. Tabelle 7). Zitierbewegungen sind hier indirekt abzuleiten.

39 Moore machte später eine Karriere als Physiologe und Zoologe (Scheer 1962). Ewald, der 1909 mit einer Arbeit zu Tropismen in München promoviert worden war, scheint im Ersten Weltkrieg gefallen zu sein, vgl. Loeb an Goldschmidt 16. 02. 1920, LOC.

Tabelle 7: Die 15 von Loeb in ausgewählten Lebensphasen meistzitierten Autoren mit Anzahl der Nennungen (N)

1884–1891		1892–1902		1903–1910		1911–1919		1920–1926	
Autor	N	Autor	N	Autor	N	Autor	N	Autor	N
Loeb J	10	Loeb J	48	Loeb J	123	Loeb J	142	Loeb J	66
Mach E	5	Driesch H	11	Herbst C	21	Warburg O	19	Procter HR	17
Sachs J	4	Hertwig O	9	Driesch H	18	Lillie RS	13	Northrop JH	16
Munk H	3	Groom TT	5	Hertwig O	18	Pauli W	9	Donnan FG	14
Goltz F	3	Herbst C	5	Friedenthal H	14	Ostwald Wo	9	Pauli W	11
Breuer JS	2	Friedländer B	5	Delage Y	13	Lillie FR	9	Zsigmondy R	10
Brown-Séquard	2	Kühne W	5	Morgan TH	12	Procter HR	8	Robertson TB	10
Couty L	2	Pflüger	5	Sachs J	10	Michaelis L	8	Wilson JA	10
Cremer M	2	Sachs J	5	Nussbaum M	10	Robertson TB	8	Lillie RS	9
Dewitz J	2	Nussbaum M	4	Mead AD	10	Beutner R	8	Hitchcock DI	9
Driesch H	2	Hermann L	4	Lyon EP	10	Moore AR	8	Michaelis L	9
Ewald JR	2	Mach E	4	Boveri T	10	Driesch H	7	Powis F	8
Ferrier D	2	Nagel WA	4	Kostanecki K	10	Ewald WF	7	Sörensen SPL	8
Groom TT	2	Norman WW	4	Groom TT	10	Mathews AP	7	Hardy WB	8
Helmholtz Hv	2	Verworn M	4	Ostwald Wo	9	Bohn G	7	Freundlich H	7
8 weitere	2			Howell WH	9			6 weitere	7

Autoren, die in einem Zeitfenster eine bedeutende Rolle spielen, treten in anderen Perioden nicht mehr oder nur noch marginalisiert auf. Driesch zum Beispiel nimmt in Loebs intellektuellem Netzwerk vor allem vor 1911 eine entscheidende Funktion ein. Danach, nach Loebs Wechsel an das Rockefeller Institute und der dort einsetzenden Themenverschiebung hin zur physiologischen Chemie, schwindet seine Bedeutung. Zusammen mit den Entwicklungsbiologen Hertwig und Herbst wird er von Loeb vielfach im Zusammenhang mit seinen Parthenogenese- und Hybridisierungsversuchen zitiert, nicht mehr aber im Zusammenhang mit antagonistischen Salzwirkungen oder der Kolloidchemie. Mach und Sachs sind in den ersten Jahren von Loebs Schaffen zentrale Autoren. Auch sie verlieren mit Themenwechseln an Bedeutung. Wolfgang Pauli, Leonor Michaelis, Frederick G. Donnan etc. erlangen erst in der Periode nach dem Ersten Weltkrieg ihr volles Gewicht, als Loeb sich auf die Kolloidchemie konzentrierte und das kolloidale Verhalten der Proteine zu klären versuchte.

4.1.5.1 Loebs Denkkollektive und Beharrungstendenzen

Aus der Gesamtbetrachtung der von Loeb eingesetzten intellektuellen Netzwerke können allgemeinere Rückschlüsse auf stabilisierende und destabilisierende Kräfte innerhalb der Wissenschaft gezogen werden. Nach Ludwik Fleck bedingen unter anderem die fortwährenden Einflüsse fremder Denkkollektive und Denkstile die Entwicklung eines Forscherkollektives und seines Denkens. Wissenschaftliche Weiterentwicklungen entstehen damit in Fortführung von Flecks Theorie, wenn das Denken unterschiedlicher Kollektive, die sich aber nicht so fern sein dürfen, dass sie einander nicht mehr verstehen, in Konflikt gerät und damit Denkzwänge destabilisiert werden, oder wenn ein Kollektiv das andere durch nicht zu fern liegende neue Impulse bereichert. In Bezug auf Jacques Loeb ergibt sich daraus die These, dass sein Denken durch seine Auswanderung von Europa nach Amerika im Jahre 1891 und durch den damit einhergehenden Anschluss an ein für ihn neues Denkkollektiv moduliert wurde. Ähnlich wirkten auch seine Umzüge nach Berkeley und ans Rockefeller Institute modifizierend auf sein Netzwerk. Zuletzt hatte, wie geschildert, der externe Einfluss des Krieges eine Loebs Denken verändernde Wirkung, die über die rein wissenschaftlichen Inhalte hinausging.

Deutlich wird ebenfalls, dass Loebs Zitationsnetzwerke keine statischen Gebilde waren. Sie waren einem ständigen Wandel unterworfen. Fleck (1980, S. 40–53) hat für Denksysteme jeder Art gewisse »Beharrungstendenzen« postuliert und damit das Beibehalten eines einmal geformten Stils zu beschreiben versucht. Im Falle eines multiperspektivisch und interdisziplinär arbeitenden Forschers wie Loeb scheint dieses Postulat der »Beharrungstendenz«, wie die Zitationsanalyse zeigt, für das in sein Denken inkorporierte Denkkollektiv allerdings nur bedingt zu gelten. Es fiel Loeb nicht schwer, neue Kollektive zu eröffnen und über bestimmte Autoren zu verbinden. Die miteinander verbundenen Kollektive lassen sich in den Abbildungen des Pathfinder Network ebenso erkennen, wie sich die Personen benennen lassen, die innerhalb von Loebs »Citation Identity« als Bindeglieder zwischen den Kernkollektiven fungierten.

In Analogie zu Flecks »Beharrungstendenz« ging Howard White in seinen Analysen von Citation Identities davon aus, dass ein Autor im Laufe seines Lebens eine kleine

Gruppe von Autoren immer wieder zitiert, die sein Kernkollektiv ausmachen. Dieses besteht seiner Meinung nach in herausragenden Vorbildern und wichtigen Kollegen. Nach White »re-cycled« ein Autor diese Gruppe von »seniors and peers« immer wieder, um nach dem von White (2001a, S. 626) so genannten »Gesetz des geringsten Aufwandes« seine Zitationen zu setzen. In dieser These kann man eine Repräsentation der von Fleck postulierten Beharrungstendenzen im Zitierverhalten eines Autors erkennen. Im Falle Loebs allerdings zeigt die Volatilität der Netzwerke, dass selbst in den kumulierten Kartierungen seiner Citation Identity diese Kerngruppe nur schwer auszumachen ist, da sich seine Zitationsidentität über die Untersuchungsperioden hinweg wesentlich verändert hat. Ohne Whites Gesetz nun grundsätzlich zu widersprechen, zeigt sich im Falle Loebs, dass die These von der Beharrungstendenz im intellektuellen Kollektiv durch das Recycling von Zitationen nur bedingt und nur innerhalb bestimmter Untersuchungsperioden gilt. Zwar zitiert auch Loeb immer wieder »Cluster« an Arbeiten zusammen, um so den Arbeitsaufwand zu minimieren (wie z. B. die Cluster um Moore oder Bernstein). Diese Zitiercluster treten aber nur innerhalb bestimmter Perioden auf. Es waren vor allem Loebs zentrale Themenverschiebungen und die damit einhergehenden Kontakte zu neuen Kollektiven, die Bewegung in seine »Citation Identity« brachten.

Loeb selbst hat dabei wiederum als unterschiedliche Kollektive integrierender Knotenpunkt gewirkt, der somit zum einen unterschiedliche akademische Disziplinen mit einander verband, zum anderen aber auch ein Bindeglied zwischen dem amerikanischen und dem europäischen Forscherkollektiv darstellte. Die vorliegende Untersuchung der Netzwerke illustriert die These, dass es Transferprozesse zwischen Denkkollektiven sind, die Denkstilverschiebungen auslösen, dabei neue Harmonisierungen verlangen und letztendlich zu wissenschaftlichen Neuerungen führen. Im Falle Loebs stellen sich die Verhältnisse so dar, dass er seine Ideen aus unterschiedlichsten Autorengruppen, die verschiedene wissenschaftliche Disziplinen repräsentierten, bezog und in einem interdisziplinären Vorgehen aus ihnen neue Forschungsfelder und -ergebnisse generierte.

4.1.6 Informelle Denkkollektive – Korrespondenzen

Die bisher geschilderten Zitationsnetzwerke, die als intellektuelles Denkkollektiv Loebs beschrieben wurden, können als Repräsentation formaler Wissenschaftskommunikation bezeichnet werden. Sie finden Eingang in Publikationen, dem bleibenden Substrat der Materialisierung von Wissenschaft, dem letzten Glied der »zirkulären Referenzen«, wie Latour die Produktkette im Entstehungsprozess von Wissenschaft bezeichnet hat.[40]

40 Latour demonstrierte in sukzessiven Schritten am Beispiel der Pedologie, wie native Gegenstände über verschiedene aufeinanderfolgende Stufen der Repräsentation im Entstehungsprozess der Wissenschaft eine neue Gestalt (etwa eine Kurve, eine Grafik etc.) erhalten. Ein initialer Aspekt wird transformiert in ein besonderes Darstellungsformat, das nur noch wenig mit dem Ausgangspunkt zu tun hat. Während des Transformationsprozesses werden Elemente des Ursprungsgegenstandes amplifiziert und andere reduziert, es erfolgen verschiedene Anpassungsstufen. Die Verbindung zwischen beiden ist nur über ein Zurückverfolgen der zirkulären Referenzen möglich. Die Transformation auf jeder Stufe der Referenz lässt sich dabei *»als eine*

Neben der formellen Wissenschaftskommunikation durch Zeitschriftenartikel spielt in den Wissenschaften, wie bereits oben angedeutet, auch der informelle persönliche Austausch zwischen Forschern eine bedeutende Rolle. Über diesen werden nicht nur innerhalb von Institutionen sondern auch über Institutionengrenzen hinweg praktische Methoden vermittelt. Der informelle Austausch unter Wissenschaftlern bietet einige Vorteile, die bereits Herbert Menzel (1973) in sechs Funktionen interpersoneller Wissenschaftskommunikation zusammengefasst hat. Er nennt als Vorteile: 1. Unverzüglichkeit von Informationsinhalten, 2. die gefilterte oder selektive Vermittlung von Informationen, 3. Vorauswahl, Evaluation und Synthese von Informationen, 4. Extraktion von Informationen mit Handlungsfolgen, 5. Vermittlung schwer darstellbarer Inhalte, 6. sofortiges Feedback.

Auch wenn Loeb die Bedeutung formaler Kommunikation höher einschätzte, bediente auch er sich, wie alle anderen Wissenschaftler, informeller Kanäle.[41] Zu diesen gehörten neben persönlichen Treffen vor allem Briefwechsel. Briefwechsel stellen daher für die Epoche Loebs, ähnlich wie Publikationen, eine Möglichkeit dar, Denkkollektive zu rekonstruieren. Die in Briefen auftretenden Kollektive ergänzen die formellen Zitationsnetzwerke um informelle Personenverbindungen.

In Korrespondenzen genannte Personen können im Wesentlichen vier Charakterzüge tragen, die unterschiedliche Beziehungen zum Briefautor auf verschiedenen Ebenen kennzeichnen.

- Zum einen werden Personen genannt, zu denen Briefsender und/oder -empfänger informelle persönliche Kontakte unterhalten, ohne dass sie sich persönlich begegnet sein oder in einem engeren Verhältnis stehen müssen.
- Zweitens spiegelt sich eine Reihe von direkten sozialen Kontakten in Korrespondenzen wider.
- Drittens werden Personen aufgeführt, mit denen sich zumindest einer der Korrespondenzpartner intellektuell so weit auseinandergesetzt hat, dass sie Eingang in einen persönlichen, kommunikativen Austausch finden.
- Viertens tauchen Namen der Zeitgeschichte auf, die in keiner Beziehung zu den Korrespondenten stehen, aber deren Leben in soweit beeinflussen, dass sie Kommunikationsgegenstand sind (z. B. Politiker).

Personen aller Kategorien (die der vierten mit Abstrichen) konstituieren das, was im Folgenden in Anlehnung an die Terminologie Ludwik Flecks und Ergänzung zum formellen Denkkollektiv eines Wissenschaftlers, wie es sich in seinen Zitationen widerspie-

---

Art Gewinn-/Verlustrechnung darstellen: Bei jedem Information erzeugenden Schritt wird etwas gewonnen (Amplifikation) und geht etwas verloren (Reduktion)« (Latour 2002, S. 86). Das letzte Glied in dieser Kette stellt die wissenschaftliche Publikation dar.

41 Vgl. Kapitel 4.1, Anmerkung 1. Eines von vielen Beispielen findet sich in der Korrespondenz zwischen Nathan Zuntz und Loeb. Zuntz besuchte Loeb 1908 in Kalifornien, lernte dort Methoden und berichtete wiederum von seiner Reise vor der Berliner physiologischen Gesellschaft, wo sich »*Morphologen, Kliniker etc. ... lebhaft interessiert*« zeigten, vgl. Zuntz an Loeb, 04. 12. 1908. Diese Vermittlungsprozesse erfolgten im informellen Austausch wie Jahre zuvor die Information über wissenschaftliche Ergebnisse im Rahmen von Loebs Tropismen-Versuchen vor ihrer formellen Publikation (siehe Loeb-Zuntz Korrespondenz, SPK, LOC).

gelt, als das »informelle Denkkollektiv« bezeichnet wird. Dieses informelle Kollektiv steht zum formellen Kollektiv in einem ähnlichen Verhältnis wie der formelle und der informelle wissenschaftliche Austausch auf der Ebene der Wissenschaftskommunikation zueinander stehen. Zur Rekonstruktion des informellen Denkkollektivs Loebs, der informellen, intellektuellen und sozialen Beziehungen, die er zu anderen Wissenschaftlern unterhielt, wurde eine Auswahl seiner Briefe auf die dort genannten Personen hin untersucht. In ähnlicher Weise hätten auch Konferenzprotokolle oder Besucherbücher von Laboren für eine informelle Netzwerkanalyse herangezogen werden können. Die Analyse von Briefen jedoch bietet den entscheidenden Vorteil, dass sich die Netzwerkanalyse mit inhaltlichen Auswertungen koppeln lässt, wohingegen zum Beispiel Teilnehmerlisten nicht mehr als indirekte Hinweise auf einen gemeinsamen Aufenthalt am gleichen Ort liefern können.

Insgesamt wurden 1269 Briefe aus verschiedenen Archiven in die Untersuchung mit einbezogen,[42] die Loeb mit mehr als 60 Wissenschaftlern wechselte (siehe Tabelle 14 im Anhang). Die Briefe wurden transkribiert und in eine Access Datenbank überführt, in der die in den Briefen genannten Personen erfasst, überprüft und ebenfalls elektronisch gespeichert wurden. Analog zum Vorgehen bei der Autoren-Ko-Zitationsanalyse wurden die in den Briefen genannten Personen auf Ko-Nennungen untersucht und mittels CiteSpace einem Pathfinder Network Scaling mit Visualisierung unterzogen, um die Vernetzungen innerhalb des informellen Denkkollektivs von Loeb deutlich zu machen.

Ziel konnte es nicht sein, sämtliche persönlichen Kontakte, die Loeb je hatte, zu erfassen. Vielmehr sollte eine Stichprobe seines Denkkollektives abgebildet werden, mit dem er in informellem Wissenschaftsaustausch durch Briefverkehr stand. Zwar stellt diese hier aus seiner Korrespondenz herauskristallisierte Personengruppe nur einen Bruchteil seiner gesamten Kontakte dar, doch erlaubt das erzielte Sample bereits

- Aussagen über die Zusammensetzung seines informellen Denkkollektivs,
- Aussagen über die sich in diesem offenbarenden Vernetzungen und Verbindungen,
- sowie zuletzt einen Vergleich mit seinem formellen Denkkollektiv, wie es sich in seinen Arbeiten aus der Zitationsanalyse heraus darstellte.

Für die Interpretation der Vernetzungen des informellen Denkkollektives ist es nicht ganz unproblematisch, dass das Korrespondenzsample nicht zufällig erstellt wurde. Familiäre Korrespondenz wurde ausgeschlossen, und das Sample enthält durchweg Briefe, die bereits vorher für die qualitativen Untersuchungen in dieser Arbeit ausgewählt worden waren. Dabei wurden Korrespondenzen herangezogen, die Loeb mit Wissenschaftlern möglichst verschiedener Disziplinen unterhielt (z.B. Briefwechsel mit Wilhelm Roux – Entwicklungsmechanik, Wilhelm Ostwald – Chemie, Christian Herter – Pharmakologie), und es wurde der Versuch unternommen, möglichst viele Jahre der Schaffensperiode Loebs zu erfassen (z.B. Briefwechsel mit Ernst Mach und Nathan Zuntz für die Jahre vor 1890, Svante Arrhenius und Simon Flexner für die Jahre nach 1914). Zuletzt sollte die Korrespondenz auch sein soziales und philosophisches Engagement widerspiegeln (z.B. Briefwechsel mit Paul Carus oder Herman Bernstein) sowie sein Wirken als Zeitschriftenherausgeber (z.B. Briefwechsel mit Ross Harrison oder Thomas

42 10 Briefe von bzw. an Anne Loeb, die ebenfalls vorlagen, wurden nicht in der Netzwerkanalyse berücksichtigt.

Morgan) beinhalten. Das bedeutet, dass diese Vorauswahl der überhaupt vorhandenen Korrespondenzen im vorhinein Einfluss auf das darzustellende Denkkollektiv hat. Dennoch erlaubt die vorhandene Stichprobe fundierte Analysen von Loebs informellen Kontakten und Beziehungsgeflechten. Die Hinzuziehung weiterer Korrespondenzen hätte zwar zu einem weiteren Anwachsen des Kollektivs geführt, es deutet sich aber an, dass der Zuwachs an neuen Personennennungen pro Korrespondenzbestand immer geringer wird. Das bedeutet, dass die Gruppe von Personen, die in der Korrespondenz in Erscheinung tritt, nicht mit jedem neu hinzugezogenen Brief wächst. Vielmehr werden immer wieder Personen genannt, die bereits einmal genannt worden waren. Die Zahl der Briefe, die nötig ist, um die Menge der genannten Personen zu erhöhen, steigt immer mehr. Somit kann davon ausgegangen werden, dass die jetzige Stichprobe bereits ein repräsentatives Sample der Personen enthält, die in Loebs wissenschaftlichem und politischem Denken eine Rolle spielen.

Insgesamt wurden in den 1269 untersuchten Briefen, einschließlich der Korrespondenzpartner Loebs, 898 unterschiedliche Personen genannt. Zur Rekonstruktion ihrer Vernetzung zu einem wissenschaftlichen Denkkollektiv, wie es sich aus den Briefen an Loeb und von Loeb ergibt, wurde eine Ko-Nennungsanalyse analog zur oben beschriebenen Ko-Zitationsanalyse durchgeführt. Gemeinsam in einem Brief genannte Personen wurden als über eine wie auch immer geartete Verbindung als miteinander in Loebs Denken verknüpft angenommen. Die resultierenden Vernetzungsstrukturen wurden auch hier mittels Pathfinder Network Scaling reduziert. Auf diese Weise wird auch Loebs informelles wissenschaftliches Netzwerk synoptisch darstellbar.

Tabelle 8 zeigt die Konfiguration der Netzwerkkonstruktion an, die mittels CiteSpace erstellt wurde. Abbildung 8 zeigt Loebs informelles Denkkollektiv in einer Cluster-Ansicht. Wieder sind die in der Korrespondenz auftretenden Personen – einschließlich der Absender bzw. Empfänger – nicht chronologisch, sondern nach Ko-Nennungsnähe angeordnet. Das erste Jahr der gemeinsamen Erwähnung wird durch die Farbe der Verbindungslinien angedeutet. Auch hier reicht das Spektrum von Blau für die frühen Jahre Loebs in Deutschland ab 1887, über Türkistöne für die Chicagoer Jahre 1892–1902 und Grün für die Jahre in Kalifornien bis 1910 bis zu Hellgrün und Gelb für die Jahre am Rockefeller Institute bis zum Ende des Ersten Weltkrieges und Orangetöne für die Jahre nach dem Krieg bis zu Loebs Tod. Die Größe der die Personen repräsentierenden Knoten gibt Auskunft darüber, wie oft eine Person überhaupt in den Korrespondenzen Loebs erwähnt wurde. Die Farbringe stehen als »Jahresringe« für die 2-Jahres-Abschnitte, in denen die betreffende Person erwähnt wurde. Die Breite des jeweiligen Ringes ist proportional zur Erwähnungshäufigkeit im entsprechenden Zeitraum. Auch in dieser Netzwerkabbildung kennzeichnet ein violetter Rand um einen Knoten Personen mit hohen Betweeness-Zentralitätswerten. Zur besseren Ansicht wurden nur Personen mit mindestens 4 Nennungen namentlich gekennzeichnet. Einige Knoten wurden geringfügig von Hand justiert. Sowohl die einzelnen Zwei-Jahres-Schritte als auch das Gesamtnetzwerk wurden per Pathfinder Network Scaling reduziert. Die angegebenen Zentralitätswerte beziehen sich allein auf Netzwerke mit der angegebenen Konfiguration.

Im Vergleich mit dem formellen Kollektiv von Loebs Zitationsnetzwerk ist augenfällig, dass die Cluster seines informellen Denkkollektives chronologisch und räumlich weniger stark voneinander abgegrenzt sind. Thematische Forschungsfronten, die sich im

Tabelle 8: Konstruktionskonfiguration des Korrespondenz-Ko-Nennungssnetzwerkes in Loebs Correspondence Identity[43]

2-year slices	c I cc I ccv	Eingeschlossene Persönlichkeiten	Knoten	Verbindungen	Biographisches
1887–1888	1 I 2 I 0.2	27	22	97	Straßburg, Berlin, Würzburg, Kiel, Neapel
1889–1890	1 I 2 I 0.2	10	7	16	
1891–1892	1 I 2 I 0.2	28	22	74	
1893–1894	1 I 2 I 0.2	31	27	123	Auswanderung, Bryn Mawr, Chicago, Woods Hole
1895–1896	1 I 2 I 0.2	14	11	31	
1897–1898	1 I 2 I 0.2	35	23	52	
1899–1900	1 I 2 I 0.2	15	10	9	
1901–1902	1 I 2 I 0.2	58	38	82	
1903–1904	1 I 2 I 0.2	123	82	323	Berkeley, Europareise, Ehrendoktoren
1905–1906	1 I 2 I 0.2	167	105	410	
1907–1908	1 I 2 I 0.2	174	107	353	
1909–1910	1 I 2 I 0.2	227	145	576	
1911–1912	1 I 2 I 0.2	168	97	314	Rockefeller Institute
1913–1914	1 I 2 I 0.2	314	177	802	
1915–1916	1 I 2 I 0.2	321	161	387	1. Weltkrieg
1917–1918	1 I 2 I 0.2	315	150	481	
1919–1920	1 I 2 I 0.2	373	188	584	Rockefeller Institute
1921–1922	1 I 2 I 0.2	351	188	575	
1923–1924	1 I 2 I 0.2	209	131	708	

Zeitverlauf bewegen oder weiter entwickeln, lassen sich in seinem informellen Denkkollektiv nicht nachweisen. Im übertragenen Sinne spiegelt sich hier der Umstand, dass soziale Bindungen stabiler zu sein scheinen als Zitationsbeziehungen, so dass sie sich meistens nicht abrupt bei Änderung der Forschungsorientierung verändern. Nichtsdestotrotz lassen sich einige Personengruppen zu sich gegenseitig überschneidenden Clustern zusammenführen, die – wie schon in der Zitationsanalyse – durch die Personen mit hohen Zentralitätswerten verbunden werden. Wiederum spielen gerade diese Personen als Broker bzw. Vermittler zwischen anderen Personengruppen Schlüsselrollen in Loebs Denkkollektiv.

Den höchsten Zentralitätswert im dargestellten Netzwerk weist Wilhelm Ostwald auf (0,64), mit dem Loeb zwischen 1903 und 1915 korrespondierte. Über ihn ist bei-

43 Abkürzungen: c: Schwelle für Nennungen. Eine Person muss einmal zitiert worden sein, um im Sample eingeschlossen zu sein; cc: Schwelle für Ko-Zitationen. Mindestens 2 Ko-Zitationen müssen vorliegen, damit eine Verbindungslinie zwischen zwei Arbeiten angezeigt wird; ccv: Schwelle für den minimalen Ko-Zitationskoeffizienten (Cosinus).

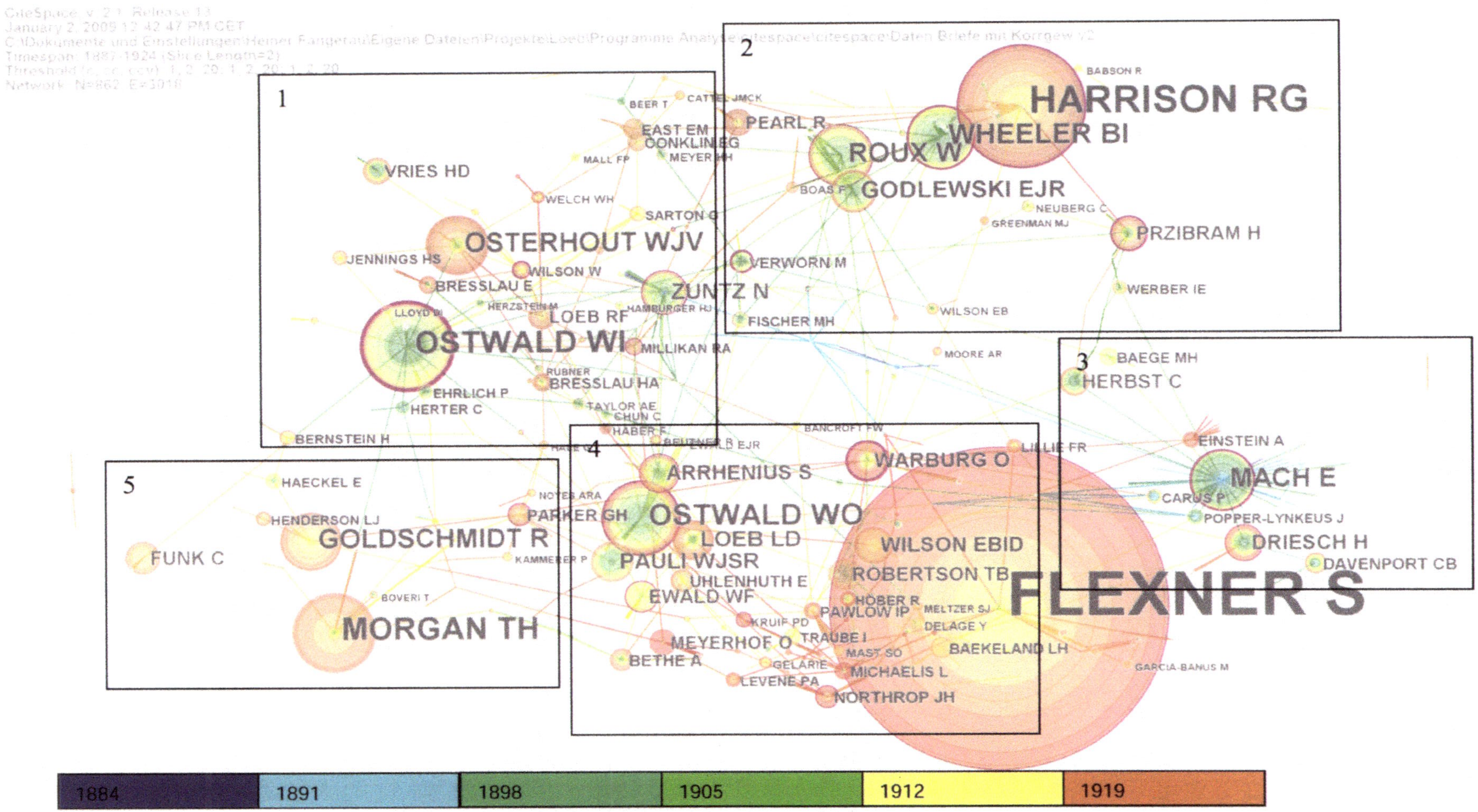

Abbildung 8: Loebs informelles Denkkollektiv 1887–1924

nahe jedes andere Cluster erreichbar, und in seiner räumlichen Umgebung erschließt er nicht nur eine internationale Gruppe von chemisch arbeitenden Wissenschaftlern verschiedener Disziplinen (z. B. Paul Ehrlich, Christian Herter), sondern auch als einen wichtigen politischen Akteur, der auf die Beziehung zwischen Loeb und Ostwald indirekten Einfluss hatte, den Präsidenten der USA Woodrow Wilson. Dieser erreicht in Loebs informellem Denkkollektiv als externer Einflussfaktor einen Zentralitätswert von 0,21. Darüber hinaus eröffnet sich über den physikalischen Chemiker Ostwald eine Gruppe um den von Loeb sehr geschätzten Physiker Robert Millikan (Centrality 0,12).

Räumlich nahe an Ostwald, aber nicht direkt mit ihm verbunden, ist im Netzwerk Loebs Mentor Nathan Zuntz (Centrality 0,18) verortet. Mit ihm hatte Loeb nicht nur bis zu seinem Tod 1919 steten Kontakt, sondern der Physiologe Zuntz übernahm auch die Rolle des Apologeten der Loebschen Ansätze zur Entwicklungsphysiologie in Deutschland. Diese Mehrfachfunktion von Zuntz als Freund, Ratgeber und Förderer Loebs ist im dargestellten Netzwerk dadurch gekennzeichnet, dass seine Mittlerrolle nicht nur frühe und mittlere Jahre des Wirkens Loebs umfasst, sondern dass er auch im Netzwerk zwischen heterogenen Personengruppen wie Physiologen (z. B. Engelmann), Chemikern (Arrhenius) und Medizinern (Neisser, Hirschberg) vermittelt.

Die im Uhrzeigersinn folgende größere zusammenhängende Personengruppe ist ebenfalls heterogen. Dieses Cluster umfasst ca. 180 Personen und wird von Max Verworn (0,29), Hans Przibram (0,27), Ross Harrison (0,22), Benjamin Wheeler (0,22) und Wilhelm Roux (0,17) dominiert. Zeitlich umfasst sie die Jahre zwischen Loebs Auswanderung in die USA 1891 und seinem Tod 1924. In den Jahren zwischen 1901 und 1911 ragen besonders Benjamin Wheeler (Centrality 0,22) und Wilhelm Roux (Centrality 0,17) aus der Gruppe heraus. Benjamin Wheeler hatte als Präsident der University of California Loeb nicht nur nach Berkeley berufen, sondern ihm dort auch viele Türen geöffnet und Kontakte mit Wissenschaftlern und Sponsoren verschafft. Wilhelm Roux wiederum sah in Loeb einen transatlantischen Verbündeten im Einsatz für seine Entwicklungsmechanik, die Loeb durch seine Artifizielle Parthenogenese und Hybridisierungsversuche gerade in den Jahren zwischen 1899 und 1910 entscheidend mitprägen konnte. Roux hoffte lange Zeit, Loeb an einer deutschen Universität platzieren zu können, weshalb er ebenfalls mehrere Kontakte für Loeb erschloss. Dabei konkurrierte Roux unter anderem mit Ernst Haeckel, der eher Max Verworn auf einem physiologischen Lehrstuhl sehen wollte, den Roux wiederum für keinen geeigneten Kandidaten hielt. Auch aus dieser »Lagerbildung« heraus lässt sich Roux' Rolle als Mittler mit hoher Zentralität erklären.[44] Gerade jener Max Verworn wiederum, mit dem Loeb anscheinend keine eigene Korrespondenz unterhielt, weist einen relativ hohen Zentralitätswert (0,29) in Loebs informellem Denkkollektiv auf. Neben der Konkurrenz um einen Lehrstuhl in Deutschland vor 1910 setzte Loeb sich mit Verworn insbesondere in der Frage der Grundausrichtung der Allgemeinen Physiologie auseinander. Loeb fühlte sich und

44 Neben dem Umstand, dass Roux versuchte, Loeb auf deutschen Lehrstühlen zu platzieren (Roux an Loeb 28. 11. 1908, Zuntz an Loeb, 4. 12. 1908, LOC), erwähnt er ihn in seinen Lebenserinnerungen explizit als herausragenden amerikanischen Vertreter entwicklungsmechanischer Ansätze (Roux 1923).

seine Leistungen von Verworn ignoriert. Auch teilte er viele Ansichten Verworns nicht, weil er sie als zu »holistisch« ablehnte.[45]

Mit Hans Przibram (0,27) und Emil Godlewski (0,09) weist das Cluster zwei weitere europäische Wissenschaftler aus, die aber im Gegensatz zu Verworn ihre eigene Forschung an Loeb orientierten, mit ihm darüber kommunizierten und deshalb eine wichtige Rolle in seinem Denkkollektiv einnahmen. Ihr Kontakt mit Loeb setzte erst nach 1902 ein, überdauerte aber jeweils den Ersten Weltkrieg. So vermittelte zum Beispiel Przibram Mitarbeiter (wie Knaffl-Lenz) zur Ausbildung an Loebs Laboratorium und diskutierte wissenschaftliche sowie forschungspolitische Themen mit ihm. Dies erklärt auch seine Verbindung zur letzen wichtigen Person in diesem Cluster, dem Biologen Ross Harrison. Harrison spielte für Loebs Denken und Handeln vor allem in den Jahren zwischen 1917 und 1920 eine zentrale Rolle, da Loeb während des Krieges versuchte, in den USA gestrandete europäische Wissenschaftler über Harrison an dessen Laboratorium nach Yale zu vermitteln. Zu diesen gehörten unter anderen auch ehemalige Mitarbeiter von Przibram. Darüber hinaus spielte Harrison für Loeb eine bedeutende Rolle in der Frage der Wissenschaftspolitik während des Krieges, da Loeb in Harrison einen Geistesverwandten sah, der wie er die Forschung über den Krieg stellen wollte. Harrison agierte als Vermittler zwischen Loeb und den anderen Mitherausgebern des Journal of Experimental Zoology, als sie den Umgang mit der Arbeit Seilers diskutierten (vgl. Kapitel 3.3.2.2 Engagement für die internationalen Wissenschaftsbeziehungen).

Das dritte, etwa 90 Personen umfassende Cluster steht ganz unter dem Einfluss Ernst Machs (Centrality 0,28) und Hans Drieschs (0,13). Ernst Mach bestimmt die frühen Jahre ab 1887 und eröffnet vielfältige Kontakte, die Naturwissenschaftler und Philosophen verschiedener Nationalität umfassen. Neben dem Kontakt zu Popper-Lynkeus vermittelte Mach insbesondere zum Zeitpunkt von Loebs Emigration die Verbindung zu den amerikanischen Monisten um Paul Carus (vgl. Kapitel 3.3.1.1 Einsatz für die Weltanschauung). Als Loeb 1902 begann, sein neues Laboratorium in Kalifornien aufzubauen, versuchte er, die relative Isolation des amerikanischen Westens dadurch zu überwinden, dass er eine Reihe europäischer Wissenschaftler zu sich an seine neue Wirkungsstätte einlud. Auch zu diesem Zeitpunkt war Ernst Mach das Bindeglied, über das Loeb die Kontakte nach Europa pflegte. So lud Loeb zum Beispiel über Mach Wolfgang Pauli ein, an die neue Medizinische Fakultät nach Berkeley zu kommen, oder er bat Mach, dem Wiener Physiologen Theodor Beer, der ähnlich wie Loeb mechanistische Vorstellungen von sinnesphysiologischen Prozessen vertrat, mitzuteilen, dass er das Land des »ewigen Sonnenscheins« für ihn gefunden habe und er sich freuen würde, Beer in seinem Laboratorium zu sehen.[46]

---

45 Vgl. die Ausführungen zu Verworn in Kapitel 4.1.1 Loebs »Psychologie« des Zitierens.

46 Loeb an Mach 21. 02. 1903, DMM. Theodor Beer war in Wien Anfang 1904 beschuldigt und angeklagt worden, zwei minderjährige Jungen sexuell belästigt zu haben. Es scheint sich hier um eine Rufmordkampagne gehandelt zu haben, in der Beer selbst eher ungeschickt agierte (Mildenberger 2005). Beer begab sich auf eine Weltreise, und Mach selbst bat Loeb in einem vertraulichen Brief, in dem er die Schuldfrage offen ließ, Beer in Amerika insbesondere bei der Suche nach einer wissenschaftlichen Anstellung zu helfen (Mach an Loeb, undatiert; Mach an Loeb 13. 08. 1904, LOC). Beer suchte Loeb in der Folge auch in seinem Laboratorium auf

Hans Driesch wiederum nimmt eine Sonderrolle ein, da er zum einen Loeb sein ganzes Leben lang als sozialer Kontakt begleitete, zum anderen aber dabei in drei unterschiedlichen Lebensphasen verschiedene inhaltliche Bedeutungen für Loeb hatte und somit entsprechend divergente Personenkreise erschloss. Zunächst waren Driesch und Loeb in den 1890er Jahren einander in Bezug auf ihre Forschung sehr nahe, da beide entwicklungsmechanische Methoden anwandten und voneinander übernahmen. Nach Drieschs Hinwendung zur Philosophie und zum Neovitalismus bestimmten diese die kognitive Auseinandersetzung Loebs mit Driesch. Nach dem Ersten Weltkrieg zuletzt tauschten sich Loeb und Driesch vor allem über Möglichkeiten der Forschungsförderung für deutsche Wissenschaftler und die politischen Verhältnisse an den deutschen Universitäten aus.

Das nächste Cluster wird rein optisch durch Simon Flexner (Centrality 0,15) dominiert. Als Direktor des Rockefeller Institute for Medical Research spielt Flexner für Loeb ab 1910 eine zentrale Rolle. Über ihn laufen in dieser Zeit beinahe alle wissenschaftlichen Außenkontakte und allem voran sämtliche Hilfsversuche für ausländische Forscher während und nach dem Kriege. Allein die Quantität der ausgetauschten Korrespondenz belegt Flexners herausragende Position in Jacques Loebs Leben nach 1910. Von Loebs Mitarbeitern am Rockefeller Institute ragen Wolfgang Ewald (0,12), Paul de Kruif (0,11) und Howard Northrop (0,11) im untersuchten Sample als Personen von hoher Zentralität heraus. Howard Northrop war nach 1914 Loebs rechte Hand. Über Ewald liefen vor 1914 einige von Loebs Kontakten nach Deutschland. Der Bakteriologe und spätere Schriftsteller Paul de Kruif betrachtete Loeb als seinen Mentor und berichtete ihm ausführlich von einer Europareise, wobei er in seiner Darstellung des »European gossip«[47] mehrere kognitive Kontakte in Loebs Denkkollektiv, die vor dem Krieg bestanden hatten, revitalisierte.

Auch die Bedeutung von Loebs ehemaligem Assistenten in Kalifornien (1904–1906), dem Sohn Wilhelm Ostwalds Wolfgang wird in der Grafik deutlich. Wolfgang Ostwald (Centrality 0,20) erschließt auf der einen Seite ein Kollektiv deutscher Kolloidchemiker (z. B. Wolfgang Pauli), auf der anderen Seite stellt er ein wichtiges Bindeglied zu dem Freund seines Vaters Svante Arrhenius dar (Centrality 0,19), mit dem Loeb vor allem nach 1919 Fragen der Forschungspolitik und die der »deutschen Wissenschaft« erörterte. Gerade Wolfgang und Wilhelm Ostwald dienten Loeb hierbei immer wieder als Beispiel für die negativen Seiten der »deutschen Wissenschaft« (vgl. Kapitel 2.2.2 Kontroversen und 3.3.4.1 Einsatz gegen die Kolloidchemie), und Loeb hoffte, mit dem

(Popper-Lynkeus an Loeb 24. 08. 1904, LOC), ließ sich im Ort von Loebs Laboratorium Pacific Grove nieder, schien dann aber Persönlichkeitszüge entwickelt zu haben, die Loeb nicht behagten. Er bezeichnete sich als Graf Hällenberg und tat so, als würde er Loeb nicht kennen. Loeb war wenig begeistert. In einem Brief an Mach urteilte er, Beer sei »in Bezug auf Wahrheitsliebe« nicht sehr ernst zu nehmen und gehöre »ins kapitalistisch-reactionäre Lager« (Loeb an Mach 23. 08. 1905, DMM). In Übereinstimmung mit dieser Einschätzung schrieb auch Wolfgang Pauli über seinen alten Freund Beer an Loeb: *»Er ist eines der Opfer des Übermenschentums von Nietzsche, welches der eigenen Person alles gestattet, ohne die Freiheit des anderen zu achten.«* (Pauli an Loeb 18. 06. 1906, LP).

47 Loeb an de Kruif 26. 06. 1923, LOC.

Schweden Arrhenius einen Verbündeten im Kampf gegen eine deutsche Hegemonialstellung in den Wissenschaften gefunden zu haben. Nicht zuletzt stellt sich über Arrhenius eine Verbindung zu Otto Warburg dar, der vor allem nach dem Weltkrieg für Loeb das Paradebeispiel eines deutschen Wissenschaftlers war, der die in seinen Augen »richtige« Richtung der Wissenschaft verfolgte. Warburg (Centrality 0,40) wurde schon seit etwa 1910 von Loeb sehr geschätzt.[48] Er verbindet in Loebs Denkkollektiv mehrere zentrale Personen und die sie umgebenden Cluster miteinander, weshalb ihm eine Schlüsselrolle in Loebs Denken ab 1910 zuzukommen scheint. Er weist nicht nur Verbindungen zu beispielsweise Driesch oder Arrhenius auf und verbindet damit Entwicklungsfragen mit chemischen Ansätzen, sondern er erschließt über die Person des Zoologen George Howard Parker (Centrality 0,20), der für Loeb als Autor seiner Monograph Series of Experimental Biology und Mitherausgeber des Journal of Experimental Zoology von Bedeutung war, auch die Gruppe der Genetiker im letzten Cluster um Thomas Morgan (0,10) und Goldschmidt (0,08).

Zusammenfassend ist festzuhalten, dass sich aus der Topographie des informellen Denkkollektives Loebs die für ihn zentralsten Personen eines Untersuchungssamples ableiten lassen. Diese müssen nicht notwendiger Weise mit den am häufigsten genannten Personen übereinstimmen. Das bedeutet, dass in der Betrachtung eines Denkkollektives als Netzwerk nicht unbedingt die Personen mit vielen Briefkontakten oder vielen Nennungen auch die wichtigsten für Denkzusammenhänge sind, sondern dass es vor allem auch auf solche Personen ankommt, die Schlüsselpositionen als Vermittler zwischen anderen Personengruppen, Denkzusammenhängen oder zeitlichen Epochen bzw. einzelnen Lebensphasen eines Wissenschaftlers einnehmen (s. o.). Im Vergleich zu seinen Zitationen fällt auf, dass die von Fleck angenommenen Beharrungstendenzen in Denkkollektiven innerhalb des informellen Denkkollektives wesentlich stärker ausfallen als im formellen Zitationsnetzwerk. Während die Zitationen als intellektuelle Grundlage der Forschungsfront sich mit Themenwechseln dramatisch verändern, bleibt das informelle Denkkollektiv mit stabileren sozialen Beziehungen relativ konstant. Selbst nach Abbruch der persönlichen Beziehungen mit zum Beispiel Wilhelm und Wolfgang Ostwald bleiben diese Personen in Loebs informellem Kollektiv über Nennungen in der Korrespondenz präsent.

Gegenüber klassischen hermeneutischen Methoden der Geschichtswissenschaft bietet diese empirische, quantitative Ergänzung den Mehrwert, dass sich mit ihr eine Topographie der von Loeb herangezogenen Autoren bestimmen lässt, die relativ genau synoptisch viele Wissenschaftler erfasst und dabei auch randständigere Personen mitberücksichtigt. Über das Registrieren dieser Kollektivanteile werden Bereiche von Kollektiven dargestellt, die ansonsten unter Konzentration auf klassische Methoden einer »Gipfelsammlermyopie« zum Opfer fallen würden.[49] Da sie nicht auf den ersten Blick prominent erscheinen, werden sie ignoriert. Vor allem aber schaltet die Methode Artefakte der selektiven Wahrnehmung aus. Nicht nur schon bekannte, besonders interessante oder von Loeb als zentral charakterisierte Kollektivanteile werden in die Darstellung eingeschlossen, sondern auch

48 Zu Warburg, seiner Forschung und seiner Beziehung zu Loeb vgl. Werner (1996b).

49 Ein Bergsteiger, der Berge nur besteigt, um möglichst viele Bergspitzen erstiegen zu haben, dabei aber die Szenerie um sich herum ignoriert, leidet unter einer »Gipfelsammlermyopie«.

unscheinbare, aber wichtige, weil häufig im »Hintergrund« mitlaufende (mitzitierte) Personen werden erfasst. Dieses Element kann wiederum heuristisch genutzt werden, indem die inhaltliche Analyse nach Detektion dieser »stummen« Kollegen gerade diese in Augenschein nimmt. Artefakte der retrospektiven Bestandsaufnahme, die sich durch den Fehlschluss der Konzentration auf »crucial experiments« oder »crucial figures« ergeben, werden mittels der quantitativen, visualisierenden Methode der Zitations- oder Korrespondenznetzwerkanalyse – nicht zuletzt deren Zentralitätsmaße – minimiert.[50]

In letzter Konsequenz eröffnet sich durch die Rekonstruktion von formellen und informellen Denkkollektiven in diachroner Betrachtung eine Analysemöglichkeit, die sich auf die Veränderung von Zitier- und Nennhäufigkeiten konzentriert. Eine solche Untersuchung erlaubt Rückschlüsse auf sich verändernde Wissensinhalte und die ihnen zu Grunde liegenden Netzwerke sowie die damit verbundenen Kontakte und Ausdifferenzierungen innerhalb der Wissenschaften (van Raan 2000; Chen 2006). Liebgewonnene Narrative über konkrete innerwissenschaftliche oder interkulturelle Transferprozesse in den Wissenschaften lassen sich so überprüfen, herausfordern und gegebenenfalls modifizieren. Die Rolle einzelner Protagonisten in Netzwerken und Denkkollektiven kann dabei neu gedacht und beschrieben werden, weil die Pathfinder Network Abbildungen eben Strukturen darstellen, die nach Erklärungen verlangen. Dieses heuristische Element führt wiederum zu weiteren Fragen, die in qualitativen Untersuchungen an die zur Verfügung stehenden Quellen gestellt werden können. Gegenseitige Plausibilitätstests werden ermöglicht und Narrative validierbar.

4.1.7 Verbindungen zwischen informellem und formellem Denkkollektiv

Eine häufig aufgeworfene Frage in der Wissenschaftsforschung lautet, ob Zitationen soziale Strukturen widerspiegeln. Besonders Informationswissenschaftler sind dieser Frage nachgegangen, indem sie Zitationsanalysen mit Techniken der sozialen Netzwerkanalyse verbanden. In diese Studien flossen sowohl Untersuchungen von sozialen Beziehungen als auch von Kommunikationsdaten ein (Marion, Garfield et al. 2003). Um intertextuelle Vernetzungen über Zitate dabei mit sozialen Daten zu kombinieren, unterschieden diese Studien im Wesentlichen zwischen 1. rein sozialen Bekanntschaften, die nicht zusätzlich noch durch gemeinsame inhaltliche (wissenschaftliche) Interessen gekennzeichnet sind, 2. rein intellektuellen Bindungen zwischen Personen, die explizit nicht mit sozialen Bekanntschaften einhergehen und 3. soziokognitiven Bindungen, die sich durch eine Überschneidung beider Bereiche auszeichnen. Eines der häufigsten und erwartbaren Ergebnisse derartiger Studien scheint zu sein, dass intellektuelle Bindungen, die sich aus geteilten Inhalten ergeben, stärkere Prädiktoren für das Zitierverhalten bilden als inhaltsneutralere Beziehungen wie »Freundschaften« (White, Wellman et al. 2004).

50 Gegen die Gipfelsammlermyopie und gegen die Konzentration auf zentrale Momente in der Wissenschaftsgeschichte sowie für den Versuch, das »Chaos« um diese Gipfel herum als Szenerie mittels verschiedenster Methoden zu erfassen, argumentiert zum Beispiel exemplarisch im Rahmen einer Übersichtsartikel-Analyse zur Regenerationsforschung 1885–1901 Churchill (1991, S. 115, 123ff.).

Die Spiegelung sozialer Strukturen in Zitationen lässt sich historisch nicht leicht überprüfen, da nur wenige Quellen direkte Auskunft über die Form von Beziehungen geben. Geht man aber von der Annahme aus, dass in den Korrespondenzen genannte Personen zum Teil auch entsprechende soziale Beziehungen pflegen und so das informelle Denkkollektiv auf eine Beziehungsebene zurückzuführen sei, dann bietet der Vergleich von Zitationsnetzwerk und informellem Korrespondenznetzwerk eine Annäherungsmöglichkeit an die Frage der Verbindung von sozialen Beziehungen und Textvernetzungen. Zumindest aber lässt sich das Verhältnis von informellem und formellem Denkkollektiv Loebs im bereits dargestellten Verständnis rekonstruieren.

Von den 898 in Loebs Auswahlkorrespondenz genannten Personen wurden 242 auch in Loebs Arbeiten als Erstautoren zitiert. Das entspricht einem Anteil von 27% (242/898). Umgekehrt erwähnt Loeb 29% der von ihm in seinen Veröffentlichungen zitierten 823 Personen auch in seinen Briefen (242/823), was darauf hindeutet, dass er sich mit diesen Personen, wenn er sie auch nicht in jedem Fall persönlich kannte, doch näher auseinander gesetzt hat.

Der Überschneidungsanteil steigt, wenn nur die am häufigsten in seiner Korrespondenz genannten Personen betrachtet werden. 25 der 30 am häufigsten in der Korrespondenz genannten Personen sind auch in Loebs Arbeiten als Erstautoren zitiert (83%). Die 32 in der Korrespondenz am häufigsten genannten Personen (mit mindestens 16 Erwähnungen ohne Mitzählung der Korrespondenzpartner) sind mit der Zahl der Briefnennungen und der Anzahl der Nennungen als Erstautor in Publikationen in Tabelle 9 aufgelistet.

Ihre ganze Kraft als Stütze für heuristische Zugänge entfaltet die quantitative Briefanalyse, wenn Betrachtungszeiträume und Entwicklungen nachgezeichnet werden. Um beispielsweise der Frage nachzugehen, wie der Erste Weltkrieg und die folgenden Friedensverhandlungen, die zum Versailler Vertrag führten, Einfluss auf Loebs in den Briefen auftretendes Denkkollektiv ausübten, und um auf diese Weise die Befunde und Schlussfolgerungen des Kapitels »Biologie und Krieg« zu stützen oder als selektive Wahrnehmung zu entlarven, bietet es sich an, Veränderungen im genannten Kollektiv zum Beispiel vor und nach 1919 zu vergleichen. Zu diesem Zweck sollten nicht die Rohzählungen der Personennennungen oder Zitationen herangezogen, sondern, um eine Vergleichbarkeit zwischen den beiden unterschiedlich langen Untersuchungsperioden herzustellen, die jeweiligen relativen Verhältniswerte als Grundlage der Darstellung gewählt werden. Verglichen werden im Folgenden jeweils sowohl für die Nennungen in den Briefen als auch für die Zitierungen folgende Quotienten:

$$\frac{\Sigma \textit{ Briefnennungen einer Person } 1887\text{–}1919}{\Sigma \textit{ Briefnennungen aller Personen } 1887\text{–}1919} = \textit{B Quotient } 1887 \textit{ bis } 1919$$

$$\frac{\Sigma \textit{ Briefnennungen einer Person } 1920\text{–}1924}{\Sigma \textit{ Briefnennungen aller Personen } 1920\text{–}1924} = \textit{B Quotient } 1920 \textit{ bis } 1924$$

$$\frac{\Sigma \textit{ Zitierungen einer Person } 1884\text{–}1919}{\Sigma \textit{ Zitierungen aller Personen } 1884\text{–}1919} = \textit{Z Quotient } 1884 \textit{ bis } 1919$$

$$\frac{\Sigma \textit{ Zitierungen einer Person } 1920\text{–}1926}{\Sigma \textit{ Zitierungen aller Personen } 1920\text{–}1926} = \textit{Z Quotient } 1920 \textit{ bis } 1926$$

Tabelle 9: Die 30 in Loebs Korrespondenz meistgenannten Personen mit Zeitraum der Nennung und Anzahl der Zitierungen in seinem Gesamtwerk.

Rang	Name	Anzahl Nennungen	Erstjahr der Nennung	Letztes Jahr d. Nennung	Anzahl Zitierungen
1	Osterhout, Winthrop J. V.	61	1903	1924	10
2	Flexner, Simon	47	1903	1923	2
3	Ostwald, Wilhelm	44	1898	1920	7
4	Loeb, Leonard	41	1904	1924	–
5	Warburg, Otto	36	1909	1923	24
6	Morgan, Thomas Hunt	36	1904	1922	24
7	Robertson, T. B.	32	1906	1919	23
8	Ostwald, Wolfgang	32	1903	1923	19
9	Arrhenius, Svante	29	1903	1922	11
10	Loeb, Robert F.	27	1906	1924	2
11	Mach, Ernst	25	1898	1924	17
12	Herbst, Curt	24	1898	1920	32
13	Uhlenhuth, Eduard	24	1913	1923	2
14	Northrop, John H.	22	1917	1924	17
15	Parker, George H.	22	1913	1922	8
16	Roux, Wilhelm	20	1898	1920	15
17	Verworn, Max	20	1897	1922	11
18	Conklin, Edwin Grant	20	1907	1921	6
19	Pauli, Wolfgang (Josef) sr.	19	1899	1922	30
20	Michaelis, Leonor	19	1909	1924	19
21	Wheeler, Benjamin I.	19	1903	1917	–
22	Lillie, Frank R.	17	1914	1922	18
23	Höber, Rudolf	17	1907	1923	13
24	Fischer, Martin H.	17	1902	1922	12
25	East, Edward Murray	17	1918	1921	–
26	Jennings, H. S.	16	1900	1922	7
27	Levene, Phoebus Aaron	16	1911	1924	2
28	Harrison, Ross G.	16	1909	1922	–
29	Popper-Lynkeus, Josef	16	1890	1916	–
30	Millikan, Robert Andrews	16	1916	1922	–
31	Werber, Issak E.	16	1907	1919	–
32	Henderson, Lawrence	16	1913	1922	2

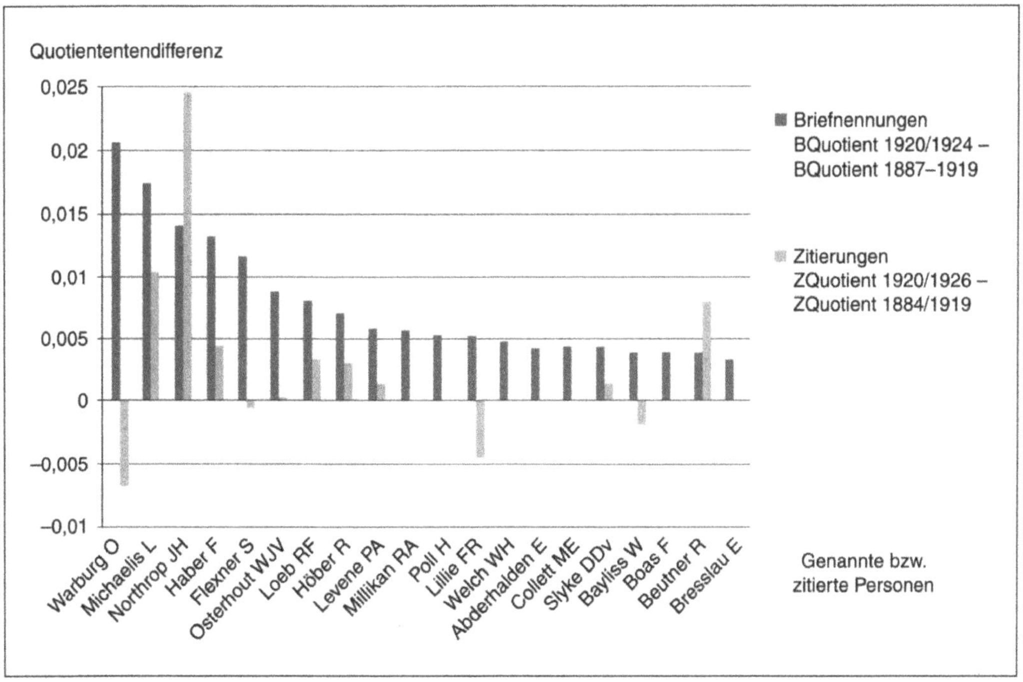

Abbildung 9: Das Diagramm zeigt 20 Personen, die schon vor 1919 in Loebs Korrespondenz genannt wurden und deren Auftreten in Loebs Korrespondenz nach 1919 verhältnismäßig am stärksten zugenommen hat mit der (verhältnismäßigen) positiven bzw. negativen Entwicklung der Zitationshäufigkeit

Die Differenz aus diesen beiden Quotienten erlaubt es, die im Vergleich der beiden gewählten Zeiträume verhältnismäßig stärkste Veränderung in der Anzahl der Nennungen einer Person in der Korrespondenz beziehungsweise der Zitierungen zu ermitteln und diese in Form eines Balkendiagramms darzustellen. Die Abbildung 9 zeigt die 20 Personen, deren Nennung in der Korrespondenz nach 1919 verhältnismäßig am stärksten im Vergleich zum vorigen Zeitraum zugenommen hat.

Die Kopplung dieser quantitativen Werte mit der inhaltlichen Analyse von Loebs Briefen ergibt nun in einer exemplarischen Interpretation, dass Warburg und Michaelis verhältnismäßig häufiger nach 1919 genannt werden als vorher, da Loeb versuchte, für sie und ihre Forschung Gelder und Stipendien zu erhalten. Warburgs Zitierhäufigkeit sinkt gleichzeitig, da Loebs Forschung nach 1919 sich ganz auf das kolloidale Verhalten der Proteine und die quantitative Erfassung von Regenerationsvorgängen konzentrierte, und er somit das vorher mit Warburg geteilte Interesse an Oxidationsvorgängen an Membranen etwas zurückgestellt hatte. Michaelis hingegen, dessen Forschungen zu Proteinreaktionen sich mit Loebs Projekten deckten, wird häufiger zitiert als zuvor. Die Verbindung zwischen sozialer (informeller) und intellektueller (formeller) wissenschaftlicher Beziehung ist in diesen Fällen eine direkte: Loeb schätzt die beiden Wissenschaftler wegen ihrer Forschungsphilosophie und ihrer Umsetzung seiner technisch-biologischen Gedanken, will sie daher fördern und integriert ihre Arbeiten gleichzeitig in seine Veröffentlichungen. Im fraglichen Zeitraum zitiert er zwar nur die Arbeiten von Michaelis, Warburgs Arbeiten allerdings hatte er vorher regelmäßig zitiert.

Loebs Assistent, der spätere Nobelpreisträger John H. Northrop, wird nach 1919 häufiger genannt und zitiert als vor 1919, da Loeb und Northrop nach 1919 besonders eng zusammen an gemeinsamen Projekten arbeiteten. Auch hier besteht eine direkte Beziehung zwischen Zitation und sozialem Kontakt. Das gleiche gilt für Loebs zweiten Sohn Robert,[51] der nach seinem Medizinstudium mit Loeb zusammen eine Arbeit veröffentlichte und in diesem Kontext von ihm zitiert wird, und gleichzeitig als sein Sohn, auf dessen berufliche Entwicklung Loeb einen gewissen Stolz empfindet, öfter in der Korrespondenz genannt wird. Methodisch ist bei derartigen Überlegungen natürlich zu berücksichtigen, dass Lebensdaten und Generationsfolgen die bibliometrischen Befunde sowie die Veränderungen von Erwähnungen in einem Briefkorpus wesentlich beeinflussen. Ein verstorbener Wissenschaftler kann in relative Vergessenheit geraten, und ein plötzliches Ansteigen der Zitierhäufigkeit einer Person zu einem Zeitpunkt kann ihre Ursache einfach in dem Umstand haben, dass sie erst zu dieser Zeit wissenschaftlich aktiv wurde.

Fritz Haber, Simon Flexner und Heinrich Poll werden insbesondere im Zusammenhang mit der Förderung für deutsche Wissenschaftler nach dem Krieg in den Briefen häufiger erwähnt. Poll war Rassenhygieniker, seit 1922 Vorsitzender des Hilfsausschusses der Rockefeller Foundation für Deutschland und als solcher mit zuständig für die Mittelzuweisung der Stiftung an deutsche Forscher. Er wird von Loeb weder vor noch nach 1919 zitiert, da die beiden keinerlei intellektuelle Wissenschaftsbeziehung, sondern nur die Verbindung über Fördermittel aufweisen. Fritz Haber war Mitbegründer der »Notgemeinschaft der Deutschen Wissenschaft«[52] (Vorläufer der Deutschen Forschungsgemeinschaft) und hatte für kurze Zeit ebenfalls als Mitglied des Hilfsausschusses fungiert. Er reiste 1923 nach Amerika, um dort Gespräche über Forschungsförderung u.a. mit Simon Flexner zu führen. Aus der Vor- und Nachbereitung dieses Besuches resultieren die häufigen Briefnennungen Habers, denen eine Zitationsentsprechung in Loebs Texten fehlt. Loeb zitiert von Haber nur eine Arbeit, diese aber nach 1919 im Zusammenhang mit dem Einfluss von H- und OH-Ionen an Phasengrenzen. Ein Zusammenhang zwischen sozialen und intellektuellen Beziehungen besteht in diesen Fällen nicht. Ähnlich verhält es sich u.a. auch mit Franz Boas, den Loeb in den Briefen mehrfach erwähnt, weil Boas nach dem Krieg einen Fonds zur Unterstützung europäischer Wissenschaftler gegründet hatte, dem Loeb kritisch gegenüber stand. Zitationsbeziehungen bestehen zwischen Loeb und Boas, zumindest aus Loebs Perspektive, nicht.

Derartige Analysen lassen sich fortführen und variieren. Zum Beispiel ergibt die Fokussierung auf die verhältnismäßig starke Abnahme von Loebs Zitierungen einzelner Autoren ebenfalls interessante Aspekte zu den sozialen Verbindungen, die Loeb mit diesen Personen unterhielt. Auch hier ist, wie in den vorher dargestellten Ansätzen, eine Grundvoraussetzung für die Interpretation, dass quantitative Analysen mit qualitativen verbunden werden. Abbildung 10 zeigt die 20 Personen, deren Zitierhäufigkeit nach

51 Zu Robert F. Loeb siehe Bearn (1978).

52 Vgl. u.a. Marsch (1994).

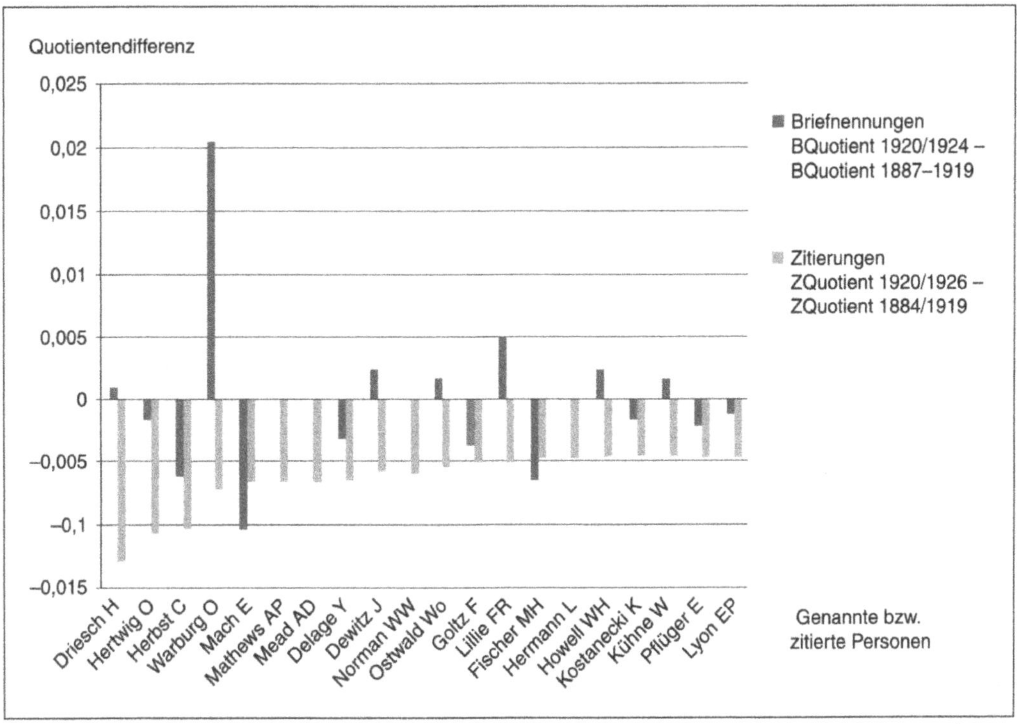

Abbildung 10: Das Diagramm bildet die 20 Personen ab, deren Zitationshäufigkeit in Loebs Veröffentlichungen nach 1919 im Vergleich zu vorher verhältnismäßig am stärksten abgenommen hat mit der verhältnismäßigen positiven bzw. negativen Entwicklung der Häufigkeit der Nennungen in Loebs Korrespondenz.

1919 verhältnismäßig am stärksten im Vergleich zum vorigen Zeitraum abgenommen hat, in Verbindung mit der Entwicklung der Häufigkeit ihrer Briefnennungen.

Aus dieser Darstellung wird zum Beispiel deutlich, dass Driesch, Hertwig, Herbst und Warburg wegen der Veränderung von Loebs Forschungsprofil weniger zitiert werden als im Zeitraum vor 1919, zu Warburg dabei aber – im Gegensatz zu den drei Entwicklungsbiologen – aus den oben geschilderten Gründen nach 1919 stärkere soziale Beziehungen als vorher bestehen. Driesch hatte sich überdies der Philosophie zugewandt und einem Neovitalismus verschrieben, was das persönliche Verhältnis von Driesch und Loeb zwar nicht belastete, aber Driesch für Loeb nicht mehr zitierbar machte.

Ernst Mach starb 1919, was die starke Abnahme der informellen Bindung erklärt. Loebs stärkere Fokussierung auf den Mechanismus und die inhaltliche Abwendung von Mach auf Grundlage von Loebs Akzeptanz des Atomismus (s. o.) bedingen die Abnahme der Zitierungen. In diesem Fall besteht keine Verbindung zwischen der nach 1919 geringeren Zitier- und Briefnennungshäufigkeit.

Die Gegenläufigkeit der Zunahme von Briefnennungen bei gleichzeitiger Abnahme der Zitierungen im Falle von J. Dewitz offenbart, dass auch diese Gegenläufigkeit eine gleichzeitige Ursache haben kann, die unter Umständen aber auch als Artefakt der ausgewählten Quellen gedeutet werden könnte. Arbeiten von Dewitz wurden vor 1919 regelmäßig in Loebs Tropismenforschungen zitiert. Nach 1919 taucht Dewitz nicht mehr in Loebs Publikationen auf, da Loeb dieses Arbeitsfeld nach der Veröffentlichung seiner Monographie über »Forced Movements« (Loeb 1918c) erst einmal ruhen ließ. In der Korrespondenz mit Harrison empfahl Loeb allerdings einem der Autoren, der ein Manuskript zur Publikation im Journal of Experimental Zoology eingereicht hatte, die Lektüre einer Dewitz-Arbeit. In einer Rückfrage um die Angabe des genauen Zitats gebeten, musste Loeb zugeben, dass er dieses auch nicht mehr kannte. Aus diesem Wechselspiel in den Briefen ergibt sich eine Situation, die dazu führt, dass Dewitz eine scheinbar wichtigere Rolle in der Korrespondenz nach 1919 als vor 1919 einnimmt.

Etwas anders liegen die Verhältnisse im Falle von Wolfgang Ostwald. Ostwald findet vermehrte Erwähnung in der Korrespondenz bei gleichzeitiger Abnahme der Zitierhäufigkeit, obwohl sich sein Arbeitsgebiet mit dem von Loeb deckte. Diese negative Dynamik in der Textvernetzung hat ihren Ursprung – wie gezeigt – darin, dass Loeb in Veröffentlichungen Gegner seiner Theorien ignoriert, die sich für ihn (inzwischen) außerhalb der Wissenschaft bewegen (vgl. Kapitel 4.1.1 Loebs »Psychologie« des Zitierens). Ihre Ansichten haben sich nach Loebs Meinung so weit von denen des »Denkkollektivs« im Sinne Flecks entfernt, dass eine Beschäftigung mit ihren Schriften nicht (mehr) lohnt.[53] Gleichzeitig beklagt Loeb sich in seiner Korrespondenz regelmäßig über seinen früheren Assistenten Ostwald, so dass hier die informelle Zahl der Briefnennungen und die formelle Zitierhäufigkeit auseinander laufen. Auf diese Weise versuchte Loeb sowohl über sein Zitationsnetzwerk als auch über sein soziales Netzwerk, Kontrolle über Ostwald und die von ihm vertretenen Thesen zur Kolloidchemie auszuüben. Eindrucksvoll verdeutlicht sich in diesem Fall, wie in einem mehrschichtigen Personennetzwerk Beziehungen von Akteuren dazu genutzt werden, emergente Phänomene wie die Einschätzung einer Person zu kontrollieren.[54]

Insgesamt ist festzuhalten, dass auch im Falle Loebs die drei in der Forschung bisher herausgearbeiteten wesentlichen Beziehungstypen zwischen Zitationen und sozialen bzw. informellen Wissenschaftsbeziehungen zu bestehen scheinen. Neben 1. rein informellen Verbindungen, bestehen 2. rein intellektuelle und 3. soziokognitive Bindungen. Diese Beziehungstypen allerdings sind in der diachronen Betrachtungsweise wandelbar, vermischen sich und können mühelos durch historische Entwicklungen in einander überführt werden. Auch zeigt sich, dass für Loebs Zitationsverhalten inhaltliche Gründe ausschlaggebender zu sein scheinen als informelle oder soziale Wissenschaftsbeziehungen. Auf methodischer Ebene bietet das hier vorgestellte Verfahren eine weitere Möglichkeit, qualitative Analysen durch quantitative zu bestätigen und quantitative Untersuchungen durch qualitative in valider Form interpretierbar zu machen.

53 In den Briefen heißt es u.a. über Ostwald: »*I cant get over being supprised [sic] that German chemists would let themselves be hoodwinked by so incompetent and silly a man as Ostwald.*« (Loeb an Meyerhof 03. 10. 1923, LOC). Nach 1920 zitiert Loeb Wolfgang Ostwald kein einziges Mal, während er ihn vorher in 19 Arbeiten 34 Mal erwähnte.

54 Ein soziologischer Ansatz, der sich u.a. genau dieser Thematik der Kontrolle in Netzwerken zuwendet, wurde von Harrison White (2008) vorgeschlagen.

4.1.8 Transfer und Passage von disziplinärem Wissen

Zur Beantwortung der Frage, in welche anderen Netzwerke Loeb seine informellen und formellen Denkkollektive mit ihren Inhalten, seine »Citation Identity« und damit seine neu konstituierten Forschungsfelder transportierte und welche Wissensgebiete er damit modifizieren und modellieren half, dient eine Auswertung der von ihm für seine Veröffentlichungen ausgewählten Publikationsorgane. Ähnlich wie seine Zitate selektierte Loeb auch diese sehr sorgfältig. Er bot seine Aufsätze handverlesen und gezielt dem einen oder anderen Journal an. Neben der disziplinären Verortung einer Zeitschrift im Umfeld der Physiologie und der Medizin waren ihm vor allem die Qualität des Journals[55] und das Vertretensein seiner Zeitschrift in einer Bibliographie von hoher Wichtigkeit.

Was die Indizierung seiner Aufsätze in Bibliographien anging, so war sich Loeb der ungeheuren Bedeutung von Bibliographien für die Verbreitung von Zeitschriftenwissen sehr wohl bewusst. So kritisierte er in einer kritischen Stellungnahme zum »International Catalogue of Scientific Literature. Physiology« in Science, dass in diesem Index seiner Meinung nach 1. Artikel, die seine Richtung der vergleichenden Physiologie vertraten, unterrepräsentiert seien, dass 2. die physikalische Chemie zu wenig vertreten sei und 3. seine »Physiologische Morphologie« stärker integriert werden müsse (Loeb 1899b).

In Fragen der stilistischen Darstellung orientierte er sich an physikalischen Zeitschriften, die in seinen Augen kurze und klar nach Methoden und Ergebnissen gegliederte Artikel publizierten.[56] Auch stellte für ihn die schnelle Publikation ein Qualitätskriterium einer Zeitschrift dar.[57] Überdies vertrat er die Meinung, dass das von einem

---

55 Auch an sein eigenes Journal of General Physiology stellte er hohe Qualitätsansprüche. Loeb an Flexner 09. 07. 1918, APS; s.u.

56 Als Loeb die Publikation eines Artikels seines wissenschaftlichen Opponenten Mast verhindern wollte, der seiner Meinung nach persönliche Angriffe enthielt, machte er Teile seiner Qualitätskriterien in einem Brief an den Herausgeber des »Journal of Experimental Zoology« Ross Harrison deutlich: »*I have looked over the files of the papers published by physicists, in the Philosophical Magazine in England, Wiedemann's Annalen in Germany, the Physical Review in this country, and I have not found anything that even remotely approaches the utterly uncalled for misrepresentation by which Mast pads his unoriginal publications. If Mast's paper had been published in any journal of physics it would have consisted of perhaps a two or three page announcement, giving his methods, results, and briefly indicating that the latter are in good agreement with the publication of Wasteneys and myself. I can also state that none of Mast's papers would ever have been accepted in the form they were published either by the JOURNAL OF EXPERIMENTAL MEDICINE or by the JOURNAL OF BIOLOGICAL CHEMISTRY. Personalities are not indulged in these journals and the belittling of the papers of the work of others is not considered the task of science. Science grows by new discoveries; it may also sometimes be necessary to discuss another one's theory and point out its weak points, but misrepresentation and untruthfulness should have no room in science.*« Loeb an Harrison 10. 04. 1917, LOC. Auch Loeb an Edwin B. Wilson 03. 11. 1914, LOC.

57 Loeb an Herter 22. 04. 1905, LOC: »*Since you were good enough to encourage my giving suggestions I might mention one point which is not so well appreciated in this country, namely that a journal for experimental work must appear often enough to guarantee a quick publication. [...] The tendency in the publication of experimental work will be towards short papers but these should be printed without delay so that the worker has his paper off his mind and can turn to new things.*

Autor dargestellte Material neu sein sollte und Zeitschriftenherausgeber die Aufgabe hätten, die Autoren dazu zu bewegen, ihre Resultate in kondensierter Form zusammengefasst zu präsentieren. Zuletzt sollte eine »gute« Zeitschrift eher weniger Arbeiten publizieren als ihre Standards durch Aufnahme jeder angebotenen Arbeit verringern.[58] Subjektiv gefärbt war seine Anschauung von Qualität, wenn eine Zeitschrift Arbeiten veröffentlichte, die ihm nicht gefielen bzw. die ihn kritisierten. Erschienen in einer Zeitschrift derartige Arbeiten, so erwog er, den Herausgebern seine eigenen Arbeiten nicht weiter zur Publikation anzubieten, auch wenn er das entsprechende Publikationsorgan bis dahin gern genutzt hatte. Zum Beispiel hatte Loeb seit 1911 jährlich 3–5 Aufsätze in der Zeitschrift »Science« publiziert. Als dort jedoch ein Aufsatz von Daniel Trembley McDougal (1919) über das Wachstum in Organismen erschien, der nicht seine Zustimmung fand, erklärte er Flexner gegenüber: »*I am afraid you overlooked the leading article in the same number of SCIENCE, namely the paper by MacDougal which in value and method fully equals Martin Fischer's worst. It is really no longer possible for any scientist to use SCIENCE as an organ of publication*«.[59] Danach erschienen nur noch vier seiner Aufsätze (in den Jahren 1920, 2*1921 und 1922) in Science.

Loeb nutzte die Möglichkeiten der formellen Wissenschaftskommunikation also sehr bewusst zur Verbreitung seiner Ansätze. Aus diesem Grund erscheint es möglich, die schrittweise Durchsetzung des Loebschen Forschungsprogramms in der formellen Wissenschaftskommunikation nachzuzeichnen. Im Mittelpunkt steht dabei die Frage, welche Zeitschriftenarten Loeb auswählte, um die von ihm herangezogene, synthetisierte interdisziplinäre intellektuelle Grundlage als Forschungsprogramm zu verbreiten, d.h. in welche Wissensgebiete er seine Arbeiten integriert sehen wollte. Darüber hinaus ist zu prüfen, in welchen Wissensgebieten Loebs Programm letztendlich rezipiert wurde.

Zur Klärung dieser Fragen wird

- in einem ersten Schritt das von ihm als intellektuelle Grundlage herangezogene Spektrum an Forschungsgebieten dargestellt,
- in einem zweiten Schritt untersucht, in welche Zeitschriften Loeb seine Synthese der aus dem in Schritt eins rekrutierten Fachgebiete durch Veröffentlichungen überführte und
- in einem dritten Schritt überprüft, in welchen Zeitschriften welcher Wissensgebiete Loebs Arbeiten rezensiert wurden. Auf diese Weise wird rekonstruierbar, in welchen Wissensgebieten Loebs Gedanken in popularisierter Form und auf einem allgemeiner gehaltenen, auf die Kernthesen reduzierten Niveau Verbreitung fanden (Abbildung 11).

Wherever the field is fertile and where the discoveries follow each other in rapid succession – as they should in chemical biology – a rapid publication is demanded in the interest of producer as well as reader.«

58 Diese Empfehlungen sprach er Edwin B. Wilson, dem geschäftsführenden Herausgeber der Proceedings of the National Academy of Sciences gegenüber aus. Loeb an Wilson 03. 11. 1914, Loeb an Wilson 06. 02. 1918 beide LOC.

59 Loeb an Flexner 02. 06. 1919, APS.

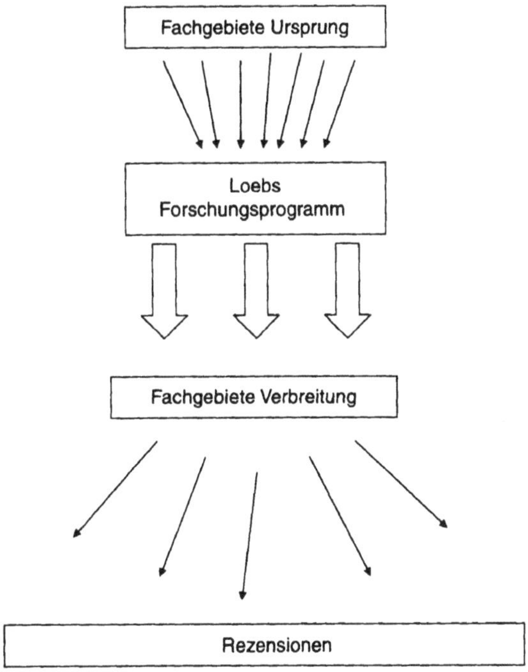

Abbildung 11: Schema der Transferwege von Wissen. Integration von Disziplinen in Loebs Programm und Dissemination dieses Programms in die gleichen und andere Disziplinen

1. Eine Übersicht der von Loeb genutzten Zeitschriften gibt Hinweise darauf, in welche wissenschaftlichen Disziplinen er seine Epistemologie der »Technischen Biologie« integrieren wollte. Die von ihm rekrutierten Wissensgebiete im Verlauf der Zeit, wie sie sich in den thematischen Zuordnungen der von ihm zitierten Zeitschriften darstellen, finden sich in Abbildung 12.[60] Die Darstellung zeigt das Ergebnis einer Journal-Ko-Zitationsanalyse, wobei die Zeitschriften thematisch gruppiert wurden. Erstellt wurde sie mit der oben beschriebenen Methode des Pathfinder Networks mit dem Programm CiteSpace. Die Netzwerk-Konfiguration gleicht der der vorher beschriebenen Ko-Autoranalyse. Die Knoten wurden zur besseren Darstellbarkeit nachträglich von Hand feinjustiert. Die Darstellung ist von den ihr innewohnenden Konnotationen her gröber als die vorhergehenden Karten der involvierten Denkkollektive. Sie ist dafür aber unter dem Gesichtspunkt der disziplinären Zuordnung leichter zu interpretieren, da für die Interpretation die Arbeitsfelder der im Netzwerk vertretenen Personen nicht bekannt sein müssen. Die Vernetzungen der von Loeb herangezogenen Arbeitsgebiete werden ebenso deutlich wie die thematische Vielfalt der von ihm inkorporierten Wissensgebiete mit den Schwer-

60 Die Einordnung der Themengebiete erfolgte nach dem Subject Catalogue der Library of Congress (Hanson 1909) und (wenn hier nicht verfügbar) der Deutschen Nationalbibliographie. Beide Kataloge behielten einmal vergebene Themengebiete weitgehend bis heute bei, so dass die den Zeitschriften zugewiesenen Themen im Wesentlichen den zeitgenössischen Themenwahlen entsprechen (Mai Chan 1998).

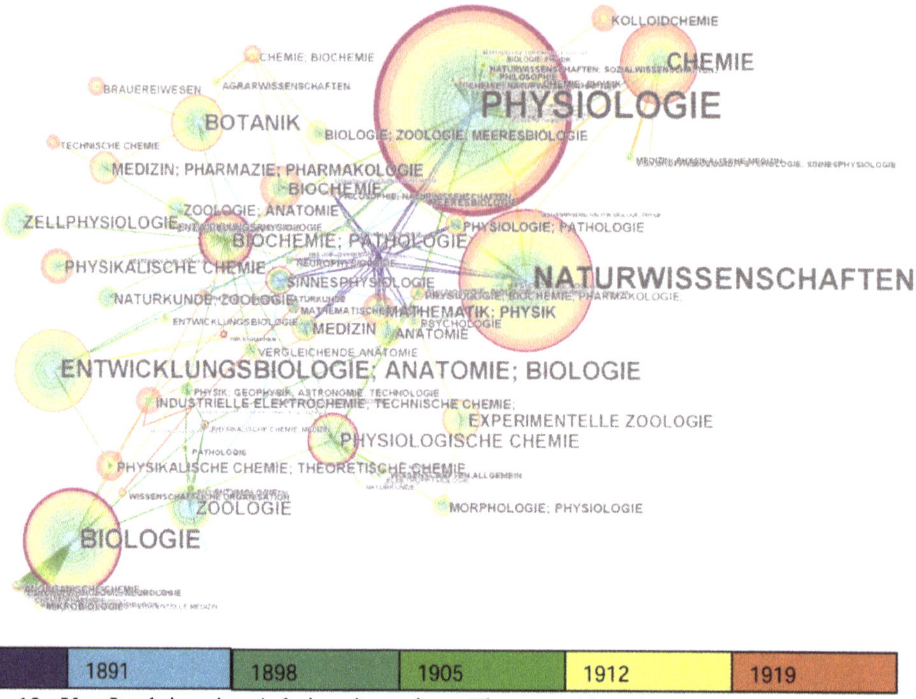

Abbildung 12: Von Loeb in seine Arbeiten integrierte Themengebiete (nach Library of Congress und ZDB) 1884–1926

punkten der Biologie, der Chemie, der Physik, der Physiologie und der Medizin. Auch wird über die farbliche Kodierung die disziplinäre Verschiebung seiner Publikationsorgane von der Sinnesphysiologie in den 1880er Jahren über die biologischen Disziplinen um 1900 hin zur Chemie nach 1910 deutlich. Schlüsselstellungen als Ansatz für interdisziplinäre Übergänge haben die Sinnesphysiologie, die Physiologie, die Biologie, die Biochemie und physiologische Chemie, die physikalische Chemie, sowie die Naturwissenschaften und die allgemeine Chemie. Die quantitativen Verhältnisse der Hinzuziehung von Zeitschriften unterschiedlichster Wissensgebiete sind in Abbildung 13 dargestellt.

2. Die Zeitschriften, in die Loeb sein sich hauptsächlich aus der Physiologie, der Physik und der Chemie rekrutierendes Wissensgebiet einbrachte, geben Aufschluss darüber, in welche Fachgebiete Loeb sein eigenes Forschungsprogramm überführte und auf welche Disziplinen er über Zeitschriftenpublikationen Einfluss nahm. Entsprechend seiner unterschiedlichen Lebens- und Forschungsphasen änderten sich die disziplinären Zuordnungen, in denen Loeb seine Forschung verortet sehen wollte. Dementsprechend sind die Anteile der Fachgebiete, in deren Umfeld er seine Aufsätze publizierte, im Folgenden nach biographischen Perioden aufgeschlüsselt dargestellt (Abbildung 14).[61]

61 Eingeschlossen wurden nur wissenschaftliche Zeitschriften, die entweder in der Library of Congress oder der Deutschen Nationalbibliographie (DNB) disziplinär verortet sind. Buchbeiträge und Monographien wurden ausgeschlossen. Die disziplinäre Zuordnung erfolgte wieder nach den Katalogen der Library of Congress und der DNB.

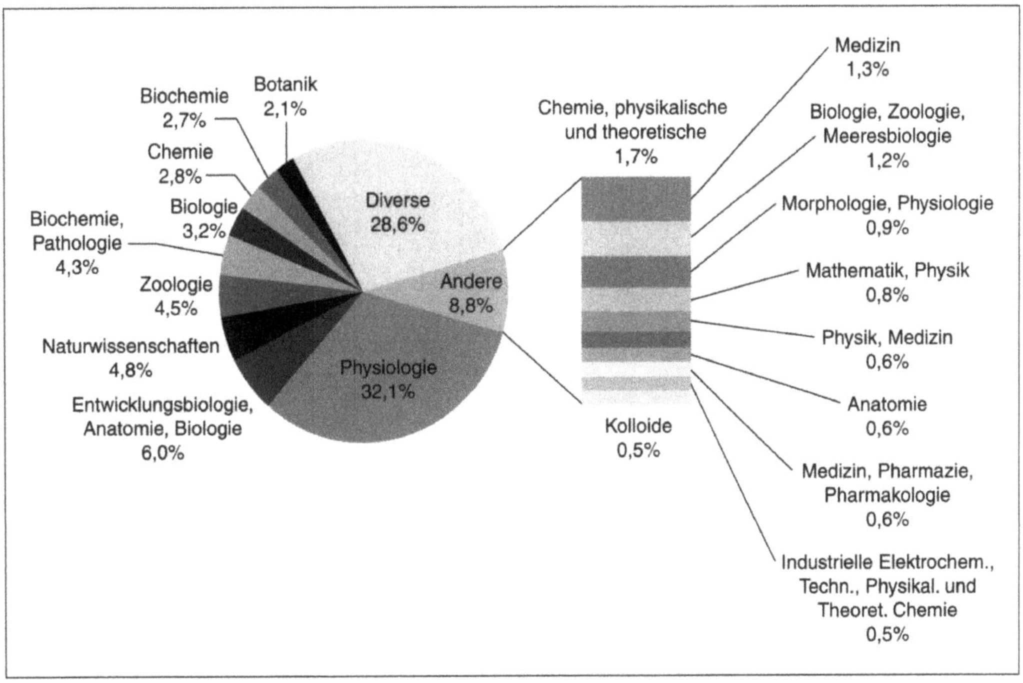

Abbildung 13: Fachgebiete der von Loeb zwischen 1884 und 1924 zitierten Zeitschriften, quantitative Anteile

Bis in den Ersten Weltkrieg nimmt der Anteil der anfangs stark überwiegenden physiologischen Zeitschriften, in denen Loeb sein wissenschaftliches Programm ausbreitete, regelmäßig ab. Biochemische und naturwissenschaftliche Zeitschriften nehmen ihren Platz ein. Auch die Zahl der Publikationen in entwicklungsbiologischen Journalen sinkt in der Zeit nach 1902, die Loeb in Berkeley verbrachte. Dafür sind ab 1903 die experimentelle Medizin und ab 1910, nach Loebs Wechsel ans Rockefeller Institute, die Pathologie zumindest in Kombination mit anderen Fächern vertreten. Auch zeigt sich bis 1917 insgesamt eine Ausweitung des Fächerspektrums. Der Anteil der »anderen« als der aufgeführten Fachgebiete nimmt immer weiter zu. Mit Gründung seiner eigenen Zeitschrift im Jahr 1918, dem Journal of General Physiology, führte Loeb diese Ausweitung in seiner letzten Lebensphase wieder teilweise zurück in das von ihm umfassend definierte Gebiet der »General Physiology«, das nun sein ausformuliertes Programm einer vergleichenden, Technischen Biologie zur physiko-chemischen, quantitativen Beschreibung aller Lebensvorgänge am besten zu vertreten schien. Loeb versuchte, sein Forschungsprogramm zu bündeln und – wie gezeigt – der deutschen Physiologie seine »General Physiology« entgegenzustellen.

3. Zuletzt ist es möglich die Effekte dieser Publikationspraxis zu überprüfen. Um der Frage nachzugehen, welche Disziplinen letztendlich Loebs »Technische Biologie« rezipierten, bietet es sich an, die »zweite Welle« der Verbreitung von Loebs Schriften anhand ihrer Rezensionen zu bemessen. Eine Untersuchung der Zeitschriften, in denen Loebs Bücher und Aufsätze rezensiert wurden, gibt Aufschluss darüber, welche Zeit-

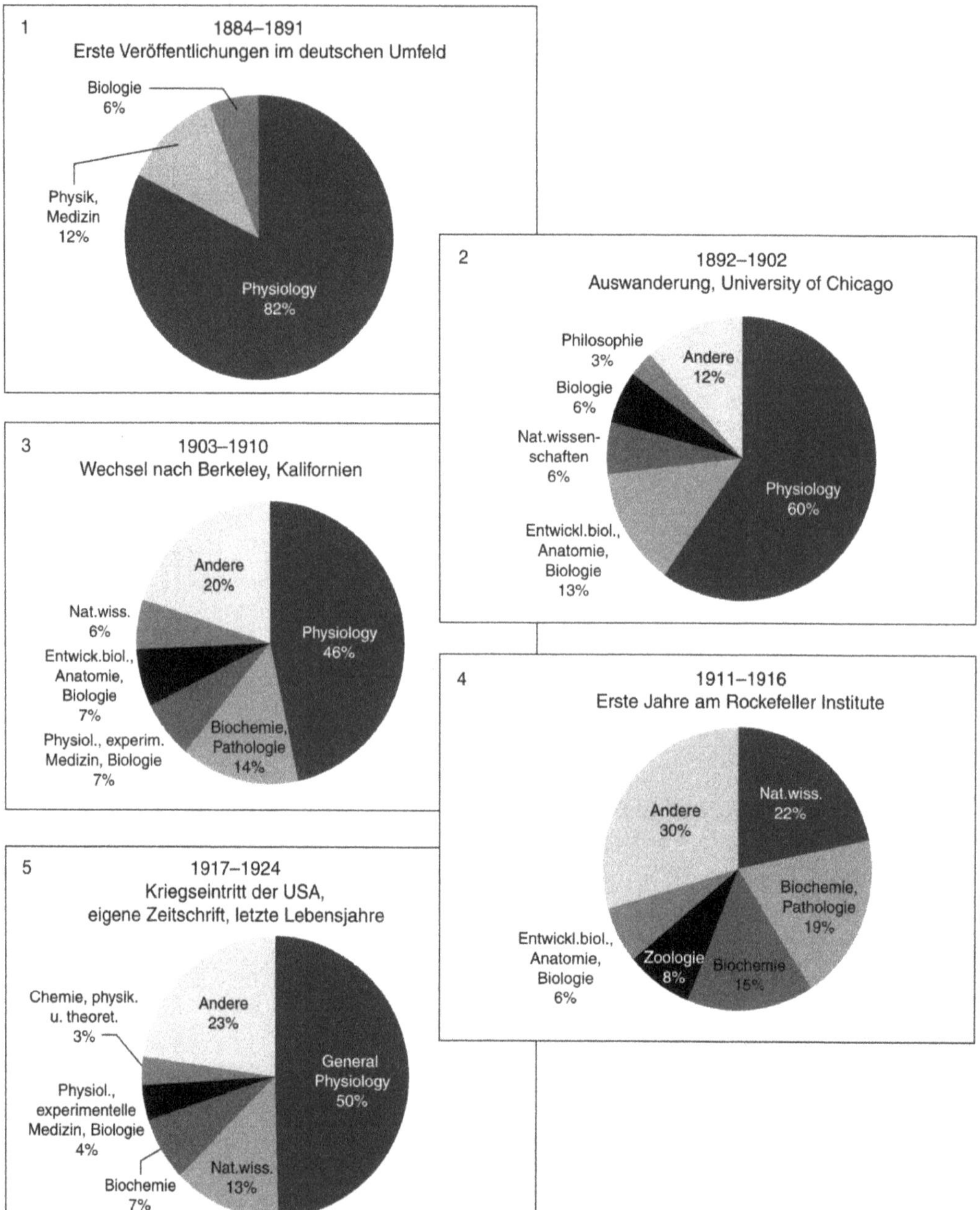

Abbildung 14: Prozentuale Entwicklung der Fachgebiete von Zeitschriften, die Loeb für seine Publikationen nutzte

schriften und welche Disziplinen Loebs Arbeiten in Rezensionsform aufnahmen und weiter verbreiteten. Die Auffindung der Rezensionen (insgesamt 237 in den Jahren 1900–1927) erfolgte mit Hilfe der Abteilung C, dem Rezensionsteil, von Dietrichs Internationaler Bibliographie der Zeitschriftenliteratur (IBZ Dietrich 1901–1943).[62] Verzeichnet werden hier zwar internationale Zeitschriften, doch besteht ein deutliches zentraleuropäisches Übergewicht, so dass die aus dieser Übersicht gewonnenen Aussagen zur Penetranz des Loebschen Programms in einzelne Disziplinen vor allem für die europäische Perspektive gelten.[63]

Die Loeb rezensierenden Zeitschriften wurden erneut nach den Fachgebieten der Library of Congress bzw. der Deutschen Nationalbibliographie zugeordnet. Durch eine Zählung der einzelnen Zeitschriften gelangt man zu einer Annäherung an die Fachgebiete, in die Loebs Wissenschaft durch Rezensionen weiterverbreitet wurde (Abbildung 15). Das Ergebnis ist angesichts der grundlagenorientierten Forschungsrichtungen Loebs in gewisser Weise erstaunlich, da der Anteil medizinischer Zeitschriften bei einer breiten Streuung der Wissensgebiete relativ höher ausfällt, als man es von den in Loebs Arbeiten integrierten Forschungsdisziplinen her hätte annehmen können. Loeb wurde verhältnismäßig häufiger in rein medizinischen Zeitschriften rezensiert als er selbst in ihnen publizierte. Die Relevanz der Loebschen Forschung für die Medizin wurde, unter der hier angelegten Perspektive, folglich nicht zuletzt durch die Übermittlung ihrer Kernaussagen in Rezensionen innerhalb medizinischer Zeitschriften durch die Rezensenten deutlich gemacht.[64] Dieser Umstand hängt wiederum in nicht geringem Maße mit der öffentlichen Wahrnehmung Loebs als Mediziner zusammen, die ihm trotz seiner in Teilen eher biologischen Forschungsthemen entgegengebracht wurde. Abgesehen davon, dass er ausgebildeter Mediziner war und in Chicago und Berkeley an Medizinischen Fakultäten Physiologie unterrichtet hatte, war diese Wahrnehmung eng an seine Institutszugehörigkeit zum Rockefeller Institute for Medical Research gekoppelt (s. u.).

Ein zusätzlicher Faktor, der die relativ hohe Wahrnehmung von Loebs Arbeiten in der Medizin bedingt zu haben scheint, kann in der Repräsentation seiner Schriften im Index Medicus, der seit dem späten 19. Jahrhundert wichtigsten medizinischen Bibliographie, gesucht werden. Die Frage danach, ob die Herausgeber des Index Medicus Loebs Arbeiten im medizinischen Kontext verorteten und sie deshalb aufführten, oder ob Loeb seine Arbeiten gezielt in Publikationsorganen veröffentlichte, die regelmäßig im Index Medicus verzeichnet wurden, ist dabei nicht klar zu beantworten. Obwohl die Herausgeber des Index Medicus sich bemühten, umfassend die für medizinische Fragestellungen im weiteren Sinne wichtigen Zeitschriften zu erfassen, fand eine Auswahl des zu

62 Zur Methode der Rezensionsanalyse und ihren weiteren Möglichkeiten vergleiche Fangerau (2001); Fangerau (2005d).

63 Zu nationalen oder regionalen Fokussierungen von Bibliographien siehe aus heutiger Sicht und unter Berücksichtigung aktueller Diskussionen zum »amerikanischen« Bias in der Bioethik u. a. Fangerau (2004).

64 Zu Literaturgattungen, ihrem Abstraktionsgrad, ihrer Wirkung auf Denkkollektive und ihrer Repräsentation von Denkstilen vergleiche die Übersichten Simon (1977, S. 191–204); Martin und Fangerau (2006).

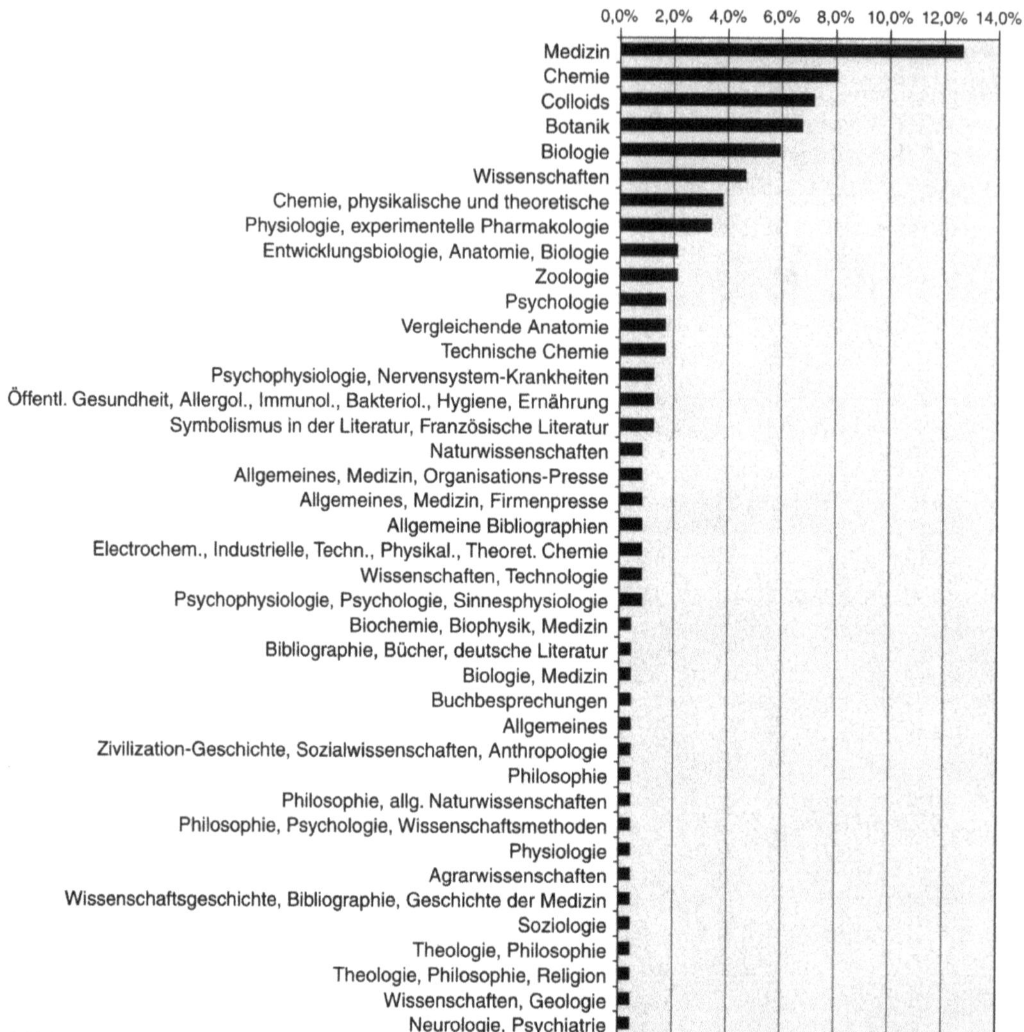

Abbildung 15: Fachgebiete der Zeitschriften, in denen Rezensionen zu Loebs Arbeiten erschienen (N>1)

Indexierenden statt.[65] Gleichzeitig wusste Loeb, wie oben dargestellt, um die Wichtigkeit des Vertretenseins der eigenen Arbeiten in Bibliographien für die Verbreitung der eigenen Gedanken. Wenn er sich auch zum Index Medicus selbst nicht äußerte, stellen seine

65 Im Wissen keine Vollständigkeit des zu Indexierenden erreichen zu können, haben die Herausgeber des Index Medicus über die gesamte Zeit seines Bestehens seit 1879 Qualitätskriterien an die zu verzeichnende Literatur gestellt. Im Endeffekt lief die Strategie auf eine Zeitschriftenauswahl hinaus, auf Periodika, die entweder von medizinischen Fachverbänden vorgeschlagen oder als Zentralorgane exponiert waren (Karel 1967; Cummings 1979). Innerhalb dieser wiederum wurde noch einmal nach dem Inhalt der Artikel differenziert, was sich an einzelnen gelisteten Zeitschriften nachvollziehen lässt.

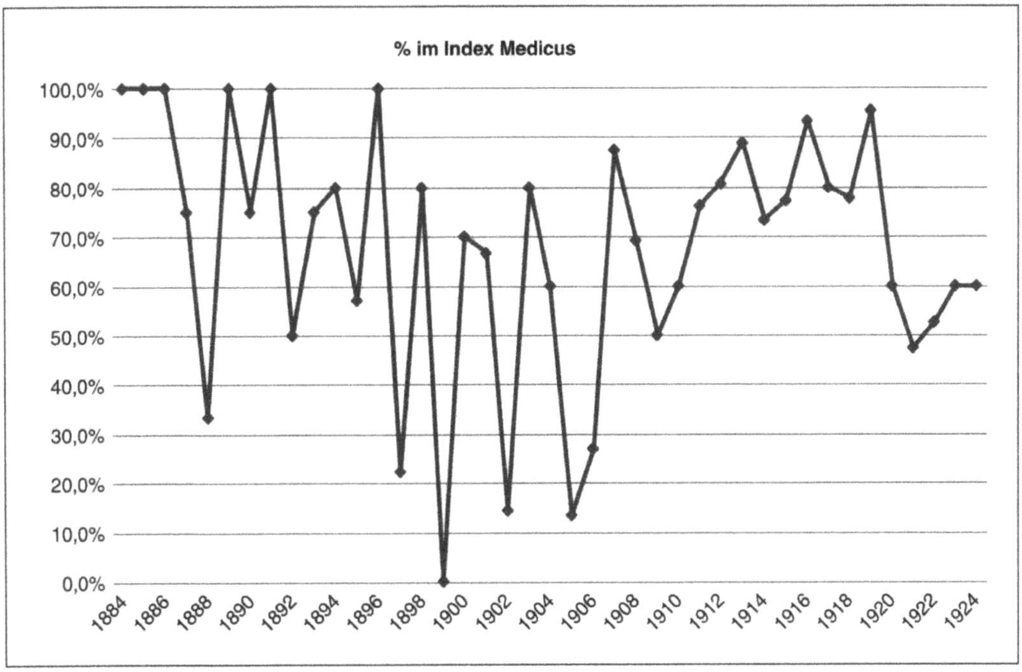

Abbildung 16: Arbeiten Loebs im Index Medicus (prozentualer Anteil der pro Jahr von ihm publizierten Aufsätze, nach Auswertung von 474 Schriften)

oben aufgeführten Forderungen an den Index Catalogue of Scientific Literature doch ein Indiz dafür dar, dass er sich bemühte, seine Publikationsorgane danach auszuwählen, dass sie in den wichtigen Bibliographien vertreten waren. Das Vertretensein von Loebs Aufsätzen im Index Medicus kann als ein Indiz für die Verortung seiner Forschungen im Umfeld der Medizin angesehen werden und damit der Überprüfung dienen, wie weit er seinem Flexner gegenüber geäußerten und in der Einleitung zu dieser Arbeit zitierten Ziel, die experimentelle, Technische Biologie als medizinische Grundlagenwissenschaft zu etablieren, zumindest im publikatorischen Bereich nahe kam.

Die Prüfung der Verzeichnung von Loebs Schriften im Index Medicus ergibt, dass mit anfänglich starken periodischen Schwankungen im Schnitt 60% der pro Jahr von ihm veröffentlichten Aufsätze im Index Medicus vertreten waren und sich besonders nach 1910 ein kontinuierlich hoher Anteil an Aufsätzen im Index Medicus findet. Arbiträr wirkende Schwankungen der Jahre bis 1910 weichen einer relativ gleichmäßigen Verzeichnung von über 70% der Arbeiten (Abbildung 16). Erst Loebs konzentrierte Beschäftigung mit dem physikalisch-chemischen Verhalten der Kolloide und seine nicht im Index aufgeführten Auseinandersetzungen mit Ostwald und seinen Anhängern über kurze »Mitteilungen« führte ab 1920 zu einem Absinken der Repräsentanz von Loebs Arbeiten im Index Medicus, die sich aber weiterhin zwischen 50% und 60% bewegt.

Diese Zahlen lassen sich in der Weise deuten, dass auch auf bibliographischer Ebene Loebs Ansätze eine nicht unerhebliche Repräsentation im Medizinischen Umfeld fanden. Diese verstetigte sich durch seinen Wechsel an das Rockefeller Institute und wirkte letztendlich in der öffentlichen Sichtweise auf Loeb und seine Forschung fort. Obwohl der Ausgangspunkt der Entwicklung seines Forschungsprogramms eher im nicht-medizinischen, rein naturwissenschaftlichen Umfeld zu suchen ist, gelang es ihm, seine experimentelle Biologie in die Medizin hineinzutragen. In der wissenschaftlichen und nichtwissenschaftlichen Öffentlichkeit wurde Loeb zumindest ab 1910 als medizinischer Grundlagenforscher neuen Stils gesehen, der quantitative, experimentelle, physikalische und chemische Methoden und Sichtweisen in der medizinischen Forschung beförderte.

5. Außenwahrnehmung

Die Grenzen von Wissenschaft und Öffentlichkeit sowie die sie betreffenden Grenzziehungs- und Grenzverschiebungsprozesse gestalten sich fließend, so dass die Frage der Außenwirkung Loebs nicht eindeutig in eine wissenschaftliche und eine populäre Wahrnehmung aufgeteilt werden kann. Schnitt- oder Kontaktstellen der Popularisierung wissenschaftlicher Erkenntnisse bieten aber die Gelegenheit, den Zusammenhang zwischen innerwissenschaftlichem Blick und außerwissenschaftlicher Wahrnehmung in ihren Wechselwirkungen zu rekonstruieren. Die Fruchtbarkeit einer Fokussierung auf die Schnittstellen der Popularisierung unterschiedlicher Wissenschaften für die Erforschung des Verhältnisses zwischen Wissenschaft und Öffentlichkeiten hat vor allem Ulrike Felt an verschiedenen Stellen überzeugend darzulegen vermocht.[1] Als Argumente führt sie an, dass während des Popularisierungsprozesses erstens Wissen aus seinem Entstehungskontext herausgelöst und in einen sozialen Kontext eingebettet werde, was mit einer Neuinterpretation des Wissens einherginge, dass zweitens hierdurch komplexes, ausdifferenziertes Wissen zu »Fakten« verdichtet und drittens im Vorgang der Popularisierung auch die adressierte Öffentlichkeit jeweils neu konstruiert werde, was bedeutet, dass die gesellschaftlichen Gruppen, für die das zu popularisierende Wissen gedacht ist, definiert werden und identifizierbar erscheinen (Felt 2002, S. 49f.).

In diesem Kontext gewinnt nicht nur die Diffusion von Wissen in breite Gesellschaftsschichten an Bedeutung. Auch die Aufbereitung des Wissens einer Expertengruppe für die Zielgruppe eines anderen Wissenschaftlerkollektives mit unterschiedlichen Forschungsschwerpunkten muss als ein derartiger Grenzbereich verstanden werden. Bereits der schon mehrfach zitierte Ludwik Fleck (1980, S. 146–164) hat berechtigterweise darauf hingewiesen, dass es verschiedene Stadien von Expertentum auf einem Wissensgebiet gibt, und dass Wissenschaftler selten Experten für nur ein Fachgebiet sind.

Fleck geht davon aus, dass sich innerhalb eines Wissens- und Forschungsgebietes ein Kern von Experten ausmachen lässt. Dieses Zentrum bezeichnet er als »esoterischen Kreis«, in dem die Spezialisten die vorderste Forschungsfront aushandeln und neue, noch zu diskutierende Tatsachen generieren, in Szene setzen oder formulieren. Um diesen Kern herum bewegen sich auf konzentrischen Kreisen verschieden involvierte Öffentlichkeiten, die an der Forschung der Spezialisten in unterschiedlichem Maß teilhaben. Je peripherer auf den Umlaufbahnen um das Zentrum sich zunächst im Innern andere Experten und weiter außen so genannte »Laien« gruppieren, desto exoterischer wird der Wissenshorizont der Betreffenden in Bezug auf das Spezialgebiet, ein Umstand, der gleichzeitig mit einer Verdichtung von noch ungewissen Fakten zu Tatsachen einhergehen kann. Nach Fleck sind Wissenschaftler als (fachliche) Öffent-

1 Z.B. Felt (2000); Felt (2002). Siehe auch die kurze, aussagekräftige Interpretation von Constantin Goschler (2000, S. 10ff.).

lichkeit in mehrere, verschiedene Wissenssysteme involviert: Sie sind versiert in verschiedenen Bereichen. Allerdings weist ihr Expertentum unterschiedliche Grade der Spezialisierung auf. Fleck geht hier von einem Modell sich überlappender Kreise aus. Ein Wissenschaftler kann sich also in seiner Fachdisziplin im zentralen esoterischen Kreis bewegen und in andere Wissensfelder mehr oder weniger exoterisch involviert sein.[2]

Auch im Falle Loebs lassen sich verschiedene Rezipientengruppen darstellen, die seine Forschungen in immer weitere Kreise hinein popularisierten. Eine Klasse von diesen popularisierenden Rezipienten wurde in Form der Rezensenten bereits vorgestellt. Es wurde gezeigt, in welche Wissensgebiete Loebs Forschungen durch Rezensionen hineingetragen wurden. Die Wechselwirkung zwischen wissenschaftlicher Rezeption und öffentlicher Wahrnehmung, die sich gegenseitig im Sinne eines Resonanzsystems verstärken, wird im Fall der europäischen Beachtung Loebs dabei besonders deutlich. Je mehr er sich von Kalifornien aus bemühte, den Kontakt zu seinen europäischen Kollegen zu behalten und je mehr er sich gleichzeitig öffentlich für seine Weltanschauung einsetzte, desto mehr steigerte sich durch gegenseitige Verstärkung das Interesse an Loeb. In Deutschland und Österreich-Ungarn markierten besonders die Jahre 1906 bis 1912 eine Kulminationsphase seiner Popularität. 1906 hatte Loeb zwei deutschsprachige Monographien herausgegeben, in denen er seine Arbeiten zur Parthenogenese (Loeb 1906a) und seine Sicht auf lebende Organismen als Maschinen (Loeb 1906b) zusammengefasst hatte. Diese Bücher machten ihn über wissenschaftliche Kreise hinaus zu einem prominenten Repräsentanten einer materialistischen amerikanischen Biologie. Seine Arbeiten wurden in den unterschiedlichsten Zeitschriften rezensiert, deren Fachausrichtungen von der Medizin über die Philosophie bis hin zur politischen Anthropologie reichten (vgl. Abbildung 15). Die Anzahl der in der IBZ verzeichneten Rezensionen zu Loebs Aufsätzen und Büchern wuchs von neun in den Jahren 1901–1905 auf neun alleine im Jahr 1906, 23 im Jahr 1907 und weitere 43 bis 1911. 1908 schlug Wilhelm Roux ihn dem Preußischen Kultusministerium für Lehrstühle an verschiedenen Universitäten vor, und im Jahr 1909 erhielt Loeb – zusammen mit Wilhelm Roux und Edmund Wilson (1856–1933) – die Ehrendoktorwürde der Universität Leipzig anlässlich deren Feier zum 500. Jahrestag.[3] Im selben Jahr unternahm Loeb eine beinahe triumphale Vortragsreise durch Europa, während der er Vorträge auf dem 16. Internationalen Medizinischen Kongress in Budapest, auf dem 6. Internationalen Kongress für Psychologie in Genf und auf der Darwin Gedenkfeier in Cambridge hielt.[4] Auch in Genf und Cambridge wurden ihm bei diesen Anlässen Ehrendoktorwürden zugesprochen. Zu diesem Zeitpunkt wurde er als möglicher Direktor des geplanten Kaiser-Wilhelm Institutes für

2 Als Beispiel führt Fleck (1980, S. 150ff.) den praktischen Arzt an, der auf bakteriologischem Gebiet zwar versiert, aber doch kein bakteriologischer Experte ist.

3 Vgl. Kapitel 3.2, Anmerkung 81. Die Begründung für den Ehrentitel findet sich im Archiv für Entwicklungsmechanik (»Personalien« 1909).

4 Zur Darwin-Gedenkfeier anlässlich des 50. Jahrestages des Erscheinens von »Origin of Species« siehe Richmond (2006). Auch die Teilnahme Loebs wird in diesem lesenswerten Aufsatz angesprochen, erscheint jedoch etwas unterbewertet.

Biologie in Berlin gehandelt,[5] und die Universität Budapest bot ihm die schon angesprochene Professur an (vgl. Kapitel 2.1 Biographisches).

Sowohl auf diesen Vortragsreisen als auch während seiner an die breitere Öffentlichkeit gerichteten Ansprache auf dem Ersten Internationalen Monistenkongress 1911 in Hamburg machte Loeb seinen mechanistischen Standpunkt so pointiert und radikal deutlich, dass er spätestens nach der Veröffentlichung seiner Aufsatzsammlung »The Mechanistic Conception of Life« (Loeb 1912c) den weitesten Kreisen als archetypischer Mechanist galt, der nicht nur bürgerliche Traditionalisten, Idealisten und Konservative provozierte, die eine holistische, ganzheitliche oder im populären Diskurs an »Goethe« orientierte Ganzheit vertraten (Harrington 1996, S. 19–33), sondern der auch Fachkollegen mit mehr oder weniger vorsichtigen neovitalistischen Ansätzen irritierte. Doch genau diese gezielten Provokationen trugen wiederum zu seinem Bekanntheitsgrad bei. Der Philosoph Henri Bergson (1859–1941), der Schriftsteller Houston Chamberlain und der Anthroposoph Rudolf Steiner setzten sich beispielsweise öffentlich mit Loebs Theorien auseinander und trugen durch ihre Kritik zur weiteren Verbreitung der von ihnen kritisierten Anschauungen Loebs bei.[6] Symptomatisch spiegelt sich diese Entwicklung von Loebs Popularität mit einem Umschlagspunkt im Jahr 1909 in seiner Wahrnehmung durch Ernst Haeckel. Noch 1907 hatte Haeckel nur eine vage Idee von Loeb und seinen Forschungen. So verwechselte er ihn mit dem relativ unbekannten Petersburger Biologen Martin Kuckuck, als er Loeb in einem Brief für die Zusendung seines Buches »Die Lösung des Problems der Urzeugung« dankte, das eigentlich von Kuckuck (1907) verfasst worden war. Vier Jahre später allerdings spielte Haeckel auf Loebs Bekanntheitsgrad an, als er einen ihm als unzustellbar zurückgesandten Brief an Loeb mit den Worten kommentierte: »Ich wundere mich sehr über die Post von New York, die den Weltruf von Jacques Loeb nicht kennt!«[7]

Im Folgenden soll diese hier angedeutete wissenschaftliche und öffentliche Wahrnehmung der Forschungen Loebs *zum einen* um eine konkrete wissenschaftliche Öffentlichkeit erweitert werden: Es soll der Versuch unternommen werden, die Wahrnehmung der Forschungen Loebs in einem Kreis von Wissenschaftlern zu rekonstruieren, die ihn für den Nobelpreis nominierten. *Zum anderen* soll seine Popularisierung in der nicht-wissenschaftlichen Öffentlichkeit anhand der Darstellung seiner Person im Bestseller-Roman »Dr. Arrowsmith« von Sinclair Lewis untersucht werden. Hier soll vor allem die Stilisierung medizinischer Forschung an seinem Beispiel im Vordergrund stehen. *Zuletzt* wird Loebs Interaktion mit der nicht-wissenschaftlichen Öffentlichkeit im Rahmen ethischer Auseinandersetzungen um sein Forschungsprogramm diskutiert, wobei seine aus

5 Wheeler an Loeb 28. 01. 1910, LOC: »*The plans for new research Institutes at Dahlem are progressing + will be unfolded it is hoped at the Jubiläum next autumn. Therein lay my real fear of loosing you, for I know from conferences I had had with the Ministerium that they had you »in eye« and I had been talking against my own interests. Still I am not sure that you would after all wish to return to the ›System‹. You may be too advanced in Americanism. The plan of the Institutes is built on Althoff's dream of laboratories for research affiliated with the universities, but kept distinct in place and organization.*« Zur Planung des Institutes siehe Roux an Loeb 01. 05. 1911, LOC.

6 Vgl. Kapitel 3.3, Anmerkung 163 und Kapitel 5.4, Anmerkung 73.

7 Ernst Haeckel an Loeb 20. 07. 1907, 07. 11. 1911, 29. 03. 1912, alle LOC.

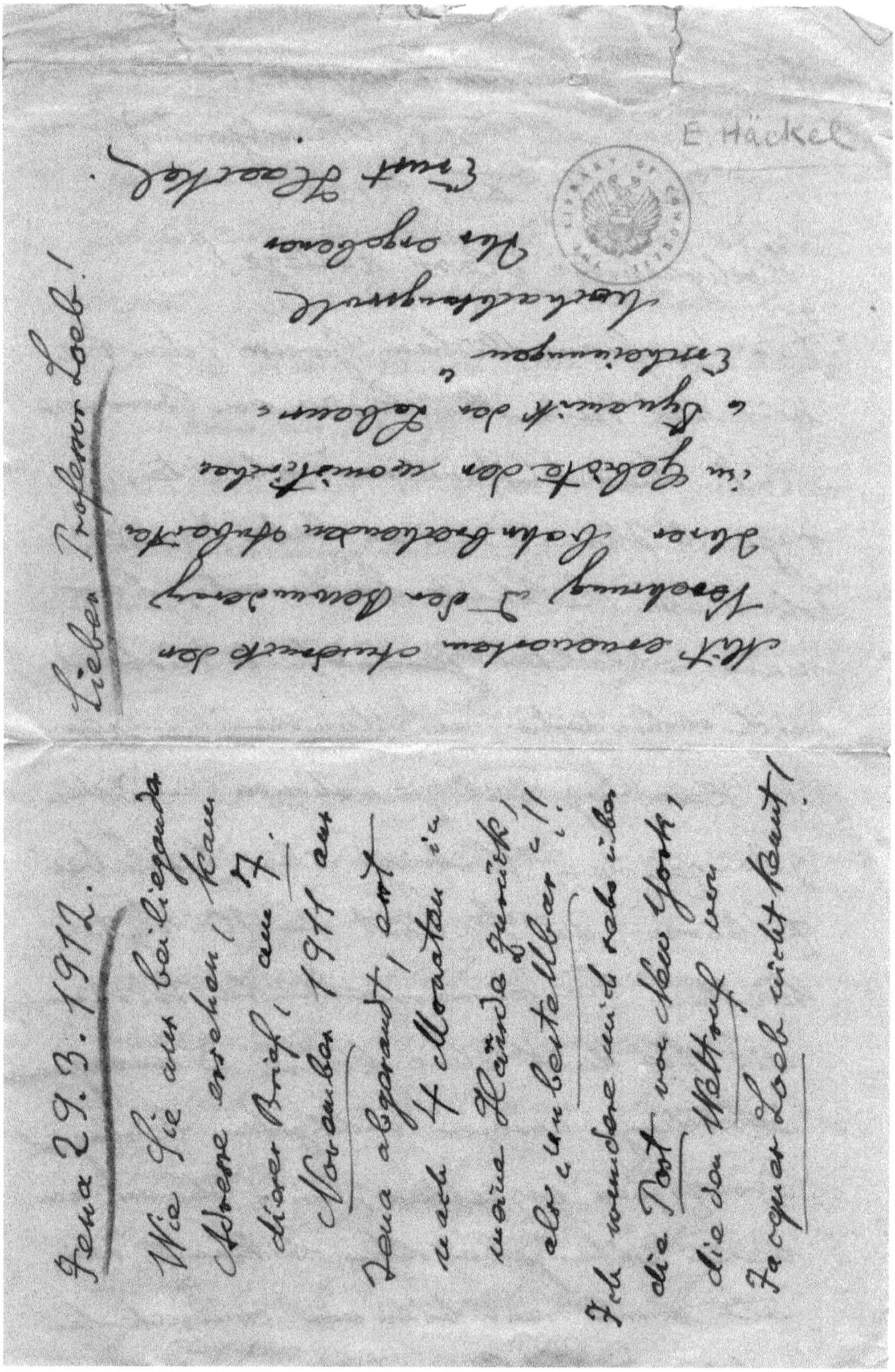
Jena 29. 3. 1912.

Wie Sie aus beiliegender Adresse ersehen, kam dieser Brief, am 7. November 1911 aus Jena abgesandt, erst nach 4 Monaten in meine Hände zurück, als „unbestellbar“!! Ich wundere mich sehr über die Post von New York, die den Weltruf von Jacques Loeb nicht kennt!

Lieber Professor Loeb!

Mit erneutem Ausdruck der Verehrung u. der Bewunderung Ihrer bahnbrechenden Arbeiten im Gebiete der wunderbaren „Dynamik der Lebens-Erscheinungen“

hochachtungsvoll
Ihr ergebener
Ernst Haeckel.

Faksimile 6: Brief von Ernst Haeckel an Loeb vom 29. 3. 1912, in dem Haeckel sich verwundert darüber zeigt, dass ein Brief an Loeb zunächst als unzustellbar zurückgesandt wurde; Library of Congress, Manuscript Division, Washington D. C., Jaques Loeb Papers, Container 6

der eigenen Forschung heraus entwickelte Moralphilosophie mit der seiner Zeitgenossen kontrastiert wird.

5.1 Nobelpreisnominierungen

Die Aufnahme, die Loebs Arbeiten in der wissenschaftlichen Öffentlichkeit erfuhren, lässt sich mittels seiner Nominierungen zum Nobelpreis darstellen. Die Nominierungsdatenbank für den Nobelpreis für Medizin oder Physiologie 1901–1951 der Nobel-Foundation, die über das Internet zugänglich ist (http://nobelprize.org/nomination/medicine/), stellt für eine solche Untersuchung eine einzigartige Datenquelle dar. Hier finden sich Informationen über das Jahr der Nomination, die Nominatoren und die Begründungen für die Nominierung. Fokussiert können durch die Beschreibung der Nobelpreisnominierungen *erstens* Loebs internationale Anerkennung und *zweitens* seine meistbeachteten Forschungsthemen sowie die Fachdisziplinen, in die er mit seinen Experimenten hineinwirkte, betrachtet werden. Darüber hinaus bietet eine genauere Betrachtung der Nominierungen *drittens* die Gelegenheit, die bereits geschilderten Zusammenhänge zwischen formellem und informellem Denkkollektiv um einen weiteren Aspekt zu bereichern, nämlich um die Frage, welche Personen aus diesen Kollektiven sich unter den Nominatoren wieder finden lassen.

1. Internationale Anerkennung
Aus acht Ländern erhielt Loeb insgesamt 78 Nominierungen von 54 Wissenschaftlern. Loeb selbst sprach nur eine Nominierung aus. Er nominierte 1914 Samuel Meltzer für seine Arbeiten. Die meisten Nominierungen erhielt Loeb aus den USA (29), gefolgt von Deutschland (13), Frankreich (11) und Österreich-Ungarn (11). Die übrigen entfallen auf Italien (4) und Russland (4, inklusive dem damals russischen Estland), Belgien und die Schweiz (je 3).

Die an der Anzahl der Nominierungen gemessene größte Anerkennung erfährt Loeb in der Periode zwischen 1909 und 1914, wobei die vier meistnominierenden Länder eine relativ parallele Steigerung zum Betrachtungszeitraum zwischen 1901 und 1908 aufweisen. Nach einem »Nominierungstief« während des Ersten Weltkriegs stagniert die Häufigkeit der Preisvorschläge, die aus Europa auf Loeb entfielen, auf Kriegsniveau, während die Zahl der amerikanischen Nominierungen wieder zunimmt. Diese Entwicklung scheint vor allem damit zusammenzuhängen, dass Loebs hauptsächliches Forschungsinteresse zu dieser Zeit der Kolloidchemie galt (Abbildung 17). Loeb verfolgte in dieser Forschung einen gänzlich anderen Ansatz als die meisten europäischen Forscher. Während er das kolloidale Verhalten der Proteine stöchiometrisch und klassisch-chemisch erklärte, hatte sich in Europa, vor allem unter Wolfgang Ostwalds Einfluss, eine andere, den Kolloiden besondere Eigenschaften zuordnende Richtung der Kolloidchemie etabliert.[8] Von 8 Nominierungen, die Loeb zwischen 1921 und 1924 für seine Arbeit auf dem Gebiet der Kolloide erhielt, kamen 5 aus den USA und 3 aus Belgien.

8 Diese gab es zwar auch in den USA, hier war sie aber nicht so dominant, vgl. Servos (1990, S. 299–324), vgl. auch Kapitel 2.2.2.

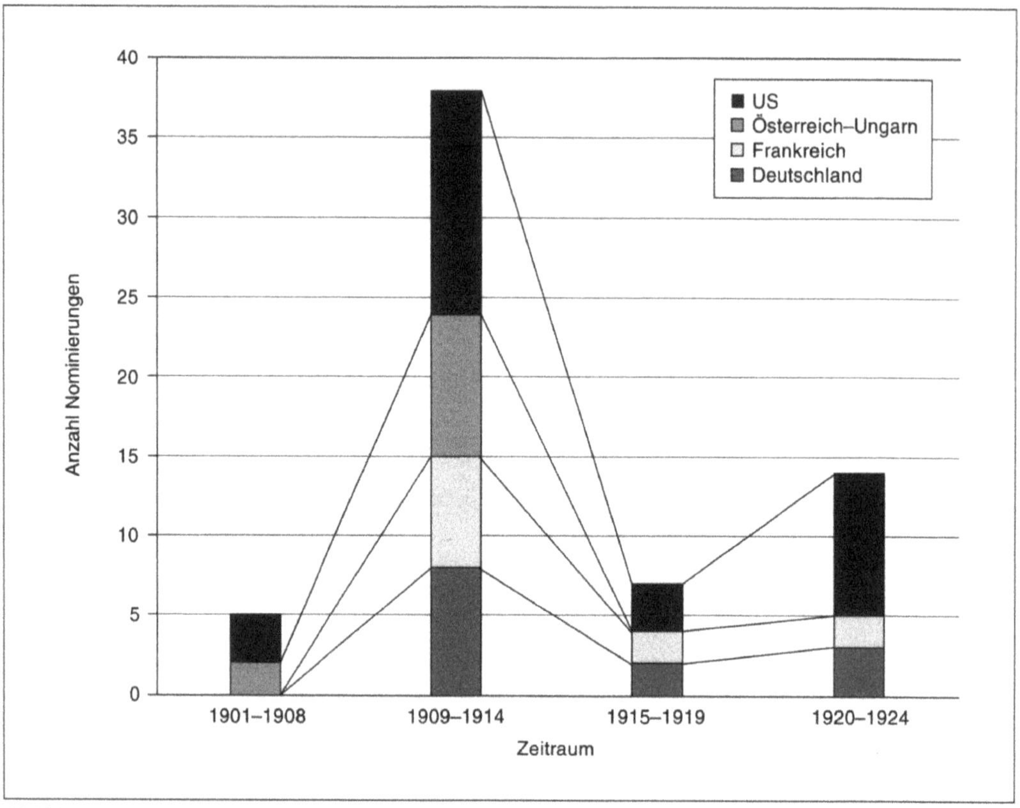

Abbildung 17: Häufigkeit der Nominierungen, die Loeb in verschiedenen Zeitfenstern aus den vier meistnominierenden Ländern erhielt

2. Meistbeachtete Forschungsthemen und disziplinäre Verteilung der Nominatoren

Die größte Aufmerksamkeit erregte Loeb in der Fachwelt offensichtlich mit seiner Artifiziellen Jungfernzeugung, für die er mit Abstand die meisten Nominierungen erhielt. Gefolgt wird diese von den Nominierungen für seine Tropismusforschung, und an dritter Stelle liegen seine Arbeiten zum kolloidalen Verhalten der Eiweißkörper. Es wurde von seinen Zeitgenossen aber auch explizit sein Gesamtprogramm der Anwendung physikalischer und chemischer Sichtweisen und Methoden auf die Biologie und Physiologie als nobelpreisverdächtig anerkannt (vgl. Tabelle 10).

Tabelle 10: Begründungen für Loebs Nominierung zum Nobelpreis laut Nobelpreisdatenbank. Die Gesamtsumme der Begründungen liegt über der Anzahl der Nominierungen, da mehrere Begründungen für eine Nominierung angeführt werden konnten.

Begründung	**Anzahl**
Artificial Parthenogenesis	46
Tropism	13
Colloid chemistry and proteins	8
Chemistry of fertilisation	7
Physical chemistry applied in physiology (and biology)	6
Physiological (experimental) Morphology	6
Effect of ions	5
Developmental Physiology	4
General physiology	4
Biology	3
Dynamics of living matter	3
Antagoinistic action of salts	2
Brain Physiology	2
Effects of electric stimulation	2
Heterogenous hybridization	2
Role of Ions for nerve and muscle function	2
Role of salts in the preservation of life	2
Comparative Physiology	1
Effect of physical agents on organisms	1
Oxidation in the cell	1
No motivation	3
All the work Loeb has done	1

Die disziplinäre Zuordnung der Nominatoren ergibt, analog zu der disziplinären Verteilung der Rezensionen im vorhergegangenen Kapitel, Hinweise darauf, welche Fachrichtungen Loebs Arbeiten am ehesten für sich in Anspruch nahmen oder sie als zu sich gehörig ansahen. Allerdings ist zu beachten, dass sich bei der Betrachtung der Nominierungen zum Nobelpreis für Physiologie und Medizin eine Verschiebung zu Gunsten der Medizin im Vergleich zu anderen Fachdisziplinen ergibt, da sich ja die meisten Nominatoren aus der Physiologie und der Medizin rekrutierten. Tabelle 11 verzeichnet die Fachdisziplinen der Nominatoren nach Angabe der Nobelpreisdatenbank.

Tabelle 11: Anzahl der Nominierungen pro Fach nach disziplinärer Zuordnung der Nominatoren

Fach Nominator	**N**	**% von N-Gesamt**	**Jahr der Erstnominierung**	**Letztes Jahr der Nominierung**
Physiology	20	25,6%	1902	1924
Anatomy	9	11,5%	1901	1924
Bacteriology	7	9,0%	1913	1922
Chemistry	6	7,7%	1909	1920
Histology	4	5,1%	1911	1924
Immunology	3	3,8%	1909	1911
Ophthalmiatrics	3	3,8%	1907	1914
Pathology	3	3,8%	1910	1919
Pharmacology	3	3,8%	1912	1924
Zoology	3	3,8%	1909	1912
Experimental Surgery	2	2,6%	1922	1924
Obstetrics And Gynecology	2	2,6%	1911	1912
Biology	1	1,3%	1919	1919
Clinical Medicine	1	1,3%	1920	1920
Dematology And Syphilidology	1	1,3%	1922	1922
Endocrinology	1	1,3%	1911	1911
Experimental Psychology	1	1,3%	1901	1901
Hygiene	1	1,3%	1912	1912
Internal Medicine	1	1,3%	1910	1910
Laryngology	1	1,3%	1911	1911
Materia Medica And Therapy	1	1,3%	1911	1911
Physics	1	1,3%	1909	1909
Practical Surgery	1	1,3%	1911	1911
Theoretical And Practical Medicine	1	1,3%	1911	1911
Zoophysiology	1	1,3%	1919	1919

Neben dem Umstand, dass im Verein mit verschiedenen kernmedizinischen Forschungsdisziplinen wie Physiologie oder Anatomie auch die Chemie, die Physik, die Zoologie und die Biologie unter den Nominatoren vertreten sind, d.h. die ganze Bandbreite der von Loeb zur Etablierung seiner Forschung herangezogenen Disziplinen, ist besonders interessant, dass auch praktisch-klinische Fachvertreter unter den Nominatoren zu finden sind: Die Tatsache, dass Naturwissenschaftler, Physiologen und andere eher an Grundlagenforschung orientierte Nominatoren die Relevanz von Loebs Arbeiten für die Physiologie und die Medizin erkannten, ist dann nicht weiter verwunderlich, wenn sie selbst so starke Berührungspunkte zum Feld der Medizin aufwiesen, dass sie als Nobelpreisnominatoren in diesem Bereich in Frage kamen. Auch gab und gibt es keinen

Nobelpreis für Biologie, so dass ein »nobelpreisverdächtiger« Forscher auf dem Gebiet der nicht therapeutischen Lebenswissenschaften keine Möglichkeit hatte, in einer anderen Rubrik nominiert zu werden. Der Befund, dass eine Reihe von Klinikern Loeb nominierte, ist aber vor dem Hintergrund relevant, dass Loeb bei seiner Berufung an das Rockefeller Institute noch mutmaßte, dass die medizinische Öffentlichkeit die Relevanz seiner Arbeiten noch nicht verstehe.[9] In Übereinstimmung mit dieser Einschätzung und als Spiegel der Bedeutung jener Berufung Loebs für seinen Einfluss auf die Medizin ist zu beobachten, dass die meisten klinischen Fächer Nominierungen erst nach der Berufung Loebs an das Rockefeller Institute aussprachen.[10] Wie die Verstetigung der im vorigen Kapitel dargestellten Repräsentanz von Loebs Publikationen im Index Medicus scheint die Affiliation Loebs mit dem Rockefeller Institute auch hier – zumindest aus der Sicht der zeitgenössischen Beobachter – eine tiefere Einbettung seiner Forschung in den medizinischen Kontext bewirkt zu haben.

3. Zusammenhang zwischen den formellen und informellen Denkkollektiven und den Nobelpreisnominatoren

Ein Abgleich der Nominatoren mit Loebs formellem und informellem Denkkollektiv weist – nicht unerwartet – einen relativ hohen Überschneidungsgrad auf. Dieser Befund ist deshalb nicht überraschend, weil die Wissenschaftler, die Loeb nominierten, mit ihm oder seiner Forschung vertraut genug sein mussten, um ihm die Ehre des Nobelpreises in gewisser Weise zu gönnen. Vor diesem Hintergrund spielt ihre Zugehörigkeit zum formellen und/oder informellen Denkkollektiv eine relativ wichtige Rolle. Über das Denkkollektiv ergaben sich die nötigen intellektuellen und sozialen Bindungen, die Loeb mit der Reputation und dem Vertrauensvorschuss in weitere Leistungen ausstatteten und die nötig waren, ihn als nobelpreisfähig anzusehen. 21 der 54 Nominatoren (38,9%) wurden von Loeb in seinen Arbeiten zitiert, sie zählten zu seinem formellen Denkkollektiv. 27 der 54 Nominatoren (50%) finden sich in dem aus Briefen rekonstruierten informellen Netzwerk Loebs wieder. Die meisten von ihnen kannte er persönlich, mit einigen arbeitete er zusammen am Rockefeller Institute (z.B. Alexis Carrel, Phoebus Levene, Samuel Meltzer, John Auer), mit vielen von ihnen unterhielt er ein freundschaftliches Verhältnis (z.B. Simon Flexner, Justus Gaule, Nathan Zuntz, Alexander von Koranyi). Soziale, institutionelle und intellektuelle Verbindungen stellten folglich neben Loebs herausragenden Forschungserfolgen die Grundlage für seine Nominierungen dar. Tabelle 12 zeigt, welche Nominatoren von Loeb zitiert wurden und/oder in seinen Korrespondenzen repräsentiert sind.

9 Vgl. Kapitel 1, Anmerkung 4.

10 Eine Ausnahme stellen die Augenärzte dar, die jedoch eventuell mit Loebs hirnphysiologischen Arbeiten zur Sehrinde vertraut waren.

Tabelle 12: Nominatoren Loebs mit Anzahl der Nominierungen und Kennzeichnung ihres Auftretens in Loebs Zitationen und seiner Korrespondenz sowie ihrer Zugehörigkeit zum Rockefeller Institute zum Zeitpunkt der Nominierung

Nominator	Zitiert	in Korrespondenz	Rockefeller Institutsmitglied	Anzahl Nominierungen
Flexner, Simon	X	X	X	12
Mall, Franklin P.		X		6
Münsterberg, Hugo	X	X		6
Mesnil, F.				5
Wassermann, August von				5
Bottazzi, Filippo	X	X		4
Richet, Charles Robert	X	X		4
Udranszky, Ladislaus von		X		4
Asher, Leon		X		3
Carrel, Alexis		X	X	3
Galeotti, Gino	X	X		3
Levene, Phoebus Aaron	X	X	X	3
Long, John H				3
Meltzer, Samuel J.	X	X	X	3
Pawlow, Ivan P.		X		3
Senator, H.				3
Blumer, George				2
Ewald, I. Richard				2
Flint, Joseph Marshall		X		2
Gaule, Justus	X	X		2
Grosz, Emile de				2
Hertel, Ernst	X			2
Koranyi, Alexander von	X	X		2
Maximow, A.				2
Michelson, Albert A.		X		2
Osborne, Oliver T.				2
Stieglitz, Julius	X	X		2
Swain, Henry L.		X		2
Tandler, Julius M.				2
Tangl, Franz	X	X		2
Winterstein, Hans	X	X		2
Zuntz, Nathan	X	X		2
Auer, John	X		X	1
Bataillon, E.	X	X		1
Bethe, Albrecht	X	X		1

Nominator	Zitiert	in Korrespondenz	Rockefeller Institutsmitglied	Anzahl Nominierungen
Bluntschli, Hans				1
Brachet, A.	X	X		1
Caullery, Maurice	X			1
Dogiel, Alexandre S.				1
Franqué, O. von				1
Garten, S.	X			1
Gérard, P.				1
Kaufmann, Jacob				1
Laguesse, Edouard				1
Liebermann, Leo von	X	X		1
Lubarsch, Otto		X		1
Meyer, Hans Horst	X	X		1
Rauber, A.				1
Sabin, Florence R.				1
Schamberg, Jay F.				1
Schultze, B.				1
Smith, Alexander				1
Strahl, Hans				1
Zunz, Edgar		X		1

Zwischenfazit

Loeb berief sich bei der Entwicklung seines Forschungsprogramms, wie in den vorherigen Kapiteln gezeigt, auf eine Reihe von Vorarbeiten aus verschiedensten naturwissenschaftlichen Disziplinen. In einem als interdisziplinär zu bezeichnenden Ansatz schuf er auf der Basis unterschiedlicher disziplinärer Ergebnisse seine experimentelle Biologie, der er unter dem Begriff der »General Physiology« ein medizinisches Gesicht verlieh. Entsprechend der Disziplinenvielfalt, auf die er rekurrierte, wirkte er auch mit seinen Arbeiten in eine Reihe von unterschiedlichen Wissenschaftsfeldern hinein. Zumindest wurden er und sein Programm multidisziplinär rezensiert. Diese zuvor über Rezensionen und jetzt über Nobelpreisnominierungen dokumentierte und bis zu einem gewissen Grad quantifizierte Vielfalt an wissenschaftlichen Disziplinen, in die Loeb mit seinen Arbeiten hineinwirkte, war schon von seinen Zeitgenossen subjektiv ähnlich empfunden worden. In einem Nachruf auf Jacques Loeb in »The Nation« wies Eduard Uhlenhuth (1924) auf die Universalität des Wirkens von Loeb hin, die seine Arbeiten trotz oder gerade wegen ihres reduktionistischen Ansatzes kennzeichneten: »*His work was as universal as his fame. There is no branch of the sciences of life which was not materially advanced by his work. Biology, medicine, psychology and philosophy, chemistry and physics, and even the technical sciences profited by his achievements*«.

Nichtsdestotrotz wurden Loebs technisch-biologische Arbeiten von seinen Forscherkollegen und der breiteren wissenschaftlichen Öffentlichkeit als im weitesten Sinne medizinisch angesehen.[11] Obwohl er einen Höhepunkt in der öffentlichen Wahrnehmung seiner Arbeiten mit den eher wenige Bezüge zur praktischen Medizin aufweisenden biologischen Arbeiten zur Parthenogenese erzielte, bestand an seiner Zuordnung zu den »medical sciences« für seine Zeitgenossen kein Zweifel. Dieser Umstand findet u.a. darin eine Begründung, dass sich in den Augen der nichtwissenschaftlichen und der wissenschaftlichen Öffentlichkeit in Loebs Person der generelle von ihm angeschobene Trend, biologische und medizinische Forschung zu vereinen, personifizieren ließ. Er stellte eine Identifikationsfigur für diese Forschungsrichtung dar. Seit Loeb 1892 im Meeresbiologischen Labor von Woods Hole mit seinen physiologischen Sommerkursen begonnen hatte, wurde es in der rückblickenden Betrachtung des langjährigen Direktors des Labors Frank R. Lillie zunehmend schwieriger, eine Grenze zwischen medizinischen und biologischen Wissenschaften in Woods Hole zu ziehen.[12]

Neben der Tatsache, dass Loebs Forschungen am Anfang seiner wissenschaftlichen Karriere im Kontext der medizinischen Physiologie ihren Ausgangspunkt genommen hatten und am Ende seines Lebens in der Analyse von Proteinen kulminierten, die zunehmend auch im Gewand der Kolloidchemie als medizinisch relevante Bestandteile des Lebens postuliert wurden,[13] trug vor allem seine Zugehörigkeit zum Rockefeller Institute for Medical Research zu seinem »Image« als medizinischer Forscher bei. Als Angehöriger des Rockefeller Institute, der dort die medizinische Grundlagenforschung vertrat, wurde Loeb zuletzt kurz nach seinem Tod von Sinclair Lewis in dessen Roman Arrowsmith porträtiert. Dieses Portrait verortet den an Loeb angelehnten Charakter des Max Gottlieb als einen medizinischen Grundlagenforscher in einem medizinischen Forschungsinstitut und stilisiert damit auch das Spannungsverhältnis zwischen naturwissenschaftlich orientierter Forschung und klinischer Medizin, in dem sich Ärzte und Wissenschaftler seit dem ausgehenden 19. Jahrhundert bewegten. Der Roman, der ein Bestseller wurde, prägte für viele Jahre das Bild, das die nichtwissenschaftliche Öffentlichkeit von Loeb und seiner Forschung gewann.

---

11 Z.B. schrieb Paul Ehrlich an Loeb: »*Sie können überzeugt sein, dass unter allen Medicinern Ihr Urteil mir das allermassgebenste ist, weil ich Ihre Arbeiten für das allerbedeutendste halte, was uns überhaupt die Biologie in den letzten Jahren gebracht hat.*« Ehrlich an Loeb 31. 05. 1907, LOC.

12 Lillie ging sogar noch weiter in seiner Feststellung der Vermischung beider Forschungszweige, indem er für die Labore in Woods Hole im Jahr 1944 konstatiert: »*Nobody draws the line any more between medicine and biology at Woods Hole. There is a perfect fraternization. One can give no exact estimation of the value of the reciprocal influences of the Laboratory on scientific medicine and of the latter on the Laboratory. There can be no doubt, however, that the initiation of general physiology at Woods Hole in 1892 was significant for the early development of scientific medicine in America*« (Lillie 1944, S. 146–148).

13 Siehe zum Beispiel die Übersicht von Pauli (1924) in der Klinischen Wochenschrift oder Jakob Heinrich Bechholds (1866–1937) populäres Buch »Die Kolloide in Biologie und Medizin« (Bechhold 1912).

5.2 Institutioneller Exkurs: Loeb und das Rockefeller Institute for Medical Research

Seit den 1880er Jahren bemühte sich die Medizin in Amerika, eine an Physik und Chemie orientierte Wissenschaft zu werden und rein empirische Heilungskonzepte abzulegen. Vorbild waren die Entwicklungen in Europa, vornehmlich in Deutschland und Frankreich, wo seit Mitte des 19. Jahrhunderts die mechanistische Physiologie und vor allem die experimentelle Bakteriologie bahnbrechende Erfolge im Verständnis von Lebensprozessen, Gesundheit und Krankheit zeigten.[14] Grundlage für diese Entwicklung war unter anderem die Entstehung von Forschungslaboratorien, in denen eine beschreibende, morphologisch orientierte Forschung durch eine experimentelle Laborwissenschaft ersetzt wurde. Diese in Europa entwickelte Kultur war in den USA um 1880 quasi nicht vorhanden und wurde von amerikanischen Ärzten bis dahin auch nicht vermisst, da sie zumeist die Meinung vertraten, dass Laborwissenschaft nichts zur praktischen Medizin beitragen könne. Auch an den Universitäten wurde außer in Harvard und Johns Hopkins experimentelle Medizin kaum irgendwo gelehrt, so dass von den vielen Amerikanern, die europäische Forschungseinrichtungen zu Ausbildungszwecken besucht hatten, nur wenige nach ihrer Rückkehr die Möglichkeit erhielten, in Europa erlernte experimentelle Methoden an einer universitären Forschungseinrichtung umzusetzen. Zwischen 1880 und 1900 kam es nicht zuletzt dank solcher Forschungsreisenden, die sich trotz fehlender infrastruktureller Möglichkeiten um einen Transfer der europäischen Methoden bemühten, zu dramatischen Veränderungen in der Ausgestaltung der Lebenswissenschaften in den USA. An Universitäten und privaten Forschungseinrichtungen setzte ein Gründungsboom für Laboratorien nach europäischem Muster ein. Wichtige Faktoren, die diesen Boom begünstigten, lagen auf konzeptionellem wie strukturellem Gebiet: Die praktische Anwendung der wissenschaftlichen Bakteriologie zur Prävention von Krankheiten in Form der Hygiene zeigte großartige Erfolge, und eine neue Klasse von zu Geld gekommenen Industriellen stellte privates Geld für philanthropische Institutsgründungen zur Verfügung.[15]

Neben Andrew Carnegie (1835–1919) oder Henry Phipps (1839–1930) gehörte zu diesen auch der Ölmagnat John D. Rockefeller (1839–1937).[16] Rockefeller stammte aus einer Baptistischen Familie. Geldspenden und philanthropische Unternehmungen gehörten für ihn, wie das Verdienen von Geld, zur Religion. Im Laufe seines Lebens wurde er durch Ölgeschäfte nicht nur zum reichsten Amerikaner seiner Zeit, sondern er stiftete auch fast die Hälfte seines Vermögens für wohltätige Zwecke. Dabei spendierte er nicht wahllos, sondern setzte sein Geld – wie bei seinen wirtschaftlichen Unternehmungen – wohl überlegt und gezielt ein, um seinem religiösen Ideal, durch philanthropische Hand-

14 Vgl. neben vielen anderen Latour (1988a); Gradmann (2005b).

15 Zu diesem Komplex siehe u.a. Dubos (1976); Kohler (1982, S. 93–157); Geison (1987). Zur Entwicklung und Umsetzung hygienischer und bakteriologischer Konzepte vgl. u.a. Labisch (1992).

16 Zur Gründung und Entwicklung des Institutes, zu seinem Erfolg und den erfolgsbedingenden Faktoren siehe v.a. Corner (1964); Dubos (1976, S. 13–33); Kevles (1992, S. 202ff.); Hollingsworth (2004). An diesen Arbeiten orientiert sich auch die vorliegende Darstellung.

lungen die Menschheit zu verbessern, nahe zu kommen. Unterstützt wurde er bei seinen Planungen vom Prediger Frederick T. Gates (1853–1929), der Rockefeller 1897 den Gedanken nahe brachte, die medizinische Forschung zu unterstützen. Für Gates stand es außer Frage, dass die medizinische Forschung in Amerika weit hinter der in anderen Ländern zurückgeblieben sei und dass nur die Schaffung einer adäquaten Infrastruktur helfen könne, aus der Medizin eine echte Wissenschaft zu machen. Dies wiederum sei nötig, um sie zum Wohle der Menschheit nutzbar zu machen. Als Vorbilder für eine zu schaffende Institution schwebten ihm das Institute Pasteur und das Robert-Koch-Institut vor.

Da Rockefeller im Umgang mit Geld alles andere als ein Hasardeur war, stellte Gates in seinem Auftrag zusammen mit Rockefellers Sohn, John D. junior (1874–1970), eine Expertenkommission zusammen, die Rockefeller bei der Gründung eines Institutes für medizinische Forschung unterstützen sollte. Diese Experten waren ausgewiesene Wissenschaftler und führende Forscher in ihren Gebieten: der Pädiater Emmet Holt (1855–1924), der Pharmakologe und Bakteriologe Christian Herter (1865–1910), der Dekan der Johns Hopkins Medical School William Welch (1850–1934), der Leiter der Abteilung für Bakteriologie der New Yorker Gesundheitsbehörde Hermann M. Biggs (1859–1923), der Pathologe T. Mitchell Prudden (1849–1924) sowie die Bakteriologen Theobald Smith (1859–1934) und Simon Flexner.

Schnell war klar, dass die Gründung eines Medizinischen Forschungszentrums den Zielen Rockefellers entgegen käme. Welch zum Beispiel befürwortete ein solches Institut mit den Worten: »*I am confident that the establishment in this country of a properly endowed institute on the general lines of the French Pasteur Institute would be of the greatest benefit to medical science and to humanity [...] I know of no other way in which the expenditure of a like sum of money would be expected to yield greater returns in the advancement of useful knowledge and of the physical well-being of mankind*« (Hanson 2000, S. 15). Uneinigkeit herrschte darüber, ob die zu gründende Institution eher einer Universität angegliedert werden oder völlig autonom sein sollte. Während die Expertenkommission eher zur Universitätslösung tendierte, waren Rockefeller und Gates der Meinung, dass nur eine Organisation erfolgreich sein könne, in der die Forscher frei von institutionellen Zwängen mit angemessenem Gehalt ohne Belastung durch Lehrverpflichtung »Fulltime« Forschung treiben könnten.

Eine Familientragödie schließlich beschleunigte die Gründung des Rockefeller Institute. Im Dezember 1900 erkrankte Rockefellers erster Enkel an Scharlach, im Januar des Jahres 1901 verstarb er an dieser Erkrankung. Ende April stellte Rockefeller 200000 $ zur Gründung des Institutes zur Verfügung, dessen Direktorium aus den oben genannten Persönlichkeiten rekrutiert wurde. Welch wurde Vorsitzender des Direktoriums.

Zunächst gab es kein Institut im engeren Sinne, vielmehr sollten ausgewählte Wissenschaftler in bestehenden Institutionen Stipendien erhalten. Rockefeller wollte seine neue Unternehmung einer Testphase unterziehen, ehe er Geld für ein eigenes Gebäude und eigene Laboratorien zur Verfügung stellen wollte. Für erstes Aufsehen sorgte dabei gleich eine Konfrontation der privaten Unternehmungen mit der staatlich organisierten Gesundheitsfürsorge, die in eine Kooperation mündete. In öffentlichkeitswirksamer Weise, die Werbung für das neue Institut und für einen von schlechten Pressemeinungen gebeutelten Rockefeller machen sollte, führte das Institut Hygieneuntersuchungen in New Yorker Molkereien durch, die mit Studien zur Gesundheit von Kindern in Mietskasernen gekoppelt wurden. Die Reduzierung der Säuglingssterblichkeit lag im nationalen Interesse, und die private Rockefeller Institution deckte nun staatliche Missstände bei der Säuglingsfürsorge und Milchversorgung auf. Ganz im Sinne eines nationalen Engagement beließ es die wissenschaftliche Institution nun aber nicht bei der Aufdeckung eines Skandals, sondern sie bot ihre Hilfe und Kooperation mit dem Health Department of New York City bei der Behebung der aufgefundenen Probleme an, ein Hilfsangebot, das dankbar angenommen wurde (New York's Milk Supply – Rockefeller Institute's First Report Deals with Its Nature 1902; Hogan 2007).

Diese und ähnliche erfolgreiche Aktionen zum »Wohle der Menschheit« und zum Ruhme Rockefellers veranlassten ihn nun dazu, das Institut auch räumlich auf eigene Füße zu stellen, so dass er dem Aufbau von Laboratorien für experimentelle Grundlagenforschung und dem Bau eines angeschlossenen Krankenhauses für klinische Forschung zustimmte. Ab 1904 nahmen die Laboratorien im Zentrum Manhattans unter dem zum Direktor der Laboratorien bestimmten Simon Flexner ihre Arbeit auf.

Anders als seine europäischen Vorbilder war das Rockefeller Institute nicht um nur einen herausragenden Kopf wie Pasteur, Koch oder Ehrlich gruppiert, sondern hatte verschiedene, völlig autonome Abteilungen, die jeweils von führenden Wissenschaftlern geleitet wurden. Zwar fungierte der Direktor des Institutes Simon Flexner als administrative Spitze, die Abteilungen aber wirkten formell wissenschaftlich autark. Die Abteilungsleiter waren handverlesene Wissenschaftler internationaler Herkunft, die allein nach ihren bisherigen Leistungen und Interessen ausgewählt wurden und nicht nach ihrer disziplinären Anbindung oder Ausrichtung. Der zentrale Fokus dieser Auswahl war auf die Aufgabe des Institutes – die medizinische Forschung – gerichtet, diese aber wurde nicht eng durch bestimmte Krankheiten definiert, sondern weit gefasst auf alle Lebensprozesse bezogen. Dies führte zu einer breiten, sowohl an der medizinischen Praxis als auch an der Grundlagenforschung orientierten wissenschaftlichen Basis des Institutes. Zum Beispiel gelang es Flexner, zum einen den Chirurgen Alexis Carrel (1873–1944) für das Institut zu gewinnen, der 1912 auf dem Gebiet der experimentellen Chirurgie den Nobelpreis erhalten sollte. Dieser stand für die eher angewandte Seite medizinischer Forschung. Zum anderen holte Flexner 1910 Jacques Loeb ans Institut, der wie gezeigt die Grundlagenwissenschaften repräsentierte. Hiermit war Flexner, der selbst das ebenfalls auf direkte Anwendbarkeit der Forschung zielende bakteriologische Labor leitete, ein Coup gelungen, der für die weitere biomedizinische Forschung des 20. Jahrhunderts stilbildend sein sollte. Er positionierte Loeb, seine Forschungsgebiete, seine Epistemologie und seine »Technische Biologie« nun auch institutionell in einen medizinischen Kontext und trug somit zum Transfer von Loebs Forschungsstil in die Medizin bei.

Bereits 1902 hatte das Mitglied des Leitungsgremiums Christian Herter versucht, Loeb als Mitglied für das Institut anzuwerben. Christian Herter glaubte wie Loeb an die mechanistische, physiko-chemische Erklärung physiologischer und pathologischer Prozesse.[17] Mit Hilfe seines nicht unbeträchtlichen ererbten Vermögens hatte er ein privates

17 Eine Zusammenfassung seiner Ideen zu einer wissenschaftlichen Medizin lieferte er in seinem publizierten Vortragsmanuskript Imagination and Idealism in the Medical Sciences. Hier heißt es u. a. zu den Methoden medizinischen Erkenntnisgewinns: »*Our most effective tools are to be*

Forschungslaboratorium aufgebaut und zusammen mit dem Pharmakologen John Jacob Abel (1857–1938) 1905 das Journal of Biological Chemistry ins Leben gerufen, bei dessen Gründung Loeb ihm Ratschläge erteilt hatte und für das Loeb regelmäßig Beiträge lieferte.[18] Loeb hatte Herters Anwerbungsversuch 1902 zwar noch abgelehnt, aber bereits in seinem Antwortschreiben eine an physiko-chemischer, biologischer Grundlagenforschung orientierte Vision für das Institut formuliert, die in den Folgejahren im Leitungsgremium heftig diskutiert wurde. »*You were kind enough to mention the possibility of my doing work for The Rockefeller Institute. My recent work on the antitoxic effects of the valency and the electric charges of ions opens up, if I am not mistaken a new field in the pathology and possible therapeutics especially of nervous and possibly mental diseases. [...] This however cannot be decided until the work which is in progress now has been completed. Such work as well as that on the prolongation of the life of the unfertilized egg might be considered as falling within the scope of an institute like that of Rockefeller. I feel more and more that the more original the lines are which are taken up in such an Institute the more it serves its purpose. Though work on the bacteriological lines and on the problems of immunity should not be neglected yet I feel that we should, welcome in this country any independent start which seems to open up fertile fields and I think that this will be the case with regard to the lines indicated.*«[19] Für Loeb war dieser »independent start« in der Medizin gleichbedeutend mit einer Medizin auf biologischer Grundlage. Eine »gute« Biologie nach seinen Vorstellungen war für ihn die Grundvoraussetzung für eine gute Medizin. Die biologische Forschung sollte in seinen Augen die Richtlinien der Medizin bestimmen.[20]

Innerhalb und außerhalb des Direktorengremiums gab es allerdings Widerstände gegen die Berufung eines zu dieser Zeit für seine Forschung an Seeigeln berühmten Biolo-

---

found in the experimental laboratory, where the fundamental sciences, physics and chemistry, come to the aid of physiology, biology, pathology and psychology« (Herter 1909, S. 5). Für eine Biographie siehe Hawthorne (1974).

18 Herter an Loeb 27. 03. 1905, LOC: »*Dr. J. J. Abel and I have had some talks about the feasibility and desirability of establishing in this country a medium for the publication of biological papers written from the chemical side. We think there is considerable good work being done at present in the United States which it is a pity to scatter and that a journal of biological chemistry, if kept on a high place, would somewhat help to stimulate research.*«, Herter an Loeb 13. 04. 1905; Loeb an Herter 22. 04. 1905, beide LOC.

19 Loeb an Herter 03. 01. 1902, LOC. Nachdem Loeb bisher an der ebenfalls von Rockefeller gegründeten University of Chicago gearbeitet hatte, zog er den Ruf nach Kalifornien einem Engagement am Rockefeller Institute vor. Noch in Bezug auf eine ihm angebotene Gehaltserhöhung in Chicago, die ihn zum Bleiben veranlassen sollte, schrieb er an Mach, auf seine sozialistischen Neigungen anspielend: »*Finanziell habe ich beim Tausch verloren, man bot mir in Chicago 7000 Dollars an, während ich hier 5000 bekomme. Alleine ich beziehe lieber ein kleineres Gehalt von einer State University als ein gewisses aus der Tasche von Rockefeller.*« Loeb an Mach 21. 02. 1903, DMM.

20 Umgekehrt bedeutete eine »schlechte«, eben nicht »technische« Biologie das Entstehen einer schlechten Medizin. Explizit äußerte er Flexner gegenüber einige Jahre später über den Zustand der Medizin im Mittleren Westen: »*You know the condition of medicine in the Middle West, and the wrong development is in my opinion solely due to the lack of critical attitude on the part of the biologists who control the situation.*« Loeb an Flexner 04. 08. 1923, APS.

gen an ein medizinisches Institut. Der Bezug der Arbeiten Loebs zur Medizin schien Kritikern nicht so offensichtlich zu sein, wie er sich für Flexner und Herter ergab.[21] Herter amüsierte sich über die ignorante Haltung einiger Mediziner Loebs physiko-chemischer Forschung gegenüber, während er gleichzeitig Loeb dazu anhielt, seine Arbeiten unbedingt im Umfeld der Medizin weiter fortzuführen und nicht gänzlich die medizinische Forschung aufzugeben. Wie Loeb hoffte er auf die Überzeugungskraft der reinen Wissenschaft auch auf die Mediziner.[22] Bis diese Überzeugungskraft allerdings auf die übrigen Entscheidungsträger am Rockefeller Institute nachhaltig wirkte, vergingen nach dem ersten Versuch, Loeb nach New York zu holen, acht weitere Jahre. Erst dann konnten sich Herter und Flexner gegen die anderen Mitglieder des Entscheidungsgremiums durchsetzen und Loeb ein Angebot unterbreiten. 1910 wurde Loeb an das Rockefeller Institute berufen, und er erhielt dort sein eigenes Laboratorium für Experimentelle Biologie. Erleichtert über Loebs Zusage schrieb ihm Herter: »*I think I need hardly tell you how very pleased I am that you saw your way clear to accepting the call of the Directors of the Rockefeller Institute. I do not think you will ever have cause to regret this action, but that on the contrary you will find the Institute an exceedingly congenial place for your work. Dr. Flexner and I have discussed this possibility of your coming to the Institute off and on during the past two years, but it was only lately that the attitude of our founders became such as to make it possible for us to invite you to come.*«[23]

Neben der am Forschungsinhalt der Protagonisten orientierten Rekrutierung bemühte sich das Rockefeller Institute auch um kulturelle Vielfalt der akademischen Besetzung. So wurden zum Beispiel neben dem Franzosen Alexis Carrel Karl Landsteiner (1868–1943) aus Österreich, Hideyo Noguchi (1876–1928) aus Japan, Phoebus Levene (1869–1940) und Samuel Meltzer (1851–1920) aus Russland angeworben. Als reine Forschungsinstitution konnte es sich das Institut leisten, auch Forscher einzustellen, deren Englisch nicht für die studentische Lehre ausreichte und damit gleichzeitig den Vorteil der Sprachenvielfalt ausnutzen: Ausländische Publikationen kursierten im Institut, und die in fremden Sprachen publizierten Ergebnisse konnten den Kollegen sofort zur Kenntnis gebracht werden (Hollingsworth 2004). Anders als zum Beispiel an den preußischen Universitäten, bei denen die Besetzung von Lehrstühlen oft mit Religionsfragen verbunden war, spielten diese beim privaten Rockefeller Institute überhaupt keine Rolle. Als Wilhelm Roux sich bemühte, Loeb auf den Lehrstuhl für Physiologie in Halle zu lancieren, musste er diesem den Rat geben, er bezeichne sich besser »*auf ev. spaetere amtliche Anfrage als jüdischer Konfession, sofern Sie diese nicht officiell abgelegt haben und … sie überhaupt hatten, denn »confessionslos« gilt, glaube ich, in Preußen für*

---

21 Generell zum Widerstand der Kliniker gegen die Laborwissenschaft in Amerika und Europa vergleiche u.a. Bonner (1995, S. 251–279).

22 Herter an Loeb 30. 05. 1902, LOC: »*I was greatly amused (after a period of disgust) at an article in a leading medical journal which attributed the entire idea of ions to you. The writer looked the word up in the Century dictionary. His conclusion was that ions were of very doubtful existence. For who has ever seen one? You have done much already to waken people from their slumbers. The medical people need you prodding most of all and I hope you will continue to keep in touch with medical problems.*«

23 Herter an Loeb 27. 01. 1910, LOC.

das Schlimmste.«[24] Der Baptist Rockefeller hingegen übte keinen Einfluss auf die Direktion seines Institutes aus, die Religion seiner Wissenschaftler bei Anstellungen zu berücksichtigen. Im Gegenteil, die religiöse Vielfalt des Institutes war fast so breit wie seine wissenschaftliche: Neben dem Atheisten Loeb arbeiteten am Institut gleichzeitig der an das Wunder von Lourdes glaubende Katholik Carrel, evangelische Christen und Wissenschaftler jüdischen Glaubens.

Jedes Jahr kam eine Vielzahl ausländischer Stipendiaten an das Institut, so dass ein reger Austausch, ein ständiger Zufluss neuer Ideen und eine permanente Kongressatmosphäre erzeugt wurden. Dabei bemühte sich Flexner, keine Dozenten von amerikanischen Universitäten durch überzogene Gehaltsangebote abzuwerben. Im Gegenteil, die Gehaltsangebote des Institutes waren eher konservativ. Dies wurde aber durch eine phantastische Laboratoriumsinfrastruktur kompensiert. Interessenten sollten nicht wegen der Bezahlung, sondern wegen der Forschungsmöglichkeiten das Rockefeller Institute aufsuchen.

In der Organisation des täglichen Forschungsbetriebes bestimmten Abteilungsleiter Richtung und Organisation ihrer Laboratorien, was unterschiedliche Bewertungen der Hierarchien am Rockefeller Institute nach sich zog. Gerade den im deutschen System groß gewordenen und am deutschen System orientierten Loeb und Flexner war es wichtig, die Mitarbeiter in ihren Laboratorien eng an von ihnen bearbeiteten Themen zu führen, wohingegen in anderen Abteilungen Mitarbeitern mehr Freiheiten gestattet wurden. Die Budgetierung ihrer Laboratorien verhandelten die Abteilungsleiter mit dem Board of Directors jedes Jahr neu, wobei flexibel auf die Bedürfnisse der Abteilungen reagiert wurde.[25]

Als Direktor achtete Flexner darauf, dass Arbeitsberichte und Forschungsergebnisse zur Hebung des Prestiges der Institution regelmäßig veröffentlicht wurden, was allerdings gelegentlich zu dem äußeren Vorwurf führte, die Wissenschaftler des Rockefeller Institute publizierten voreilig unausgereifte Ergebnisse (Corner 1964, S. 158f.). Im Inneren erzeugte das Berichtswesen zwar Unwillen, trug aber zur internen Kommunikation der Forschungsergebnisse und zur gegenseitigen Inspiration bei.

Neben den Berichten war der Speisesaal des Institutes als Ort sozialer und wissenschaftlicher Interaktion der zentrale Integrationspunkt der Abteilungen und Forscher. Flexner legte ungeheuren Wert darauf, dass die Institutsangehörigen hier regelmäßig zusammenfanden. Sogar die Tischgröße war geplant und auf acht Stühle begrenzt, um eine geordnete Kommunikation zu befördern. Darüber hinaus fand am Institut eine wöchentliche Konferenz mit Vorträgen der Mitarbeiter oder von Gästen zu aktuellen Arbeitsgebieten statt. Auf diese Weise gelang es, im Institut eine die Zusammenarbeit zwischen den Abteilungen fördernde Atmosphäre zu erzeugen (Hollingsworth 2004, S. 31). Flexner bemühte sich sehr darum, die Institutsmitglieder in einen Teamgeist einzubeziehen, der gegenseitige Achtung und gegenseitiges Interesse erzeugen sollte (Corner 1964, S. 161). Mitglieder, die seiner Meinung nach gegen diesen Teamgeist verstießen, wurden, wie der sich zum Schriftsteller berufen fühlende Paul de Kruif, der satirische Berichte über die Medizin und ihre Forscher veröffentlicht hatte, entlassen (s. u.).

---

24 Roux an Loeb 28. 11. 1908, LOC.

25 Vgl. z. B. Flexner an Loeb 04. 06. 1914, 27. 10. 1916, 12. 04. 1919, 02. 06. 1919, Loeb an Flexner 30. 05. 1919 alle APS; Loeb an W. F. Ewald 22. 10. 1913, LOC.

Zuletzt schuf sich das Institut seine eigenen Publikationsorgane und machte sich so unabhängig von anderen Wissenschaftsbetrieben, wobei sich alle Beteiligten der Gefahr derartiger Unternehmungen bewusst waren. Wissenschaftlicher Standard auf der einen Seite und externe Ko-Editoren auf der anderen Seite sollten Reputation und Bonität dieser Journale sichern, um nicht nur für die Rockefeller-Mitarbeiter einen Ort der Veröffentlichung zu bieten, sondern um Publikationsmöglichkeiten zu schaffen, die anerkannt waren und den publizierten Ergebnissen Wirkung verschafften. Auf diesem Sektor der Wissenschaftsdissemination kam Loeb eine nicht unbedeutende Rolle zu. Als Loeb das »Journal of General Physiology« gründete, diskutierte er mit Flexner nicht nur die Finanzen des vom Institut finanzierten Journals, sondern auch dessen Standards zur Qualitätswahrung.[26] Diese nahm er selbst sehr ernst. Sogar die Publikation von Manuskripten seines ehemaligen Schülers Thomas B. Robertson lehnte Loeb, über einen diplomatischen Umweg, aus Qualitätsgründen ab.[27] Zusätzlich bemühte Loeb sich, die Reputation der mit dem Rockefeller Institute assoziierten oder vom Institut herausgegebenen Zeitschriften und Buchreihen wie des »Journal of Biological Chemistry«, des »Journal of Experimental Medicine«, des »Journal of General Physiology« oder seiner »Monographs in Experimental Biology« durch indirekte Verweise an Kollegen zu erhöhen. Als er sich über einen von Samuel Mast gegen ihn verfassten Artikel ärgerte, der im von ihm mitherausgegebenen Nicht-Rockefeller Organ »Journal of Experimental Zoology« erscheinen sollte, schrieb er beispielsweise dem ersten Editor Ross Harrison: »*Of course, men like Parker and perhaps Morgan take this side of Mast's work as a joke, and undoubtly in a way it is. But the place for jokes is in the Fliegende Blätter or in LIFE, but not in a scientific journal where a man with any self-respect wishes to regularly publish serious work- If this kind of thing will go on you will notice a gradual withdrawal of papers to journals with a higher standard of responsibility, such as for instance the JOURNAL OF BIOLOGICAL CHEMISTRY.*«[28]

5.2.1 Erfolgsfaktoren des Rockefeller Institute

J. Rogers Hollingsworth ist der Frage nachgegangen, welche Faktoren den Erfolg wissenschaftlicher Organisationen bei der Schaffung von großen Entdeckungen (»Major Discoveries«) determinieren. Hollingsworth definiert dabei große Entdeckungen als solche, die die Reputation eines Forschers in einem so hohen Maße gestärkt haben, dass

26 Flexner an Loeb 02. 08. 1919, 12. 08. 1919; Loeb an Flexner 04. 08. 1919, 08. 08. 1919, alle APS.

27 Loeb an Flexner 24. 06. 1919, APS: »*I will frankly confess that I fear Robertson may swamp our Journal with questionable material, and since we are restricted in space and since I have the ambition of making the Journal a scientific publication I do not dare to run the risk. On the other hand, I do not dare to offend Robertson who is my pupil and has been an intimate friend of mine; and who is naturally suspicious. For that reason I wonder whether there is not some ruling by you given to the Editorial Division which would make the acceptance of his request impossible. If I could assure him of such a ruling it would simplify matters very much*«. Flexner an Loeb 25. 06. 1919, APS.

28 Loeb an Harrison 10. 04. 1917. Vgl. auch Kapitel 4.1, Anmerkung 56.

ihm von seinen Kollegen einer der größeren Wissenschaftspreise (Nobel Preis, Lasker Preis etc.) verliehen wurde. Mag man über dieses Kriterium der Erfolgsbemessung von Wissenschaft auch streiten, so bieten die Auszeichnungen doch ein relativ valides Maß, zumindest die öffentliche Wahrnehmung eines Forschers zu bestimmen. Im internationalen Wettbewerb spielt gerade die öffentliche Rezeption eine nicht zu unterschätzende Rolle. Der Erfolg von Institutionen wird in der Öffentlichkeit eher an der Zahl von Preisen gemessen als an dem leisen Erfolg von Arbeiten, die nur unter Kollegen rezipiert werden. Der Forschungspreis kürt die nationalen Exzellenzzentren als solche und lässt sie international gegeneinander antreten.

Aus einer Analyse, in die Hollingsworth sechs von ihm so benannte »nationale Champions« auf der Grundlage großer Entdeckungen einschloss, zu denen auch das Rockefeller Institute gehörte,[29] ermittelte er sechs Faktoren, die den Erfolg einer Institution determinieren sollen (Hollingsworth 2002, S. 8–10).

Diese sind:

1. Organisatorische Autonomie (die Möglichkeit, Berufungen, Forschungsfelder, Laborgründungen etc. frei von äußeren Einflüssen und wissenschaftlichen wie politischen Autoritäten zu bestimmen).

2. Organisatorische Flexibilität (die Möglichkeit, schnell neue Forschungsfelder aufzugreifen).

3. Moderate wissenschaftliche Vielfalt (das Vorhandensein mehrerer Disziplinen oder Subspezialitäten; Individuen, die breitere Interessen auf methodologischem, theoretischem und praktischem Gebiet der Forschung verfolgen).

4. Kommunikation und soziale Integration (das Zusammenkommen unterschiedlicher Perspektiven mittels regelmäßiger Interaktion wie gemeinsame Publikationen, Journal Clubs, gemeinsame Mahlzeiten oder Freizeitaktivitäten).

5. Führungskräfte mit der Fähigkeit, die Richtung zu erkennen, in die sich eine Wissenschaft bewegt und mit der Fähigkeit, wissenschaftliche Vielfalt zu integrieren (Führungskräfte mit strategischen Visionen, der Fähigkeit Geldmittel für diese Visionen zu mobilisieren, der Fähigkeit geeignetes Personal zu rekrutieren, der Fähigkeit konstruktive Kritik zu üben, der Fähigkeit, eine Gruppe unterschiedlicher Forscherpersönlichkeiten zu integrieren und zu führen).

6. Rekrutierung (die Anwerbung von hochklassigen Wissenschaftlern mit exzellentem Wissen auf ihrem Gebiet und breitem Interesse für andere Forschungsfelder).

Faktoren, die dem Erfolg eher abträglich zu sein scheinen, sind

1. ein zu hoher Grad an Differenzierung (scharfe Grenzen zwischen wissenschaftlichen Disziplinen innerhalb einer Institution, Anzahl von Abteilungen, Abgabe der Mitarbeiterrekrutierung an autonome Abteilungen (Spezialisten), Verantwortung für Drittmitteleinwerbung allein bei einzelnen Abteilungen);

---

29 Die von Hollingsworth herangezogenen Institutionen waren das Institute Pasteur, die University of Cambridge, das California Institute of Technology, das College of Arts and Sciences at Harvard University, die Johns Hopkins University School of Medicine und die Rockefeller University, das ehemalige Rockefeller Institute.

2. Hierarchische Autoritätsstrukturen und bürokratische Koordination (zentralisierte Budgets, zentralisierte Entscheidungsverfahren, standardisierte Regeln und Prozedere);

3. zu große Vielfalt – Vielfalt, die so groß ist, dass keine effektive Kommunikation zwischen den Wissenschaftlern mehr erfolgen kann (Hollingsworth 2002, S. 11).

Gemessen an diesen von Hollingsworth benannten Faktoren, die den Erfolg einer wissenschaftlichen Institution bedingen, vereinte das private Rockefeller Institute einige der günstigen Bedingungen in sich. Ausgestattet mit den reichlichen Mitteln Rockefellers verfügte es über organisatorische Autonomie und Flexibilität. Wie gezeigt, konnte es höchst flexibel auf neue inhaltliche Anforderungen reagieren und sich sowohl personell als auch infrastrukturell frei entfalten. Die Vielfalt an Wissenschaftlern und vertretenen Fachrichtungen war groß genug, um gegenseitige Befruchtung zu bewirken und thematisch fokussiert genug, um ein zu weites Auseinanderdriften der Interessen zu verhindern. Die Kommunikation funktionierte im organisierten Rahmen hervorragend, und der Direktor Flexner, wie auch das Aufsichtsratsgremium, führten das Institut umsichtig und visionär. Schließlich gelang es dem Institut regelmäßig, einen Zufluss an engagierten Mitarbeitern aufrecht zu erhalten.[30] Auch Problemfragen konnten positiv gewendet werden. Als Flexner erwog, den gerade 68 Jahre alt gewordenen Samuel Meltzer zu pensionieren, riet ihm Loeb, im Hinblick auf die Öffentlichkeit und auf wissenschaftliche Erwägungen darauf zu verzichten. Das Privileg, eine solche Entscheidung frei treffen zu können, solle man keinesfalls durch die bürokratischen Automatismen einer Universität ersetzen.[31]

In der Rückschau war Loeb also 1910 an ein Institut gekommen, das ihm ideale Bedingungen bot, seine Forschung weiterzuverfolgen. Darüber hinaus bettete seine Bindung an das Institut mit hohem Renommee seine Forschung auch institutionell in einen gediegenen medizinischen Kontext ein. Doch auch dieses »ideale Institut« hatte Schattenseiten, die nach Erscheinen des Romans »Arrowsmith« auch Loebs Bild in der brei-

30 Vgl. Loeb-Flexner Korrespondenz zu Stipendiaten und Mitarbeitern.

31 Loeb an Flexner 24. 04. 1919, APS »*To the medical profession in New York Meltzer is a man who, more than anybody else, has awakened the scientific spirit. It might arouse serious criticism if his laboratory were curtailed when his days of work are almost ended since people might ask why the Institute could not have waited a short time instead of embittering his last days. Meltzer himself could feel terribly hurt and would not suffer in silence. I, of course, see the difficulty of the administration in this case, but since it can only be a question of a short time when Meltzer himself will be compelled to ask for relief I wonder whether it would not be better all around not to interfere before that time has arised. This would make it also possible to gradually dispose of those members of his staff whom the Institute does not wish to keep. The Universities have the method of automatic retirement the rigid adoption of which I believe not to be wise for a scientific Institution measured [...] by productive men, whose number will always be small. In view of the fact that our Universities are ceasing to be scientific institutions I feel that it would be dangerous to restrict the scientific output by adopting in the research institutions the rigid system in use in the universities.*« Loeb sprang Meltzer auch in anderen Angelegenheiten zur Seite. Zum Beispiel überarbeitete er Aufsätze des offensichtlich etwas senil gewordenen Meltzer. Vgl. Edwin B. Wilson an Loeb 16. 08. 1919, LOC.

ten Öffentlichkeit berührten. In ihrer bissigen Satire auf die amerikanische Medizin und Wissenschaft »Arrowsmith« erzeugten der Schriftsteller Sinclair Lewis und der ihn beratende Instituts-Insider Paul de Kruif ein eher zweideutiges Porträt des Instituts und der Forschungsphilosophie Jacques Loebs.

5.3 Arrowsmith – ein literarisches Portrait des »Mechanisten« Jacques Loeb und der »medizinischen Wissenschaft«

Kurz nachdem 1922 der Mikrobiologe Paul de Kruif (1890–1971) anonym im populären »The Century Magazine« eine vierteilige Polemik über Medizin zwischen Wissenschaft, Kommerz und Scharlatanerie verfasst hatte, wurde er aus seiner Forschungsposition am Rockefeller Institute for Medical Research entlassen. Dies war bereits sein zweiter anonym veröffentlichter Aufsatz, in dem er seine im Rockefeller Institute gesammelten Erfahrungen literarisch verarbeitet hatte (De Kruif 1922b; De Kruif 1922a). In beiden Beiträgen hatte er u. a. Forschungsziele, -zweck, -methoden und -organisation des Institutes karikiert. Als offenkundig wurde, dass de Kruif Autor beider Satiren war, legte der Direktor des Institutes Simon Flexner (1863–1946) dem viel versprechenden jungen Bakteriologen den Rücktritt nahe. Nicht zuletzt die Preisgabe von Insider Informationen stellte für Flexner eine die Grenzen der Kameradschaft überschreitende Verletzung dar. Auch Jacques Loeb, de Kruifs Mentor, Freund und Vorbild am Institut konnte oder wollte nicht zu seinen Gunsten intervenieren, denn – wie er sich ausdrückte – »mächtige Kräfte« forderten de Kruifs »Skalp«.[32]

De Kruif, der sich schon länger mit dem Gedanken getragen hatte, die Karriere als Forscher gegen das Leben eines Schriftstellers einzutauschen, unterzeichnete das ihm nahe gelegte Rücktrittsgesuch stolz und störrisch zum sofortigen Zeitpunkt, eine Lohnvorauszahlung, die Flexner ihm anbot, ablehnend.[33] Schon im Vorfeld hatte er Jacques Loeb gegenüber erklärt, vor die Wahl gestellt, derartige Artikel nicht mehr zu verfassen oder aus dem Institut auszuscheiden, werde er nicht lange zögern und binnen fünf Minuten seinen Austritt unterschreiben. Dies bedeute zwar dann das Ende seiner wissenschaftlichen Karriere, sei aber auch der Beginn einer literarischen Laufbahn, von der er hoffe, dass sie Loeb nicht beschämen werde.[34]

Am Anfang dieser avisierten literarischen Laufbahn stand wohl einer der berühmtesten »Arztromane« des 20. Jahrhunderts, den de Kruif zwischen Ende 1922 und 1924 zusammen mit dem damals schon populären späteren Literaturnobelpreisträger Sinclair Lewis (1885–1951) verfasste. Für den unter Lewis' Namen im Jahr 1925, ein Jahr nach Loebs Tod, erschienenen Bestseller »Dr. Arrowsmith« steuerte de Kruif wesent-

---

32 Loeb an de Kruif 03. 08. 1922, LOC: »*I should be only too glad to take steps in your behalf with the administration if I were not absolutely convinced of the futility of such steps. It is a case where powerful influences are determined to get your scalp and I hardly need to tell you that my advice has not been asked for and will not be asked for, and that no steps I could take would bring any result.*«

33 De Kruif an Loeb 19. 09. 1922, LOC.

34 De Kruif an Loeb 06. 07. 1922, LOC.

liche Elemente aus seiner eigenen Erfahrung am Rockefeller Institute und von den dort arbeitenden Wissenschaftlern bei, die aus der Geschichte des Lebensweges des Medizinstudenten Martin Arrowsmith einen bedeutenden Schlüsselroman machten. Auch Jacques Loeb wurde eindrücklich portraitiert. Im Folgenden werden die von de Kruif in den Roman eingebrachten Sichtweisen untersucht und dabei die Fiktion des Romans mit der von ihm erlebten Realität gespiegelt.

5.3.1 De Kruif, Lewis und »Arrowsmith«

»*Sinclair Lewis schrieb das Buch. Und doch gibt es einen Beweis dafür, dass Red während der ersten Phasen der Entstehung des Buches glaubte, ich sei ihm eine gewisse Hilfe gewesen*« (De Kruif 1963).[35] Diese Einschätzung de Kruifs nährt sich unter anderem aus Briefen von Sinclair Lewis an seinen Verleger oder den Kritiker Henry L. Mencken (1880–1956), in denen er während der Arbeit am »Arrowsmith« die Mitwirkung von de Kruif am Roman als essentiell für die Entstehung seines bisher wohl besten Buches schildert (Hutchisson 1992, S. 56). Sollte der Roman zunächst ein unter Lewis' und de Kruifs Namen zu veröffentlichendes Ko-Produkt werden, so erschien er, trotz de Kruifs tatkräftiger Mitwirkung als Ideengeber und technischer Berater, letztendlich unter kaufmännischen Gesichtspunkten allein unter dem bekannteren Namen von Sinclair Lewis. Obwohl die zunächst innige Männerfreundschaft zwischen den beiden an Streitigkeiten um die Würdigung von de Kruifs Leistung zerbrach, konstatierte de Kruif zur alleinigen Nennung Lewis' als Autor: »*Moralisch war er im Recht. Lehrlinge können nicht erwarten, daß ihr Name auf einem Erzeugnis steht*« (De Kruif 1963, S. 109).

Sinclair Lewis und Paul de Kruif begegneten sich das erste Mal kurz nach de Kruifs Entlassung aus dem Rockefeller Institute. Für de Kruif bedeutete dieses Treffen die endgültige Abkehr vom Labor und die Hinwendung zur Schriftstellerei, denn der berühmte Lewis erschien ihm, wie er in seinen Memoiren etwas pathetisch formulierte, als »*ein Abgesandter der göttlichen Vorsehung*« (De Kruif 1963, S. 63). Morris Fishbein (1889–1976), der langjährige Herausgeber des Journal of the American Medical Association, hatte die beiden zusammengeführt. Lewis befand sich nach seinem großen Erfolg »Main Street« (1920) und kurz nach Beendigung von »Babbit« (1922) auf der Suche nach einem neuen Romanstoff. Sein neuer Roman sollte ein Heldenroman über die christliche Arbeiterbewegung werden. Hierfür hatte Lewis schon erste Recherchen angestellt, als er die Bekanntschaft de Kruifs machte. Das Ergebnis dieses Aufeinandertreffens war die Aufgabe jenes Projektes und der Plan, einen Wissenschaftler zum Helden seines neuen Romanes zu machen. Mit de Kruifs Hilfe wollte Lewis literarisch in Form eines Romanes die Welt der amerikanischen medizinischen Wissenschaft portraitieren. Für de Kruif bot sich so die Möglichkeit eines Einstiegs in eine schriftstellerische Laufbahn, für Lewis ergab sich über die Person von de Kruif ein direkter Zugang zum medizinischen Forschungsbetrieb. Neben technischen Informationen zur Laborfor-

35 Zur Entstehungsgeschichte des Romans und zur Zusammenarbeit von de Kruif und Lewis siehe insbesondere Richardson (1955); Oehlschlaeger (1979); Hutchisson (1992). »Red« war der Spitzname des rothaarigen Lewis.

schung und zur medizinischen Praxis versorgte de Kruif Lewis mit Hintergrundwissen zu unterschiedlichen Philosophien medizinisch-wissenschaftlichen Arbeitens (Rosenberg 1963; Schorer 1968). Für viele Handlungsstränge und Charaktere des Romanes lieferte de Kruif die Vorlage aus seinen eigenen Erfahrungen im Rockefeller Institut. Einen Schlüssel für Charaktere und Prototypen hinterlegte er 1931 bei der New York Academy of Medicine, mit der Bitte, diesen für 30 Jahre unter Verschluss zu halten.[36]

»Arrowsmith« erzählt die Geschichte des Protagonisten Martin Arrowsmith und schildert seine Entwicklung vom Medizinstudenten zum Arzt und mikrobiologischen Forscher. Während Lewis offenbar wesentliche Charakterzüge seiner Person auf die Hauptfigur des Romans übertrug, scheint der beschriebene Lebensweg von Arrowsmith in den ersten Phasen dem von Paul de Kruif zu entsprechen (Richardson 1955, S. 227; Hutchisson 1992, S. 53ff.).

Der Roman beginnt in der Praxis des alten, trinkenden Landarztes Doc Vickerson. Der 14-jährige Martin Arrowsmith hat sich als dessen Helfer verdient gemacht und wird von diesem in dem Plan bestärkt, Medizin zu studieren. Martin nimmt das Studium an der Universität von Winnemac auf, wo er auf seinen späteren Mentor, den deutschstämmigen Bakteriologen Max Gottlieb trifft, den er bald für seine unbedingte Hingabe an Forschung und Wissenschaft bewundert. Noch während des Studiums wird Martin sein Assistent. In Winnemac verlobt Martin sich mit einer Englischstudentin, bevor er sich in die Krankenschwester Leora verliebt. Unzufrieden mit seinem Studium unterbricht er dieses, bricht mit Gottlieb und treibt sich verloren herum, ehe er Leora heiratet. Unter dem Druck seines Schwiegervaters schließt Martin sein Studium ab, bevor er im praktischen Jahr als Notarzt in der Stadt Zenith erste medizinische Erfolge verbucht. Nach dem Examen lässt er sich als Landarzt in der Heimatstadt Leoras Wheatsylvania nieder, wo er sich aufgrund seiner alten bakteriologischen Forschungsambitionen schnell mit übereilten Hygienemaßnahmen einige Feinde schafft. Im schwedischen Hygienepropagandisten Gustav Sondelius, den er auf dessen Vortragsreise durch die USA kennenlernt, erblickt Martin Arrowsmith ein neues Vorbild. Sondelius findet Gefallen an Arrowsmith und verschafft ihm einen Posten in der Stadt Nautilus, wo er Assistent des beliebten Direktors des öffentlichen Gesundheitsdienstes Almus Pickerbaugh wird. Dieser wirkt eher als propagandistischer Verkäufer denn als Arzt, indem er populäre Gedichte zur Gesunderhaltung schreibt oder Hygienewochen organisiert. Als Pickerbaugh Senator wird, übernimmt Martin Arrowsmith seinen Posten, doch macht er sich schnell bei der Oberschicht der Stadt unbeliebt. Statt zu repräsentieren, kehrt er zur Forschung zurück und entzieht sich dem öffentlichen Leben. Mit der Schließung von verseuchten Molkereien bringt er letztendlich auch die Farmer gegen sich auf, so dass er Nautilus verlassen muss. Durch Vermittlung seines schon im Studium durch Ehrgeiz aufgefallenen Kommilitonen Angus Duer findet Arrowsmith eine Anstellung als Pathologe in der privaten Rouncefield Clinic in Chicago. Diese zeichnet sich eher durch Verkauf von Gesundheitsleistungen und Profitgier als durch humanitäre Krankenversorgung aus. Hier droht Martin an der Eintönigkeit seiner Arbeit unterzugehen, doch da rettet ihn sein alter Mentor Max Gottlieb. Gottlieb holt ihn an das McGurk Institut, ein vom Industrie-

36 Brief von de Kruif an Archibald Malloch vom 16. 04. 1931, Historical Collection der New York Academy of Medicine. Freundlicherweise überlassen durch Arlene Shaner, Reference Librarian.

magnaten McGurk finanziertes privates Forschungsinstitut, an dem auch er inzwischen eine bakteriologische Forschungsabteilung leitet. Martin findet an diesem Institut zur schon vorher bei Gottlieb geübten reinen Wissenschaft zurück. Hier fühlt er sich solange wohl, bis er von der Institutsleitung (DeWitt Tubbs) bedrängt wird, in kurzer Zeit verwertbare Forschungsergebnisse zu publizieren, die er noch gar nicht erzielt hat. Trotzdem gelingt Martin ein herausragender Forschungserfolg mit der Entdeckung eines Bakteriophagen, der in der Lage zu sein scheint, Pneumonie- und Pesterreger zu bekämpfen. Als auf einer Karibischen Insel die Pest ausbricht, wird Martin von Gottlieb beauftragt, dort in einer kontrollierten klinischen Studie die therapeutische Wirksamkeit seines Phagen zu testen. Auf seiner Reise wird Martin von seinem ehemaligen Gönner Sondelius und seiner Frau Leora begleitet, die beide an der Pest versterben: Sondelius, weil er sich nicht mit dem Phagen impfen lassen will, solange Martin im Rahmen der Fall-Kontroll-Studie nur die eine Hälfte der Inselbewohner impft, Leora, weil sie achtlos eine bakteriell kontaminierte Zigarette raucht. In der Folge dieser Ereignisse bricht Martin die Studie ab und impft wahllos die Inselbevölkerung. Nach seiner Rückkehr heiratet er die reiche Joyce Lanyon, kann sich aber mit ihrem Lebensstil nicht arrangieren. Er verlässt sie und ihr gemeinsames Kind, um mit einem ehemaligen Kollegen vom McGurk Institut in der Wildnis ein Labor aufzubauen, in welchem sie frei von institutionellen und gesellschaftlichen Zwängen ihrer geliebten Forschung nachgehen können.

5.3.2 Wissenschaft im »Arrowsmith«

Neben dem realen Forschungshintergrund, dem eine damals unter Mikrobiologen geführte Debatte über die Natur eines von d'Herelle im Jahre 1917 beschriebenen bakteriolytischen Phänomens zu Grunde liegt,[37] thematisiert der Roman die medizinische Wissenschaft auf drei Ebenen.

- Zum ersten stellt der Lebensweg des Martin Arrowsmith vom Assistenten Doc Vickersons über den Hausarzt und die Gesundheitspolitik zum Forscher am etablierten McGurk Institut eine Allegorie auf die Geschichte der Institutionalisierung medizinischer Forschung in den USA und auf die Spannungen zwischen ärztlicher Praxis und medizinischer Wissenschaft dar (Rosenberg 1963, S. 448f.).
- Zum zweiten wird eine radikale reduktionistische Forscherphilosophie portraitiert, die in der Figur des Max Gottlieb ihre Personalisierung findet – einer Figur, die unter anderem an Jacques Loeb angelehnt war.
- Zuletzt wird im Rahmen der Darstellung des McGurk Institutes der wissenschaftliche Betrieb einer Institution wie des Rockefeller Institute for Medical Research charakterisiert und karikiert.

Diese drei Topoi, von Lewis meisterhaft satirisch ausformuliert, wurden von de Kruif in den Roman eingebracht. Als Lewis und de Kruif mit der Arbeit am »Arrowsmith« be-

37 Zu diesem Themenkomplex siehe Löwy (1988); Summers (1991). Während eine Gruppe davon ausging, dass die Bakteriolyse auf die Wirkung eines lysierenden Enzyms zurückzuführen sei, ging d'Herelle von einem intrazellulären, parasitären Virus als Auslöser dieses Vorgangs aus. Lewis und De Kruif lassen ihre Helden Arrowsmith und Gottlieb d'Herelles Ansicht folgen.

gannen, hatte Letzterer diese Themen schon durchdacht und in seinen skandalträchtigen Aufsätzen im »Century Magazin«, Harold Stearns »Civilization« sowie einem in »Harper's Magazine« erschienenen Porträt von Jacques Loeb mit dem Titel »Jacques Loeb – the Mechanist« ausformuliert (De Kruif 1923), allerdings – wie er selbst konstatierte – *»ohne das schriftstellerische Talent von Sinclair Lewis«* (De Kruif 1963, S. 37).

5.3.2.1 »Arrowsmith« als Spiegelbild amerikanischer Medizingeschichte

Die Parallelisierung von Arrowsmiths Lebensweg mit der amerikanischen Geschichte der experimentellen medizinischen Wissenschaft liegt auf der Hand, wenn man den Aufstieg der institutionalisierten Laborwissenschaft mit dem Aufstieg Arrowsmiths zum Experimentator an einer herausragenden Forschungseinrichtung vergleicht.

Im Roman wird Martin Arrowsmith im Jahre 1883 geboren. Etwa zu diesem Zeitpunkt setzte in den USA der beschriebene Wandel im disziplinären Selbstbild der Hochschulmedizin ein.[38] Empirische Heilungskonzepte, wie sie z. B. von einem Doc Vickerson vertreten wurden, sollten abgelegt und durch eine moderne »Laboratoriumsmedizin« europäischen Stils ersetzt werden. In Ermangelung von institutionellen Alternativen ist Arrowsmith, wie seine realen amerikanischen Zeitgenossen, zunächst darauf angewiesen, ein kleines privates Labor in seiner Arztpraxis zu betreiben. Wie in der Realität führen auch im Roman die Erfolge der Bakteriologie dazu, dass reiche Industrielle Geld für philanthropische Institutsgründungen zur Verfügung stellen und der Staat sich auf dem Gebiet der Hygiene engagiert. Der Hygienekommissar Pickerbaugh oder Sondelius setzen hygienische Theorien in staatlich geförderte, praktische Maßnahmen um, und das McGurk Institut, an dem Arrowsmith angestellt wird und seinen größten Forschungserfolg erzielt, ist vom reichen Industriellen McGurk ins Leben gerufen worden.

5.3.2.2 Forscherphilosophie und Öffentlichkeit

Die hinter dieser Entwicklung stehende reduktionistische, rein an experimenteller Arbeit orientierte, quantifizierende, mechanistische Wissenschaftsphilosphie kämpft in Martin Arrowsmith mit einer eher ganzheitlichen, ärztlichen Sicht. Diese Spannung führt letztendlich dazu, dass Arrowsmith nach dem Tod seiner Frau diese Form der Wissenschaft aufgibt und den Kontrollversuch zu Gunsten der Hoffnung, alle Inselbewohner zu heilen, abbricht, bevor er sie noch radikaler am Ende des Buches im Labor in der Wildnis wieder aufnimmt.

Die Figur, die die mechanistische Wissenschaftsphilosophie im Roman exemplarisch personifiziert, ist die des Wissenschaftlers Max Gottlieb. Er nimmt eine Zentralstelle im Roman ein, einer der Arbeitstitel des Buches lautete daher auch »Gottlieb's Schadow« (Richardson 1955, S. 226). Gottlieb ist im Roman ein antikapitalistischer, antimilitaristischer emigrierter deutscher Jude, ein Schüler von Helmholtz. Er symbolisiert den Stereotyp des unbestechlichen, uneigennützigen, nur für die Wissenschaft lebenden For-

38 Vgl. 5.2 Institutioneller Exkurs: Loeb und das Rockefeller Institute for Medical Research.

schers. Geld ist ihm egal, ebenso sein Ansehen innerhalb der Gesellschaft. Wichtig ist ihm nur seine experimentelle Arbeit im Labor. Diese führt er mit größter Akribie durch, immer bestrebt, quantifizierbare Ergebnisse zu erzielen. Er bekämpft jede Form von Vitalismus als Metaphysik und gibt sich als strenger Mechanist. Seine Idole sind »... *Vater Nietzsche und Vater Schopenhauer ... und Vater Koch und Vater Pasteur und Bruder Jacques Loeb und Bruder Arrhenius* ...« (Lewis 1954, S. 44). Als Mentor von Arrowsmith lässt Gottlieb diesen auf einen realen prominenten Mechanisten, nämlich Jacques Loeb, einen wissenschaftlichen Eid ablegen (Lewis 1954, S. 339).

Dieser Kunstgriff von Lewis ist nicht ohne Charme, denn Jacques Loeb stellte eines der Vorbilder für die Romanfigur dar. Neben Jacques Loeb sind in Gottlieb zusätzlich Züge von De Kruifs erstem wissenschaftlichen Lehrer Frederick Novy (1864–1957) eingeflossen:[39] Während Gottlieb von Novy die mikrobiologische Thematik und den Forschergeist erhielt, teilte er mit Jacques Loeb seine antivitalistische, mechanistische Philosophie und die deutsch-jüdische Herkunft (De Kruif 1963, S. 101ff.). Auch andere Autoren wie Theodore Dreiser (1871–1945) orientierten sich an Loeb als Modellrepräsentanten eines wissenschaftlichen Mechanismus (Land 1983). Die Forschungsinstitution, an der Loeb ab 1910 wirkte, diente Lewis und de Kruif zuletzt als Muster für ihre satirische Kritik am Forschungsbetrieb des McGurk Institutes.

5.3.3.3 Forschungsbetrieb am Rockefeller/McGurk-Institut

Im »Arrowsmith« wird das McGurk Institut zunächst als ein Wissenschaftstempel beschrieben, der optimale Forschungsbedingungen zu bieten scheint. Frei von ökonomischen Zwängen können hier Forscher von Weltruhm in gepflegtem Ambiente ihrer Wissenschaft nachgehen. Ausgestattet mit hervorragender Infrastruktur sowie den besten, neuesten Gerätschaften wirken hier Wissenschaftler autonom in ihren Laboratorien und werden mit allem versorgt, was sie für ihre Forschung benötigen. Niemand redet ihnen in ihre Arbeitsgebiete hinein. Das soziale Bindeglied zwischen den Laboratorien stellt dabei der Speisesaal des Institutes dar, der als den Teamgeist fördernde, inspirierende Kongresshalle wirkt.

Risse bekommt dieses strahlende Bild des Wissenschaftstempels im Roman mit dem Ausbruch des Ersten Weltkrieges. Das Institut wendet sich ganz dem patriotischen Dienst zu, alle Angehörigen tragen Uniformen, und Gottliebs wichtigster Assistent wird an die Front beordert. Gottlieb selbst wird als deutschstämmiger Wissenschaftler bis zum Kriegsende von den übrigen Institutsmitgliedern geschmäht, gemieden und zunehmend isoliert.

Auch Arrowsmith findet nicht das reine Glück am McGurk Institut. Nach anfänglichem Enthusiasmus über die Forschungsmöglichkeiten entdeckt er die Eitelkeiten der am Institut wirkenden Protagonisten. Diese ruhen sich als autonome Leiter separater Abteilungen entweder auf alten Lorbeeren aus, ohne weiter Forschung zu betreiben (Rippleton Holabird) oder wenden der Forschungsorganisation und Öffentlichkeitsar-

39 Robert Coard (1985) macht als weiteres Element dieser Figur Conan Doyles Sherlock Holmes aus.

beit mehr Aufmerksamkeit zu als der Wissenschaft selbst (DeWitt Tubbs). Pure, interesselose, freie Wissenschaft, so findet Arrowsmith, ist auch in dieser Institution nicht möglich, denn auch hier wird er Zwängen ausgesetzt, die seinem wissenschaftlichen Geist widersprechen. So wird von ihm beispielsweise, im Sinne einer positiven öffentlichen Darstellung des Institutes, die Publikation von noch unfertigen, unausgereiften Ergebnissen verlangt. Auch wird er genötigt, am Institutsbetrieb und den gemeinsamen Essen repräsentierend teilzunehmen, wobei die Speisetafel des geselligen Forschungsaustausches mehr und mehr zur Bühne für Selbstdarsteller verkommt.

Die Persiflage auf das Rockefeller Institute mit seinen oben geschilderten, im Vergleich zu universitären Einrichtungen stilbildenden, strukturellen Besonderheiten ist offenkundig. Wie das fiktionale McGurk Institut bot das Rockefeller Institute seinen Mitgliedern die Möglichkeit, Vollzeitforschung ohne Ablenkung durch Lehrverpflichtungen oder ärztliche Tätigkeiten zu betreiben. Es hatte verschiedene, völlig autonome Abteilungen, die jeweils von herausragenden Wissenschaftlern geleitet wurden. Der Ort sozialer und wissenschaftlicher Interaktion war der Speisesaal etc.[40]

5.3.4 Loeb, Gottlieb und »Arrowsmith« zwischen Medizinischer Wissenschaft und Praxis

Das im »Arrowsmith« gezeichnete Bild der medizinischen Forschung ist durch zwei wesentliche Spannungsverhältnisse gekennzeichnet, von denen eines den Forschungsbetrieb selbst betrifft und das andere das Verhältnis zwischen medizinischer Forschung und medizinischer Praxis berührt. Beide Spannungsverhältnisse spielten auch in Loebs Wissenschaftlerleben eine bedeutende Rolle.

Im Roman wird im täglichen Prozess des Schaffens von Wissen, wie er sich im McGurk Institut und damit zumindest für de Kruif auch in der realen Welt des Rockefeller Institute darstellte, das individuelle Wissenschaftlergenie mit der Wissenschaftsorganisation, die aus Teamarbeit und Arbeitsteilung besteht, kontrastiert. De Kruif vertrat in seinen literarischen Arbeiten die Ansicht, dass nur individuelles Genie zum Erfolg führen könne. Das Rockefeller Institute hatte als Institution seiner Ansicht nach trotz aller nominellen Erfolgsfaktoren, die er bereits ähnlich, aber nicht so rekonstruktiv-systematisch artikulierte wie Hollingsworth (s. o.), nicht den Fortschrittseffekt, den individuelle Genies auch ohne die ganze zur Verfügung gestellte Infrastruktur hätten haben können. Eher behinderten in de Kruifs Sicht die in Lewis' Ausarbeitung karikierten Eitelkeiten der im Rockefeller Institute zusammengekommenen Forscher die Entfaltung des jeweiligen Genies. In Jacques Loeb meinte de Kruif ein solches Wissenschaftler-Genie erkannt zu haben. Nicht zuletzt deshalb inkorporierte er ihn in den Gottlieb des Romans als den idealen, reinen Wissenschaftler. Loeb stand für ihn mit Diderot, Pasteur, Faraday, da Vinci und anderen herausragenden Personen der Wissenschaftsgeschichte auf einer Stufe, ein Vergleich, den er sowohl öffentlich in einem hagiographischen Bei-

40 Vgl. Kapitel 5.2 Institutioneller Exkurs: Loeb und das Rockefeller Institute for Medical Research.

trag über Loeb in dem populären »Harper's Magazine« (De Kruif 1923), als auch privat Loeb gegenüber in ihrer Korrespondenz anstellte.[41] Gleichzeitig sah de Kruif Loebs persönliche Tragödie *»in seiner vergleichsweise hohen Einsamkeit in der Wissenschaft«*. Wie bei vielen Genies vor ihm hielt de Kruif auch im Falle Loebs dessen Genie auf Grund der Einfachheit und Klarheit seiner Theorien für verkannt. Nach seiner Ansicht wurde Loeb vor allem auch deshalb die ihm in seinen Augen zustehende Anerkennung verweigert, weil er *»die romantische Folklore der Biologen«* mit Hilfe einfacher und auf physikalischen Gesetzen basierenden Erklärungen bekämpfte (De Kruif 1923).

Es ist anzunehmen, dass Loeb in gewisser Weise die Ansichten de Kruifs über individuelles Wissenschaftlergenie und die Behinderungen durch den wissenschaftlichen Betrieb teilte, auch wenn er in Bezug auf sich selbst nie öffentlich das Wort »Genie« gebraucht hätte. Im Gegenteil bat er de Kruif nach Lektüre des ihm zugesandten Manuskriptes zu dem Artikel in »Harper's Magazine«, diesen zurückzuziehen. Unter anderem fürchtete er den Zorn seiner Kollegen.[42] Als de Kruif angab, Loebs Brief mit der Bitte zu spät erhalten zu haben und der Artikel erschien, schrieb ihm Loeb: *»I have heard that article in HARPERS appeared. I am sorry that you did not get my other letter but I realize that your intentions were the best and your feelings towards me most kind. It is, however, a fact, that eulogies are liable to make the life of a scientist harder«*.[43]

Neben dem Neid der Kollegen hatte Loeb nach de Kruifs Entlassung zusätzlich befürchtet, in den durch dessen Artikel im Century Magazine ausgelösten Strudel hineinzugeraten. Loeb ging davon aus, dass seine Forscherkollegen ihm eine sokratische Miturheberschaft an de Kruifs kritischen Gedanken zum Wissenschaftsbetrieb zutrauten. Dieser Umstand wiederum kann als Indiz dafür gedeutet werden, dass auch Loeb gelegentlich Kritik an den Regeln des Forschungsbetriebes »Rockefeller Institut« geäußert hatte. Loeb schrieb an de Kruif: *»As it is, they almost seem to hold me responsible for your articles, and if in addition you were to write about my work during the next year, it would convince them that I am responsible for all that »deviltry« and it would make my position here unpleasant if not impossible. For this reason I hope you will understand if I beg you not to write anything about my work for at least a year.«*[44] Anders als de Kruif aber, der kompromisslos auf seiner kritischen Meinung beharrte und der Wissenschaft auch wegen ihrer Organisation den Rücken kehrte, brachte Loeb die Kompromissbereitschaft auf, sich zur Ausübung seiner Wissenschaft in das System einzufügen. Diese Empfehlung gab er auch an de Kruif weiter,[45] doch dieser schlug Loebs Ratschlag in den Wind und

41 De Kruif an Loeb 19. 09. 1922, LOC: *»Finally, my most sincere thanks and gratitude for the priceless inspiration you have been to me, and for the interest you have taken in me. [...] There is Beethoven, and Rembrandt, and Da Vinci, and you. No one can take the guiding light of these torches from me.«*

42 Loeb an de Kruif 24. 07. 1922, LOC: *»I telegraphed you that your article would hurt my scientific reputation and my relations with my colleagues. You must know that if your article were published it would give rise to very unpleasant comment and would make me the target of very sharp and deserved criticism.«*

43 Loeb an der Kruif 03. 01. 1923, LOC; zu den Umständen des verlorenen Briefes siehe de Kruif an Loeb 01. 01. 1923, LOC.

44 Loeb an de Kruif 09. 11. 1922, LOC.

45 Loeb an der Kruif 24. 07. 1922, LOC.

schien sich sogar auf die Auseinandersetzung mit Flexner vor seinem Rauswurf zu freuen.[46] Loeb hingegen verhielt sich wie ein Realist. Als er zum Beispiel von Flexner um einen Forschungsbericht für externe Verwertung gebeten wurde, schickte Loeb ihm diesen zwar verspätet zu und versah ihn mit der Bemerkung: »*The delay was due to the fact that I had to overcome a good deal of internal resistance*«. Aber er fertigte ihn an. Im Gegenzug zeigte sich auch Flexner konziliant. Er fand den Bericht hervorragend und schloss in seiner Antwort: »*I sympathize with you and do not want to ask you to do it again.*«[47]

Das zweite im »Arrowsmith« geschilderte Spannungsverhältnis betrifft die praktische Medizin und die wissenschaftliche Forschung, die als inkommensurabel gegenübergestellt werden. Die handelnden Protagonisten können nur Wissenschaftler oder Arzt sein, nicht beides. Die wiederholten Versuche von Martin Arrowsmith, beide Rollen miteinander zu verbinden, scheitern daran, dass der Wissenschaftler in ihm mechanistisch, quantifizierend und reduktionistisch denken will, während der Arzt in ihm sich gezwungen fühlt, holistische und vitalistische Elemente in seine Behandlungskonzepte mit einzubringen. Für Letzteren muss jedwede Wissenschaft sofort anwendungsbezogen sein, während für Ersteren Grundlagenforschung das höhere Ziel darstellt. Diese Spannung zwischen praktischer und wissenschaftlicher Medizin, die de Kruif und Lewis im Roman thematisieren, war auch für Loeb zeitlebens ein Problem, das er in seiner Korrespondenz und wohl auch im direkten Kontakt mit anderen Forschern mehrfach artikulierte. In seinen Lebenserinnerungen zitiert de Kruif Jacques Loeb mit der Aussage: »*Medizinische Wissenschaft? [...] Das ist ein Widerspruch von Begriffen. So etwas gibt es gar nicht*« (De Kruif 1963, S. 20). Diese Sichtweise Loebs transportieren Lewis und de Kruif über Max Gottliebs Ansichten und Arrowsmiths Handlungen in ihren Roman.

Kurz nach seiner Eheschließung hatte Loeb den Versuch unternommen, in der praktischen Medizin Fuß zu fassen und sich in Zürich als praktischer Augenarzt niedergelassen. Schon nach sechs Wochen hatte er dieses Experiment abgebrochen, da die ärztliche Betätigung nicht seinem Berufsideal entsprach. In seiner Sicht hatte ihn die Beschäftigung mit wissenschaftlichen Fragen zu sehr von der praktischen ärztlichen Tätigkeit entfernt und ihn für diese, wie er sich ausdrückte »verdorben«.[48] Seit dieser Zeit sah und stilisierte er sich als einen nach strengen Kriterien arbeitenden Wissenschaftler,

46 So schrieb er an Loeb am 15. 08. 1922, LOC »*Flexner has refused to say whether or not I shall be fired. (...) If he gives me an interview, it will be good fun. I shall at least have the satisfaction of showing him that he deals with a Dutchman, and not a worm*«.

47 Loeb an Flexner 12. 12. 1921, Flexner an Loeb 15. 12. 1921, APS, Flexner Papers (B F365): Jacques Loeb.

48 Loeb an Zuntz 02. 06. 1891, SPK: »... *dass ich hier Ophthalmologie treibe. Mein Ideal wäre eine rein wissenschaftliche Thätigkeit.*« Loeb an Mach 06. 08. 1891, DMM: »*Bei der Ophthalmologie habe ich es nicht ausgehalten; die jahrelange Beschäftigung mit biologischen Problemen, denen doch einmal mein Herz gehört, haben mich für derartige Praxis verdorben. Sollte ich einmal in die Lage kommen Geld verdienen zu müssen, dann soll es lieber als Lehrer der Biologie an einem gewöhnlichen College geschehen wo wenigstens meine Begeisterung bei meinen Gedanken sein kann. Mein Ideal wäre, dauernd an einer zoologischen Station als freier Gelehrter wirken zu können*«.

der auf die – seiner Meinung nach – weniger an hohen Standards orientierten Kliniker herabblickte.

Sowohl in Chicago als auch in Berkeley hatte er die Medizinstudenten in Physiologie zu unterrichten, ebenfalls eine Tätigkeit, die ihn mit Unwillen erfüllte, weil sie ihm keine Erfüllung bereitete. Auf diesem Gebiet kämpfte er für die Umsetzung strengerer wissenschaftlicher Kriterien in der medizinischen Lehre, was ihm zum Beispiel in Berkeley wiederum den Zorn der Kliniker einbrachte. Auseinandersetzungen zwischen diesen und Loeb um die in der Lehre anzusetzenden Qualitätsstandards waren die Folge (Kohler 1982, S. 149–154, 186–192). Darüber hinaus störte Loeb sich an der in seinen Augen zu engen Beziehung zwischen Physiologie und praktischer Medizin, die nach seinem Dafürhalten den Blick der Physiologie auf andere Probleme verschleierte.[49] Außerdem konzentrierten sich in seinen Augen die Kliniker zu sehr auf anwendungsbezogene Forschung und berücksichtigten dabei zu wenig die physiko-chemische, quantitativ-experimentelle Richtung der an Grundlagen orientierten Allgemeinen Physiologie. Schlimmer noch, wenn sie überhaupt eine Allgemeine Physiologie zur Kenntnis nahmen, dann war es die aus Loebs Sicht irreführende Ausprägung nach dem Stile Verworns.[50] In einer Erklärung zu dem von ihm geplanten Journal of General Physiology verdeutlichte Loeb seine Perspektive in so drastischen Worten, dass Flexner sich genötigt sah, den Originaltext zu entschärfen, um nicht auch hier, wie es in Berkeley geschehen war, die Opposition der Kliniker gegen Loeb und die Zeitschrift zu wecken. In seinem ersten Entwurf hatte Loeb unverhohlen den durch die Mediziner aufgebauten Druck auf die Physiologie angegriffen, in erster Linie anwendungsorientiert zu forschen: »*The Journal of General Physiology intends to serve as an organ of publication for papers devoted to the explanation of life phenomena on the basis of the physiochemical constitution of living matter. As the constitution of matter is the main problem of the physicist and physical chemist, so the constitution of living matter is the main problem of General Physiology, and in both cases the method of quantitative experimentation is required. Under the pressure of the demands of the medical school medicine + allied branches of science, physiology proper, and its journals, have increasingly [and ...?] developed in the direction of an applied science, with little room and often little patience for the purely theoretical problems, which are not within the compass of the clinician.*«[51] Seiner Meinung nach wurden die praktisch orientierten Kräfte in der Medizin durch Kapitalisten gestützt, die gewinnorientiert dachten und nicht die interessenlose Wissenschaft im Blick hatten. Die Vertreter der praktischen Medizin setzte Loeb mit Geschäftsleuten gleich, die sich am Profit orientierten und sich da-

49 Vgl. u.a. Loeb (1911b, S. 308): »*Enzyme physiology, the phenomena of immunity, the experimental study of heredity, of fertilization, etc. ... if they have been studied in a physiological laboratory, such work has been condemned as unphysiological, not only by the practitioners of medicine but by the so-called medical physiologists themselves. What today is called medical physiology proper, is in reality mostly anatomical physiology and should be taught by properly trained anatomists.*« Loeb kritisierte auch das American Journal of Physiology als zu sehr an der medizinischen Praxis orientiert.

50 Vgl. Loeb an Zuntz 17. 11. 1911, SPK: »*Verworn war hier; nach dem Urtheil der Naturforscher ist er ein hohler Kopf mit viel Prätensionen [sic] + wenig Ideen + Wissen; die Mediziner aber nehmen seinen Applomb + sein journalistisches Talent für Weisheit*«.

51 Kopie in Flexner an Loeb 25. 05. 1918, APS.

her von der reinen Wissenschaft entfernt hätten, ein Motiv, das im »Arrowsmith« in mehreren Episoden aufgegriffen wurde.[52]

Trotzdem suchte auch Loeb die Legitimation für seine Forschungsprojekte regelmäßig in der Anwendbarkeit der von ihm untersuchten Fragestellungen auf die Medizin. Dies dokumentieren nicht nur seine Briefwechsel mit Christian Herter und Simon Flexner im Umfeld seiner Berufung an das Rockefeller Institute (s. o.), sondern auch optimistische Aussagen in seinen Publikationen, wie zum Beispiel zur klinischen Relevanz seiner Versuche zur antagonistischen Salzwirkung[53] oder zur Kolloidchemie. Mit einem 1919 veröffentlichten Aufsatz »Colloid Chemistry and Medicine« verfolgte er zwar das primäre Ziel, gegen die Schule der Kolloidchemiker vorzugehen und ihren Theorien seine proteinchemischen Überlegungen entgegenzusetzen, nicht aber, ohne mehrfach auf die grundsätzliche Relevanz der Kolloide für die Medizin hinzuweisen (Loeb 1919a).

Auch auf de Kruifs sehr kritische Sicht der klinischen Medizin gegenüber versuchte Loeb beschwichtigend einzuwirken, indem er die idealistische Seite der Kliniker hervorhob, die er zwar nicht teilte, aber immerhin für beachtenswert hielt. Um de Kruif in seinen Diskussionen mit Flexner zu helfen, schrieb er an ihn: »*[...] I believe, in this that the hospital men are firmly believing that they are working towards a more idealistic attitude in medicine, combating the more commercial element. [...] I think where your miss out is in not emphasizing that these men are in their way idealists, and that is also true in a number of cases of the men who try, for the sake of better diagnosis to have a kind of expert working for them. If you could point out the good intentions in a number of these men [...] I mean, if you could give them credit for their good intentions, your article would not hurt their feelings to the same amount.*«[54]

5.3.5 Wirkung des Romans auf die Öffentlichkeit – 1925 und heute

Es stellt sich die Frage, wie Zeitgenossen die Wissenschaftsdarstellung im »Arrowsmith« bewerteten und ob sie die Kritik, die Lewis und de Kruif an dem System, das Letzterer zu Gunsten der Literatur verließ, verstanden und teilten. Eine Antwort lautet, dass der Roman »Arrowsmith« auf der Höhe der Zeit genau den Spannungsbogen an Reaktionen hervorrief, der Teil seines Plots war. Die im Roman behandelten Konflikte zwischen Medizin als Wissenschaft auf der einen und ärztlicher Praxis auf der anderen Seite sowie die Konflikte innerhalb des Wissenschaftsbetriebes spiegeln sich in der Literaturkritik

52 Vgl. z. B. Loeb an Arrhenius 04. 02. 1919, LOC: »*The men of affairs and business men will rule the world, and while they will support science which allows them to make money, they will not be willing to support science which has no commercial value at least in the immediate future and which has no practical application in medicine*«.

53 »*The fact that ions may act toxically through their electrical charges, and that ions with the opposite charge may act antitoxically, may open a new and very fertile field for pathology and therapeutics. As I have stated in previous papers, especially certain neuroses, and perhaps certain mental diseases, may now find their explanation*« (Loeb 1902b, S. 433). Vgl. u.a. auch Loeb (1910a, S. 4, 34).

54 Loeb an de Kruif 24. 07. 1922, LOC.

des Werkes. Der berühmte Literaturkritiker Henry L. Mencken (1880–1956) zum Beispiel zeigte sich begeistert von der im Roman geübten Darstellung von Medizin und Forschung. Der Arzt Haven Emerson (1874–1957) jedoch warf den Autoren vor, ihr Porträt sei unrealistisch und überzogen (Emerson 1968; Mencken 1968). »Arrowsmith« traf einen Nerv, den de Kruif schon mit seiner Serie im Century Magazine gereizt hatte. Bereits mit seiner Mitarbeit an diesem Roman machte de Kruif seine an Loeb gerichtete Prophezeiung für sein literarisches Wirken wahr, unbequem sein zu wollen.[55] Heftige Reaktionen und Spekulationen um die karikierten Personen begleiteten die Rezeption des Romanes viele Jahre.

Die Gründe für diese Reaktionen sind vielfältig. Die beiden geschilderten biographischen Elemente von de Kruif und Loeb und die Charakterisierung der institutionalisierten Wissenschaft stellen nur einen Ausschnitt aus der Vielzahl der weiteren populären im Roman behandelten Themen dar. Auch andere Faktoren bedingten den Erfolg des Buches. Beispielsweise bewegte sich die wissenschaftliche Hintergrundgeschichte sehr nahe an der zeitgenössischen Forschungsfront im Bereich der Immunologie, ein Umstand, den der Medizinhistoriker William Summers neben der Auswahl des Wissenschaftsthemas an sich für besonders vorteilhaft für die Romanwirkung hielt. Erstens handelte es sich um ein neues Thema mit neuem Material, das vorher noch nie für literarische Zwecke genutzt worden war. Zweitens verfügten die allermeisten Leser, wie es bei einem »klassischen« Science Fiction Roman der Fall wäre, nicht über die nötigen Kenntnisse, die dargestellten Fakten im Roman als richtig oder falsch zu bewerten. Drittens konnte der Leser guten Gewissens glauben, dass Martin Arrowsmith mit seinem Phagen tatsächlich etwas »Neues« entdeckt hatte (Summers 1991, S. 331). Darüber hinaus berührte Lewis mit »Arrowsmith« wie auch mit seinen Werken »Babbit« und »Dodsworth« starke Ängste innerhalb der avisierten Lesergruppe – ein weiterer Schlüssel zum Erfolg des Romans. Michael Augspurger hat gezeigt, dass die emotionalen, romantischen und unpragmatischen Antworten, die Lewis auf die gesellschaftlich von ihm als Gefahren empfundenen Phänomene von Kommerzialisierung, Bürokratie und bourgeoisem Sozialleben gibt, in besonderer Weise die aufstrebende professionelle Managerklasse des frühen 20. Jahrhunderts ansprachen, die annahm, dass genau von diesen Phänomenen eine Bedrohung für ihre Möglichkeiten der Einflussnahme in den sich reformierenden USA ausging (Augspurger 2001, S. 75).

Der Roman »Arrowsmith« wirkt aus heutiger Sicht erstaunlich aktuell, was die in ihm behandelten Dilemmata im öffentlichen Gesundheitswesen und der Medizinerausbildung, den Konflikt zwischen medizinischer Wissenschaft und ärztlicher Praxis sowie verschiedene Fragen der medizinischen Ethik anbetrifft. Seit 1945 wurde er immer wieder als zwar inzwischen klassischer, aber immer noch gültiger Schlüsselroman, als »Sittengemälde« der westlichen Medizin zitiert. Der »Science Citation Index« und der »Arts and Humanities Index« (http://isiknowledge.com/wos) listen 145 Zitationen von Lewis' »Arrowsmith«, entweder als direktes Zitat oder im Titel eines Aufsatzes oder im Abs-

55 De Kruif an Loeb 06. 07. 1922, LOC. *»That will mean, of course, the end of my scientific career, but it will also be the beginning of a literary one of which I hope you will not be ashamed, and which may possibly give certain vested and pompous interests an occasional moment of mild discomfort«.*

tract. Die meisten Zeitschriften, die »Arrowsmith« zitieren, sind medizinische Zeitschriften. Die Jahre mit den meisten Nennungen sind 1985 (10 Zitationen), 1996 (9) und 2000 (8). Diese Daten mögen die weiterhin empfundene Aktualität des Romans unterstreichen. Medizinstudenten in den westlichen Industriestaaten beklagen sich, dass es ihrer Ausbildung an praktischen Elementen mangele. Die Gesundheitssysteme der meisten Länder scheinen am Mangel an Ressourcen oder einer Ressourcen-Allokation zu zerbrechen, die weder im Einklang mit gesellschaftlichen Wünschen noch mit ärztlichen Idealen steht. Ärzte selbst fühlen sich überarbeitet und frustriert, sie erfahren nach eigener Meinung zu wenig positives Feed-back von Patientenseite (Glick 1990). Daneben scheint es in der wissenschaftlichen Medizin zum Balanceakt geworden zu sein, die klinische Tätigkeit mit dem Betreiben von Wissenschaft in Einklang zu bringen (Rosenberg 1999; Neilson 2003). Zuletzt wird in den Augen mancher medizinischer Forscher der »wissenschaftliche Idealismus« durch verschiedenste Interessenkonflikte in den Hintergrund gedrängt (Fangerau 2006): Allesamt Themen, die im Roman Arrowsmith berührt werden. Ärzte empfehlen heute noch ihren Profit orientierten Kollegen »ein oder zwei Seiten des Romanes pro Tag« (Markel 2001, S. 375).

5.3.6 Parthenogenese, Ethik und Arrowsmith

Die Weitsichtigkeit, die sich in diesem Roman von 1925 in so vielen Punkten offenbart, weist auch darauf hin, dass heutige medizinethische Debatten, die öffentlich ausgehandelt werden, keineswegs voraussetzungslos, sondern in der Geschichte angelegt sind. Viele der heutigen Diskussionen auf dem Gebiet der Medizinethik sind in ihrer Argumentationsstruktur und den vorgetragenen fundamentalen Werten nur aus der Geschichte heraus zu verstehen. Auch Jacques Loeb hat mit seiner Forschung insbesondere zur künstlichen Jungfernzeugung eine ethische Debatte angestoßen, die in aktuellen Diskussionen zur Stammzellforschung fortbesteht. Wie heute beruhte ein Teil dieser Debatte auf einem Missverständnis der Möglichkeiten und der Anwendbarkeit seiner Versuche zur Jungfernzeugung und zur Hybridisierung verschiedener Arten, die vor allem in ihren Folgerungen und in ihrer Übertragbarkeit auf den Menschen übertrieben dargestellt wurden.

Sinclair Lewis nimmt auf Loebs Parthenogenese- und Hybridisierungs-Versuche sowie die sich um sie rankenden Missverständnisse Bezug, wenn er einem Landarzt (Dr. Coughlin) genau dasselbe übertreibende Unverständnis dieser Versuche in den Mund legt, wie es sich in der Tagespresse fand: »*... er hat einem einmal gesagt, jeder sollte die Bücher dieses Immunologen, dieses Max Gottlieb, lesen, und dann Jacques Loeb – Sie wissen ja – der Kerl, ich besinne mich nicht mehr genau, aber er hat behauptet, er könne lebende Fische aus Chemikalien erzeugen!*« (Lewis 1954, S. 176). An anderer Stelle heißt es, die gleichen Übertreibungen der Möglichkeiten der Loebschen Forschung karikierend, über die öffentliche Wahrnehmung Gottliebs (folglich Loebs) und seiner Wissenschaft: »*Professor Gottlieb war das Rätsel der Universität. Es war allgemein bekannt, dass er Jude und in Deutschland geboren und erzogen war [...] Selten verließ er sein kleines, braunes, verwahrlostes Häuschen, außer wenn er sich ins Laboratorium begab [...] Es waren Hunderte von Anekdoten über ihn im Umlauf. [...] Man erzählte sich, dass er im Laborato-*

rium Lebewesen erzeugen könne, sich mit den Affen, die er einimpfte, zu unterhalten pflegte, dass er als Teufelsanbeter oder Anarchist aus Deutschland vertrieben worden war und dass er heimlich jeden Abend beim Diner echten Champagner trinke [...]« (Lewis 1954, S. 14).

So wichtig Jacques Loeb die Anerkennung seiner wissenschaftlichen Kollegen war, so wenig liebte er das in dieser Form von Lewis ironisierte öffentliche, missverstehende Aufsehen um seine Versuche, unter anderem auch deshalb, weil es ihn dazu zwang, in moraltheoretische Diskussionen einzutreten, die er für sinnlos hielt, da ja eben die sich hinter derartigen Übertreibungen verbergenden moralischen Ängste für ihn ohne eine reale Entsprechung waren. Das bereits zitierte von de Kruif verfasste Manuskript für Harper's kommentierte Loeb mit den Worten: »*When you asked my permission to write an article about me, I took it for granted that you were going to write about my scientific work, using it, perhaps, as an example for the illustration of the fact that the establishment of quantitative relations between different groups of phenomena is the aim of science. [...] It did not occur to me that you intended to bring in personal traits, otherwise I should have protested at the very beginning. You may know that I am very sensitive and nervous, and that I can only keep going if any outside friction and unpleasantness is spared me. When the newspapers exploited my work on artificial parthenogenesis, it almost finished me.*«[56]

Zum Zeitpunkt ihrer ›Entdeckung‹ löste die Artifizielle Parthenogenese heftige öffentliche Reaktionen aus, auf die Loeb in diesem Zitat anspielt, und auch seine Hybridisierungsversuche wurden mit größter Aufmerksamkeit verfolgt. Die öffentliche Antwort auf seine Forschung und ihre Implikationen bewegte sich zwischen Fortschrittseuphorie und der Sorge um eine Unterminierung traditioneller religiöser und moralischer Werte durch eine technisch in Lebensprozesse eingreifende Biologie. Das breitere öffentliche Interesse an der Artifiziellen Parthenogenese speiste sich natürlich auch an der zu humoristischen Überlegungen anregenden, damals jedenfalls so empfundenen ›Schlüpfrigkeit‹ des Themas. Auch Ludwig Boltzmann (1844–1906) konnte es zum Beispiel nicht lassen, in seiner »Reise eines deutschen Professors ins El Dorado« die künstliche Jungfernzeugung aufzugreifen. In seinem launigen Bericht über eine Amerikareise, die ihn auch zu Loeb führte, verglich er ihn mit Archimedes, berichtete über die Wirkung der Parthenogenese als Tischgespräch mit kichernden Damen und spekulierte über die Folgen dieser Technik auf die Geschlechterverhältnisse, wenn sie einmal beim Menschen erfolgreich angewandt würde und Männer damit überflüssig machte (Boltzmann 1905, S. 20–23).[57]

Im Folgenden werden die zeitgenössischen öffentlichen Reaktionen auf Loebs Versuche kurz dargestellt und mit seinen Forschungszielen, -plänen und seiner Forschungsphilosophie kontrastiert. Darüber hinaus wird Loebs Ethik, die sich aus seinem Verständnis der Lebensprozesse ergibt, mit der seiner Zeitgenossen verglichen. Diese Darstellung soll als Beispiel dafür dienen, auf welche Weise es in pluralistischen Gesellschaften zu ›ontologischen‹ Zusammenstößen zwischen Forschern und der Öffentlichkeit kommen kann. Denn anders als gelegentlich behauptet, verfügen die westlichen Gesellschaften nicht

56 Loeb an de Kruif 24. 07. 1922, LOC.

57 »*Eine Frauenemanzipation, wie sie die heutigen Frauenrechtlerinnen nicht einmal träumen.*« Zuntz empfahl Loeb das Buch als »vergnüglich«. Zuntz an Loeb 07. 11. 1908.

über einheitliche moralische Normen und Werte.[58] Nicht zuletzt verdeutlicht das Beispiel Loebs, wie sich in den letzten 100 Jahren ethische Differenzen zwischen der Gesellschaft und in der Biologie tätigen Wissenschaftlern entschärfen ließen, indem unter anderem wissenschaftliche Forschungen explizit und implizit mit moralischen Zielen verknüpft wurden.

5.4 Die Biotechnik der künstlichen Jungfernzeugung: Öffentliches Unbehagen und Loebs mechanistische Ethik

Als Jacques Loeb seine Versuche zur künstlichen Jungfernzeugung mit Seeigeleiern veröffentlichte, war schon bekannt, dass die natürliche Parthenogenese in der Tierwelt kein ungewöhnliches Ereignis darstellt, sondern vielmehr bei einigen Reptilien und niederen Tieren als ein normaler reproduktiver Vorgang auftritt. Das von Loeb eingebrachte, neue und für das Verständnis der Lebenserscheinung der Reproduktion revolutionäre Element war die willentliche, kontrollierte und künstliche Induktion dieses Phänomens durch die chemische Veränderung der Elektrolytkonzentration der die Eier umgebenden Lösung. Bereits vor Loeb hatten andere Forscher, wie zum Beispiel Thomas Morgan, ähnliche Versuche angestellt und Seeigeleier mit vergleichbaren Methoden zur Teilung gebracht. Nie jedoch hatten ihre Eier ein Blastulastadium erreicht.[59] Allerdings hatte z. B. Morgan diese Reaktion der Eier als pathologisch interpretiert und ihr folglich keine weitere Beachtung geschenkt, während Loeb in seinen Versuchen eine Möglichkeit sah, sein Ingenieursideal nach der Heteromorphose auf ein weiteres biologisches Feld zu übertragen. Bemerkenswerterweise spekulierte Loeb bereits in seiner ersten Arbeit zu diesem Komplex über die Möglichkeit einer Parthenogenese bei Säugetieren. So schließt er seinen Artikel mit der vorausschauenden Aussage: »*I think it further not impossible that a transitory change in the ions of the blood may also allow complete parthenogenesis in mammalians*« (Loeb 1899c).[60]

Die öffentlichen Reaktionen auf Loebs Experimente und auf seine Aussagen zur ihrer Anwendung auf Säugetiere und Menschen waren nicht nur positiv und zustimmend. Neben Bewunderung traf Loeb auf Kritik und Sorge. Obwohl Loeb über die ihm zugewachsene Aufmerksamkeit nicht nur glücklich war,[61] kooperierte er doch mit den Medien und suchte sogar mit mehr oder weniger provokativen Vorhersagen über die Möglichkeiten seiner Wissenschaft die Öffentlichkeit, nicht zuletzt, um seinen wissenschaftlichen Ruhm zu festigen und um seinem Ziel, den »Massen« naturwissenschaft-

58 Zu der ethischen Vielfalt in pluralistischen Gesellschaften siehe z. B. die Übersichten Engelhardt (1999); Turner (2003); Turner (2004).

59 Eine ausführliche Darstellung der Entwicklung der Artifiziellen Parthenogenese, insbesondere mit einer Darstellung der Vorstudien anderer Forscher aus Loebs Sicht, findet sich bei Loeb (1900c). Eine historische Rekonstruktion liefert Pauly (1987a, S. 93–117).

60 Loeb spekulierte auch schon über die zukünftigen Möglichkeiten der Technischen Biologie, dereinst das Geschlecht von menschlichen Nachkommen vor der Befruchtung auszuwählen oder eine extrakorporale Befruchtung durchzuführen (Loeb 1912a).

61 Vgl. Loeb an de Kruif, vgl. Kapitel 5.3, Anmerkung 56.

liches Denken beizubringen, näher zu kommen. So provozierte er in einem populärwissenschaftlichen Artikel mit dem Titel »Aphorismen zur Vererbungslehre« beispielsweise gezielt konservative Zeitgenossen mit der Vorhersage, dass Kinder, die künstlich in vitro gezeugt und groß gezogen würden, sich körperlich, intellektuell und in ihren moralischen Ansichten nicht von solchen unterscheiden würden, die sich unter dem Einfluss mütterlicher Pflege oder anderer natürlicher Erziehungsmaßnahmen entwickelten (Loeb 1912a).

Seine Position gegenüber den Medien war dementsprechend ambivalent. Loeb nutzte Vorträge und diverse Publikationsorgane, um seine Sichtweise der Biologie sowohl in wissenschaftlichen Kreisen als auch in der breiten Öffentlichkeit zu popularisieren. Auch gab er populären Medien Interviews. Gleichzeitig aber publizierte er Gegendarstellungen zu Falschmeldungen in diesen Medien an prominentester wissenschaftlicher Stelle. So bat er die Editoren der Zeitschrift »Nature« um Veröffentlichung einer persönlichen Stellungnahme zu »*[...] sensational and absurd reports of physiological theories and experiments whose authorship they attributed to me [...]*« Derartige Sensationsreportagen wies er mit den Worten zurück: »*I hardly need to state that I am in no way responsible for the journalistic idiosyncrasies of newspaper reporters and that for the publication of my experiments or views I choose scientific journals and not the daily Press*« (Loeb 1901). Loeb scheute dabei nicht die Öffentlichkeit selbst, doch er fürchtete sich vor überspitzten Falschdarstellungen seiner Arbeiten, um nicht bei seinen Kollegen in Verruf zu geraten. Es war dieser Drahtseilakt zwischen öffentlichem Ruhm, seinem Ideal der naturwissenschaftlich-technischen Massenbildung und der Furcht um seine Reputation unter Kollegen, der ihm zu schaffen machte.[62]

Jon Turney (1995) hat die öffentlichen Reaktionen auf Loebs Parthenogenese mit Hilfe zeitgenössischer populärer Printmedien untersucht. Er konnte zeigen, dass die in negativen Kommentaren geäußerten Ängste in hohem Maße den auch heutzutage gegenüber biologischen Forschungen und Methoden gelegentlich ausgesprochenen Sorgen ähneln. Ein zentraler Punkt in den Äußerungen war die Interpretation der Loebschen Versuche als Wendepunkt im Streben der Biologie, Leben im Labor künstlich zu erzeugen. In der Wahrnehmung der populären Medien war Loebs Jungfernzeugung aufs Engste mit dieser neuen (wachsenden) Macht der experimentellen Biologie verknüpft. Die Jungfernzeugung stand für sie exemplarisch für die bisher den Menschen nicht gegebenen technischen Möglichkeiten der neuen Biologie. Diese Betrachtungs-

62 In ähnlicher Form wandte Loeb sich gegen die Veröffentlichung einer Pressemeldung, die Edwin Wilson auch zur Steigerung der öffentlichen Wahrnehmung der National Academy of Sciences in Umlauf geben wollte. Wilson hatte vorgeschlagen, in der Presse die Meldung »*Dr. Jacques Loeb of the Rockefeller Institute for Medical Research, in New York, has just made announcement through the Proceedingts of the National Academy of Sciences of some new and striking results concerning the partheno-genesis of the frog, etc.*« erscheinen zu lassen. Loeb hingegen erwiderte, dass er nichts gegen Öffentlichkeitsarbeit dieser Art einzuwenden habe, wenn nicht seine Arbeit alleine beworben würde: »*If the latter is done, it must unquestionably hurt me as well as the Rockefeller Institute, since everybody would of course infer that it had been sent out by one of the two. If, however, a report of several of the papers presented at the meeting, for instance those by Hale, Millikan and Hall, is sent out, of course, a report of my paper could safely be included in the list.*« Edwin Wilson an Loeb 24. 04. 1916, Loeb an Wilson 02. 05. 1916.

weise führte zu einigen kritischen Stellungnahmen, die sich auf der Basis von Turneys Studie zusammenfassend in zwei Kategorien aufteilen lassen. Die Grenzen zwischen den Kategorien sind dabei fließend:

- Zum einen machte Turney in seiner Untersuchung einen generellen »Antimechanismus« auf der Grundlage religiöser oder spiritueller Intuitionen aus. Im Vordergrund stand in entsprechenden Stellungnahmen die Sorge über die Ausrichtung der Biologie im theoretischen und praktischen Bereich.
- Zum anderen fand Turney eine Reihe von konkreten Äußerungen, in denen Ängste darüber artikuliert wurden, welche Folgen eine Forschung, wie Loeb sie vorantrieb, für die Gesellschaft haben könnten. Hier war es Turney möglich, zwei zentrale Gedankengänge zu differenzieren. Auf der einen Seite fürchteten die Kommentatoren, dass die Macht, die sich die Biologie aneignete, zu völlig neuen moralischen Herausforderungen führen könnte, auf der anderen Seite beklagten sie, dass die neue Biologie traditionelle moralische Wertvorstellungen unterminiere.

Eine Karikatur aus dem Jahrbuch der Universität von Kalifornien aus dem Jahr 1905 scheint diese Gedankengänge aufs Beste zusammenzufassen. In Anspielung auf die Parthenogenese und ihre Weiterführung in neueren Versuchen Loebs zur Hybridisierung unterschiedlicher Arten zeigt sie drei Chimären in einem Käfig, die als Geschöpfe Loebs beschrieben werden. Gleichzeitig wird seine Freude am Tabubruch hervorgehoben, indem zusätzlich sein lächelndes Konterfeit unter dem Käfig abgebildet ist und die Karikatur mit dem Text beschrieben wird: »*[…] This group is entitled ›Genesis.‹ It effectually refutes the biblical legend of the Garden of Eden, and proves that man is descended from a grain of common salt (NaCl). The figure on the right represents an antediluvian Knockers Club; the central figure is a correct imitation of a prehistoric bat. The sweet-faced picture in the lower foreground is that of Dr Loeb. All the people in the cage call him ›papa,‹ and he seems to like it […]*«.[63]

5.4.1 Loebs Ethik und konfligierende Bilder der Natur

Die Art und Weise, in der Loebs Kritiker auf seine Forschung reagierten, offenbart einen »ontologischen« Zusammenstoß zwischen Loeb und vielen seiner Zeitgenossen auf der Grundlage religiöser oder ethischer Überzeugungen, eine der vielen Wertkollisionen des ausgehenden 19. Jahrhunderts.[64] Die Frage nach einer (göttlichen) »Lebenskraft« oder der »Physik und Chemie« als Ursprung allen Lebens war Kern der Auseinandersetzung. Mehr noch als durch seine Forschung selbst provozierte Loeb seine (nichtwissenschaftlichen) Kritiker dabei durch seine antivitalistische Forschungsphilosophie und seine Technische Biologie. Sein positivistischer, radikal mechanistischer, antimetaphysischer Ansatz wirkte in seinen ethischen Folgerungen auf seine Zeitgenossen dabei vermutlich verstörender als seine Forschungsergebnisse selbst: Heteromorphose, Künstliche Jungfernzeugung und Hybridisierungsversuche stellten eine besondere Herausforderung an

63 Zitiert nach Pauly (1987a, Abb. 11).

64 Zu Max Webers Begriff der Wertkollision und seiner Repräsentation um 1900 siehe in Übersicht Hübinger (2002).

moralische Werte und religiöse Gefühle dar, wenn man sie als Ausgangspunkt des Versuches interpretierte, Leben im Labor künstlich zu erzeugen. Was für Loeb also einen Forschungserfolg bedeutete, war für einige seiner Zeitgenossen ein Affront. Ihr Naturverständnis und ihre »Bioethik« waren geprägt von einem so genannten ›organologischen Weltbild‹, das für Experimente, wie Loeb sie anstellte, keinen Raum ließ.

Verkürzt sind organologische Lebensmodelle durch eine zyklische Beziehung zwischen Forscher und Gegenstand im Erkenntnisprozess ausgezeichnet, die aus dieser ontologischen und methodologischen Verwobenheit eine spezifische Bioethik generiert.[65] Zwischen den einzelnen Teilen eines Organismus besteht demnach eine Verbindung, die zum einen das »Ganze« zu »mehr als der Summe seiner Einzelteile« macht und zum anderen durch eine besondere »Lebenskraft« gekennzeichnet ist. Einzelne Organismen wiederum stehen, obwohl sie selbstständige autarke Bildungen darstellen, im Makrokosmos in einer Wechselbeziehung, so dass die Welt, in der die Organismen leben, wiederum den Charakter eines eigenen Organismus annimmt. Auf Methodenebene bedeutet dieser Zusammenhang, dass auch der Forscher selbst mit dem von ihm untersuchten Objekt beziehungshaft in der Einheit der Natur verbunden ist und somit nur anteilnehmende analytische Forschung betreiben sollte, will er nicht das große Ganze, in das er selbst eingebunden ist, zerstören. Der epistemologische Hintergrund dieser Betrachtungsweise ist in einem Korrespondenzmodell zu suchen, das unter der Annahme einer zielgerichteten Wirkung der Natur postuliert, dass die Gesetze der Natur mit denen menschlichen Erkennens übereinstimmen. Folglich muss sich der Forscher in sein Untersuchungsobjekt hineinversetzen und dessen Standpunkt einnehmen, um es in seinem eigenen Sinne zu verstehen. Moralisch-praktisch bedeutet dies, dass im Forschungsvorgang Respekt, Achtung und Anerkennung der Natur gegenüber geübt werden müssen und experimentelle Manipulationen, die auf Kontrolle oder technische Veränderung natürlicher Organismen abzielen, unterlassen werden sollten, weil sie auf der einen Seite keinen Erkenntnisgewinn mit sich bringen, sondern die Natur »verfälschen« und damit auf der anderen Seite verantwortungslos das »Ganze« in Unordnung bringen. Diese Sichtweise, die Goethe viel zitiert mit dem Satz: »*Die Natur verstummt auf der Folter; ihre treue Antwort auf redliche Frage ist: Ja! Ja! Nein! Nein! Alles Übrige ist vom Übel*«[66] auf den Punkt brachte, paarte sich mit religiösen Grundorientierungen, die die Zweckmäßigkeit in der Natur auf einen göttlichen Einfluss zurückzuführen suchten.

Vor diesem Hintergrund ist es klar, dass Versuche wie Loeb sie anstellte mit Hybris gleichgesetzt werden konnten. Schlagzeilen wie »*Dr. Loeb Becomes in a Sense a Creator for He Brings into Being an Animal Different from Anything Ever Seen Before*« (Hybrid Produced From Star Fish and Sea Urgin 1903), die im Zusammenhang mit erfolgreichen Hybridisierungsversuchen Loebs erschienen, bedeuteten eine moralische Kampfansage für organologisch denkende Zeitgenossen, deuteten sie doch auf eine in ihren Augen

65 Zum Vergleich organologischer Weltbilder mit mechanistisch-reduktionistischen Anschauungen siehe vor allem Köchy (1997). Kurze prägnante Übersichten liefern Allen (2005); Müller (2008). Zur Bioethik des organologischen und des mechanistischen Weltbildes hat Köchy (1998) eine überzeugende Übersicht vorgelegt.

66 Siehe Maximen und Reflexionen z. B. in der Hamburger Ausgabe (Goethe 1948, S. 434).

fehlgeleitete Interpretation der Loebschen Versuche hin. In ihren Augen war er kein »Schöpfer«, sondern sein ganzer Ansatz war zerstörerisch sowohl für die Natur als auch für herrschende moralische Wertvorstellungen, die ja eng mit dieser zusammenhingen. So hieß es denn auch in einer der vielen kritischen Stellungnahmen zu Loebs Standpunkt: »*[...] life can actually be created by repeating in the laboratory nature's own methods and processes! [...] Think for a moment what this declaration signifies. If it be true, where is theology? If you and I are merely physico-chemical compounds, slightly more complex than a potato, a little less durable than a boulder, what is the basis of our moral code? If man can lump together sand and salt and by pouring water on them create life, what becomes of the soul?*«[67]

Forscher, die im Sinne Loebs arbeiteten und dachten, hatten für derartige Fragen kein Verständnis und hielten sie für überflüssige bis gefährliche Metaphysik. Sie folgten einem ›mechanistischen Lebensmodell‹, das eine ganz andere Form der Methodik, Epistemologie und Bioethik hervorgebracht hat, die nun mit dem organologischen Modell zusammenprallte. Die Kerndisziplinen des von Loeb favorisierten mechanistischen Weltbildes waren die Mathematik, Physik und Chemie. Seine Epistemologie war geprägt von Positivismus und Mechanismus, woraus sich auch seine wissenschaftliche Methode des Experimentes ableitete. Seine Handlungsperspektive, auch die moralisch-praktische, bestand letztendlich in der Anwendung von Technik (Tabelle 13).

Tabelle 13: Schematische Gegenüberstellung von Loebs mechanistischem Naturverständnis und einem organologischen Verständnis der Natur.[68]

Betrachtungsebene	**organologisch**	**mechanistisch**
Bezugsdisziplinen	Theologie Philosophie	Mathematik Chemie Physik
Erkenntnistheorie	Holismus Makrokosmos/Mikrokosmos Korrespondenz	Positivismus Mechanismus
Methode	Observation und Beschreibung	Experiment und Kontrolle
Handlungsperspektive	Respektvoller Erhalt des Status quo	(Bio-)Technologie

Weder »Hybris« noch ein hierauf begründeter ontologischer Zusammenstoß mit einer Öffentlichkeit, die an eine Besonderheit lebender Substanz glaubte und daher technischen Eingriffen in diese eher skeptisch gegenüberstand, stellten für Loeb in seinem Weltbild ein Problem dar. Die Frage der »Hybris« ergab sich für ihn konzeptuell nicht, den Zusammenstoß suchte er, da er vitalistische Theorien für eine gefährliche, zu bekämpfende Metaphysik hielt.[69] Hatte Roux (1905, S. 47) noch rückblickend über seine

67 Zitiert nach Turney (1995, S. 166).

68 Zu den zeitgenössischen Debatten um organologischen Vitalismus und reduktionistischem Mechanismus, die kurz nach 1900 mehr oder weniger polemisch geführt wurden vgl. u. a. die übersichtsartigen Diskussionen Melzer (1904); Roux (1905); Ostwald (1915b); Hoernelé (1918).

69 Vgl. Kapitel 3.3.1 Loebs Weltanschauung.

ersten Versuche zur Entwicklungsmechanik aus dem Jahr 1882 geschrieben »*Zu diesem Zwecke versenkte ich eine spitze Nadel in das Froschei, nicht ohne ein geheimes Grauen darüber zu empfinden, daß ich es wagte, in solcher Weise in den geheimnisvollen Komplex aller Bildungsvorgänge eines Lebewesens einzugreifen*«, so waren Loeb derartige Überlegungen fremd.[70] Im Gegenteil – gerade in seiner technischen Biologie mit dem Ziel, die Urzeugung zu ermöglichen, erblickte er ja die Überwindung jedweder »metaphysischer Romantisiererei«.[71] Dabei verstand er unter Metaphysik nicht nur christlich-jüdische oder andere religiöse Traditionen, sondern er fasste den Begriff weiter. Er bezog auch nichtreligiöse Standpunkte wie die Evolutionstheorie oder holistische und vitalistische Bestrebungen in sein Verständnis dessen, was Metaphysik sei, mit ein. 1894 schrieb er an Ernst Mach über die Verbindung seines antimetaphysischen Feldzuges mit seinen Forschungen zur Entwicklung: »*Ueber das Ziel meiner Arbeiten habe ich Ihnen lange nichts geschrieben + doch bin ich meinen »Antimetaphysischen« Bestrebungen wie ich glaube treu geblieben. Auf dem Gebiete auf dem sie jetzt zum Ausdruck kommen richten sie sich aber gegen etwas was bei seinem ersten Auftreten freiheitlich war + gewiss auch Ihre Sympathien hatte, nämlich die modernen Entwicklungstheorien, von Haeckel, Weismann, Spencer, aber alle diese Autoren sind durch + durch Naturphilosophen resp. Metaphysiker. Dem biblischen Unsinn gaben sie einen Stoss und die Entwicklung ist gewiss etwas rationelles. Aber schließlich kommt es doch hier auch auf die Wirklichkeit an + nicht auf Träume, so wohlgemeint die letzteren auch sein mögen*« (Loeb 1915a).[72] Gerade dieser Standpunkt rief auch nichtreligiöse Kritiker auf den Plan. Loeb allerdings war für Kritik aus dem Lager, das er als unwissenschaftlich und metaphysisch denunzierte, unempfindlich. Im Gegenteil war er zum Beispiel sogar stolz darauf, dass der neovitalistische Philosoph Henri Bergson ihn während einer Vortragsreise durch die USA als den gefährlichsten Mann Amerikas gebrandmarkt hatte.[73]

---

70 Ähnlich hatte Roux sich schon 1885 bei der Publikation seiner Anstichversuche am Froschei geäußert: »*Daher versenkte ich zum ersten Male im Frühjahr 1882, nicht ohne ein geheimes Bangen, die Spitze der Präparirnadel in das seine Furchung beginnende Ei und betrat damit einen neuen Weg der Forschung … Ich war mir der Rohheit dieses Eingriffes in die geheimnisvolle Werkstätte des Lebens wohl bewusst, und verglich ihn selber mit dem Einwerfen einer Bombe in eine neu gegründete Fabrik, etwa in eine Kunstspinnerei, welcher in der Absicht vorgenommen sei, um an der Aenderung der Production und an dem Verlaufe der weiteren Entwicklung der Fabrik nach der angerichteten Zerstörung einen Rückschluss auf ihre innere Organisation zu machen*« (Roux 1895, Band 2, S. 154, zuerst veröffentlicht in der Zeitschrift für Biologie 1885). Loeb machte sich in gleicher Weise auch wenig Gedanken um das Schmerzempfinden der von ihm für Experimente benutzten Organismen, da er davon ausging, dass fast alle niederen Tiere nicht über ein Schmerzempfinden verfügten, s. Norman und Loeb (1900).

71 Vgl. Kapitel 3.1, Anmerkung 15.

72 Loeb an Mach 30. 04. 1894, DMM.

73 Loeb an Sir Edwin Ray Lankester 09. 07. 1917, LOC. Mechanistischen Idealen stellte Bergson in seiner Naturontologie eine schöpferische Lebenskraft entgegen, die überall im Kosmos existiere und im zeitlichen Verlauf zu ständigen Veränderungen in der Natur führe. Vgl. Deleuze (1989). Lindner hat plausibel auf die teilweise Konvergenz von Bergsons Lebensphilosophie und der Kolloidchemie hingewiesen (Lindner 2000), was Loebs Abneigung gegen Bergson doppelt kohärent erscheinen lässt.

Letztendlich versprach sich Loeb von der Entwicklung einer Technischen Biologie auch die Entwicklung einer neuen Theorie der Moral sowie eine darauf folgende Veränderung der gesellschaftlichen Moralvorstellungen. Die Ethik hielt er weniger für ein philosophisches als für ein naturwissenschaftliches Problem, denn in seinen Augen erarbeiteten die Naturwissenschaften nicht nur die materiellen, sondern auch die mentalen und moralischen Belange der Menschheit. Für die Ethik folgerte er: »*Was den Einfluß der angewandten Wissenschaften auf die Ethik anbetrifft, so denke ich, können wir hoffen, daß durch die Naturwissenschaften die Ethik unseres politischen und ökonomischen Lebens geändert werden wird. [...] Unsere gegenwärtige [...] Ethik ist im ganzen noch diejenige der klassischen oder der Renaissanceperiode, weil die Kenntnis der Naturwissenschaft unter den Massen und Staatsmännern noch auf dem Niveau dieser Periode ist [...]*« (Loeb 1904–1905, S. 201–202). Zunächst konkretisierte er diese Vorstellung am Beispiel seiner Tropismusforschung. Nach seinem Dafürhalten konnte er mit ihr sogar bestimmte Formen der Moral besser erklären als philosophische Ansätze wie z.B. der Utilitarismus oder Kants kategorischer Imperativ. Zur moraltheoretischen Relevanz medizinisch-naturwissenschaftlicher Erkenntnis erklärte er: »*Eine ähnliche Bedeutung dürften diese Versuche [zum psychologischen Tropismus] für die Ethik gewinnen. Die höchste Entfaltung der Ethik, nämlich der Umstand, daß Menschen bereit sein können, ihr Leben einer Idee zu opfern, ist weder vom utilitaristischen Standpunkt noch von dem des kategorischen Imperativs zu verstehen. Auch hier dürfte es sich möglicherweise darum handeln, daß unter dem Einfluß gewisser Ideen chemische Veränderungen, z. B. innere Sekretionen im Körper hervorgerufen werden, welche die Empfindlichkeit gewissen Reizen gegenüber in außergewöhnlicher Weise erhöhen, so daß derartige Menschen im demselben Grade Sklaven gewisser Reize werden, wie die Copedonen Sklaven des Lichtes werden. Daß das, was der Philosoph als Idee bezeichnet, ein Vorgang ist, der chemische Wirkungen im Körper ausüben kann, erscheint uns ja heute nicht mehr so befremdend, seit es Pawlow und seinen Schülern gelungen ist, Speichelsekretion beim Hunde durch optische und akustische Signale zu veranlassen*« (Loeb 1909a, S. 51).[74] Auch die Moral war für Loeb folglich durch physikalische und chemische Prozesse erklärbar.

Auf dem ersten internationalen Monistenkongress 1911 in Hamburg präsentierte Loeb dann ein weiter gespanntes Konzept einer mechanistischen Ethik, die er kurz darauf in schriftlicher Form publizierte. Er argumentierte, dass ebenso, wie das menschliche Dasein auf chemischen Mechanismen beruhe, auch die Ethik chemischen Prozessen folgen müsse. Für ihn waren Instinkte die Wurzel einer menschlichen Ethik. Die Instinkte hielt er für erblich wie Körperformen. Menschen äßen, tränken, seien aktiv und pflanzten sich fort, weil sie wie Maschinen dazu gezwungen seien. Genauso ver-

74 Genau auf dieses Zitat berief sich Chamberlain in seiner Kritik an Loeb, vgl. Kapitel 3.3.3, Anmerkung 163. Der evangelische Theologe Arthur Titius (1864–1934) setzte sich von philosophischer Seite explizit mit Loebs mechanistischer Ethik auseinander, kam jedoch bei seinem vermittelnden Versuch, zu einer Synthese naturwissenschaftlichen Erkennens und religiöser Gesinnung in der Ethik zu gelangen, zu dem Schluss, dass »*das vom idealistischen wie vom naturalistischen Monismus gestellte Ziel, daß Physik Ethik werden solle und Ethik Physik*« falsch gestellt sei. Vielmehr dürfe nur eine Wechselwirkung beider auf Grund gegenseitiger Bedingtheit angestrebt werden (Titius 1916, S. 12–14).

hielte es sich mit sozialen Werten wie Arbeitseifer, der Liebe einer Mutter zu ihrem Kind, dem Sinn für die Allgemeinheit, dem Streben nach Gerechtigkeit und so weiter. Abweichungen von dieser Ethik resultierten entweder aus ökonomischen oder sozialen Bedingungen oder seien die Folge von Mutationen.[75]

Als Konsequenz begriff Loeb die Suche nach den physiko-chemischen Ursachen des Lebens nicht wie viele seiner Zeitgenossen als Herausforderung Gottes oder der moralischen Kraft der Natur, sondern als Beitrag zum Verständnis der Ethik. In der technischen Richtung erblickte er eine Möglichkeit zur Einflussnahme auf die herrschenden Moralvorstellungen und zur Überwindung klerikaler oder anderer nicht naturwissenschaftlicher Anschauungen. Ihm ging es, wie in den vorhergegangenen Kapiteln gezeigt, nicht nur darum, die Lebensprozesse zu verstehen, sondern auch darum, sie konstruktiv zu kontrollieren. Auf seine Ethik übertragen bedeutete dies die Ausweitung der Kontrolle der Technischen Biologie auf soziale Kontexte.[76] Nach der Identifikation der chemischen Quelle menschlicher Ethik sollte es nach Loebs Idealvorstellung möglich sein, die Gesellschaft von Metaphysik zu befreien und damit die letzten Barrieren auf dem Weg zu einer reinen Wissenschaft (auch der Ethik) zu beseitigen. Folglich sah Loeb in der Artifiziellen Parthenogenese keine Ursache für neue ethische Probleme. Im Gegenteil meinte er genau mit dieser Technik einen Anfang gefunden zu haben, ethische Dilemmata naturwissenschaftlich zu lösen.[77]

5.4.2 Parthenogenese und Ethik zwischen Loebs Epoche und der Stammzellforschung des beginnenden 21. Jahrhunderts

100 Jahre nach Loebs Entwicklung der künstlichen Parthenogenese wurde diese Technik erneut als Lösungsmöglichkeit für ein ethisches Problem vorgestellt. Nicht so global und umfassend wie es Loebs Vorstellungen entsprach, sondern allein auf ein Kernproblem der Stammzellforschung bezogen, aber mit dem gleichen technischen Ideal, wie auch Loeb es vertreten hatte. Mittels einer biologischen Technik sollte der Versuch unternommen werden, ein philosophisches Problem durch Umgehung von Fallstricken zu

75 »... *Die Mutter liebt ihre Kinder und pflegt dieselben, nicht, weil Metaphysiker den Einfall hatten, daß das schön sei, sondern weil der Instinkt der Brutpflege, vermutlich durch die zwei Geschlechtschromosomen, ebenso fest bestimmt ist wie die morphologischen Charaktere des weiblichen Körpers. Wir erfreuen uns der Gesellschaft anderer Menschen, weil wir durch erbliche Bedingungen dazu gezwungen werden. Wir kämpfen für Gerechtigkeit und Wahrheit und sind bereit, Opfer für dieselben zu bringen, weil wir instinktiv unsere Mitmenschen glücklich zu sehen wünschen. Dass wir eine Ethik besitzen, verdanken wir lediglich unseren Instinkten, welche in derselben Weise chemisch und erblich in uns festgelegt sind, wie die Form unseres Körpers*« (Loeb 1911a; Loeb 1912b).

76 Vgl. hierzu auch Rasmussen und Tilman (1998, S. 11–36, 65–91).

77 Loeb steht mit diesem Ansatz in einer Reihe mit anderen Forschern, die in ihrer Forschung moralische Überlegungen mit experimenteller Forschung zusammenbrachten. Aufgrund des Erfolges seiner Experimente hatte er starke Argumente, neben der inhaltlichen Ausrichtung der weiteren Forschung in den Lebenswissenschaften auch den normativen Inhalt bioethischer Diskussionen mitzuprägen.

lösen: Das der Regenerativen Medizin mittels Stammzellen inhärente Problem des Verbrauchs von embryonalen Zellen mit einem Entwicklungspotential schien durch künstliche Parthenogenese zumindest teilweise gelöst werden zu können. Dabei offenbart sich eine Problematik, die nicht nur für die Stammzellforschung, sondern auch für weitere medizinische Felder relevant ist, nämlich die Schwierigkeit einer technischen Lösung ethischer Dilemmata, die wiederum bereits durch biomedizinische Technik hervorgerufen worden sind.

Der Anwendungsbereich der Stammzellforschung ist die Regenerative Medizin. Sie zielt auf ein Grundproblem unserer alternden Gesellschaft. Vor dem Hintergrund des demographischen Befundes einer immer älter werdenden Gesellschaft mit den Folgen einer starken Zunahme altersassoziierter, degenerativer Erkrankungen erscheint es nur vernünftig und logisch, wenn sich die Regenerative Medizin zum Ziel gesetzt hat, pathologische Zellgewebe und Organe funktionell und morphologisch gleichwertig zu rekonstruieren. So wie z. B. die meisten Eidechsen und Salamander in der Lage sind, Körperteile nach ihrem Verlust zu regenerieren, so hoffen Ärzte und Forscher, vielleicht eines Tages nicht mehr auf anorganische Prothesen zum Organersatz zurückgreifen zu müssen, sondern für jeden Patienten maßgeschneiderte organische Regenerate erzeugen zu können (Maienschein 2003; Cooper 2006). Um dieses Ziel zu erreichen, setzten viele Forscher bisher vor allem auf zwei Methoden: 1. auf den Einsatz pluripotenter embryonaler Stammzellen oder 2. auf die technische Erzeugung autologer embryonaler Stammzellen durch einen Transfer des Zellkerns einer ausdifferenzierten Körperzelle in eine entkernte Eizelle (therapeutisches Klonen). Auf diese Weise sollen immunologisch perfekt passende Stammzellen für einen Patienten geschaffen werden (Atala 2009).

Die mit diesen Ansätzen verbundenen moralischen Unsicherheiten stellen nicht grundsätzlich das Ziel einer Regenerativen Medizin in Frage, sondern die verschiedenen Wege, dieses Ziel zu erreichen. Diese lassen sich im Kern auf zwei grundsätzliche Probleme zurückführen: nämlich 1. dass Wesen erzeugt werden, die es in der Natur eigentlich so nicht gibt, z. B. Klone, und 2. die Instrumentalisierung und Tötung potentiellen menschlichen Lebens, weil Embryonen, die durch therapeutisches Klonen oder aus Stammzellen entstehen, theoretisch über die Fähigkeit verfügen, zu Menschen heranzuwachsen, wenn sie in einen Uterus implantiert werden.[78] Besonders die Entwicklungspotenz von Embryonen führt zu moraltheoretischen Fragen. Während die Vertreter einer eher konservativen Position argumentieren, dass die Potentialität der Entstehung menschlichen Lebens aus Embryonen jede Forschung mit Embryonen verbietet, sehen progressive Positionen auf der Grundlage unterschiedlichster Argumente einen gewissen Spielraum für die Forschung mit menschlichen Embryonen.[79]

---

78 Neben den moralischen Unsicherheiten existieren aber auch technische Unsicherheiten. So konnte zum Beispiel nachgewiesen werden, dass in Rattenhirnen implantierte Stammzellen dort zur Tumorbildung beitragen – eine unangenehme unerwünschte Wirkung. Vgl. u. a. Erdö, Bührle et al. (2003).

79 Der moralische Status des Embryos ist vielfach aus verschiedenen Perspektiven diskutiert worden. Für kurze Übersichten im Zusammenhang mit der Stammzellforschung siehe z. B. Holm (2002); de Wert und Mummery (2003); Bowring (2004). Neben der Debatte um Embryonen in

Vor wenigen Jahren meinten einige Wissenschaftler, einen Weg zur Umgehung des ethisch problematischen therapeutischen Klonens beim Menschen gefunden zu haben. Eine Gruppe von Forschern berichtete 2002, dass es ihnen gelungen war, embryonale Stammzellen auf dem Wege der künstlichen Jungfernzeugung (Parthenogenese) zu gewinnen. Sie hatten Stammzelllinien aus Embryonen isoliert, die sie experimentell aus unbefruchteten Eiern erzeugt hatten (Cibelli, Grant et al. 2002). Eine große Besonderheit ihrer Arbeit lag darin, dass sie dieses biotechnische Kunststück bei Primaten vollführt hatten. Bei Primaten – und damit bei Menschen – können nämlich aus parthenogenetisch erzeugten Embryonen keine lebensfähigen Feten erwachsen. Wenn aktivierte Oozyten in eine Leihmutter transplantiert werden, so bricht ihre Entwicklung ab einem bestimmten Zeitpunkt ab. Hierfür wird der Mechanismus des »Genetic Imprinting« verantwortlich gemacht. Väterliches und mütterliches Genom beeinflussen sich gegenseitig, indem wechselseitig die Expression bestimmter Gene angeregt oder unterdrückt wird, so dass beide Genome für eine erfolgreiche Entwicklung benötigt werden. In parthenogenetisch erzeugten Embryonen gibt es nur ein Genset, was folglich zu einem Entwicklungsabbruch führt (Vrana, Hipp et al. 2003). Auf dieser Grundlage, argumentierten die Wissenschaftler, könne durch die Gewinnung von Stammzellen aus menschlichen Parthenoten das therapeutische Klonen zum Zwecke der Regenerativen Medizin als unnötig beendet werden. Menschliche Parthenoten sind bereits auf verschiedenen Wegen hergestellt worden (Lin, Lei et al. 2003; Rogers, Hobson et al. 2004).

Obwohl sich immer noch viele Einwände gegen die Stammzellforschung im Allgemeinen und die vorgeschlagene Methode der Jungfernzeugung im Besonderen finden lassen – z. B. weil hierbei eine Lebensform mit einem völlig unklaren zweideutigen Status erzeugt wird – so ist doch zumindest für den Moment das eine Argument der Stammzellgegner, menschliche Embryonen müssten zur Gewinnung von Stammzellen getötet werden, nicht mehr gültig. Denn Parthenoten stellen (zumindest derzeit) aus den oben genannten Gründen keine vollwertigen Embryonen mit der Potentialität der Menschwerdung im engeren Sinne dar. Darüber hinaus scheint es momentan technisch einfacher zu sein, immunkompatibles (weil genetisch identisches) Material für einen Patienten mit Hilfe der Parthenogenese zu gewinnen als über die Methode des therapeutischen Klonens (Holden 2002). Die Möglichkeit der parthenogenetischen Erzeugung von kompatiblem Material weist allerdings eine entscheidende Einschränkung auf: Da die Jungfernzeugung nur mit Oozyten möglich ist, könnten nur Frauen von auf diesem Wege gewonnenen embryonalen Stammzellen profitieren.

Die Frage, die sich stellt, ist, wie sich der »ontologische Zusammenstoß« mit seinen ethischen Implikationen, die Loebs Forschungen verursachten, in den letzten 100 Jahren soweit auflösen konnte, dass »seine« Artifizielle Parthenogenese heute nicht mehr in erster Linie als Gefahr für moralische Normen gesehen wird, sondern vielmehr als Me-

der Stammzellforschung spielt die Frage nach dem moralischen Status des Embryos besonders auch in der Reproduktionsmedizin eine entscheidende Rolle. Hier hat z. B. Claudia Wiesemann auf die Problematik der am Personenstatus orientierten, ausschließlichen individualethischen Betrachtung des Status des Embryo hingewiesen und in der »Ethik der Elternschaft« eine komplementäre ethische Theorie aus Beziehungsperspektive entwickelt (Wiesemann 2001; Wiesemann 2006).

thode propagiert werden kann, ethische Fallstricke, die sich aus anderen Forschungen ergeben, zu umgehen? Dies scheint umso bemerkenswerter, weil darüber hinaus gleichzeitig Technik (Artifizielle Parthenogenese) und Natur (fehlende Entwicklungsmöglichkeit bei fehlendem Imprinting) als moralische Instanzen bemüht werden.

Eine mögliche Antwort liegt darin, dass es Forschern wie Jacques Loeb im Laufe des 20. Jahrhunderts gelungen ist, in der Medizin und Naturbetrachtung eine methodische und moralische Verschiebung zu initiieren, die der Vergleich der beiden geschilderten extremen Ansätze zum Verständnis der Natur zu illustrieren hilft. Während sich der organologische Standpunkt durch Anteilnahme auf methodologischer Ebene, durch Observation und Nähe zum Forschungsobjekt auszeichnet, kennzeichnet die mechanistische Haltung die Distanz vom Untersuchungsgegenstand. Die Anteilnahme weicht der praktischen Mitwirkung durch Manipulation und technische Beeinflussung. Auf der moralischen Ebene der Werte eröffnet diese Anschauung Kontroll- und Herrschaftsoptionen über die Natur, die sich im organologischen Urteil verbieten. Von daher erklärt sich, warum technische Lösungen für technisch erzeugte ethische Dilemmata angeboten werden können, ohne über die Technik selber reflektieren zu müssen.[80] Die heutige weite Verbreitung dieser Anschauung, die nicht nur stilbildend für die biomedizinische Forschung des 20. Jahrhunderts war, sondern ohne die Biomedizin im heutigen Verständnis überhaupt nicht möglich gewesen wäre, lässt Loebs Idee einer naturwissenschaftlichen Ethik als weitsichtige Prophezeiung erscheinen: *»[...] aber schließlich werden die Naturwissenschaften auch in der Ethik eine solche Revolution durchführen, wie sie es in unserem materiellen Leben zustande gebracht haben«* (Loeb 1904–1905, S. 201–202).

Es gibt vielfältige Erklärungsmodelle dafür, dass die mechanistische Anschauung sich in unseren Gesellschaften als ein weitgehend führendes lebenswissenschaftliches Forschungsparadigma durchsetzen konnte. Da Prozesse und Entwicklungen innerhalb der medizinischen Wissenschaften nicht isoliert erklärt, sondern nur im Kontext sozialer und historischer Entwicklungen der Gesellschaft interpretiert werden können, erscheinen besonders Begründungen plausibel, die im Sinne Max Webers eine »Rationalisierung« als Triebfeder der westlichen Gesellschaftsentwicklungen sehen. Eine zentrale Position im Rationalisierungskonzept kommt der Betonung von Berechenbarkeit und Vorhersagbarkeit zu, die sich metaphysischen und mystischen Spekulationen widersetzen. Berechenbarkeit und Vorhersagbarkeit sind die Schlüssel heutigen biomedizinischen Denkens.[81] Unter der Annahme eines generalisierten gesellschaftlichen Rationalisierungsprozesses ist die heutige gesellschaftliche Akzeptanz des mechanistischen Naturverständnisses folglich logisch. Allerdings muss bei dieser Interpretation beachtet werden, dass im Zirkelschluss die Annahme dieses Denkens selbst wiederum als Symbol für Rationalisierung herangezogen werden könnte. Wird der im mechanistischen Standpunkt enthaltene Technikoptimismus ebenfalls für rational gehalten und bekommt die Technik damit eine normative Kraft, so erscheint es plausibel, warum heutzutage im Rahmen der Stammzelldebatte eine Biotechnik als Lösungsvorschlag für durch Biotechnik verursachte ethische Probleme herangezogen werden kann.

80 Siehe hierzu auch ten Have (1995).

81 Zu diesem und dem folgenden Komplex vergleiche die ausgezeichneten Übersichten von Hewa (Hewa und Hetherington 1995; Hewa 1994).

Warum aber bestehen dann trotzdem die am Beispiel der Stammzellforschung geschilderten moralischen Unsicherheiten fort? Eine Antwort ist in dem Umstand zu suchen, dass man sich nicht über die Dominanz des mechanistischen Modells in unserer Gesellschaft täuschen sollte. Die hier vorgestellten Positionen stellen erstens Extrempositionen dar, die sich in der realen Forschungspraxis als Mischbild präsentieren. Hierfür ist das zitierte Unbehagen des Begründers der Entwicklungsmechanik Wilhelm Roux bei der Anwendung seiner Verfahren ein sprechendes Beispiel, und auch heutige Forscher scheuen sich nicht, die Metapher der »Mutter Natur« zu bemühen, wenn sie komplexe Lebensprozesse nicht vollständig erklären können (Kovacic, Harvey et al. 2007, S. 628). Zweitens mag das mechanistische Paradigma auf dem rein technischen Gebiet uneingeschränkt gelten, doch je weiter sich die Debatte von der Laborbank in den Bereich gesellschaftlicher Anwendung und damit in die Sphäre normativer Diskussionen bewegt, desto lauter wird die Kritik an diesem Paradigma. Drittens hat zusätzlich Unsicherheit des Könnens in der Biomedizin zur Entzauberung des streng mechanistischen Ansatzes beigetragen. Gerade auf dem Gebiet der Anwendung verblasst seine Strahlkraft. Die zunehmend erkannte Komplexität der Lebensvorgänge erschwert ihre einfache Erklärung auf kausal-analytischer Basis. Patienten, die eigentlich der Theorie der Biomedizin folgen, fühlen sich in der Praxis des distanzierten analytischen Umganges mit ihnen selbst unwohl. Ärzte, die im biomedizinischen mechanistischen Paradigma ausgebildet wurden, sehen mitunter ihre »ärztliche Kunst«, die sich u.a. aus organologischen Quellen speist, durch mechanistisch konstituierte Handlungsspielräume bedroht.

Damit ergibt sich auf gesellschaftlicher Ebene das Harmonisierungsproblem, dass intellektuell-rational der mechanistische Standpunkt in mehr oder minder starker Ausprägung akzeptiert wird, obwohl er der moralischen Intuition und Empirie vieler Menschen widerspricht. Wie Jürgen Habermas in seiner »Technik und Ideologie als Wissenschaft« ausführt, stellt der Vorgang der Rationalisierung nach Weber die allmähliche Ausweitung zweckrationalen Handelns auf fast alle Bereiche des gesellschaftlichen Lebens dar, wobei aber das zweckrationale Handeln mitunter den angestammten moralischen Werten und damit der Ethik einer Gesellschaft zuwider läuft (Habermas 1969, S. 48–103). In anderer Lesart könnte auch gesagt werden, dass die Rationalisierung und Ausweitung der Zweckorientierung sich im biomedizinisch-technischen Bereich mit einer anderen Geschwindigkeit und Ausdehnungsspanne gestalten als im kulturellen Umfeld.

Dadurch entsteht ein Spannungsfeld, das erklärt, warum technische Lösungen für ethische Probleme oftmals unbefriedigend erscheinen,[82] und warum bei scheinbarer Dominanz des mechanistischen Ansatzes gelegentlich religiösem und/oder organologisch geprägtem Unbehagen in aktuellen Debatten um die Biomedizin ein starkes Gewicht zukommt. In Anlehnung an dieses Konzept der nicht parallelen Entwicklung von Zweck- und Werterationalität ist die heutzutage wachsende Wahrnehmung der Grenzen des mechanistischen Ansatzes und die Kritik an seinen Forschungszielen wie die am therapeu-

82 Die Problematik, technische ethische Lösungen für biotechnisch-biomedizinisch erzeugte ethische Dilemmata anzubieten, wurde von ten Have überzeugend analysiert. Wichtig ist dabei die Unterscheidung, ob ethische Fragestellungen innerhalb der Anwendung einer – per se wertfreien – Technik auftreten oder ob die Technik selbst wertbeladen ist (ten Have 1995; ten Have 2004).

tischen Klonen als Teil des gesellschaftlich-kulturellen Prozesses zu begreifen, der mit naturwissenschaftlichem, biotechnologischem Fortschritt einhergeht. Die Unsicherheit im mechanistischen Modell wächst mit zunehmendem Erkennen seiner Grenzen, die wiederum in Bezug zum organologischen Denken gesetzt werden. Das bedeutet, dass die Hoffnungen und Möglichkeiten der Biomedizin, sich auch im klinischen Umfeld, im Umgang mit Patienten oder in gesellschaftlich sanktionierter Forschung durch Technische Biologie zu definieren, an eine kulturelle Grenze stossen, die sich im demokratischen und auch im undemokratischen Prozess allerdings verschieben kann. Historische Beispiele mögen hier die Soziotechniken sein, die beispielsweise in der Eugenik zum Tragen kamen.

Folglich bedarf es in postmodernen Gesellschaften einer Integration von biotechnischem und kulturellem Fortschritt. Im Idealfall suchen Wissenschaftler also nicht wie Loeb den ontologischen Zusammenstoß mit ihrer Umgebung, sondern sie betten ihre Forschung in aktuelle Diskussionen ein, akzeptieren das aus ihrer Forschung entstehende ethische Dilemma und zeigen dabei alternative Wege auf, ein gewünschtes Ziel zu erreichen, wenn die von ihnen bisher vorgeschlagenen Wege als ethisch bedenklich eigestuft wurden. Gerade in einem solchen Vorgehen kann sich auch eine innovative Kraft der Wissenschaft offenbaren, die von ethischen Kontroversen mit der Öffentlichkeit ausgehen kann (Gilbert 2004; Holden und Vogel 2004). Auf diese Weise werden in heutigen Gesellschaften vielfach ethische Dilemmata biomedizinischer Forschung – zum Beispiel in der Stammzellforschung – harmonisiert.

6. Schluss

»Dr. Loeb's death was [...] first of all [...] a great personal loss in the wide circle of his friends and colleagues; but it is an even greater loss to science, and there is no-one who can in any respect fill his place. His life was [...] of great accomplishment, not merely in scientific discovery but still more in [...] upholding of the highest scientific ideas and methods. Loeb's accomplishment will not be forgotten; and the deep impress that he set on modern science will endure. We have lost a good friend and comrade; but he has left us something that can not be taken away.«[1]

Die tröstenden Worte, die Edwin Bidwell Wilson (1879–1964), der langjährige geschäftsführende Herausgeber der Proceedings of the National Academy of Sciences, nach Loebs Tod in einem Kondolenzschreiben an dessen Ehefrau fand, bündeln in konzentrierter Form die Perspektiven, unter denen in der vorliegenden Arbeit der Versuch unternommen wurde, Loebs wissenschaftliches Tun und seine Wirkung auf die biomedizinische Forschung des frühen 20. Jahrhunderts zu erfassen. Zum einen nennt er Loebs wissenschaftsimmanentes Festhalten an Ideen und bestimmten Methoden, zum anderen weist er auf die informellen und formellen Denkkollektive hin, denen Loeb angehörte und über die er seine Ideen und Methoden im interdisziplinären, internationalen Austausch zunächst gewann und dann zu transportieren versuchte. Zuletzt schildert Wilson abstrakt die über Loebs Tod hinausgehende Wirkung auf die moderne Wissenschaft, die vor allem auch in ihrer öffentlichen Wahrnehmung von Loebs Forschung repräsentiert worden war.

Ähnlich wie Wilson intuitiv einige der Schlüsselfaktoren der Wirkung Loebs auf die biomedizinische Forschung seiner Zeit in aller Kürze begriff, sollen mit diesem Schlusskapitel die wichtigsten Ergebnisse der vorliegenden Arbeit in einem analytischen Rahmen dargestellt werden. Nach einer Rekapitulation der Ziele der Untersuchung sowie der in Anwendung gebrachten Methoden werden die wesentlichen Einzelresultate der Analyse zusammengefasst. In einem abschließenden Abschnitt wird zuletzt im bilanzierenden Rückgriff auf die Ergebnisse der Studie der Frage nachgegangen, mit welchen Mitteln und Strategien und unter Ausnutzung welcher Umstände Loeb seine von Wilson und anderen Zeitgenossen wahrgenommene bleibende Wirkung auf die modernen Lebenswissenschaften erzielte.

6.1 Untersuchungsziel

Die vorliegende Arbeit verfolgte das Ziel, zu untersuchen, auf welche Weise zu Beginn des 20. Jahrhunderts Wissenschaftler das Programm der Biomedizin im Sinne eines physiko-chemischen, technischen Verständnisses physiologischer und pathologischer Lebensprozesse formulierten, konstituierten und verbreiteten. Die Bedingungen, die während des Prozesses der Etablierung dieses Programms von außen auf Wissenschaftler

1 Edwin B. Wilson an Anne Loeb 16. 02. 1924, LOC.

einwirkten, sollten am Beispiel eines herausragenden Protagonisten der biomedizinischen Forschung um 1900 ebenso analysiert werden wie die im inneren Kern der Wissenschaft ablaufenden Entwicklungen der Formung und Gestaltung von Wissensgegenständen. Zusammengeführt werden sollten diese externalistische und internalistische Sichtweise an der nicht scharf markierten Grenze, an der die wissenschaftliche Forschung vom Wissenschaftler selbst in den seine Umwelt bestimmenden Kontext eingebettet wird. Der deutsch-amerikanische Physiologe, Biologe und Mediziner Jacques Loeb und sein Einsatz für sein Konzept einer »Technischen Biologie« als Grundlage der Medizin wurden zu diesem Zweck unter verschiedenen Perspektiven betrachtet: Den Ausgangspunkt bildete die Frage nach der Ausformulierung seiner Forschungsthemen, seiner Epistemologie und seinen Methoden zur Generierung von Wissen. Es folgte die Analyse seiner Weltanschauung und seines sozialen Engagements, das nach dem Ersten Weltkrieg im Kampf für die Internationalität der Wissenschaft gegen eine vermeintliche deutsche Hegemonialstellung in der Forschungslandschaft Europas gipfelte. Zusätzlich wurden die von ihm wissenschaftsintern herangezogenen Ideen anhand der Denkkollektive, denen er angehörte, rekonstruiert. Den Abschluss bildete eine Untersuchung seiner Wirkung auf weitere akademische Kreise und die breitere Öffentlichkeit.

6.2 Methoden

Der multiperspektivische Ansatz der Arbeit verlangte nach der Anwendung und thematischen Adaption verschiedener geistes- und sozialwissenschaftlicher Methoden, die zum Teil hier erstmals auf medizinhistorische Fragestellungen angewandt wurden. Zum Einsatz kamen sowohl quantitative als auch qualitative Methoden, wobei der Versuch unternommen wurde, ideengeschichtliche, sozialkonstruktivistische, wissenschaftssoziologische und humanwissenschaftliche Zugänge zu integrieren. Neben klassischen hermeneutischen Methoden der Quellenanalyse wurden vor allem Methoden der Zitationsanalyse, der Visualisierung von Wissensbeständen sowie adaptierte Verfahren der Netzwerkanalyse angewandt. Hier wurde deutlich, dass gerade diese Methodenkombination sich als fruchtbar erwies, die Betrachtungsebenen der »Ideen« und »Konzepte« mit ihren Entstehungszusammenhängen – z. B. im Labor – als internalistische sowie ihre sozialen und politischen Kontexte als externalistische Ebene zu erfassen. Während die quantitativen Verfahren zum Beispiel die Möglichkeit boten, breiter angelegte Denkkollektive in ihrer Struktur zu beschreiben, so erlaubten es die qualitativen Verfahren, die Beziehungen innerhalb der dargestellten Kollektive inhaltlich zu interpretieren und dabei Rückschlüsse auf die Motivationen der Akteure zu ziehen. Im Falle Loebs konnten diese Verfahren vor allem zur Rekonstruktion der Verbreitung und des Transfers seiner Konzepte und Methoden zur Anwendung gebracht werden. Ihre von ihren Ursprungskollektiven und Ursprungsdisziplinen ausgehende Übertragung in neue disziplinäre Kontexte wurde untersucht. Dabei folgte die Arbeit in ihrer narrativen Struktur einem dreischrittigen Modell, das unterschiedliche Ebenen dessen, was die Entität »Wissenschaft« ausmacht, zu erfassen versuchte. Die sich jeweils überlagernden und überschneidenden Blickwinkel, die diese untereinander in Wechselbeziehung stehenden Ebenen einfangen sollten, umfassten

1. die Innenansichten, die einen wissenschaftsimmanenten Blick auf Loeb und seine Forschung richtete;

2. die Kollektive und Passagen, die mittels eines transgredienten Blickes vor allem die Bewegung in Loebs Wissenschaftspolitik identifizieren sollten. Seine Transferversuche sowie seine Instrumentalisierung von Denkkollektiven mit ihrem disziplinären Wissen für die Konstituierung seines Programms wurden hier beschrieben;

3. die Außenwahrnehmung, die einen emanenten Blick auf Loeb und seine Forschung unter disziplinären und zeitgenössischen forschungsethischen Gesichtspunkten richtete.

6.3 Zusammenfassung der Ergebnisse

1. Innenansichten

Die Ursprünge von Loebs Epistemologie und die Entwicklung seiner Konzepte vom Verständnis der Lebensprozesse wurden in ihrem institutionellen Entstehungsraum des Labors beschrieben. Hier interagierte Loeb auf der Grundlage eines von Ernst Mach übernommenen Positivismus mit lebenden Organismen. Er manipulierte sie und ihre laborbezogenen Lebensumstände, bevor er zuletzt an ihren Entwicklungsvorgängen aktiv partizipierte. Aus der Interaktion mit seinen Versuchsobjekten heraus entwickelte er das Programm, die zentralen Lebensprozesse auf ihre physikalischen und chemischen Grundbestandteile zurückführen zu wollen.

Seine Ziele und Vorgehensweisen auf dieser Mikroebene des Forschungsraumes wurden dann im Kontext von Wissenschaftsstilen und -zielen auf die Makroebene nationaler Betrachtungsweisen gestellt. Es wurden die externen Rahmenbedingungen auf nationalem Niveau geschildert, die dazu führten, dass Loeb fürchtete, mit seinen Ansätzen in Europa zu scheitern und dass er gleichzeitig in den USA eine Perspektive für sich sah. Sein Amerikabild und sein Deutschlandbild wurden kontrastiert und in ihren von außen auf seine Forschung einwirkenden Effekten untersucht. Vor allem konnte seine in diesen Bildern begründete überwissenschaftliche Motivation, den von ihm gewählten Zugang zur Erforschung der Lebensphänomene weiter zu verfolgen, rekonstruiert werden. Sein Technikideal in der Biologie diente ihm unter anderem zur Überwindung eines aus seiner Sicht gesellschaftlich schädlichen Konservatismus, der sich in Europa seiner Meinung nach aus einem nicht naturwissenschaftlichen humanistischen Bildungsideal speiste.

Von der Schilderung dieser kontextbezogenen Einflüsse ausgehend wurden die Fragen des Wissenschaftstransfers auf mehreren Ebenen untersucht. Zunächst erfolgte eine Analyse der sozialen und wissenschaftspolitischen Anschauungen Loebs in ihrer Interaktion mit seiner Forschung, um auf diese Weise seine Motivationen und Methoden der Dissemination seines Forschungsprogramms in einer internationalen Perspektive zu begreifen. Der Transfer seines geschlossenen Forschungsprogramms von einem Wissenschaftlerkollektiv ins andere stand dabei im Zentrum der Betrachtung. Es konnte gezeigt werden, dass und auf welche Weise Loeb aus seinem sozialen Engagement heraus dafür kämpfte, der von ihm – und einigen seiner Forscherkollegen – empfundenen deutschen Dominanz in den Wissenschaften ein inhaltlich, konzeptionell und organisatorisch differierendes internationalistisches Modell der biologischen Forschung entgegenzustellen.

Die aktive und in Teilen aggressive Dissemination seines Forschungsprogramms mittels der Gründung eigener Publikationsorgane, der kostenlosen Verteilung der eigenen Literatur und gezielter personenbezogener Forschungsförderung wurde in ihrer Wirkung auf Transferprozesse hin analysiert. Es wurde beschrieben, wie er seine »amerikanische« Wissenschaft in die zerstörte wissenschaftliche Infrastruktur Europas nach dem Ersten Weltkrieg überführte.

2. Kollektive und Passagen

Diese Ebene der aktionszentrierten Betrachtungen erfuhr eine Erweiterung um ein Modell der Passage wissenschaftlichen Wissens innerhalb von Denkkollektiven und der von diesen konstituierten Disziplinen. Nach der Frage des internationalen Transfers seines rigiden Forschungsprogramms wurde unter Konzentration auf Loebs Denkkollektive der inhaltliche Disziplinentransfer bei der Entstehung und Distribution dieses Forschungsprogramms untersucht. Es wurden ein formelles, formalwissenschaftliches und ein informelles, eher persönliches Denkkollektiv differenziert. Beide zog Loeb zur Ausgestaltung seiner experimentellen biomedizinischen Grundlagenforschung als intellektuelle Grundlage heran. Mit Hilfe von Zitationsanalysen konnte sein formalwissenschaftliches Kollektiv ebenso rekonstruiert werden, wie die Untersuchung seiner Korrespondenz Rückschlüsse auf sein informelles Denkkollektiv erlaubte. Es konnte demonstriert werden, wie Loeb diese Kollektive quasi als Folie, auf der er seine Theorien entfaltete, in seine Arbeit inkorporierte, um sein biologisches Forschungskonzept zunächst zu entwickeln und danach in anderen disziplinär organisierten Denkkollektiven, wie der Medizin, zu verbreiten.

In der Frage der Theoriebildung ergaben sich zentrale Rückbezüge auf die im ersten Abschnitt beschriebenen wissenschaftsinternen Entstehungsprozesse biologischen Wissens im Labor. Eine Interpretation der Kollektive war nur in Kopplung mit den Inhalten seiner Arbeiten und den Bedingungen ihrer Entwicklung möglich. Ebenso ließ sich die Frage der Verbreitung seiner Forschung im Sinne eines disziplinären Transfers und eines transatlantischen Transfers besonders nach dem Ersten Weltkrieg nur vor dem Hintergrund seines im ersten Teil beschriebenen Verständnisses von nationalen Stilen in den Wissenschaften und seiner Sichtweise auf die Internationalität wissenschaftlichen Treibens verstehen. Loeb verstand es, aus einer Kombination physiologischer, biologischer, chemischer und physikalischer Denkvoraussetzungen ein neues System einer »General Physiology« auf Basis einer technischen Biologie als medizinische Grundlagenforschung zu etablieren.

3. Außenwahrnehmung

Die erfolgreiche Überführung seines neuen Konzeptes in das medizinische Denken hing zuletzt stark mit seiner öffentlichen Wirkung zusammen. In der wissenschaftlichen Öffentlichkeit wurde Loebs Arbeit spätestens seit 1910 als im weitesten Sinne »medizinisch« eingestuft, wobei deutlich zwischen den Feldern der medizinischen Forschung und der medizinischen Praxis unterschieden werden muss. Loeb verstand sich selbst als reinen Forscher und sah seine Aufgabe nicht darin, die praktische Relevanz seiner Arbeiten deutlich zu machen. Der Umstand, dass ihn Wissenschaftler auf der ganzen Welt als einen solchen medizinischen Grundlagenforscher wahrnahmen, hing nicht zuletzt mit seiner institutionellen Bindung an das Rockefeller Institute for Medical Research zusammen. Hier standen ihm ab 1910 nicht nur ideale Arbeitsbedingungen und ein einzigartiges intellektuelles Umfeld zur Verfügung, um seine Wissenschaft durchzuführen und weiter zu entwickeln, sondern auch scheinbar grenzenlose Finanzmittel, um seine Ergebnisse über Publikationen nach außen zu tragen.

Loebs Forschungsprogramm wurde, auch als Folge der ihm zukommenden Aufmerksamkeit in wissenschaftlichen Kreisen, überdies in der nicht-wissenschaftlichen Öffentlichkeit diskutiert. Er selbst wirkte an der Popularisierung seiner Ideen mit, indem er die Veröffentlichung seiner wissenschaftlichen Ergebnisse an ein radikales bildungspolitisches Ideal zur Bekämpfung der »Metaphysik« knüpfte. Kurz nach seinem Tod wurde Loeb in der breiteren Öffentlichkeit durch das ihn stilisierende literarische Porträt in Sinclair Lewis' Roman »Arrowsmith« zum Inbegriff des mechanistisch orientierten Grundlagenforschers. Diese überspitzte Darstellung wirkte nicht zuletzt wegen des öffentlichen Einsatzes Loebs für die Verbreitung seiner positivistischen, antimetaphysischen Haltung auf die Leser des Romans überzeugend. Loeb hatte sich in öffentlichen Auseinandersetzungen um den ontologischen Status seiner Arbeiten insbesondere zur Artifiziellen Parthenogenese und zur Hybridisierung von Arten philosophisch und ethisch als Mechanist stilisiert, um auf Konzeptebene vitalistischen und religiösen Vorstellungen von den Grundlagen des Lebens entgegenzutreten. Die zeitgenössischen ethischen Debatten über seine Forschungen, die bis in die heutige Zeit hineinreichen, trugen zur Verbreitung von Loebs Ansichten bei.

Insgesamt zeigt sich, dass die drei in der narrativen Struktur der Arbeit angelegten Perspektiven vielfältig miteinander zusammenhängen. Gleichfalls sind die jeweils angelegten Betrachtungsebenen der Konzepte und Kontexte miteinander verschränkt. Diese sich offenbarenden Wechselbeziehungen lassen sich am Besten mit der Metapher eines Netzwerkes beschreiben, als dessen Teil Jacques Loeb und seine Epistemologie, sein Forschungskonzept, sein soziales, internationalistisches Engagement sowie sein Verständnis von gesellschaftlichen sowie politischen Prozessen begriffen werden können. Verschiedenste Verbindungslinien und Bezüge zwischen den behandelten Themen lassen sich beschreiben, die sich von einem historisch betrachtenden Standpunkt aus netzartig darstellen.

6.4 Aktionsräume und Wirkungsweise Loebs

In der historischen Analyse wissenschaftlicher Aktivitäten kommt Netzwerkmodellen eine besondere Bedeutung zu, denn durch die Organisation von Wissens- und Tätigkeitsräumen in Form von Netz-Kartographien wird es möglich, die vielfältigen Verbindungen zu ordnen und aufzuzeigen, die »Wissenschaft« im Prozess des »Schaffens von Wissen« konstituieren. Dabei stellt die Rekonstruktion von Netzzusammenhängen nicht allein ein retrospektives Konstrukt dar, repräsentieren diese Zusammenhänge doch einen Teil der zeitgenössischen Wirklichkeit. Wenn auch einige Netzwerke nur der rückschauenden Ordnung und Orientierung dienen, so sind doch eine Vielzahl von ihnen intentional aufgebaut, geknüpft, erweitert und gepflegt worden. Ihre ganze Kraft entfaltet die Netzwerkmetapher, wenn sie nicht auf soziale Beziehungen reduziert wird, sondern auch auf höhere Organisationsstrukturen wie Institutionen oder abstrakte Entitäten wie Konzepte oder materialisierte Formen von Wissen wie Texte bezogen wird. Heterarchisch stehen verschiedene Formen von Netzwerken nebeneinander. Sie stellen mehr oder weniger verletzliche, instabile Strukturen dar, deren Erhalt Zeit und Energie gekostet hat (Böhme 2004, S. 23ff.).

Loeb trat innerhalb der betrachteten Vernetzungen sowohl als ein zentraler Knotenpunkt auf als auch als ein in Netzwerkstrukturen eingebundener Akteur. Durch sein Netzwerk versuchte er, Kontrolle über wissenschaftliche Ansichten zu gewinnen, um hierdurch wiederum Kontrolle über Gesellschaftsprozesse ausüben zu können. Kontrolle war für ihn der Schlüssel zum kausalen Verständnis der Lebensprozesse, die er nicht nach Natur und Kultur unterteilte. Kultur war für ihn ein natürliches Phänomen. Jacques Loebs wissenschaftliches Programm bestand aus einer Synthese seiner Epistemologie, seiner Weltanschauung und seines sozialen Engagements. Aus seiner positivistischen, mechanistischen Epistemologie, die in einer experimentell quantifizierenden kontrollierenden Technischen Biologie mündete, entwickelte er eine monistische Weltanschauung, die im Engagement für eine wissenschaftlich geformte Gesellschaft mündete. Sowohl auf biowissenschaftlicher Ebene als auch auf gesellschaftlicher Ebene sah sein theoretischer Zugang nur eine strenge Aufwärtskausalität und unter gar keinen Umständen eine Abwärtskausalität vor. Das heißt, dass er kausale Ketten nur im Sinne des Wirkens von Einzelteilen auf das Gesamte denken konnte. Die umgekehrte Rückwirkung des Ganzen auf seine Einzelteile erscheint für ihn undenkbar. Daher war der Erste Weltkrieg für ihn nach seinen Modellen zwar erklärbar, der nationale Gesinnungswandel seiner deutschen Freunde jedoch für ihn ein nicht nachvollziehbar emergentes Phänomen.[2] Zur Aufrechterhaltung seiner Einschätzung einer internationalen Wissenschaft, die Kriege in letzter Konsequenz vermeiden hilft, war er somit gezwungen, eine spezifisch deutsche Wissenschaft anzunehmen, die er nun in seinem wissenschaftlichen soziotechnischen Sinne zu beeinflussen suchte. Zu diesem Zweck setzte er wieder aufwärts kausal denkend auf die Verbreitung seines wissenschaftlichen Programmes. Neben Experimental Biology diente ihm hierfür nach dem Krieg das Label »General Physiology«, das er durch Verbreitung von Literatur in den lebenswissenschaftlichen Disziplinen im Nachkriegseuropa zu installieren hoffte. Dieses Wirken für die Verbreitung eigener Ideen in formellen und informellen Netzwerken, mit dem er Kontrolle ausüben wollte, um künftige Ereignisse mit emergentem Charakter gleicher Art zu verhindern, stellt ein Hauptmerkmal seiner Aktivität als Wissenschaftler dar. Als Antwort auf die Frage, wie sich durch Mithilfe Loebs das physiko-chemische, biologisch-technische Denken in Form der Biomedizin letztendlich etablieren konnte, bietet es sich an, seine das Netzwerk modulierenden Einflüsse zu charakterisieren. Eine solche Charakterisierung kann erneut entlang der narrativen Struktur der vorliegenden Studie erfolgen.

2 Ein theoretischer Rahmen wurde unter anderem von Forland vorgelegt. Hier versucht der Autor in historischen Analysen am Beispiel der neuen Linken der 1960er Jahre, Mentalitäten als soziale Emergenz zu beschreiben (Forland 2008).

1. Innenansichten

Im Labor gelang es Loeb, unter Ausnutzung und in Rückkopplung mit den natürlichen Eigenschaften seiner Versuchsorganismen und Versuchsobjekte, Ideen zu ihrer experimentellen Beeinflussung und Kontrolle zu entwickeln. Durch die Anwendung seiner neuen Konzepte modifizierte er seine Versuchstiere und -gegenstände in einer solchen Weise, dass sich ihm neue Wege zur Erforschung der Lebensprozesse eröffneten (vgl. Kapitel 3.1). Sein Handlungsspielraum wurde dabei durch die äußeren Einflüsse wie z. B. politische und Berufsbedingungen limitiert. In Europa war dieses äußere Korsett so stark, dass es Loeb unmöglich schien, seine begonnenen Arbeiten unter den gegebenen Rahmenbedingungen fortzusetzen. Er reagierte flexibel und überführte im metaphorischen Sinne Teile seines Forschungsprogramms in einen anderen Kontext, nämlich in die sich gerade etablierende biologische und medizinische Forschungslandschaft der USA. Hier nun erwiesen sich die äußeren Verhältnisse als flexibler und gestaltbarer als es in Europa der Fall gewesen war. Es gelang Loeb im Verbund mit gleich gesinnten Forschern, erfolgreiche Aktionen zur Umgestaltung der Forschungsmethoden auf die Rahmenbedingungen zu übertragen. Die Gruppe der experimentell arbeitenden Lebenswissenschaftler schuf sich in den USA nicht nur einfache Arbeitsmöglichkeiten, sondern sie erhielt die Gelegenheit, eine ganz neue Laborlandschaft zu gestalten (vgl. Kapitel 3.2). Auch wenn Loeb nicht alle seine Vorstellungen verwirklichen konnte, die er an die vermeintliche Möglichkeit geknüpft hatte, in Amerika eine von Kultur unbelastete Gesellschaft und einen von starren europäischen Strukturen freien wissenschaftlichen Raum zu modellieren, so gelang es ihm, sich hier zu einem der führenden Wissenschaftler seiner Zeit zu entwickeln. Seine Einflusssphäre reichte dabei bis in den strukturbildenden Bereich. Er hatte Mittel zur Verfügung, Laboratorien nach seinen Wünschen einzurichten und darüberhinaus in geringem Maße auf Mittelverteilungen zur Forschungsförderung Einfluss zu nehmen (vgl. Kapitel 3.3).

2. Kollektive und Passagen

Unter dem Blickwinkel der »Kollektive und Passagen« zeigte Loeb vor allem sein Geschick dabei, gezielt personelle Netzwerke sowie formelle beziehungsweise informelle persönliche Denkkollektive für seine Ziele einzusetzen. Er gestaltete Verbindungen zwischen Kollektiven neu, indem er auf konzeptuellem Niveau Einflüsse verschiedener Einzelwissenschaften in sein Denken inkorporierte und diese in einer interdisziplinären Arbeit zu einer neuen disziplinären Ausrichtung in der medizinischen Grundlagenforschung verband. Loeb verstand es, auf der personellen Ebene der Denkkollektive ein formelles wissenschaftliches und ein informelles Denkkollektiv überschneidend und ergänzend zu vereinen, um so für sich eine Struktur aus Wissenschaftspolitikern, Verlegern, Mäzenen und Wissenschaftlern zu formen, die er für seine persönlichen und wissenschaftlichen Ziele nutzbar machen konnte (vgl. Kapitel 4). Die praktischen Methoden, die er dabei zum Einsatz brachte und die wiederum reflexiv miteinander zusammenhingen, waren

a) bewusstes, gezieltes Zitieren,
b) Achten auf Fragen der wissenschaftlichen Priorität,
c) Knüpfen wissenschaftlicher Kontakte,
d) gezielte Förderung von Wissenschaftlern, die Loebs Forscherideal nahe kamen,

e) Vermittlung von Publikationsmöglichkeiten an ihm gewogene Wissenschaftler,
f) Dissemination seiner Arbeiten,
g) Schaffen neuer Publikationsorgane.

Die außerwissenschaftlichen Einflüsse wirkten dabei sowohl behindernd als auch förderlich, wobei Loeb seine Einflussmöglichkeiten beinahe im Sinne seines Tropismus stets zu maximieren verstand. Er suchte sich zum Beispiel gezielt geeignete Sponsoren und nutzte, wenn man im biologischen Bild bleiben möchte, zuerst in den USA, dann im Nachkriegseuropa Nischen zur möglichst flächendeckenden publikatorischen Besiedlung nach sozialökologischen Mustern. Der Ausbruch des Krieges zum Beispiel verhinderte, dass Loeb seine nach Europa geknüpften Netzwerkverbindungen weiter verfolgen konnte. Sein Einsatz für den Pazifismus blieb zunächst ebenso erfolglos wie seine Bemühungen zur Veränderung der politischen Kultur oder der gesellschaftlichen Verhältnisse. Die Folgen des Krieges jedoch schufen ein von ihm zunächst als Drama empfundenes Vakuum in der Forschungsinfrastruktur Europas. Allerdings erkannte Loeb schnell, dass dieses Vakuum ihm die Möglichkeit eröffnete, formbildend in die Wissenschaftslandschaft Europas hineinzuwirken. In Analogie zu seinen Vorstellungen bei seiner Emigration, als er die USA als ein »ungepflügtes Feld«, das es zu kultivieren galt, stilisiert hatte, unternahm er den Versuch, mittels der oben genannten Methoden, einen Stilwechsel in der europäischen Wissenschaft zu befördern (vgl. Kapitel 3.3.4).

3. Außenwahrnehmung

Auch auf seine Außenwahrnehmung versuchte Loeb Einfluss zu nehmen. Insbesondere ging es ihm darum, in der nicht-wissenschaftlichen Öffentlichkeit Religiosität und »Aberglauben« durch eine naturwissenschaftliche Weltanschauung zu ersetzen. Aus diesem Grund bemühte er sich, im Monistenbund mitzuarbeiten und veröffentlichte Aufsätze in populärwissenschaftlichen Publikationsorganen. Seiner Meinung nach sollten u.a. auch religiöse und vitalistische Moralvorstellungen durch eine mechanistische Ethik ersetzt werden (vgl. Kapitel 5.4). Obwohl Loeb mit seinen Versuchen und seiner Ethik einen Niederschlag in öffentlichen Debatten fand, der ihn zu einem wissenschaftlichen »Star« seiner Zeit werden ließ, wurde seine Langzeitwirkung in der Öffentlichkeit weniger durch ihn selbst, als durch den Schriftsteller Sinclair Lewis bestimmt (vgl. Kapitel 5.3). Dabei war das von dessen Roman »Arrowsmith« in die breite Öffentlichkeit getragene Bild von Jacques Loeb bzw. Max Gottlieb als personifizierte Verkörperung der biomedizinischen Forschung, die mit naturwissenschaftlichen Methoden, experimentell und quantitativ physiologische und pathologische Lebensprozesse zu erfassen sucht, von Loeb selbst und dessen Wissenschaftlerkollegen über Paul de Kruif an Lewis herangetragen worden. Dieser Vorgang erfolgte zwar ohne Loebs direktes Zutun, es ist aber davon auszugehen, dass Loeb im direkten Kontakt mit de Kruif ein Bild von sich zeichnete, das de Kruif die nötige Folie zur Entwicklung seiner Ideen lieferte, welches er um die Meinungen anderer Wissenschaftler zu Loeb ergänzte.

Ein übergeordneter konstitutiver Faktor, der Loeb in die Position gebracht hatte, an der Gestaltung der »Biomedizin« wie am Knüpfen eines Netzes mitzuwirken, war Loebs Flexibilität, sich auf neue Netzwerkstrukturen einzustellen oder innerhalb neuer Kontexte am Aufbau von Netzwerkverbindungen mitzuarbeiten. Dies bezieht sich sowohl auf seine eigenen Forschungsarbeiten, die sich einem biographischen Muster entsprechend veränderten, als auch auf seine Interaktion mit der Umwelt. Zwar blieb Loeb zum Beispiel bestimmten wissenschaftlichen und politischen Denkstilen verhaftet, er verstand es aber, sich an neue Bedingungen zu adaptieren. Dies zeigt nicht nur der Umstand, dass er sich in Amerika mit seiner Epistemologie durchsetzen konnte und seine Forschungsvorhaben erfolgreich an das zur Verfügung stehende Material ebenso anpasste wie an die Themen seiner Kollegen, sondern auch die Tatsache, dass Loeb sich von einem idealistischen Wissenschaftler, als der er sich bis 1902 zum Beispiel Mach gegenüber präsentiert hatte, zu einem relativ kompromisslosen Forschungsmanager entwickelte. In der Bekämpfung von ihm für falsch gehaltener Theorien war er ebenso rigide wie in der Verbreitung der eigenen Literatur oder der Beschaffung von Forschungsgeldern. Als er sich in Kalifornien ein größeres Labor für seine Arbeit wünschte, empfahl er selbstbewusst dem Präsidenten der Universität Benjamin Wheeler, den Mäzen Morris Herzstein um die Gelder zu bitten und im Falle einer ausbleibenden Spende Herzstein als Namensgeber des bisherigen Laboratoriums einfach zu streichen und einen neuen Sponsor einzusetzen.[3] Wenige Jahre zuvor hatte er seinen Wechsel nach Kalifornien noch damit begründet, dass er lieber sein Gehalt vom Staat beziehe als aus der Hand eines Großindustriellen wie Rockefeller, an dessen Institut er sich schließlich von 1910 bis an sein Lebensende band.[4]

Die Wirkung Loebs auf die Entwicklung der internationalen biomedizinischen Forschung kann als die eines Katalysators von Passageprozessen begriffen werden. Wie dargestellt, hatte er nicht alleine dieses Programm entwickelt und in der Art und mit der Macht eines absolutistischen Herrschers durchzusetzen vermocht. Vielmehr griff er in bestehende Netzwerkstrukturen ein und formte sie im Rahmen seiner Möglichkeiten so erfolgreich um. Er spielte eine wichtige Rolle bei der Formulierung dieses Programms, ohne es alleine und unbeeinflusst erfunden zu haben. Auch verhalf er diesem Programm im Verbund mit anderen Wissenschaftlern zum internationalen Durchbruch. Besonders die Auswirkungen des Ersten Weltkrieges scheinen dabei einen konstitutiven Faktor gebildet zu haben, der die Verbreitung dieses Ansatzes im internationalen Raum erheblich beförderte.

Die Folgen dieser Kombination aus persönlichem Einsatz für eine Idee, dem Zusammenwirken mit Verbündeten und den Folgen des Weltkrieges lassen sich in der biome-

---

3 Loeb an Wheeler 13. 08. 1909, LOC: »*May I suggest that you ask Dr. Herzstein if he is willing to put up a somewhat larger laboratory to cost from $5000 to 10000 on the new tract given to the University by the P.J. Ca. (I hope that this tract has been accepted) and to provide about 1500 Dollars annually for its maintenance. He has got for the 1500 Dollars, which the present laboratory cost him, enough advertising to justify even from the »bargain« viewpoint the bigger outlay which I suggested. If he refuses I think we may drop the »Herzstein« label once for all. In this case I wonder whether we may not take up a suggestion Mr. C.S. Wheeler (?) once made, namely that Mr. Rudolf Spreckels builds a small laboratory [...] I think I can assure him that he will have no reason to regret such an investment. Another plan would be to add a few rooms to the present building. Herzstein might possibly be willing to do that but I confess I should prefer Spreckel as a donor*«.

4 Vgl. Kapitel 5.2, Anmerkung 19.

dizinischen Wissenschaftslandschaft bis heute beobachten. Es wurde geschildert, mit welcher Vehemenz und welch effektiven Methoden Loeb dafür eintrat, die vermeintliche deutsche Dominanz auf dem Sektor der Lebenswissenschaften zu brechen und sie durch eine internationale Dominanz zu ersetzen. Dies kam für ihn einem Ersatz der »Deutschen« Wissenschaft durch eine »Amerikanische« gleich. Nach und nach wurde im Laufe des 20. Jahrhunderts in der biomedizinischen Forschung Deutsch als Wissenschaftssprache ebenso durch Englisch ersetzt, wie die Definitionsmacht über das, was als wissenschaftliche Qualität zu gelten hat, zumindest auf dem Gebiet der Zeitschriften von Europa auf die USA überging. Nach 1945 beschleunigte sich dieser Vorgang, so dass die Ausformulierung der Biomedizin, wie wir sie heute erleben, in den 1960er Jahren gelegentlich mit einer Amerikanisierung gleichgesetzt wurde (Picard und Schneider 2001).

Diese und ähnliche historische Prozesse sind ebenso den in dieser Arbeit beschriebenen integrativen Methoden der Forschung zugänglich wie auch die Frage der weiteren Entwicklung der Medizinethik auf der Grundlage mechanistischer und reduktionistischer Weltbilder. Die heutigen Verhältnisse in der Biomedizin sind nicht voraussetzungslos und nur aus ihrer Geschichte heraus zu verstehen. Die Analyse von Jacques Loebs Forschungsprogramm, seinen wissenschaftlichen Netzwerken auf verschiedenen Ebenen und seinem Programm einer biomedizinischen Grundlagenforschung stellt einen Baustein zum Verständnis der Geschichte, Theorie und Ethik der Biomedizin des 20. und 21. Jahrhunderts dar. Die bei der Untersuchung eingesetzten Methoden können befruchtend auf die weitere wissenschaftshistorische und theoretische Arbeit wirken.

7. Anhang

7.1 Archivalien

- American Philosophical Society, Philadelphia (APS)

Simon Flexner Papers, Correspondence Flexner/Loeb
Raymond Pearl Papers, Correspondence Pearl/Loeb
Charles B. Davenport Papers, Correspondence Davenport/Loeb

- Deutsches Museum Archiv, München (DMA)

Ernst Mach Korrespondenz, Loeb an Ernst Mach NL 174/1948 – NL 174/1974

- Harvard University, Houghton Library, Cambridge Ma (HLH)

Sarton bMS Am 1803 (950), Korrespondenz Sarton/Loeb

- New York Academy of Medicine, Historical Collection

Brief von de Kruif an Archibald Malloch vom 16. 04. 1931

- Jagellonische Universität Kraków, Archiv (AJUK)

Nachlass Emil Godlewski jr., Korrespondenz Godlewski-Loeb

- Library of Congress, Manuscript Division, Washington D.C.,

Jacques Loeb Papers (LOC)
Container 1–16
Korrespondenz: Arrhenius, Svante (Container 1), Babson, Roger (1), Baege, Max Hermann (1), Baekeland, Leo Hendrik (1), Bernstein, Herman (1), Bethe, Albrecht (1), Boas, Franz (1), Bresslau, Ernst (1), Bresslau, Harry (1), Carus, Paul (2), de Kruif, Paul (3), Delage, Yves (3), Driesch, Hans (3), Ehrlich, Paul (4), Einstein, Albert (4), Ewald, Ernst Julius R. (4), Ewald, Wolfgang Felix (4), Freud, Sigmund (4), Fülöp, Pogany (4), Funk, Casimir (4), Godlewski, Emil jr. (5), Goldschmidt, Richard (5), Haeckel, Ernst (6), Harrison, Ross G. (6), Herbst, Curt (6), Herter, Christian (6), Lankester, Edwin Ray (8), Mach, Ernst (10), Meyerhof, Otto (9), Morgan, Thomas Hunt (9), Osterhout, W. J. V. (11), Ostwald, Wilhelm (11), Ostwald, Wolfgang (11), Pauli, Wolfgang (Josef) sr. (11), Pawlow, Ivan P. (11), Popper-Lynkeus, Josef (12), Przibram, Hans (11), Roux, Wilhelm (11), Sherrington, C. E. (13), Sherrington, C. S. (13), Traube, Isidor (J.) (14), Vries, Hugo de (3), Wheeler, Benjamin Ide (15), Wilson, Edwin Bidwell (15), Zuntz, Nathan (16), Zunz, Edgar (16)

- Staatsbibliothek Preußischer Kulturbesitz, Berlin (SPK)

Slg. Darmstädter Lc/1871
Korrespondenz Loeb an Wilhelm Engelmann, Loeb/Ehrlich, Loeb/Mach, Loeb/Nathan Zuntz

Tabelle 14: Übersicht über die für die Netzwerkanalyse herangezogene und ausgewertete Korrespondenz

Korrespondenz mit	Anzahl	Min von Jahr	Max von Jahr	Archiv/Sammlung
Armstrong, Henry Edward	1	1911	1911	Reingold (1981) LOC
Arrhenius, Svante	9	1914	1922	LOC [5 in Reingold (1981)]
Babson, Roger	9	1914	1915	LOC
Baege, Max Hermann	21	1911	1914	LOC
Baekeland, Leo Hendrik	20	1915	1921	LOC
Bernstein, Herman	16	1909	1923	LOC
Bethe, Albrecht	17	1902	1923	LOC
Boas, Franz	9	1917	1920	LOC
Bresslau, Ernst	10	1906	1923	LOC
Bresslau, Harry	17	1902	1923	LOC
Carus, Paul	6	1897	1919	LOC
Davenport, Charles B.	13	1891	1919	APS
de Kruif, Paul	14	1922	1923	LOC
Delage, Yves	3	1912	1914	LOC
Dreiser, Theodore	2	1920	1920	Reingold (1981)
Driesch, Hans	30	1898	1924	LOC
East, Edward Murray	4	1919	1919	Reingold (1981)
Ehrlich, Paul	10	1906	1909	LOC, SPK Lc1871
Einstein, Albert	13	1921	1924	LOC
Engelmann, Theodor Wilhelm	1	1896	1896	SPK Lc1871
Ewald, Ernst Julius R.	2	1911	1912	LOC
Ewald, Wolfgang Felix	26	1911	1915	LOC
Flexner, Simon	266	1913	1924	APS
Freud, Sigmund	1	1921	1921	LOC
Fülöp, Pogany	2	1920	1920	LOC
Funk, Casimir	33	1917	1921	LOC
Gebhardt, Walter	4	1909	1910	LOC
Godlewski, Emil jr.	37	1900	1922	AJUK, LOC
Goldschmidt, Richard	46	1907	1922	LOC
Haeckel, Ernst	7	1907	1912	LOC
Harrison, Ross G.	105	1913	1924	LOC
Herbst, Curt	6	1909	1922	LOC

Korrespondenz mit	Anzahl	Min von Jahr	Max von Jahr	Archiv/Sammlung
Herter, Christian	11	1902	1910	LOC
Howell, William Henry	2	1923	1923	Reingold (1981)
Lankester, Edwin Ray	2	1917	1917	LOC
Longcope, Warfield Theobald	1	1924	1924	APS
Mach, Ernst	35	1887	1912	DMM, LOC, SPK 1871
Mall, Franklin P.	1	1903	1903	Reingold (1981)
Meyerhof, Otto	21	1911	1924	LOC
Morgan, Thomas Hunt	43	1911	1919	LOC [1 in Reingold (1981)]
Noodt, Klara	1	1923	1923	APS
Ostwald, Wilhelm	40	1903	1915	LOC
Ostwald, Wolfgang	42	1902	1920	LOC
Pauli, Wolfgang (Josef) sr.	23	1902	1920	LOC
Pawlow, Ivan P.	6	1921	1924	LOC
Pearl, Raymond	23	1900	1923	APS
Popper-Lynkeus, Josef	1	1904	1904	LOC
Przibram, Hans	24	1907	1923	LOC
Robertson, Thorburn Brailsford	1	1919	1919	APS
Roosevelt, Theodore	2	1909	1909	Reingold (1981)
Roux, Wilhelm	41	1902	1922	LOC
Rutherford, Ernest	3	1907	1920	Reingold (1981)
Sarton, George	13	1912	1922	HLH Sarton
Sherrington, C. E.	2	1922	1922	LOC
Sherrington, C. S.	5	1906	1913	LOC
Sinclair, Upton	1	1911	1911	Reingold (1981)
Traube, Isidor (J.)	15	1909	1915	LOC
Vries, Hugo de	26	1904	1922	LOC
Warburg, Otto	1	1920	1920	APS
Wheeler, Benjamin Ide	44	1902	1914	LOC
Wilson, Edwin Bidwell	37	1913	1922	LOC
Zuntz, Nathan	37	1887	1920	LOC, SPK Lc1871
Zunz, Edgar	5	1919	1921	LOC

7.2 Literatur

Allen, G. E. (1975). *Life Science in the Twentieth Century.* New York, Wiley.

Allen, G. E. (1978). *Thomas Hunt Morgan. The Man and His Science.* Princeton, NJ, Princeton University Press.

Allen, G. E. (2002). The Changing Image of Biology in the Twentieth Century. *The Changing Image of the Sciences.* I. H. Stamhuis, T. Koetsier, D. C. Pater and A. v. Helden. Dordrecht, Boston, London, Kluwer: 43–83.

Allen, G. E. (2005). »Mechanism, Vitalism and Organicism in Late Nineteenth and Twentieth-Century Biology: The Importance of Historical Context.« *Studies in History and Philosophy of Biological and Biomedical Sciences* **36**: 261–283.

Amann, K. (1994). Menschen, Mäuse, Fliegen. Eine wissenssoziologische Analyse der Transformation von Organismen in epistemische Objekte. *Objekte, Differenzen und Konjunkturen.* M. Hagner, H.-J. Rheinberger and B. Wahrig-Schmidt. Berlin, Akademie Verlag: 259–289.

Andersen, O. S. (2005). »A Brief History of The Journal of General Physiology.« *Journal of General Physiology* **125**(1): 3–12.

Ash, M. G. (1984). »Disziplinentwicklung und Wissenschaftstransfer – deutschsprachige Psychologen in der Emigration.« *Berichte zur Wissenschaftsgeschichte* **7**: 207–226.

Atala, A. (2009). »Regenerative Medicine: Past and Present.« *Medicine Studies* **1**(1).

Atz, J. W. (1986). »Fundulus Heteroclitus in the Laboratory: A History.« *American Zoologist* **26**(1): 111–120.

Augspurger, M. (2001). »Sinclair Lewis' Primers for the Professional Managerial Class: Babbitt, Arrowsmith, and Dodsworth.« *The Journal of the Midwest Modern Language Association* **34**(2): 73–97.

Barberis, D. S. (2003). »In Search of an Object: Organicist Sociology and the Reality of Society in Fin-de-Siecle France.« *History of the Human Sciences* **16**(3): 51–72.

Barcat, J. A. (1996). »Cita con Explicaciones. Jacques Loeb y la Prensa. (Citation with Explanations. Jacques Loeb and the Press).« *Medicina (Buenos Aires)* **56**: 737–738.

Batagelj, V. und Mrvar, A. (2003). Pajek – Analysis and Visualization of Large Networks. *Graph Drawing Software.* M. Jünger and P. Mutzel. Berlin, Springer: 77–103.

Bavelas, J. B. (1978). »The Social Psychology of Citations.« *Canadian Psychological Review* **19**(2): 158–163.

Bearn, A. (1978). »Robert Frederick Loeb, 1895–1973.« *Biographical Memoirs of the National Academy of Sciences* **49**: 148–183.

Bechhold, J. H. (1912). *Die Kolloide in Biologie und Medizin.* Dresden, Steinkopff.

Benson, K. R. (1985). »American Morphology in the Late 19th-Century – the Biology Department at Johns-Hopkins-University.« *Journal of the History of Biology* **18**(2): 163–205.

Benton, A. L. (1956). »Jacques Loeb and the Method of Double Stimulation.« *Journal of the History of Medicine* **11**(1): 47–53.

Bethe, A. (1954). »Zur Geschichte der deutschen biologischen Zeitschriften und des »Pflüger'schen Archivs für die gesamte Physiologie«.« *Pflügers Archiv für die gesamte Physiologie* **259**: 30–34.

Birt, T. (1900). *Deutsche Wissenschaft im 19. Jahrhundert. Eine Rede zur Jahrhundertwende gehalten am 9. Januar 1900.* Marburg, R. G. Elwert'sche Verlagsbuchhandlung.

Blackmore, J. T. (1972). *Ernst Mach. His Work, Life, and Influence.* Berkeley, University of California Press.

Blackmore, J. T., Ed. (1992). *Ernst Mach – A Deeper Look: Documents and New Perspectives.* Dordrecht, Kluwer.

Böhme, H. (2004). Einführung. Netzwerke. Zur Theorie und Geschichte einer Konstruktion. *Netzwerke. Eine Kulturtechnik der Moderne.* J. Barkhoff, H. Böhme and J. Riou. Köln, Weimar, Wien, Böhlau Verlag. **29**: 7–36.

Boltzmann, L. (1905). *Reise eines deutschen Professors ins Eldorado.* Leipzig, Barth.

Bonah, C. (1995). Physiology, Periodicals, and National Differences at the End of the 1860s. *Essays in the History of the Physiological Sciences.* C. Debru. Amsterdam, Rodopi. **33**: 223–249.

Bonner, T. N. (1995). *Becoming a Physician. Medical Education in Britain, France, Germany, and the United States, 1750–1945.* Oxford, Oxford University Press.

Borgatti, S. P., Everett, M. G., et al. (2002). *Ucinet for Windows: Software for Social Network Analysis (Online).* Harvard, MA, Analytic Technologies.

Börner, K., Chen, C., et al. (2003). Visualizing Knowledge Domains. *Annual Review of Information Science & Technology.* B. Cronin. Medford, NJ, Information Today. **37**: 179–255.

Boveri, T. (1910). *Anton Dohrn. Gedächtnisrede gehalten auf dem Internationalen Zoologen-Kongreß in Graz am 18. August 1910.* Leipzig, Hirzel.

Bowring, F. (2004). »Therapeutic and Reproductive Cloning: a Critique.« *Social Science and Medicine* **58**(2): 401–409.

Brodsky, M. C. (2002). »Latent Heliotropism.« *British Journal of Ophthalmology* **86**(12): 1327–1328.

Bud, R. (1991). »Biotechnology in the 20th-Century.« *Social Studies of Science* **21**(3): 415–457.

Bud, R. (1993). *The Uses of Life. A History of Biotechnology.* Cambridge, NY, Cambridge University Press.

Buddenbrock, W. v. (1915). »Die Tropismentheorie von Jacques Loeb. Ein Versuch ihrer Widerlegung.« *Biologisches Zentralblatt* **35**: 481–506.

Buzydlowski, J. W. (2002). *A Comparison of Self-Organizing Maps and Pathfinder Networks for the Mapping of Co-Cited Authors.* Philadelphia, PhD Thesis, Drexel University.

Bynum, W. F. (1994). *Science and the Practice of Medicine in the Nineteenth Century.* Cambridge, NY, Cambridge University Press.

Cantor, D. (2000). The Diseased Body. *Medicine in the Twentieth Century.* R. Cooter and J. Pickstone. Amsterdam, Harvard Academic Publishers: 347–366.

Chamberlain, H. S. (1912). *Goethe.* München, F. Bruckmann A.-G.

Chen, C. (2003a). *Mapping Scientific Frontiers: The Quest for Knowledge Visualization.* London, Springer.

Chen, C. (2003b). »Visualizing Scientific Paradigms: An Introduction.« *Journal of the American Society for Information Science and Technology* **54**(5): 392–393.

Chen, C. (2004a). *Information Visualization: Beyond the Horizon.* London, Berlin, Heidelberg, Springer.

Chen, C. (2004b). »Searching for Intellectual Turning Points: Progressive Knowledge Domain Visualization.« *Proceedings of the National Academy of Science* **101 Suppl 1**: 5303–10.

Chen, C. (2006). »CiteSpace II: Detecting and visualizing emerging trends and transient patterns in scientific literature.« *Journal of the American Society for Information Science and Technology* **57**(3): 359–377.

Churchill, F. B. (1991). Regeneration. *A History of Regeneration Research. Milestones in the Evolution of a Science.* C. E. Dinsmore. Cambridge, Cambridge University Press: 113–131.

Cibelli, J. B., Grant, K. A., et al. (2002). »Parthenogenetic Stem Cells in Nonhuman Primates.« *Science* **295**(5556): 819.

Clark, A. E. (1987). Research Materials and Reproductive Science in the United States, 1910–1940. *Physiology in the American Context: 1850–1940.* G. L. Geison. Bethesda, American Physiological Society: 323–350.

Clarke, A. E. and Fujimura, J. H., Eds. (1992). *The Right Tools for the Job: at Work in Twentieth-Century Life Sciences.* Princeton, NJ, Princeton University Press.

Coard, R. L. (1985). »Sinclair Lewis, Max Gottlieb, and Sherlock Holmes.« *Modern Fiction Studies* **31**(3): 565–571.
Cock, A. G. (1983). »Chauvinism and Internationalism in Science – the International-Research-Council, 1919–1926.« *Notes and Records of the Royal Society of London* **37**(2): 249–288.
Cohen, S. S. (1985). »Some Struggles of Jacques Loeb, Albert Mathews, and Ernest Just at the Marine-Biological-Laboratory.« *Biological Bulletin* **168**(3): 127–136.
Cole, F. J. und Eales, N. B. (1917). »The History of Comparative Anatomy.« *Science Progress* **11**: 578–596.
Conklin, E. G. (1968). »M.B.L. Stories.« *American Scientist* **56**(2): 121–128.
Cooper, M. (2006). »Resuscitations: Stem Cells and the Crisis of Old Age.« *Body and Society* **12**(1): 1–23.
Corner, G. W. (1964). *A History of the Rockefeller Institute 1901–1953. Origins and Growth.* New York, The Rockefeller Institute Press.
Cozzens, S. E. (1989). »What Do Citations Count – the Rhetoric-First Model.« *Scientometrics* **15**(5–6): 437–447.
Crane, D. (1972). *Invisible Colleges: Diffusion of Knowledge in Scientific Communities.* Chicago, University of Chicago Press.
Crawford, E. (1992). *Nationalism and Internationalism in Science: 1880–1939; Four Studies of the Nobel Population.* Cambridge, Cambridge University Press.
Cremer, T. (1985). *Von der Zellenlehre zur Chromosomentheorie. Naturwissenschaftliche Erkenntnis und Theorienwechsel in der frühen Zell- und Vererbungsforschung.* Berlin, Springer.
Cronin, B. (1981). »The Need for a Theory of Citing.« *Journal of Documentation* **37**(1): 16–24.
Cronin, B. und Atkins, H. B. (2000). *The Web of Knowledge: a Festschrift in Honor of Eugene Garfield.* Medford, NJ, Information Today.
Cronin, B. und Shaw, D. (2002). »Banking (on) Different Forms of Symbolic Capital.« *Journal of the American Society for Information Science and Technology* **53**(14): 1267–1279.
Crook, P. (1994). *Darwinism, War and History: Debate Over the Biology of War from the »Origin of Species« to the First World War.* Cambridge, Cambridge Univ. Press.
Cummings, M. M. (1979). »Index Medicus, 1879–1979.« *Military Medicine* **144**: 829–830.
De Kruif, P. (1922a). Medicine. *Civilization in the United States.* H. Stearns. New York, Harcourt, Brace and Company: 443–456.
De Kruif, P. (1922b). »Our Medicine Men.« *The Century Magazine* **104**: 416–426, 593–601, 781–789, 950–956.
De Kruif, P. (1923). »Jacques Loeb, the Mechanist.« *Harper's Magazine* **146**(January): 182–190.
De Kruif, P. (1963). *Brausender Wind. Die Geschichte meines Lebens.* Zürich, Orell Füssli Verlag.
De Wert, G. und Mummery, C. (2003). »Human Embryonic Stem Cells: Research, Ethics and Policy.« *Human Reproduction* **18**(4): 672–82.
Deichmann, U. (2001). *Flüchten, Mitmachen, Vergessen: Chemiker und Biochemiker in der* NS-Zeit. Weinheim, Wiley.
Deleuze, G. (1989). *Bergson zur Einführung.* Hamburg, Junius-Verlag.
Dennis, W. (1954). »Bibliographies of Eminent Scientists.« *Scientific Monthly* **79**: 180–183.
Dietrich, F., Ed. (1901–1943). *Bibliographie der Deutschen Rezensionen mit Einschluß von Referaten und Selbstanzeigen (ab 1911 auch International).* Bibliographie der deutschen Zeitschriftenliteratur. Supplement.,
Internationale Bibliographie der Zeitschriftenliteratur mit Einschluss von Sammelwerken und Zeitungen. Abt. C. Leipzig [etc.], F. Dietrich.
Dimitriev, A. N. (2002). »La Mobilisation Intellectuelle: La Communauté Académique Internationale et la Première Guerre Mondiale (Intellectual Mobilization – The International Academic Community and World War I).« *Cahiers Du Monde Russe* **43**(4): 617–644.

Dorland, W. A. N. (1923). *The American Illustrated Medical Dictionary*. Philadelphia, W. B. Saunders.
Driesch, H. (1905). »Das System der Biologie.« *Süddeutsche Monatshefte* **6**: 1–16.
Driesch, H. (1908–1909). *The Science and Philosophy of the Organism*. Aberdeen, Aberdeen University.
Dubos, R. J. (1976). *The Professor, the Institute, and* DNA. New York, Rockefeller University Press.
Dünner, E. (1999). *Josef Popper-Lynkeus (1838–1921), der Sozialreformer und Menschenfreund als Philosoph des Individuums*. Univ. Diss. Zürich.
Eckart, W. U. (1996). Rudolf Virchows »Zellenstaat« zwischen Biologie und Soziallehre. *Die Geheimnisse der Natur*. P. Kemper. Frankfurt, Suhrkamp: 239–255.
Ede, A. (2007). *The Rise and Decline of Colloid Science in North America, 1900–1935: The Neglected Dimension*. Aldershot, Ashgate.
Edsall, J. T. und Bearman, D. (1979). »Historical Records of Scientific Activity – Survey of Sources for the History of Biochemistry and Molecular Biology.« *Proceedings of the American Philosophical Society* **123**(5): 279–292.
Eggert, C. (2004). »Sex Determination: The Amphibian Models.« *Reproduction Nutrition Development* **44**(6): 539–549.
Egghe, L., Rousseau, R., et al. (1999). »The »Own-Language Preference«: Measures of Relative Language Self-Citation.« *Scientometrics* **45**(2): 217–232.
Elzinga, A. (1997). »From Arrhenius to Megascience: Interplay between Science and Public Decisionmaking.« *Ambio* **26**(1): 72–80.
Emerson, H. (1968). A Doctor Looks at Arrowsmith (1925). *Twentieth Century Interpretations of Arrowsmith. A Collection of Critical Essays*. R. J. Griffin. Englewood Cliffs, N.J., Prentice-Hall, Inc: 107–108.
Engelhardt, H. T. (1999). »Bioethics in the Third Millennium: Some Critical Anticipations.« *Kennedy Institute of Ethics Journal* **9**(3): 225–43.
Erdö, F., Bührle, C., et al. (2003). »Host-Dependent Tumorigenesis of Embryonic Stem Cell Transplantation in Experimental Stroke.« *Journal of Cerebral Blood Flow and Metabolism* **23**(7): 780–785.
Erickson, B. H. (1997). »Social Networks and History.« *Historical Methods* **30**(3): 149–157.
Ernst, S. G. (1997). »A Century of Sea Urchin Development.« *American Zoologist* **37**(3): 250–259.
Ewald, W. F. (1913). »Ist die Lehre vom tierischen Phototropismus widerlegt?« *Archiv für Entwicklungsmechanik* **37**: 581–598.
Falagas, M. E. und Kavvadia, P. (2006). »»Eigenlob«: Self-Citation in Biomedical Journals.« *The* FASEB Journal **20**: 1039–1042.
Fangerau, H. (2001). *Etablierung eines rassenhygienischen Standardwerkes 1921–1941. Der Baur-Fischer-Lenz im Spiegel der zeitgenössischen Rezensionsliteratur*. Frankfurt, Peter Lang.
Fangerau, H. (2004). »Finding European Bioethical Literature: An Evaluation of the Leading Abstracting and Indexing Services.« *Journal of Medical Ethics* **30**(3): 299–303.
Fangerau, H. (2005a). »Can Artificial Parthenogenesis Sidestep Ethical Pitfalls in Human Therapeutic Cloning? A Historical Perspective.« *Journal of Medical Ethics* **31**(12): 733–735.
Fangerau, H. (2005b). Goldschmidt, Richard Benedict. *Germany and the Americas: Culture, Politics, and History*. T. Adam. Santa Barbara, CA, ABC-CLIO: 455–456.
Fangerau, H. (2005c). Jacques Loeb – Vater der vaterlosen Frösche. *Mabuse + Co. Ein Kabinett kluger Köpfe*. P. Osten. Frankfurt, Mabuse.
Fangerau, H. (2005d). »Making Eugenics a Public Issue: A Reception Study of the First German Compendium on Racial Hygiene, 1921–1940.« *Science Studies* **18**(2): 46–66.
Fangerau, H. (2006). Ethik der medizinischen Forschung. *Geschichte, Theorie und Ethik der Medizin*. S. Schulz, K. Steigleder, H. Fangerau and N. Paul. Frankfurt, Suhrkamp: 283–300.

Fangerau, H. und Müller, I. (2005a). Jacques Loeb. *Germany and the Americas: Culture, Politics, and History.* T. Adam. Santa Barbara, CA, ABC-CLIO: 691–692.

Fangerau, H. und Müller, I. (2005b). »National Styles? Jacques Loeb's Analysis of German and American Science Around 1900 in his Correspondence with Ernst Mach.« *Centaurus* **47**(3): 207–225.

Fangerau, H. und Noack, T. (2006). Rassenhygiene in Deutschland und Medizin im Nationalsozialismus. *Geschichte, Theorie und Ethik der Medizin.* S. Schulz, K. Steigleder, H. Fangerau and N. Paul. Frankfurt, Suhrkamp: 224–246.

Felt, U. (2000). Die Stadt als verdichteter Raum der Begegnung zwischen Wissenschaft und Öffentlichkeit: Reflexionen zu einem Vergleich der Wissenschaftspopularisierung in Wien und Berlin um die Jahrhundertwende. *Wissenschaft und Öffentlichkeit in Berlin, 1870–1930.* C. Goschler. Stuttgart, Franz Steiner: 185–220.

Felt, U. (2002). Wissenschaft, Politik und Öffentlichkeit – Wechselwirkungen und Grenzverschiebungen. *Wissenschaft, Politik und Öffentlichkeit: von der Wiener Moderne bis zur Gegenwart.* M. G. Ash and C. H. Stifter. Wien, WUV-Universitätsverlag: 47–72.

Figge, F. H. (1962). »Eduard Uhlenhuth 1885–1961.« *The Anatomical Record* **143**(3): 278–280.

Fleck, L. (1980). *Entstehung und Entwicklung einer wissenschaftlichen Tatsache: Einführung in die Lehre vom Denkstil und Denkkollektiv.* Frankfurt, Suhrkamp Verlag.

Fleming, D. (1964). Introduction. *The Mechanistic Conception of Life by Jacques Loeb.* D. Fleming. Cambridge, Mass., The Belknap Press of Harvard University Press: vii-xli.

Fleming, D. (1973). Jacques Loeb. *Dictionary of Scientific Biography.* C. C. Gillispie. New York, Charles Scribner's Sons. **8**: 445–447.

Flexner, S. (1928). »Jacques Loeb and His Period.« *Science* **66**(1711): 333–337.

Forland, T. E. (2008). »Mentality as a Social Emergent: Can the Zeitgeist have Explanatory Power?« *History and Theory* **47**: 44–56.

Freeman, L. C. (2000). »Visualizing Social Networks.« *Journal of Social Structure* **1**(1).

Freundlich, H. (1924). »Jacques Loeb und die Kolloidchemie.« *Die Naturwissenschaften* **30**: 602–603.

Freyhofer, H. H. (1982). *The Vitalism of Hans Driesch: The Success and Decline of a Scientific Theory.* Frankfurt, Peter Lang.

Fruton, J. S. (1999). *Proteins, Enzymes, Genes. The Interplay of Chemistry and Biology.* New Haven, Yale University Press.

Garrey, W. E. (1925). »Memorial of Jacques Loeb.« *Science* **61**(February 20): 198.

Gaudillière, J.-P. (2002). *Inventer la Biomédicine: la France, l'Amérique et la Production des Savoirs du Vivant (1945–1965).* Paris, Éditions La Découverte.

Geison, G. L., Ed. (1987). *Physiology in the American Context 1850–1940.* Bethesda, American Philosophical Society.

Gerard, R. W. (1952). »Ralph Stayner Lillie 1875–1952.« *The Anatomical Record* **114**(4): 658–660.

Gerok, W. (2000). Deutsch als Wissenschaftssprache in der Medizin. *Deutsch als Wissenschaftssprache im 20. Jahrhundert. Vorträge des Internationalen Symposiums vom 18./19. Januar 2000.* F. Debus, F. G. Kollmann and U. Pörksen. Stuttgart, Steiner. **10**: 229–237.

Giesen, B. (1993). *Die Intellektuellen und die Nation. Eine deutsche Achsenzeit.* Frankfurt a.M., Suhrkamp.

Giesen, B. (1999). *Die Intellektuellen und die Nation 2. Kollektive Identität.* Frankfurt a.M., Suhrkamp.

Gilbert, D. M. (2004). »The Future of Human Embryonic Stem Cell Research: Addressing Ethical Conflict with Responsible Scientific Research.« *Medical Science Monitor* **10**(5): RA99–103.

Gizycki, R. v. (1973). »Centre and Periphery in the International Scientific Community: Germany, France and Great Britain in the 19th Century.« *Minerva* **11**: 474–494.

Glanzel, W., Debackere, K., et al. (2006). »A Concise Review on the Role of Author Self-Citations in Information Science, Bibliometrics and Science Policy.« *Scientometrics* **67**(2): 263–277.

Glick, S. M. (1990). »From Arrowsmith to The House of God, or »Why Now?«« *American Journal of Medicine* **88**(5): 449–51.

Gmür, M. (2003). »Co-citation Analysis and the Search for Invisible Colleges: A Methodological Evaluation.« *Scientometrics* **57**(1): 27–57.

Godlewski, E. (1909). *Das Vererbungsproblem im Lichte der Entwicklungsmechanik betrachtet.* Leipzig, Verlag von Wilhelm Engelmann.

Goethe, J. W. v. (1948). Maximen und Reflexionen. Hamburg, Wegner. **12:** 434, Nr. 498.

Goschler, C. (2000). Wissenschaft und Öffentlichkeit in Berlin (1870–1930). Einleitung. *Wissenschaft und Öffentlichkeit in Berlin: 1870–1930.* C. Goschler. Stuttgart, Steiner: 7–29.

Gradmann, C. (2005a). Das Maß der Krankheit. Das pathologische Tierexperiment in der medizinischen Bakteriologie Robert Kochs. *Maß und Eigensinn. Studien im Anschluß an Georges Canguilhem.* C. Borck, V. Hess and H. Schmidgen. München, Wilhelm Fink Verlag: 71–90.

Gradmann, C. (2005b). *Krankheit im Labor: Robert Koch und die medizinische Bakteriologie.* Göttingen, Wallstein.

Greenspan, R. J. und Baars, B. J. (2005). »Consciousness Eclipsed: Jacques Loeb, Ivan P. Pavlov, and the Rise of Reductionistic Biology after 1900.« *Conscious and Cognition* **14**(1): 219–30.

Groeben, C., Ed. (1982). *Charles Darwin: 1809–1882 – Anton Dohrn: 1840–1909; Correspondence.* Napoli, Macchiaroli.

Groeben, C., Ed. (1993). *Correspondence, Karl Ernst von Baer (1792–1876), Anton Dohrn (1840–1909).* Transactions of the American Philosophical Society. Philadelphia, The American Philosophical Society,.

Groeben, C. and Wenig, K., Eds. (1992). *Anton Dohrn und Rudolf Virchow: Briefwechsel 1864–1902.* Berlin, Akademie Verlag.

Gross, J. (1925). »Über das Verhältnis der vergleichenden und der experimentellen Methode in der Zoologie.« *Die Naturwissenschaften* **13**(32): 685–690.

Gussin, A. E. S. (1963). »Jacques Loeb: The Man and His Tropism Theory of Animal Conduct.« *Journal of the History of Medicine and Applied Sciences* **18**: 321–336.

Habermas, J. (1969). *Technik und Wissenschaft als* ›Ideologie‹. Frankfurt, Suhrkamp.

Hackenberg, T. D. (1995). »Jacques Loeb, B. F. Skinner, and the Legacy of Prediction and Control.« *The Behavior Analyst* **18**(2): 225–236.

Hagner, M. (2003). Scientific Medicine. *From Natural Philosophy to the Sciences. Writing the History of Nineteenth Century Science.* D. Cahan. Chicago, University of Chicago Press: 49–87.

Hanson, E. (2000). *The Rockefeller University Achievements: A Century of Science for the Benefit of Humankind 1901–2001.* New York, Rockefeller University Press.

Hanson, J. C. M. (1909). »The Subject Catalogs of the Library of Congress.« *Bulletin of the American Library Association* **3**: 385–397.

Harrington, A. (1996). *Reenchanted Science: Holism in German Culture from Wilhelm* II to Hitler. Princeton, Princeton University Press.

Harwood, J. (1987). »National Styles in Science. Genetics in Germany and the United States Between the World Wars.« *Isis* **78**(293): 390–414.

Harwood, J. (1993). *Styles of Scientific Thought: The German Genetics Community 1900–1933.* Chicago, University of Chicago Press.

Haw, M. D. (2002). »Colloidal Suspensions, Brownian Motion, Molecular Reality: A Short History.« *Journal of Physics-Condensed Matter* **14**(33): 7769–7779.

Hawthorne, R. M. (1974). »Christian Archibald Herter, MD 1865–1910.« *Perspectives in Biology and Medicine* **18**(1): 24–39.

Herbst, C. A. (1924). »Jacques Loeb. Ein kurzer Überblick über sein Lebenswerk.« *Naturwissenschaften* **12**: 397–406.

Herr, B. W., Huang, W., et al. (2006). »Designing Highly Flexible and Usable Cyberinfrastructures for Convergence.« *Annals of the New York Academy of Sciences* **1093**: 161–179.

Herriott, R. (1994). »John Howard Northrop 1891–1987.« *Biographical memoirs. National Academy of Sciences* **63**: 423–450.

Herrmann, D. (1997). Making Americans: Conceptions of the Ideal American in Campaigns to Americanize New Immigrants in Early 20th Century. *The American Nation – National Identity – Nationalism*. K. Krakau. Münster, Lit. **1**: 169–184.

Herter, C. A. (1909). *Imagination and Idealism in the Medical Sciences. An Address Delivered to the College of Physicians and Surgeons, Columbia University, 1909*. Chicago, Press of the American Medical Association.

Hertzel, D. H. (1985). Bibliometrics, History of the Development of Ideas in. *Encyclopedia of Library and Information Science*. A. Kent. New York, Dekker. **42, Suppl. 7**: 144–219.

Hewa, S. (1994). »Medical Technology: A Pandora's Box?« *The Journal of Medical Humanities* **15**(3): 171–181.

Hewa, S. und Hetherington, R. W. (1995). »Specialists without Spirit: Limitations of the Mechanistic Biomedical Model.« *Theoretical Medicine* **16**: 129–139.

Hiebert, E. N. (1973). Ernst Mach. *Dictionary of Scientific Biography*. C. C. Gillispie. New York, Charles Scribner's Sons. **8**: 595–607.

Hirsch, J. (1973). Introduction to the Dover Edition. *Forced Movements, Tropisms and Animal Conduct*. J. Loeb. New York, Dover Publications: v-xxvii.

Höber, R. (1924). »Jacques Loeb.« *Klinische Wochenschrift* **3**(12): 510–511.

Hoernelé, R. F. A. (1918). »Mechanism and Vitalism.« *The philosophical review* **27**: 628–645.

Hoffmann, D. und Laitko, H., Eds. (1991). *Ernst Mach: Studien und Dokumente zu Leben und Werk*. Berlin, Deutscher Verlag der Wissenschaften.

Hogan, M. (2007). »Got Good Milk? The Rockefeller Institute and New York's Milk Supply, 1901–1902.« *Rockefeller Archive Center Newsletter*: 20–21.

Holden, C. (2002). »Stem Cell Research. Primate Parthenotes Yield Stem Cells.« *Science* **295**(5556): 779–80.

Holden, C. und Vogel, G. (2004). »CELL BIOLOGY: A Technical Fix For an Ethical Bind?« *Science* **306**(5705): 2174–2176.

Hollingsworth, J. R. (2002). *Research Organizations and Major Discoveries in Twentieth-Century Science: A Case Study of Excellence in Biomedical Research*. Berlin, WZB.

Hollingsworth, J. R. (2004). Institutionalizing Excellence in Biomedical Research: The Case of the Rockefeller University. *Creating a Tradition in Biomedical Research. Contributions to the History of the Rockefeller University*. D. H. Stapleton. New York, Rockefeller University Press: 17–63.

Holm, S. (2002). »Going to the Roots of the Stem Cell Controversy.« *Bioethics* **16**(6): 493–507.

Holton, G. (1992). »Ernst Mach and the Fortunes of Positivism in America.« *Isis* **83**: 27–60.

Holzer, B. (2006). *Netzwerke*. Bielefeld, Transcript.

Hood, W. W. und Wilson, C. S. (2001). »The Literature of Bibliometrics, Scientometrics, and Informetrics.« *Scientometrics* **52**(2): 291–314.

Hübinger, G. (2002). Wertkollisionen im frühen 20. Jahrhundert. Die Kompetenz der Geisteswissenschaften zur Deutung sozialer Wirklichkeit. *Wissenschaften und Wissenschaftspolitik*. R. vom Bruch. Stuttgart, Steiner: 75–83.

Hull, D. L. (2001). *Science and Selection: Essays on Biological Evolution and the Philosophy of Science*. Cambridge, Cambridge University Press.

Hutchisson, J. M. (1992). »Sinclair Lewis, Paul de Kruif, and the Composition of Arrowsmith.« *Studies in the Novel* **24**(1): 48–66.

Hybrid Produced From Star Fish and Sea Urgin (1903). *L.A. Times, 30. 04. 1903*. Los Angeles.
Jakobs, E.-M. (1999). *Textvernetzung in den Wissenschaften: Zitat und Verweis als Ergebnis rezeptiven, reproduktiven und produktiven Handelns.* Tübingen, Niemeyer.
Jansen, D. (1999). *Einführung in die Netzwerkanalyse. Grundlagen, Methoden, Anwendungen*. Opladen, Leske und Budrich.
Joerges, B. and Nowotny, H., Eds. (2003). *Social Studies of Science and Technology: Looking Back, Ahead.* Dordrecht, Kluwer.
Juday, C. (1910). »Some European Biological Stations.« *Transactions of the Wisconsin Academy of Sciences, Arts and Letters* **16, Part 2**(5): 1257–1277.
Kaiser, W. (1982). »Ernst Mach und das Mechanismusproblem in der Biologie.« *Medizinhistorisches Journal* **17**: 179–194.
Kamada, T. und Kawai, S. (1989). »An Algorithm for Drawing General Undirected Graphs.« *Information Processing Letters* **31**(1): 7–15.
Kanz, K. T. (1997). *Nationalismus und internationale Zusammenarbeit in den Naturwissenschaften. Die deutsch-französischen Wissenschaftsbeziehungen zwischen Revolution und Restauration 1789–1832*. Stuttgart, Steiner.
Karel, L. (1967). »Selection of Journals for Index Medicus: A Historical Review.« *Bulletin of the Medical Library Association* **55**: 259–278.
Keating, P. und Cambrosio, A. (2004). »Does Biomedicine Entail the Successful Reduction of Pathology to Biology?« *Perspectives in Biology and Medicine* **47**(3): 357–71.
Keller, P. (1979). *States of belonging. German-American intellectuals and the First World War.* Cambridge, Harvard University Press.
Kelley, D. R. (2002). »Intellectual History and Cultural History: The Inside and the Outside.« *History of the Human Sciences* **15**(2): 1–19.
Kellogg, V. L. (1917). *Headquarters Nights: A Record of Conversations and Experiences at the Headquarters of the German Army in France and Belgium*. Boston, The Atlantic Monthly Press.
Kevles, D. J. (1992). »Foundations, Universities, and Trends in Support for the Physical and Biological Sciences, 1900–1992.« *Daedalus* **121**(4): 195–235.
Kevles, D. J. und Geison, G. L. (1995). »The Experimental Life Sciences in the Twentieth Century.« *Osiris* **10**: 97–121.
Kevles, D. J., Sturchio, J. L., et al. (1980). »The Sciences in America, Circa 1880.« *Science* **209**: 27–32.
Kleinert, A. (1988). Wechselbeziehungen zwischen deutschen und französischen Naturwissenschaften im 19. Jahrhundert. *Transferts. Les relations interculturelles dans l'espace franco-allemand (*XVIIIe et XIXe siècle). M. Espagne and M. Werner. Paris, Ed. Recherche sur les Civilisations: 371–380.
Knipscheer, K. C. P. M. (1990). *Social Network Research: Substantive Issues and Methodological Questions.* Amsterdam, Swets & Zeitlinger.
Knorr-Cetina, K. (1984). *Die Fabrikation von Erkenntnis – Zur Anthropologie der Naturwissenschaft*. Frankfurt, Suhrkamp.
Kobelt, N. (1928). »Jacques Loeb. Bibliography.« *The Journal of General Physiology* **8**: lxiii-xcii.
Köchy, K. (1997). *Ganzheit und Wissenschaft. Das historische Fallbeispiel der romantischen Wissenschaft*. Würzburg, Königshausen & Neumann.
Köchy, K. (1998). Organologische versus mechanistische Bioethik. Über spezifische ethische Programme bei verschiedenen Lebenstheorien. *Ethik der Biowissenschaften. Geschichte und Theorie. Beiträge zur 6. Jahrestagung der* DGGTB in Tübingen 1997. E.-M. Engels. Berlin, Verlag für Wiss. und Bildung.
Kohler, R. E. (1975). »The History of Biochemistry, a Survey.« *Journal of the History of Biology* **8**: 275–318.

Kohler, R. E. (1982). *From Medical Chemistry to Biochemistry. The Making of a Biomedical Discipline.* Cambridge, Cambridge University Press.
Kohler, R. E. (1994). *Lords of the Fly.* Chicago, University of Chicago Press.
Kohler, R. E. (2002a). »Labscapes: Naturalizing the Lab.« *History of Science* **40**(4): 473–501.
Kohler, R. E. (2002b). *Landscapes and Labscapes: Exploring the Lab-Field Border in Biology.* Chicago, The University of Chicago Press.
Kollmann, F. G. (2000). Deutsch als Wissenschaftssprache im zwanzigsten Jahrhundert – eine Einführung. *Deutsch als Wissenschaftssprache im 20. Jahrhundert. Vorträge des Internationalen Symposiums vom 18./19. Januar 2000.* F. Debus, F. G. Kollmann and U. Pörksen. Stuttgart, Steiner. **10**: 11–18.
Kovacic, J. C., Harvey, R. P., et al. (2007). »Cardiovascular Regenerative Medicine: Digging In for the Long Haul.« *Cell Stem Cell* **1**(6): 628–633.
Kuckuck, M. (1907). *Die Lösung des Problems der Urzeugung (Archigonia, Generatio spontanea).* Leipzig, Johannes Ambrosius Barth.
Kuhn, T. S. (1986). *Die Struktur wissenschaftlicher Revolutionen. 2., revidierte und um das Postskriptum von 1969 ergänzte Auflage.* Frankfurt, Suhrkamp.
Labisch, A. (1992). *Homo hygienicus: Gesundheit und Medizin in der Neuzeit.* Frankfurt, Campus.
Laitko, H. (1991). Ernst Mach und die Ökonomie in der Wissenschaft. *Ernst Mach: Studien und Dokumente zu Leben und Werk.* D. Hoffmann and H. Laitko. Berlin, Deutscher Verlag der Wissenschaften: 243–278.
Land, M. G. (1983). »Three Max Gottliebs: Lewis's, Dreiser's, and Walker Percy's View of the Mechanist-Vitalist Controversy.« *Studies in the Novel* **15**(4): 314–331.
Lanser, E. (2003). Die anthropologischen Ansichten von Josef Popper-Lynkeus. *Josef Popper-Lynkeus. Zwischen Individualethik, Ich-Verlust und Social Engineering – Anthropologische Montagefahrten eines Maschinen- und Menschentechnikers.* Spezialforschungsbereich Moderne – Wien u. Zentraleuropa um 1900. Graz. (Newsletter Moderne Sonderheft 3): 34–42.
Latour, B. (1988a). *The Pasteurization of France.* Cambridge [u. a.], London, Harvard University Press.
Latour, B. (1988b). *Science in Action: How to Follow Scientists and Engineers Through Society.* Harvard, Harvard University Press.
Latour, B. (1996). »On actor-network theory. A few clarifications.« *Soziale Welt* **47**: 369–381.
Latour, B. (1999). *Pandora's Hope: Essays on the Reality of Science Studies.* Cambridge, Mass., Harvard University Press.
Latour, B. (2002). *Die Hoffnung der Pandora: Untersuchungen zur Wirklichkeit der Wissenschaft.* Frankfurt, Suhrkamp.
Lawani, S. M. (1982). »On the Heterogeneity and Classification of Author Self-Citations.« *Journal of the American Society for Information Science* **33**(5): 281–284.
Lawrence, C. and Weisz, G., Eds. (1998a). *Greater than the Parts. Holism in Biomedicine, 1920–1950.* Oxford, Oxford University Press.
Lawrence, C. and Weisz, G. (1998b). Medical Holism: The Context. *Greater than the Parts: Holism in Biomedicine, 1920–1950.* C. Lawrence and G. Weisz. Oxford, Oxford University Press: 1–22.
Lehmann, H. (1995). »Land of Divisions – Land of Culture«: Anmerkungen zum amerikanischen Europabild. *Alte und Neue Welt in wechselseitiger Sicht: Studien zu den transatlantischen Beziehungen im 19. und 20. Jahrhundert.* Göttingen, Vandenhoeck & Ruprecht. **119**: 140–149.
Lenoir, T. (1997). *Instituting Science. The Cultural Production of Scientific Disciplines.* Stanford, Stanford University Press.
Levene, P. A. und Osterhout, W. J. V. (1924). »Jacques Loeb, the Man – Jacques Loeb, the Scientist.« *Science* **59**(May 16): 427–430.
Lewis, S. (1954). *Dr. med. Arrowsmith.* Reinbek, Rowohlt.

Lillie, F. R. (1944). *The Woods Hole Marine Biological Laboratory.* Chicago, University of Chicago Press.

Lin, H., Lei, J., et al. (2003). »Multilineage Potential of Homozygous Stem Cells Derived from Metaphase II Oocytes.« *Stem Cells* **21**(2): 152–61.

Lindahl, B. I. B., Elzinga, A., et al. (1998). »Credit for Discoveries: Citation Data as a Basis for History of Science Analysis.« *Theoretical Medicine and Bioethics* **19**: 609–620.

Lindner, M. (2000). »Der Stoff, aus dem das Leben ist. Kolloidchemie, Protoplasmatheorie und Lebensphilosophie im biologischen Diskurs zwischen 1900 und 1930.« NTM: Zeitschrift für Geschichte der Wissenschaften, Technik und Medizin **8**: 11–21.

Loeb, J. (1884a). »Die Sehstörungen nach Verletzungen der Großhirnrinde. Nach Versuchen am Hunde. I.« *Pflügers Archiv für die gesamte Physiologie* **34**: 67–114.

Loeb, J. (1884b). »Die Sehstörungen nach Verletzungen der Großhirnrinde. Nach Versuchen am Hunde. II. Die Natur der Sehstörungen.« *Pflügers Archiv für die gesamte Physiologie* **34**: 115–172.

Loeb, J. (1886a). »Beiträge zur Physiologie des Großhirns.« *Pflügers Archiv für die gesamte Physiologie* **39**: 265–346.

Loeb, J. (1886b). »Muskelthätigkeit als Maß psychischer Tätigkeit. Vorläufige Mitteilung.« *Pflügers Archiv für die gesamte Physiologie* **39**: 592–597.

Loeb, J. (1887). »Persönliche Bemerkung.« *Pflügers Archiv für die gesamte Physiologie* **40**: 395–396.

Loeb, J. (1890). *Der Heliotropismus der Tiere und seine Übereinstimmung mit dem Heliotropismus der Pflanzen.* Würzburg, Georg Hertz.

Loeb, J. (1891). *Untersuchungen zur physiologischen Morphologie der Tiere. I. Über Heteromorphose.* Würzburg, Georg Hertz.

Loeb, J. (1892a). »Investigations in Physiological Morphology. III. Experiments on Cleavage.« *Journal of Morphology* **7**: 253–262.

Loeb, J. (1892b). *Untersuchungen zur physiologischen Morphologie der Tiere.* II. Organbildung und Wachstum. Würzburg, Georg Hertz.

Loeb, J. (1893a). On Some Facts and Principles of Physiological Morphology. *Biological Lectures delivered at Woods Hole.* Boston, Gin and Co.: 37–61.

Loeb, J. (1893b). »Über die Entwicklung von Fischembryonen ohne Kreislauf.« *Pflügers Archiv für die gesamte Physiologie* **54**: 525–531.

Loeb, J. (1894/95). »Über die Grenzen der Teilbarkeit der Eisubstanz.« *Pflügers Archiv für die gesamte Physiologie* **59**(379–394).

Loeb, J. (1897a). »The Biological Problems of Today: Physiology, Address Delivered at the Ithaca Meeting of the American Society of Naturalists.« *Science* **7**: 154–156.

Loeb, J. (1897b). »Physiologische Untersuchungen über Ionenwirkungen. I. Versuche am Muskel.« *Pflügers Archiv für die gesamte Physiologie* **69**: 1–27.

Loeb, J. (1897–1898). »Einige Bemerkungen über den Begriff, die Geschichte und Literatur der allgemeinen Physiologie.« *Pflügers Archiv für die gesamte Physiologie* **69**: 249–267.

Loeb, J. (1899a). *Einleitung in die vergleichende Gehirnphysiologie und vergleichende Psychologie, mit besonderer Berücksichtigung der wirbellosen Tiere.* Leipzig, Johann Ambrosius Barth.

Loeb, J. (1899b). »The International Catalogue of Scientific Literature. Physiology.« *Science* **9**: 908–909.

Loeb, J. (1899c). »On the Nature of the Process of Fertilization and the Artificial Production of Normal Larvae (Plutei) from Unfertilized Eggs of the Sea Urchin.« *American Journal of Physiology* **3**: 135–138.

Loeb, J. (1899–1900). »On the Ion-Proteid Compounds and Their Role in the Mechanics of Life Phenomena. I. The Poisonous Character of a Pure NaCl Solution.« *American Journal of Physiology* **3**: 327–338.

Loeb, J. (1900a). *Comparative Physiology of the Brain and Comparative Psychology.* New York, Putnam.
Loeb, J. (1900b). »On Artificial Parthenogenesis in Sea Urchins.« *Science* **11**: 612–614, 1030.
Loeb, J. (1900c). »On the Artificial Production of Normal Larvae from the Unfertilized Eggs of the Sea Urchin (Arbacia).« *American Journal of Physiology* **3**: 434–471.
Loeb, J. (1900d). »Über die Bedeutung der Ca- und K-Ionen für die Herztätigkeit.« *Pflügers Archiv für die gesamte Physiologie* **80**: 229–232.
Loeb, J. (1901). »Sensational Newspaper Reports as to Physiological Action of Common Salt.« *Nature* **63**: 372.
Loeb, J. (1901–1902a). »Über den Einfluss der Wertigkeit und möglicher Weise der elektrischen Ladung von Ionen auf ihre antitoxische Wirkung. Vorläufige Mitteilung.« *Pflügers Archiv für die gesamte Physiologie* **88**: 68–78.
Loeb, J. (1901–1902b). »Über Methoden und Fehlerquellen der Versuche über künstliche Parthenogenese.« *Archiv für Entwicklungsmechanik* **13**: 481–486.
Loeb, J. (1902a). »Maturation, Natural Death, and the Prolongation of the Life of Unfertilized Starfish Eggs (Asterias forbesii) and Their Significance for the Theory of Fertilization.« *Biological Bulletin* **3**: 295–311.
Loeb, J. (1902b). »Studies on the Physiological Effects of the Valency and Possibly the Electrical Charges of Ions. I. The Toxic and Antitoxic Effects of Ions as a Function of Their Valency and Possibly Their Electrical Charge.« *American Journal of Physiology* **6**: 411–433.
Loeb, J. (1903). »Über die Befruchtung von Seeigeleiern durch Seesternsamen II.« *Pflügers Archiv für die gesamte Physiologie* **99**: 323–356.
Loeb, J. (1903/04). »On a Method by Which the Eggs of a Sea Urchin (Strongylocentrotus Purpuratus) Can Be Fertilized with the Sperm of a Starfish (Asterias Ochracea).« *University of California Publications in Physiology* **1**: 1–3.
Loeb, J. (1904a). »The Possible Influence of the Amphoteric Reactions of Certain Colloids Upon the Sign of Their Electrical Charge in the Presence of Acids and Alkalies.« *University of California Publications in Physiology* **1**: 149–150.
Loeb, J. (1904b). »The Recent Developments of Biology, Address Delivered at the Congress of Arts and Sciences, St. Louis.« *Science* **20**: 777–786.
Loeb, J. (1904–1905). »Zur neueren Entwicklung der Biologie.« *Annalen der Naturphilosophie* **4**: 188–203.
Loeb, J. (1905a). On the Limits of Divisibility of Living Matter. *Studies in General Physiology.* J. Loeb. Chicago, University of Chicago Press. **1**: 321–337.
Loeb, J. (1905b). *Studies in General Physiology.* Chicago, University of Chicago Press.
Loeb, J. (1906a). *Untersuchungen über künstliche Parthenogenese und das Wesen des Befruchtungsvorgangs.* Leipzig, Johann Ambrosius Barth.
Loeb, J. (1906b). *Vorlesungen über die Dynamik der Lebenserscheinungen.* Leipzig, Johann Ambrosius Barth.
Loeb, J. (1907). »Sur la Parthénogenèse Artificielle.« *Comptes Rendus de l'Académie des Sciences* **145**: 943–946.
Loeb, J. (1908a). »Qu'est-ce qu'une Solution de Saccharose Isotonique pour les Oeufs de Strongylocentrotus?« *Comptes Rendus de l'Académie des Sciences* **146**: 246–249.
Loeb, J. (1908b). »Über den Temperaturkoeffizienten für die Lebensdauer Kaltbütiger Tiere und über die Ursache des natürlichen Todes.« *Pflügers Archiv für die gesamte Physiologie* **124**: 411–426.
Loeb, J. (1909a). *Die Bedeutung der Tropismen für die Psychologie.* Leipzig, Johann Ambrosius Barth.
Loeb, J. (1909b). *Die chemische Entwicklungserregung des tierischen Eies (Künstliche Parthenogenese).* Berlin, Julius Springer.

Loeb, J. (1909c). Experimental Study of the Influence of Environment on Animals. *Darwin and Modern Science. Essays in Commemoration of the Centenary of the Birth of Charles Darwin and of the Fiftieth Anniversary of the Publication of the Origin of Species.* A. C. Seward. Cambridge, Cambridge University Press: 247–270.
Loeb, J. (1910a). *Über das Wesen der formativen Reizung*. Berlin, Julius Springer.
Loeb, J. (1910b). Ueber physiologische Ionenwirkungen, insbesondere die Bedeutung der Na-, Ca- und K-Ionen. *Handbuch der Biochemie des Menschen und der Tiere.* C. Oppenheimer. Jena, Fischer. **2, Teil 1**: 104–141.
Loeb, J. (1911a). *Das Leben.* Leipzig, Alfred Kröner.
Loeb, J. (1911b). »On the Teaching of Anatomy.« *The Anatomical Record* **5**: 306–308.
Loeb, J. (1912a). »Aphorismen zur Vererbungslehre.« *Das monistische Jahrhundert* **1**: 6–12.
Loeb, J. (1912b). »The Mechanistic Conception of Life.« *Popular Science Monthly* **80**: 5–21.
Loeb, J. (1912c). *The Mechanistic Conception of Life.* Chicago, University of Chicago Press.
Loeb, J. (1912d). On Some Facts and Principles of Physiological Morphology. *The Mechanistic Conception of Life.* J. Loeb. Chicago, University of Chicago Press: 78–104.
Loeb, J. (1912e). »Untersuchungen über Permeabilität und antagonistische Elektrolytwirkung nach einer neuen Methode.« *Biochemische Zeitschrift* **47**: 127–166.
Loeb, J. (1913). *Artificial Parthenogenesis and Fertilization.* Chicago, University of Chicago Press.
Loeb, J. (1914a). »Freedom of Will and War.« *New Review* **2**: 631–636.
Loeb, J. (1914b). »On the 80th Birthday of Ernst Haeckel.« *Das monistische Jahrhundert* **7**(46/47): 1302–1303.
Loeb, J. (1914c). »Science and Race.« *The Crisis*, 2. 12. 1914.
Loeb, J. (1915a). »Mechanistic Science and Metaphysical Romance.« *The Yale Review* **4**: 766–785.
Loeb, J. (1915b). »Rules and Mechanism of Inhibition and Correlation in the Regeneration of Bryophyllum Calycinum.« *Botanical Gazette* **60**: 249–276.
Loeb, J. (1916). *The Organism as a Whole: from a Physico-Chemical Viewpoint.* New York, Putnam.
Loeb, J. (1917). »Biology and War.« *Science* **45**: 73–76.
Loeb, J. (1918a). »Amphoteric Colloids. II. Volumetric Analysis of Ion Protein Compounds; the Significance of the Isoelectric Point for the Purification of Amphoteric Colloids.« *Journal of General Physiology* **1**: 237–254.
Loeb, J. (1918b). »Comment.« *The Nation* 07. 09. 1918: 265.
Loeb, J. (1918c). *Forced Movements, Tropisms, and Animal Conduct.* Philadelphia, Lippincott.
Loeb, J. (1918d). »Further Experiments on the Sex of Parthenogenetic Frogs.« *Proceedings of the National Academy of Sciences* **4**: 60–62.
Loeb, J. (1919a). Colloid Chemistry and Medicine. *Contributions to Medical and Biological Research Dedicated to Sir Wiliam Osler in Honour of His Seventieth Birthday, June 12, 1919, by His Pupils and Co-Workers.* New York. **2**: 861–872.
Loeb, J. (1919b). »Natural Death and the Duration of Life.« *Scientific Monthly* **9**: 578–585.
Loeb, J. (1920a). »Chimie Générale et Chimie Colloidale des Solutions de Gélatine.« *Journal de Chimie Physique* **18**: 283–299.
Loeb, J. (1920b). »The Proteins and Colloidal Chemistry.« *Science* **52**: 449–456.
Loeb, J. (1920–1921a). »Chemical and Physical Behavior of Casein Solutions.« *Journal of General Physiology* **3**: 547–555.
Loeb, J. (1920–1921b). »The Colloidal Behavior of Proteins.« *Journal of General Physiology* **3**: 557–564.
Loeb, J. (1920–1921c). »Donnan Equilibrium and the Physical Properties of Proteins. I. Membrane Potentials.« *Journal of General Physiology* **3**: 667–690.
Loeb, J. (1920–1921d). »Donnan Equilibrium and the Physical Properties of Proteins. II. Osmotic pressure.« *Journal of General Physiology* **3**: 691–714.

Loeb, J. (1920–1921e). »Donnan Equilibrium and the Physical Properties of Proteins. III. Viscosity.« *Journal of General Physiology* **3**: 827–841.
Loeb, J. (1920–1921f). »Further Observations on the Production of Parthenogenetic Frogs.« *Journal of General Physiology* **3**: 539–545.
Loeb, J. (1920–1921g). »Ion Series and the Physical Properties of Proteins. I.« *Journal of General Physiology* **3**: 85–106.
Loeb, J. (1921–1922a). »Donnan Equilibrium and the Physical Properties of Proteins. IV. Viscosity-Continued.« *Journal of General Physiology* **4**: 73–95.
Loeb, J. (1921–1922b). »The Reciprocal Relation Between the Osmotic Pressure and the Viscosity of Gelatin Solutions.« *Journal of General Physiology* **4**: 97–112.
Loeb, J. (1922). *Proteins and the Theory of Colloidal Behavior.* New York, McGraw-Hill.
Loeb, J. (1923a). »Bemerkungen zur Kritik des Herrn Ostwald.« *Naturwissenschaften* **11**: 525.
Loeb, J. (1923b). »Über die angebliche Gültigkeit der Hofmeisterschen Anionenreihen bei der Quellung von Eiweißkörpern.« *Naturwissenschaften* **11**(26): 525–527.
Loeb, J. (1924). *Regeneration from a Physico-Chemical Viewpoint.* New York, McGraw-Hill.
Loeb, J. and Bancroft, F. W. (1912). »Can the Spermatozoon Develop Outside the Egg?« *Journal of Experimental Zoology* **12**: 381–389.
Loeb, J. and Ewald, W. F. (1914). »Über die Gültigkiet des Bunsen-Roscoeschen Gesetzes für die helio-tropische Erscheinung bei Tieren.« *Zentralblatt für Physiologie* **27**: 1165–1168.
Loeb, J. and Lewis, W. H. (1902). »On the Prolongation of the Life of the Unfertilized Eggs of Sea Urchins by Potassium Cyanide.« *American Journal of Physiology* **6**: 305–317.
Loeb, J. and Loeb, R. F. (1921–1922). »The Influence of Electrolytes on the Solution and Precipitation of Casein and Gelatin.« *Journal of General Physiology* **4**: 187–211.
Loeb, J. and Northrop, J. H. (1917a). »On the Influence of Food and Temperature Upon the Duration of Life.« *Journal of Biological Chemistry* **32**: 103–121.
Loeb, J. and Northrop, J. H. (1917b). »What Determines the Duration of Life in Metazoa?« *Proceedings of the National Academy of Sciences* **3**: 382–386.
Loeb, J. and Wasteneys, H. (1913). »Narkose und Sauerstoffverbrauch.« *Biochemische Zeitschrift* **56**: 295–306.
Loeb, L. B. (1959). »Jacques Loeb: Recollections of his Career as a Scientist.« *Rockefeller Institute Quarterly* **3**: 1–6.
Logan, C. A. (2002). »Before There were Standards: The Role of Test Animals in the Production of Empirical Generality in Physiology.« *Journal of the History of Biology* **35**: 329–363.
Löwy, I. (1988). »Immunology and Literature in the Early Twentieth Century: ›Arrowsmith‹ and ›The Doctor's Dilemma‹.« *Medical History* **32**: 314–332.
Ludmerer, K. M. (1985). *Learning to Heal: The Development of American Medical Education* New York, Basic Books.
Luebke, F. C. (1974). *Bonds of loyalty: German-Americans and World War I.* DeKalb, Ill., Northern Illinois University Press.
MacDougal, D. T. (1919). »Growth in Organisms.« *Science* **49**(27. 06. 1919): 599–605.
Mach, E. (1883). *Die Mechanik in ihrer Entwickelung: historisch-kritisch dargestellt.* Lepizig, Brockhaus.
Mach, E. (1886). *Beiträge zur Analyse der Empfindungen.* Jena, Gustav Fischer.
Mai Chan, L. (1998). »Still Robust at 100. A Century of LC Subject Headings.« *Library of Congress Information Bulletin* **57**(8): n.p.
Maienschein, J. (1987). Physiology, Biology, and the Advent of Physiological Morphology. *Physiology in the American Context 1850–1940.* G. L. Geison. Bethesda, American Philosophical Society: 177–193.

Maienschein, J. (1989). *100 Years Exploring Life, 1888–1988: The Marine Biological Laboratory at Woods Hole*. Boston, Jones and Bartlett.

Maienschein, J. (1991a). »Epistemic Styles in German and American Embryology.« *Science in Context* **4**(2): 407–427.

Maienschein, J. (1991b). *Transforming Traditions in American Biology, 1880–1915*. Baltimore, Johns Hopkins University Press.

Maienschein, J. (1994). The Origins of Entwicklungsmechanik. *A Conceptual History of Modern Embryology*. S. F. Gilbert. Baltimore, Johns Hopkins University Press: 43–61.

Maienschein, J. (1999). »Diversity in American Biology, 1900–1940.« *History and Philosophy of the Life Sciences* **21**(1): 35–52.

Maienschein, J. (2003). *Whose view of life? Embryos, Cloning and Stem Cells*. Cambridge, Mass., Harvard University Press.

Manning, K. R. (1983). *Black Apollo of Science: The Life of Ernest Everett Just* New York, Oxford University Press.

Marion, L. S., Garfield, E., et al. (2003). »Social Network Analysis and Citation Network Analysis: Complementary Approaches to the Study of Scientific Communication (SIG MET).« *Asist 2003: Proceedings of the 66th Asist Annual Meeting, Vol 40,* R. J. Todd. Melford NJ, Information Today: 486–487.

Markel, H. (2001). »Reflections on Sinclair Lewis's Arrowsmith: The Great American Novel of Public Health and Medicine.« *Public Health Reports* **116**(4): 371–375.

Marsch, U. (1994). *Notgemeinschaft der Deutschen Wissenschaft. Gründung und frühe Geschichte 1920–1925*. Frankfurt, Peter Lang.

Martin, M. und Fangerau, H. (2006). Die Bedeutung unterschiedlicher Textsorten für die Repräsentation von Wissensverschiebungen in der Medizingeschichte. *Geschichte der Medizin – Geschichte in der Medizin*. J. Vögele, H. Fangerau and T. Noack. Münster, Lit Verlag: 153–162.

McClelland, C. E. (1991). *The German Experience of Professionalization. Modern Learned Professions and Their Organizations From the Early Nineteenth Century to the Hitler Era*. Cambridge, Cambridge University Press.

Melzer, S. L. (1904). »Vitalism and Mechanism in Biology and Medicine.« *Science* **19**(470): 18–22.

Mencken, H. L. (1968). Arrowsmith (1925). *Twentieth Century Interpretations of Arrowsmith. A Collection of Critical Essays*. R. J. Griffin. Englewood Cliffs, N.J., Prentice-Hall, Inc: 100–102.

Menzel, H. (1973). Informal Communication in Science: Its Advantages and Its Formal Analogues. *Toward a Theory of Librarianship. Papers in Honor of Jesse Hauk Shera*. C. H. Rawski. Metuchen, NJ, Scarecrow Press: 403–414.

Merton, R. K. (1968). »The Matthew Effect in Science. The Reward and Communication Systems of Science are Considered.« *Science* **159**(3810): 56–63.

Metzler, G. (2000). *Internationale Wissenschaft und nationale Kultur: Deutsche Physiker in der internationalen Community 1900–1960*. Göttingen, Vandenhoeck & Ruprecht.

Mildenberger, F. (2005). »»... als Conträrsexual und als Päderast verleumdet ...« – Der Prozess um den Naturforscher Theodor Beer (1866–1919) im Jahre 1905.« *Zeitschrift für Sexualforschung* **18**: 332–369.

Mitman, G. (1990). »Evolution as a Gospel: William Patten, the Language of Democracy, and the Great War.« *Isis* **81**: 446–463.

Mitman, G. (1992). *The state of nature: ecology, community, and American social thought, 1900–1950*. Chicago, University of Chicago Press.

Mommsen, W. J., Ed. (1996). *Kultur und Krieg: die Rolle der Intellektuellen, Künstler und Schriftsteller im Ersten Weltkrieg*. München, Oldenbourg.

Moore, A. R. (1923). »Note on Dominance in the Hybrid Plutei of Sea-Urchins.« *Journal of Experimental Zoology* **38**(1): 207–211.
Moore, J. (2005a). »Some Historical and Conceptual Background to the Development of B.F. Skinner's »Radical Behaviorism« – Part 1.« *Journal of Mind and Behavior* **26**(1–2): 65–93.
Moore, J. (2005b). »Some historical and conceptual background to the development of B.F. Skinner's »Radical behaviorism« – Part 2.« *Journal of Mind and Behavior* **26**(1–2): 95–123.
Morgan, N. (1990). »The Strategy of Biological-Research Programs – Reassessing the Dark Age of Biochemistry, 1910–1930.« *Annals of Science* **47**(2): 139–150.
Müller, I. (1975). »Die Wandlung embryologischer Forschung von der deskriptiven zur experimentellen Phase unter dem Einfluß der Zoologischen Station in Neapel.« *Medizinhistorisches Journal* **10**: 191–218.
Müller, I. (1976). *Die Geschichte der zoologischen Station in Neapel von der Gründung durch Anton Dohrn (1872) bis zum ersten Weltkrieg und ihre Bedeutung für die Entwicklung der modernen biologischen Wissenschaften*. Habil.-Schr., Universität Düsseldorf.
Müller, I. (1996). »The Impact of the Zoological Station in Naples on Developmental Physiology.« *International Journal of Developmental Biology* **40**: 103–111.
Müller, S. (2008). Paradigma Organismus versus Paradigma Mechanismus – zwei wissenschaftstheoretische Leitbilder. *Konstruktion von Wissenschaft*. D. Groß, G. Cepl-Kaufmann and G. Schäfer. Kassel, Kassel University Press: 13–28.
Müller, T. (2004). »Vergleich und Transferanalyse in der Medizingeschichte? Eine Diskussion anhand von Reiseberichten als Quelle.« *Medizinhistorisches Journal* **39**(1): 57–77.
Neilson, E. G. (2003). »The Role of Medical School Admissions Committees in the Decline of Physician-Scientists.« *Journal of Clinical Investigation* **111**(6): 765–7.
New York's Milk Supply – Rockefeller Institute's First Report Deals with Its Nature (1902). *New York Times, 19. 01. 1902*. New York.
Noé, K. (1992). Mach's Relativism versus Apriorism and the Mechanistic World View. *Ernst Mach – A Deeper Look: Documents and New Perspectives*. J. T. Blackmore. Dordrecht, Kluwer: 229–241.
Nordenskiöld, E. (1935a). Loeb on the Movements of Animals. *The History of Biology, A Survey*. New York, Tudor Publishing: 605–606.
Nordenskiöld, E. (1935b). Modern Biology. *The History of Biology, A Survey*. New York, Tudor Publishing: 582–583.
Norman, W. W. and Loeb, J. (1900). »Do the reactions of the lower animals against injury indicate pain sensations? By the late Professor W.W. Norman, of the University of Texas. With additional note by Jacques Loeb.« *American Journal of Physiology* **3**: 271–284.
Nugent, W. (1992). *Crossings: The Great Transatlantic Migrations, 1870–1914*. Indianapolis, Indiana University Press.
Nyhart, L. (1987). »The Disciplinary Breakdown of German Morphology, 1870–1900.« *Isis* **78**(293): 365–389.
Nyhart, L. K. (2002). »Learning From History: Morphology's Challenges in Germany ca. 1900.« *Journal of Morphology* **252**(1): 2–14.
»Obituary Notice Jacques Loeb.« (1924). *Journal of the American Medical Association* **82**: 563.
Oehlschlaeger, F. H. (1979). »Sinclair Lewis, Stuart Pratt Sherman, and the Writing of Arrowsmith.« *Resources for American literary study* **9**(1): 24–30.
Oppose War with Germany (1915). *New York Times, 25. 05. 1915*. New York: 3.
Osterhout, W. J. V. (1928). »Jacques Loeb.« *The Journal of General Physiology* **8**: ix-lix.
Ostwald, W. (1915a). »Deutsche Organisation und die Wissenschaft.« *Die Umschau* **19**: 764–766.
Ostwald, W. (1915b). Die allgemeinen Kennzeichen der organisierten Substanz. *Die Kultur der Gegenwart. Allgemeine Biologie*. C. Chun. Leipzig, Teubner: 167.

Ostwald, W. (1915c). *Die Welt der vernachlässigten Dimensionen. Eine Einführung in die moderne Kolloidchemie mit besonderer Berücksichtigung ihrer Anwendung*. Dresden, Steinkopff.

Pace, N. (1986). »Tides of Physiology at Berkeley.« *Physiologist* **29**(5 Suppl): 7–20.

Page, B. B. (2002). »The Rockefeller Foundation and Central Europe: A Reconsideration.« *Minerva* **40**(3): 265–287.

Partsch, K. J. (1980). *Die zoologische Station in Neapel: Modell internationaler Wissenschaftszusammenarbeit*. Göttingen, Vandenhoeck & Ruprecht.

Pauli, W. (1924). »Die neuere Entwicklung der Kolloidchemie und die Medizin.« *Klinische Wochenschrift* **3**(1): 1–5.

Paulmann, J. (1998). »Internationaler Vergleich und interkultureller Transfer: Zwei Foschungsansätze zur europäischen Geschichte des 18. bis 20. Jahrhunderts.« *Historische Zeitschrift* **267**: 649–685.

Pauly, P. J. (1981). »The Loeb-Jennings Debate and the Science of Animal Behavior.« *Journal of History of Behavioral Sciences* **17**(4): 504–515.

Pauly, P. J. (1984). »The Appearance of Academic Biology in Late Nineteenth-Century America.« *Journal of the History of Biology* **17**(3): 369–397.

Pauly, P. J. (1987a). *Controlling Life: Jacques Loeb and the Engineering Ideal in Biology.* New York, Oxford University Press.

Pauly, P. J. (1987b). General Physiology and the Discipline of Physiology, 1890–1935. *Physiology in the American Context 1850–1940*. G. L. Geison. Bethesda, American Philosophical Society: 195–208.

Pauly, P. J. (1988). Summer Resort and Scientific Discipline: Woods Hole and the Structure of American Biology, 1882–1925. *The American Development of Biology.* R. Rainger, K. R. Benson and J. Maienschein. New Brunswick, London, Rutgers University Press.

Pauly, P. J. (2000). *Biologists and the Promise of American Life: From Meriwether Lewis to Alfred Kinsey.* Princeton, NJ, Princeton University Press.

Penzlin, H. (2004). Die theoretische und institutionelle Situation in der Biologie an der Wende vom 19. zum 20. Jh. *Geschichte der Biologie.* I. Jahn. Hamburg, Nikol Verlag: 431–440.

»Personalien.« (1909). *Archiv für Entwicklungsmechanik* **28**: 445–446.

Persson, O. (1994). »The Intellectual Base and Research Fronts of Jasis 1986–1990.« *Journal of the American Society for Information Science* **45**(1): 31–38.

Pfeffer, J. (2008). Visualisierung sozialer Netzwerke. *Netzwerkanalyse und Netzwerktheorie: ein neues Paradigma in den Sozialwissenschaften.* C. Stegbauer. Wiesbaden, Verlag für Sozialwissenschaften. **1**: 227–238.

Pfetsch, F. R. (1974). *Zur Entwicklung der Wissenschaftspolitik in Deutschland 1750–1914.* Berlin, Duncker & Humblot.

Picard, J.-F. und Schneider, W. H. (2001). From the Art of Medicine to Biomedical Science in France: Modernization or Americanization? *American Foundations and Large-Scale Research: Construction and Transfer of Knowledge.* G. Gemelli. Bologna, CLUEB: 91–114.

Popper-Lynkeus, J. (1878). *Das Recht zu leben und die Pflicht zu sterben. Socialphilosophische Betrachtungen, anknüpfend an die Bedeutung Voltaire's für die neuere Zeit; zu seinem 100. Todestage (30. Mai 1878)*. Leipzig, Koschny.

Popper-Lynkeus, J. (1912). *Die allgemeine Nährpflicht als Lösung der sozialen Frage. Eingehend bearbeitet und statistisch durchgerechnet; mit einem Nachweis der theoretischen und praktischen Wertlosigkeit der Wirtschaftslehre* Dresden, Reissner.

Procter, H. R. und Wilson, J. A. (1916). »The acid-gelatin equilibrium.« *Journal of the Chemical Society, Transactions* **109**: 307–319.

Pyenson, L. (1982). »Cultural Imperialism and Exact Sciences: German Expansion Overseas 1900–1930.« *History of Science* **20**: 1–43.

Rader, K. (2004). *Making Mice: Standardizing Animals for American Biomedical Research, 1900–1955*. Princeton, NJ, Princeton University Press.
Rasmussen, C. T. und Tilman, R. (1998). *Jacques Loeb: His Science and Social Activism and Their Philosophical Foundations*. Philadelphia, American Philosophical Society.
Rasmussen, C. T. und Tilman, R. (1992). »Mechanistic Physiology and Institutional Economics: Jaques Loeb and Thorstein Veblen.« *International Journal of Social Economics*(10, 11, 12): 235–247.
Rees, J., Siebers, W., et al., Eds. (2002). *Europareisen politisch-sozialer Eliten im 18. Jahrhundert. Theoretische Neuorientierung – kommunikative Praxis – Kultur- und Wissenstransfer*. Berlin, Berliner Wissenschafts-Verlag.
Reingold, N. (1962). »Jaques Loeb, the Scientist: His Papers and His Era.« *Library of Congress: Quarterly Journal of Current Acquisitions* **19**: 119–130.
Reingold, N. (1976). »200 Years of American Science. Reflections on 200 Years of Science in the United States.« *Nature* **262**: 9–13.
Reingold, N. (1991). »The Peculiarities of the Americans or Are There National Styles in the Sciences?« *Science in Context* **4**(2): 347–366.
Reingold, N. und Reingold, I. H., Eds. (1981). *Science in America, a Documentary History, 1900–1939*. Chicago, University of Chicago Press.
Reiter, W. L. (1999). »Zerstört und vergessen: Die Biologische Versuchsanstalt und ihre Wissenschaftler/innen.« *Österreichische Zeitschrift für Geschichtswissenschaften* **10**(4): 585–614.
Rheinberger, H.-J. (1992). »Experiment, Difference, and Writing: I. Tracing Protein Synthesis.« *Studies in the History and Philosophy of Science* **23**(2): 305–331.
Rheinberger, H.-J. (2001). *Experimentalsysteme und epistemische Dinge: eine Geschichte der Proteinsynthese im Reagenzglas*. Göttingen, Wallstein-Verlag.
Richardson, L. N. (1955). »Arrowsmith: Genesis, Development, Versions.« *American Literature* **27**(2): 225–244.
Richmond, M. L. (2006). »The 1909 Darwin Celebration: Reexamining Evolution in the Light of Mendel, Mutation, and Meiosis.« *Isis* **97**(3): 447–484.
Rip, A. (1988). Mapping of Science: Possibilities and Limitations. *Handbook of Quantitative Studies of Science and Technology*. A. F. J. Raan. Amsterdam, Elsevier: 253–273.
Robbins, W. J. (1957). »The Influence of Jacques Loeb on the Development of Plant Tissue Culture.« *Bulletin du Jardin Botanique de l'État a Bruxelles* **27**(2): 189–197.
Roe, A. (1972). »Patterns of Productivity in Scientists.« *Science* **176**: 940–941.
Rogers, N. T., Hobson, E., et al. (2004). »Phospholipase C{zeta} Causes Ca2+ Oscillations and Parthenogenetic Activation of Human Oocytes.« *Reproduction* **128**(6): 697–702.
Rosenberg, A. (1927). *Chamberlain als Verkünder und Begründer einer deutschen Zukunft*. München, Hugo Bruckmann Verlag.
Rosenberg, C. E. (1963). »Martin Arrowsmith: The Scientist as a Hero.« *American Quarterly* **15**: 447–458.
Rosenberg, L. (1999). »Physician-Scientists – Endangered and Essential.« *Science* **283**(5400): 331–2.
Rothberg, M. (1965). *The Physiologist Jacques Loeb (1859–1924) and His Research Activities*. Winterthur, Verlag Hans Schellenberg.
Rothschuh, K. E. (1953). *Geschichte der Physiologie* Berlin, Springer.
Rothschuh, K. E. (1978). *Konzepte der Medizin in Vergangenheit und Gegenwart*. Stuttgart, Hippokrates-Verlag.
Roux, W. (1895). *Gesammelte Abhandlungen über Entwickelungsmechanik der Organismen*. Leipzig, Wilhelm Engelmann.
Roux, W. (1905). *Die Entwickelungsmechanik: ein neuer Zweig der biologischen Wissenschaft; eine*

Ergänzung zu den Lehrbüchern der Entwickelungsgeschichte und Physiologie der Tiere; nach einem Vortrag gehalten in der ersten allgemeinen Sitzung der Versammlung Deutscher Naturforscher und Ärzte zu Breslau am 19. September 1904. Leipzig, Engelmann.

Roux, W. (1923). Wilhelm Roux. *Die Medizin der Gegenwart in Selbstdarstellungen.* L. R. Grote. Leipzig, Felix Meiner: 141–206.

Rudolph, G. (1983). »Das Mechanismusproblem in der Physiologie des 19. Jahrhunderts.« *Berichte zur Wissenschaftsgeschichte* **6**: 7–28.

Scheer, B. T. (1962). »Arthur, Russell Moore, General Physiologist.« *Science* **137**(3528): 411–412.

Schiewe, J. (2000). Von Latein zu Deutsch, von Deutsch zu Englisch. Gründe und Folgen des Wechsels von Wissenschaftssprachen. *Deutsch als Wissenschaftssprache im 20. Jahrhundert. Vorträge des Internationalen Symposiums vom 18./19. Januar 2000.* F. Debus, F. G. Kollmann and U. Pörksen. Stuttgart, Steiner: 81–104.

Schildt, H. A. und Mattsson, J. T. (2006). »A Dense Network Sub-Grouping Algorithm for Co-Citation Analysis and Its Implementation in the Software Tool Sitkis.« *Scientometrics* **67**(1): 143–163.

Schloegel, J. J. und Schmidgen, H. (2002). »General Physiology, Experimental Psychology, and Evolutionism.« *Isis* **93**: 614–645.

Schmidmaier, D. (1984). »Mitteilungen, Berichte: Zur Geschichte der Bibliometrie.« *Zentralblatt für Bibliothekswesen* **98**: 404–406.

Schneider, W. H. (2002). The Men Who Followed Flexner: Richard Pearce, Alan Gregg, and the Rockefeller Foundation Medical Divisions, 1919–1951. *Rockefeller Philanthropy and Modern Biomedicine: International Initiatives from World War I to the Cold War.* W. Schneider. Bloomington, Indiana University Press: 7–60.

Schnitter, C. (1993). »Les Racines Positivistes de l'internationalisme Scientifique de la Société de Biologie.« *Social Science Information Sur Les Sciences Sociales* **32**(2): 233–257.

Schorer, M. (1968). On Arrowsmith (1961). *Twentieth Century Interpretations of Arrowsmith. A Collection of Critical Essays.* R. J. Griffin. Englewood Cliffs, N.J., Prentice-Hall, Inc: 40–46.

Schvaneveldt, R. W., Ed. (1990). *Pathfinder Associative Networks: Studies in Knowledge Organization.* Norwood, NJ, Ablex Publ. Corp.

Schvaneveldt, R. W., Durso, F. T., et al. (1989). Network Structures in Proximity Data. *The Psychology of Learning and Motivation: Advances in Research and Theory.* G. H. Bower. New York, Academic Press. **24**: 249–284.

Seiler, J. (1917). »Geschlechtschromosomenuntersuchungen an Psychiden.« *Zeitschrift für Vererbungslehre* **18**: 81–92.

Servos, J. W. (1990). *Physical Chemistry From Ostwald to Pauling: The Making of a Science in America.* Princeton, NJ, Princeton University Press.

Simon, H.-R. (1977). *Die Bibliographie der Biologie. Eine analytische Darstellung unter wissenschaftshistorischen und informationstheoretischen Gesichtspunkten.* Stuttgart, Anton Hiersemann.

Skalovà, O. (1975). *An Analysis of Geographical Mobility of Scientists and Their Communications as a Component of Their Working Conditions With Regard to the Naples Zoological Station.* Napoli, Stazione Zoologica.

Small, H. (1999). »Visualizing Science by Citation Mapping.« *Journal of the American Society for Information Science* **50**(9): 799–813.

Small, H. (2003). »Paradigms, Citations, and Maps of science: A Personal History.« *Journal of the American Society for Information Science* **54**: 394–399.

Solla Price, D. J. de (1974). *Little Science, Big Science: von der Studierstube zur Großforschung.* Frankfurt, Suhrkamp.

Stadler, F. (1997). *Studien zum Wiener Kreis: Ursprung, Entwicklung und Wirkung des logischen Empirismus im Kontext*. Frankfurt, Suhrkamp.

Stazione Zoologica Napoli and Marine Biological Laboratory Woods Hole (1985). *The Naples Zoological Station and the Marine Biological Laboratory: One Hundred Years of Biology*. Woods Hole, Marine Biological Laboratory.

Steiner, R. (1961). *Geist und Stoff, Leben und Tod. Sieben öffentliche Vorträge gehalten zwischen dem 15. Februar und dem 31. März 1917 im Architektenhaus zu Berlin*. Dornach, Verlag der Rudolf-Steiner Nachlassverwaltung.

Stock, W. (1985). »Die Bedeutung der Zitatenanalyse für die Wissenschaftsforschung.« *Zeitschrift für allgemeine Wissenschaftstheorie* **16**(2): 304–314.

Summers, W. C. (1991). »On the Origins of Science in Arrowsmith: Paul de Kruif, Felix d'Herelle, and Phage.« *Journal of the History of Medicine and Allied Sciences* **46**: 315–332.

Swales, J. (1986). »Citation Analysis and Discourse Analysis.« *Applied Linguistics* **7**(1): 39–56.

Synnestvedt, M. B., Chen, C., et al. (2005). »CiteSpace II: Visualization and Knowledge Discovery in Bibliographic Databases.« AMIA Annual Symposium Proceedings: 724–728.

Take Teuton Sailor As Chief Spy Here (1918). *New York Times, 02. 05. 1918*. New York: 24.

Ten Have, H. A. M. J. (1995). »Medical Technology-Assessment and Ethics – Ambivalent Relations.« *Hastings Center Report* **25**(5): 13–19.

Ten Have, H. A. M. J. (2004). »Ethical Perspectives on Health Technology Assessment.« *International Journal of Technology Assessment in Health Care* **20**(1): 71–76.

Thiele, J. (1971). »Paul Carus und Ernst Mach – Wechselbeziehungen zwischen Deutscher und Amerikanischer Philosophie um 1900.« *Isis* **62**(212): 208–219.

Thiele, J. (1978). *Wissenschaftliche Kommunikation: Die Korrespondenz Ernst Machs*. Kastellaun, Henn.

Thomä, D. (2002). Wie Europa versucht, Amerika auf den Begriff zu bringen. Über Condorcet, Tocqueville, Weber, Heidegger und andere. *Die nationale Identität der Deutschen: philosophische Imaginationen und historische Mentalitäten*. W. Bialas. Frankfurt a. M., Peter Lang: 57–78.

Titius, A. (1916). *Naturwissenschaft und Ethik: Festrede im Namen der Georg-August-Universität zur Jahresfeier der Universität am 28. 6. 1916*. Göttingen, Kästner.

Treasury Department, B. o. S., Ed. (1892). *Statistical Abstract of the United States 1891*. Washington, Government Printing Office.

Tsunoda, M. (1983). »Les Langues Internationales Dans les Publications Scientifiques et Techniques.« *Sophial Linguistica* **8**: 70–79.

Turner, L. (2003). »Zones of Consensus and Zones of Conflict: Questioning the »Common Morality« Presumption in Bioethics.« *Kennedy Institute of Ethics Journal* **13**(3): 193–218.

Turner, L. (2004). »Bioethics in Pluralistic Societies.« *Medicine, Health Care and Philosophy* **7**(2): 201–8.

Turney, J. (1995). »Life in the Laboratory: Public Responses to Experimental Biology.« *Public Understanding of Science* **4**(2): 153–76.

Turney, J. (1998). Creating Life in the Laboratory. *Frankenstein's Footsteps. Science, genetics and Popular Culture*. New Haven, London, Yale University Press: 64–90.

Uexküll, J. v. (1913). »Der heutige Stand der Biologie in Amerika.« *Die Naturwissenschaften* **1**(34): 801–805.

Uhlenhuth, E. (1924). »Nachruf Jacques Loeb.« *The Nation* 27. Feb.: 229.

Ungern-Sternberg, J. v. and Ungern-Sternberg, W. v. (1996). *Der Aufruf »An die Kulturwelt!«: das Manifest der 93 und die Anfänge der Kriegspropaganda im Ersten Weltkrieg*. Stuttgart, Steiner.

Van Raan, A. F. J. (2000). »On Growth, Ageing, and Fractal Differentiation of Science.« *Scientometrics* **47**(2): 347–362.

Verworn, M. (1895). *Allgemeine Physiologie: ein Grundriss der Lehre vom Menschen*. Jena, Fischer.

Vögele, J. (2001). *Sozialgeschichte städtischer Gesundheitsverhältnisse während der Urbanisierung.* Berlin, Duncker & Humblot.
Vom Brocke, B. (1985). Wissenschaft und Militarismus. Der Aufruf der 93 »An die Kulturwelt!« und der Zusammenbruch der internationalen Gelehrtenrepublik im Ersten Weltkrieg. *Wilamowitz nach 50 Jahren.* W. M. Calder, H. Flasher and T. Lindken. Darmstadt, Wissenschaftliche Buchgesellschaft: 649–719.
Vrana, K. E., Hipp, J. D., et al. (2003). »Nonhuman Primate Parthenogenetic Stem Cells.« *Proceedings of the National Academy of Sciences* **100 Suppl 1**: 11911–6.
Warner, J. H. (1995). »The History of Science and the Sciences of Medicine.« *Osiris* **10**: 164–193.
Wasserman, S. und Faust, K. (2007). *Social Network Analysis: Methods and Applications.* Cambridge, MA, Cambridge University Press.
Weber, H. (2000). *Monistische und antimonistische Weltanschauung. Eine Auswahlbibliographie.* Berlin, VWB Verlag für Wissenschaft und Bildung.
Weikert, R. (2002). ›Evolutionäre Aufklärung‹? Zur Geschichte des Monistenbundes. *Wissenschaft, Politik und Öffentlichkeit: von der Wiener Moderne bis zur Gegenwart.* M. G. Ash and C. H. Stifter. Wien, WUV-Universitätsverlag: 131–147.
Weindling, P. (1981). Theories of the Cell State in Imperial Germany. *Biology, Medicine and Society 1840–1940.* C. Webster. Cambridge et al., Cambridge University Press: 99–155.
Weindling, P. (1988). The Rockefeller Foundation and German Biomedical Sciences, 1920–40: from Educational Philanthropy to International Science Policy. *Science, politics and the public good: essays in honour of Margaret Gowing.* M. Gowing. Hampshire, Houndmills: 119–140.
Weindling, P. (1993). »Public Health and Political Stabilisation: The Rockefeller-Foundation in Central and Eastern-Europe between the two World-Wars.« *Minerva* **31**(3): 253–267.
Weissmann, G. (1984). »Loeb and a Gloria.« *Hospital Practice* **19**(19): 65–74.
Weissmann, G. (2006). »Stem Cells, In Vitro Fertilization, and Jacques Loeb.« *Faseb Journal* **20**(8): 1031–1033.
Werner, P. (1996a). Otto Warburg, Jacques Loeb und die Entstehung der Institutsidee des Kaiser-Wilhelm-Institutes für Zellphysiologie. *Die Kaiser-Wilhelm-/Max-Planck-Gesellschaft und ihre Institute. Das Harnack Prinzip.* B. vom Brocke and H. Laitko. Berlin, de Gruyter: 318–330.
Werner, P. (1996b). *Otto Warburgs Beitrag zur Atmungstheorie: das Problem der Sauerstoffaktivierung.* Marburg, Basilisken-Presse.
Wessely, A. (1991). »Transposing »Style« from the History of Art to the History of Science.« *Science in Context* **4**(2): 265–278.
Weyer, J. und Abel, J., Eds. (2000). *Soziale Netzwerke: Konzepte und Methoden der sozialwissenschaftlichen Netzwerkforschung.* München, Oldenbourg.
White, H. C. (2008). *Identity and Control: How Social Formations Emerge.* Princeton, NJ [u. a.], Princeton University Press.
White, H. D. (2000). Toward Ego-Centered Citation Analysis. *The Web of Knowledge: A Festschrift in Honor of Eugene Garfield.* B. Cronin and H. B. Atkins. Medford, NJ, Information Today: 475–496.
White, H. D. (2001a). »Author-Centered Bibliometrics Through CAMEOs: Characterizations Automatically Made and Edited Online.« *Scientometrics* **51**(3): 607–637.
White, H. D. (2001b). »Authors as Citers Over Time.« *Journal of the American Society for Information Science and Technology* **52**(2): 87–108.
White, H. D. (2003). »Pathfinder Networks and Author Cocitation Analysis: A Remapping of Paradigmatic Information Scientists.« *Journal of the American Society for Information Science and Technology* **54**(5): 423–434.

White, H. D., Wellman, B., et al. (2004). »Does Citation Reflect Social Structure? Longitudinal Evidence from the »Globenet« Interdisciplinary Research Group.« *Journal of the American Society for Information Science and Technology* **55**(2): 111–126.

Whitley, R. (1984). *The Intellectual and Social Organization of the Sciences.* Oxford, Clarendon Press.

Whittemore, G. F. (1975). »World-War I, Poison Gas Research, and Ideals of American Chemists.« *Social Studies of Science* **5**(2): 135–163.

Wiesemann, C. (2001). »Die Debatte um den moralischen Status des Embryos. Eine Auseinandersetzung, die in die Irre führt?« *Reproduktionsmedizin* **17**: 289–290.

Wiesemann, C. (2006). *Von der Verantwortung, ein Kind zu bekommen: eine Ethik der Elternschaft.* München, Beck.

Woods, F. A. (1918). »The Passing of the Great Race.« *Science* **48**: 419–420.

Wourms, J. P. (1997). »The Rise of Fish Embryology in the Nineteenth Century.« *American Zoologist* **37**(3): 269–310.

Wozniak, R. H. (1993). Jacques Loeb, Comparative Physiology of the Brain, and Comparative Psychology. *Comparative Physiology of the Brain and Comparative Psychology. Reprint Edition.* J. Loeb. London, Routledge/Thoemmes Press: vii-xxiii.

Ziche, P. (2000). Wissenschaftliche Weltanschauung. Gemeinsamkeiten und Differenzen monistischer und antimonistischer Bewegungen. *Angst vor der Moderne. Philosophische Antworten auf Krisenerfahrungen. Der Mikrokosmos Jena.* K.-M. Kodalle. Würzburg, Könighausen & Neumann. **5**: 63–87.

Zoological Society of London, Ed. (7.1870–95.1958). *The Zoological Record.* London.

Danksagung

Dieses Buch ist das Ergebnis einer mehrjährigen Beschäftigung mit der Geschichte, Theorie und Ethik der Medizin im Allgemeinen und Jacques Loeb und seinem Einfluss auf die Biomedizin des 20. Jahrhunderts im Besonderen. Der Impuls zur Inangriffnahme dieses Projektes ging von Frau Prof. Dr. Irmgard Müller (Bochum) aus, die mich auf das Thema aufmerksam machte. An dieser Stelle möchte ich ihr für ihre andauernde Unterstützung und ihre stets hilfreichen, kritischen und konstruktiven Kommentare herzlich danken. Während meiner Tätigkeit am Institut für Geschichte der Medizin der Heinrich-Heine-Universität habe ich ebenfalls stets große Unterstützung durch Herrn Prof. Dr. Dr. Alfons Labisch und Herrn Prof. Dr. Jörg Vögele erhalten, die mit klarem Blick in inhaltlichen und strukturellen Fragen sowie konstruktiven Anmerkungen in vielen Diskussionen die vorliegende Studie freundschaftlich begleitet und gefördert haben. Ihnen möchte ich dafür ebenso meinen Dank aussprechen wie Frau Prof. Dr. Claudia Wiesemann, die während meiner Tätigkeit in Göttingen durch ihre wertvollen Kommentare einen wesentlichen Anteil an der Vorbereitung und Entwicklung des hier dargestellten Forschungsprojektes hatte.

In besonderer Weise befördert wurde die vorliegende Untersuchung durch das akademische Umfeld und die unterstützende, intellektuelle Atmosphäre am Institut für Geschichte der Medizin der Heinrich-Heine Universität Düsseldorf. Hier waren die Kollegen stets bereit, medizinhistorische, -theoretische und -ethische Fragen unter erheblichem Zeitaufwand zu diskutieren. Dafür spreche ich allen Kolleginnen und Kollegen am Institut meinen herzlichen Dank aus. Namentlich bedanken möchte ich mich insbesondere bei Ulrich Koppitz, Dr. Michael C. Schneider und Dr. Michael Martin, die in beeindruckender Weise immer wieder bereit waren, Abschnitte der vorliegenden Schrift zu kommentieren und weiterführende Anregungen zu geben.

Von außen erfuhr meine Arbeit große Unterstützung durch Prof. Dr. Norbert Paul aus Mainz, der mir regelmäßig mit Rat, Tat, Ideen und konstruktiven, kritischen Kommentaren zu meinen Überlegungen freundschaftlich zur Seite stand. Ihm bin ich ebenso zu Dank verpflichtet wie PD Dr. Stefan Schulz, Bochum, der mich mit spannenden Fragestellungen schon 1996 zum Nachdenken über Probleme der Geschichte, Theorie und Ethik der Medizin anregte.

Nicht zuletzt haben Maria Schmitz, Anna Balzer und Yasemin Tahsim-Oglou mit unermüdlichem Einsatz bei den undankbaren Arbeiten des Kopierens, Literaturbeschaffens und Daten-Sortierens das Entstehen der Arbeit begleitet, wofür ich ihnen Dank und Anerkennung schulde.

Der Geschwister Boehringer Ingelheim Stiftung für Geisteswissenschaften in Ingelheim am Rhein danke ich für Ihre finanzielle Unterstützung beim Druck des Buches.

Tanja, Julia und Constantin danke ich für Gleichmut, Verständnis und Geduld.

Personenregister

Ortsregister

Sachregister

www.ingramcontent.com/pod-product-compliance
Lightning Source LLC
LaVergne TN
LVHW070904300926
849162LV00012B/1854